21 世纪本科院校土木建筑类创新型应用人才培养规划教材

工程招投标与合同管理(第2版)

主 编 吴 芳 冯 宁

副主编 胡季英 杨 洋

U0246942

北京大学出版社

PEKING UNIVERSITY PRESS

内 容 简 介

本书从对建筑市场的介绍入手，由浅入深、系统全面地论述了工程招投标与合同管理的基础知识。本书内容包括：建筑市场，建设工程招标投标，建设工程招标，建设工程投标，开标、评标与决标，国际工程招标与投标，建设工程其他招投标，建设工程合同，建设工程索赔管理。本书在理论叙述的同时穿插了大量的案例，从而使本书的可读性更强。通过对本书的学习，读者可以掌握工程项目招标、投标、合同管理的基本知识和操作技能，具备组织招标投标工作、编写招投标文件、进行合同管理的基础知识。

本书可以作为普通高等院校工程管理专业和土木工程专业的教材，也可作为招投标工作培训用书及招投标工作指南。

图书在版编目(CIP)数据

工程招投标与合同管理/吴芳，冯宁主编.—2版.—北京：北京大学出版社，2014.12

（21世纪本科院校土木建筑类创新型应用人才培养规划教材）

ISBN 978-7-301-25088-4

Ⅰ.①工…　Ⅱ.①吴…②冯…　Ⅲ.①建筑工程—招标—高等学校—教材②建筑工程—投标—高等学校—教材③建筑工程—经济合同—管理—高等学校—教材　Ⅳ.①TU723

中国版本图书馆CIP数据核字(2014)第272103号

书　　　　名：	工程招投标与合同管理(第2版)
著作责任者：	吴　芳　冯　宁　主编
策划编辑：	卢　东　吴　迪
责任编辑：	伍大维
标准书号：	ISBN 978-7-301-25088-4/TU·0440
出版发行：	北京大学出版社
地　　　址：	北京市海淀区成府路205号　100871
网　　　址：	http://www.pup.cn　　新浪官方微博：@北京大学出版社
电子信箱：	pup_6@163.com
电　　　话：	邮购部 010-62752015　发行部 010-62750672　编辑部 010-62750667
印　刷　者：	北京虎彩文化传播有限公司
经　销　者：	新华书店

787毫米×1092毫米　16开本　21.5印张　502千字

2010年8月第1版

2014年12月第2版　2022年7月第11次印刷(总第19次印刷)

定　　　价：43.00元

第1版前言

工程招投标与合同管理课程是工程管理专业的主干专业课程之一，项目招投标与合同管理工作也是工程项目管理中的一个重要环节，项目招投标工作的结果直接表现为选择哪些单位参与到工程项目中来，招投标工作是对项目的咨询、设计、施工、监理、材料设备采购等项目具体任务的实施单位的落实，同时也决定了项目的承发包模式、项目的合同条件等诸多重要问题，直接影响项目的成败，高质量的项目招投标工作是保证项目的圆满完成的必要保证。

本书通过建筑市场，建设工程招标投标概述，建设工程招标，建设工程投标，开标、评标与决标，国际工程招标与投标，建设工程其他招投标，建设工程合同，建设工程施工合同管理九个方面系统介绍了工程项目招投标和合同管理的相关知识。

本书有如下特色。

（1）本书从国际和国内建筑市场的基本概念、现状和构成要素入手，内容结构从全局到局部逐步展开，使学生从建筑市场的全局入手学习招投标的基本理论。

（2）本书在各个章节中坚持理论教学与案例教学相结合，通过大量案例的介绍强化理论知识学习，增强了本书的实用性和可读性。

（3）本书内容充实，结构清晰，对国内工程招投标、设计咨询招投标、材料设备采购等内容均进行了较详尽的论述，并对国际工程招投标进行了叙述。

（4）本书对工程各类合同与合同管理理论、方法均进行了较详细的叙述。

（5）本书的主要编者均在高校主讲过多年的工程招投标与合同管理课程，本书作为多年教学经验的总结，提出了编者的一些理论见解。

本书的第1、7章由苏州科技学院吴芳编写，第2、3章由河南城建学院杨洋编写，第4、9章由河南城建学院冯宁编写，第5、6、8章由苏州科技学院胡季英编写，全书由吴芳统稿。

本书在编写中参考了大量相关著作和论文，并从中受到了很多启发，在此对所参考文献的作者表示深深的感谢。由于编者水平有限，本书中如有不妥和错误之处，恳请同行专家、学者和读者批评指正。

编者

2010 年 4 月

第 2 版前言

本书第 1 版自 2010 年出版以来，经有关院校教学使用，反映较好，已多次重印。根据各院校使用者和出版社的建议，以及近年来国家在招投标和合同管理方面一些新法律法规、新示范文本、新规范陆续出台，我们对本书第 1 版进行了修订。修订主要体现在以下几个方面。

1. 本书继续保持了第 1 版教材原有的理论教学和案例教学相结合的特色，对所有的案例进行了充实和完善。

本次修订增加了各章节案例数量及每章后的阅读材料数量，同时调整了一些不适宜的案例，使案例与教学内容配合得更好，方便案例教学的开展。

2. 本次修订体现了最新法律法规、规范、示范文本等变化的情况。

近几年，与招投标、合同管理相关的法律法规、规范、示范性文本等陆续出台并投入使用。例如，2010 年住建部颁布《房屋建筑和市政工程标准施工招标文件》；2012 年，国家发改委会同工信部、财政部等 9 部委联合发布了《关于印发简明标准施工招标文件和标准设计施工总承包招标文件的通知》；2012 年颁布的《中华人民共和国招标投标法实施条例》是与《中华人民共和国招标投标法》配套的一部行政法规；2013 年 3 月 11 日，国家发改委、工信部、财政部、住建部、交通部、铁道部、水利部、广电总局、民航总局 9 部委联合，以发改委 2013 年 23 号令（以下简称"23 号令"）的形式对先期颁布的 11 件部门规章的部分条款做了修改；2013 年新版《建设工程工程量清单计价规范》和《建设工程施工合同(示范文本)》开始实施等。本次修订对新变化都有所体现并进行了讲解，内容调整比较多的章节包括第 2 章、第 3 章和第 8 章。

3. 本次修订对各章节内容进行了优化调整，全书逻辑性更强，更加实用。

本次修订总结了本书第 1 版在过去几年教学使用中发现的前后逻辑思路、内容讲述等方面的不足之处，统一进行了优化调整。特别对第 9 章进行了较大改动，章标题由"建设工程施工合同管理"调整为"建设工程索赔管理"，对合同管理中重要的索赔管理进行了详细讲解和叙述，并配备大量索赔和计算案例，使学生能够全面了解索赔的程序和方法，内容上更加实用。

本次修订的具体分工为：第 1、2、3、4、7 章由苏州科技学院吴芳修订，第 5、6、8、9 章由苏州科技学院胡季英修订。全书由吴芳统稿。

限于编者的水平及资料的不足，书中难免还有很多不足之处，希望同行专家、读者在使用过程中批评指正。

编 者
2014 年 8 月

目　　录

第**1**章
建筑市场

 导入案例

工程招投标的开始和中山陵工程招标

招标投标活动起源于英国。工程承包企业是17～18世纪在西方出现的。一般的建造模式是由业主发包，然后业主与工程的承包商签订合同。承包商负责施工，建筑师负责规划设计、施工监督，并负责业主和承包商之间的纠纷调解。18世纪后期，英国政府和公用事业部门实行"公共采购"，形成公开招标的雏形。19世纪初，英法战争结束后，英国军队需要建造大量军营，为了满足建造速度快并节约开支的要求，决定每一项工程由一个承包商负责，由该承包商统筹安排工程中的各项工作，并通过竞争报价方式选择承包商，结果有效地控制了建造费用。这种竞争性的招标方式由此受到重视，其他国家也纷纷仿效。

最初的竞争招标要求每个承包商在工程开始前根据图纸计算工程量并做出估价，到19世纪30年代发展为以业主提供的工程量清单为基础进行报价，从而使投标的结果具有可比性。

鸦片战争后，工程招标承包模式被引入我国。国内不少建筑工匠告别传统的作坊式的生产方式，陆续创办了营造厂（即工程承包企业）。我们熟悉的中山陵工程建设中也采用了招投标制。

中山陵工程图纸确定后，葬事筹备处立即着手招标，准备开工建设中山陵。由于经费困难，决定将工程分三部分进行，首先建造墓室和祭堂。1925年11月1日，葬事筹备处在上海的报纸上刊登了陵墓第一部分工程招标广告，并说明各营造厂投标的截止日期是1925年12月21日。参加投标的共有新金记康号、竺芝记、新义记、辛和记、姚新记、余洪记和周瑞记七家营造厂。新义记和竺芝记两家营造厂虽然投的标额最低，但它们的资历浅，资金少，不足以担当建造中山陵这样的大型工程，因而被否决了。而余洪记、周瑞记投标太高，也被否决，剩下的三家经葬事筹备处和吕彦直研究，决定由资本殷实、经验丰富的姚新记承包。

| **1.1** 建筑市场的概念

"市场"的原始定义是指"商品交换的场所"，买卖双方在市场上发生买卖商品的交易行为，这一市场被称为有形市场，即狭义的市场概念；但随着商品交换的发展，市场突破了村镇、城市、国家，最终实现了世界贸易乃至网上交易，因而市场的广义定义是"商品交换关系的总和"。

工程建设领域的市场被称为建筑市场，建筑市场是指从事建筑经营活动的场所及建筑经营活动中各种经济关系的总和，即围绕建筑产品生产经营过程中"各种建筑产品、服务和相关要素交换关系的总和"，是市场体系总体的有机组成部分。

建筑市场有狭义和广义之分，狭义的建筑市场是交易物仅为各种建筑产品的建筑市场，例如建设工程施工承发包市场、装饰工程分包市场、基础工程分包市场。广义的建筑市场是指交易物是与建筑产品直接相关的所有服务和要素的市场，包括建筑勘察设计、施工、监理、咨询、劳务、设备租赁或运输服务、设备安装调试、建筑材料采购、信息服务、资金、建筑技术，甚至包括建筑企业产权等子市场。

经过改革开放三十多年的发展，我国的建筑市场已形成以发包方、承包方和中介咨询服务方组成的市场主体；以建筑产品和建筑生产过程为对象组成的市场客体；以招投标为主要交易形式的市场竞争机制；以资质管理为主要内容的市场监督管理体系；建筑市场在我国市场经济体系中已成为一个重要的生产消费市场。美国《工程新闻纪录》评出的225家大型建筑企业中，中国建筑企业数量逐年上升，2012年我国内地共有52家企业入围，持续呈现平稳增长的良好趋势。在国际工程承包市场上整体竞争实力逐年增强。

1.1.1 狭义的建筑市场

狭义的建筑市场指建筑产品需求者与供给(生产)者进行买卖活动、发生买卖关系的场合，即建筑产品市场。建筑产品是指建筑业向社会提供的具有一定功能、可供人类使用的最终产品，包括各种建筑成品、半成品。例如完工等待竣工验收的建筑工程、未完工的在建工程，或者建筑工程中由不同分包单位负责的某个专业的工程。一般来说，建筑产品指在建或完工的单位工程或单项工程。

1. 建筑产品的特点

建筑产品本身的特征及其生产过程决定了它与其他工业产品的不同，其主要特征包括以下几点。

(1) 建筑产品的固定性和生产的流动性。建筑产品在建造中和建成后是不能移动的，从而带来建筑产品生产的流动性，即生产机构、劳动者和劳动工具随着建设地点迁移。

(2) 建筑产品的多样性和生产的单件性。这一特征决定了每一项建设工程都应有其独立的技术特征，因此要保证承包商有能力和经验满足这些技术要求。

(3) 建筑产品的价值量大，生产周期长。一般建筑产品的生产周期需要几个月到几十个月，在这样长的时间里，政府的政策、市场中的材料、设备、人工的价格必然发生变化，同时，还有地质、气候等环境方面的变化影响，因此，工程承包合同必须考虑这些问题，作出进行调整的规定。

(4) 建筑产品是综合加工产品，其生产和协作关系十分复杂。建筑产品消耗的人力、物力、财力多，协作单位多，生产关系比较复杂，经常与建设单位、金融机构、中介机构、材料设备供应商等发生联系，在行业内部，还有勘察、设计、总包、分包等协作配合关系，所以对它的经营管理十分重要。

（5）建筑产品的形成时间长，经历若干阶段。建筑产品的形成过程均需经过策划阶段、设计阶段、施工阶段、交付使用阶段等，每个阶段伴随着许多合同交易活动，因此不能把施工阶段这一形成有形的建筑产品的过程与其他阶段分裂开，没有其他阶段的工作，就不会形成建筑产品。

建筑产品的上述特性，决定了建筑市场有别于其他商品市场的特征。

2. 建筑产品市场的特点

建筑产品市场具有下述特点。

（1）建筑产品交易是需求者和生产者之间的直接订货交易。

由于建筑产品具有单件性和生产过程必须在其使用（消费）地点最终完成的特点，生产者就不可能像生产汽车、电器及其他日用百货一样，预先将产品生产出来，再通过批发、零售环节进入市场，等待任何用户来购买；而只能按照具体用户的要求，在指定的地点为之建造某种特定的建筑物或构筑物。因此，建筑市场上的交易，几乎无一例外地是需求者和生产者之间的直接订货交易，即生产者和用户直接见面，先经谈判成交，然后组织生产，不需经过中间环节。

（2）竞争方式以招标投标为主。

建筑产品市场的卖方可以从众多的投标者中选择满意的供给者，双方达成订货交易，签订承包合同，供给者才开始组织生产，直到工程按合同要求竣工，经业主（需求者）认可接收，结算价款，交易全过程才最终完成。

不过，招标投标并不是建筑市场上唯一的竞争方式。因为在某些特殊情况下，有些工程项目不适合采用招标投标的方式选择适当的生产者，人们在实践中还创造了其他的竞争方式，主要有竞争性谈判和询价等。

（3）竞争的性质，多属特定约束条件下的不完全竞争。

有一些专业性特别强的大型工程项目，例如核电站、隧道、大桥、海洋工程等，只有极少数技术和管理力量雄厚的专业建筑业企业才有能力承担，需求者几乎没有选择余地，在此情况下，建筑市场将成为寡占或垄断市场，竞争在价格形成中就不起主要作用了。

（4）建筑产品市场有独特的定价方式。

建筑产品生产者之间的竞争主要表现为价格竞争。建筑市场有一套独特的定价方式。即根据需求者对特定产品的具体要求和生产条件，供给（生产）者在规定的时限内以书面投标的形式秘密报价，需求者在约定的时间和地点公布所收到的报价（通称开标），经过评比，从中选择满意的（不一定是报价最低的）生产者，和他达成订货交易（通称决标或定标）。不过，这样的成交价格并非一经议定就是一成不变的，而往往是按照事先约定的条件，允许根据生产过程中发生的某些变化做相应的调整。因此，只有待工程竣工结算后，才能确定最终价格。但在竞争中起决定作用的还是投标价格。

（5）建筑市场交易对象的整体性和分部分项工程的相对独立性。

建筑产品是一个整体，无论是一个住宅小区、一座配套齐全的工厂或一栋功能完备的大楼，都是一个不可分割的整体，要从整体上考虑布局，设计及施工，都要求有一个高素质的总承包单位进行总体协调，各专业施工队伍分别承担土建、安装、装饰的分包施工与交工，所以建筑产品交易是整体的。但在施工中需要逐个分部分项工程进行验收，评定质量，分期结算，所以交易中分部分项工程又有相对独立性。

（6）建筑产品市场交易为先交易，后生产。

建筑承包商与建设项目业主通常是先通过签订合同形成交易，然后承包商再按合同要求进行产品生产，项目业主在还没有见到真正的产品前已经购买了"产品"。因此项目业主要对所选择的承包商有充分的信心，要求对承包商进行严格的选择，要选择有能力有信誉的承包商，保证生产出所要求的产品。

1.1.2　广义的建筑市场

广义的建筑市场是整个市场体系的子系统之一。构成这个子系统的，除了建筑产品供需双方进行订货交易的建筑产品市场（即狭义的建筑市场）以外，还有与建筑生产密切相关的勘察设计市场、建筑生产资料市场、劳务市场、技术市场、资金市场以及咨询服务市场等（图1.1）。没有这些市场的存在和正常运行，建筑产品就不可能正常生产，市场也不能正常运行，因而导致市场秩序紊乱，甚至出现供需失调、价格反常波动的状况。当然，建筑产品市场的繁荣与否，也直接影响着相关市场的兴衰。也就是说，构成建筑市场的诸多个别市场之间，是紧密依存、相互制约的。

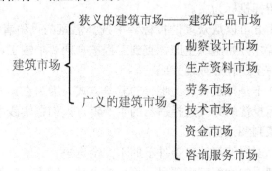

图 1.1　建筑市场

1. 勘察设计市场

勘察设计产品包括勘察报告、测绘图纸、设计文件等全部成果，在市场经济条件下属于知识产品，具有商品性质。由于勘察设计在建筑产品生产中的重要作用，在现代建筑市场体系中，勘察设计市场自然成为重要的专业市场之一。

在这个市场上，需求者包括城乡居民、工商企业、文教卫生科研机构、社会群众团体和中央及地方各级政府。他们为了建造各自所需要的建筑产品，首先都需要进行勘察设计。供给者是各种专业的或综合性的勘察设计机构及个人开业的专业设计人员。

随着勘察设计对象的不同，市场上竞争的状况也有明显的差别，一般民用建筑的需求面广，相对而言专业性不是很强，技术要求也不十分复杂，一般综合性的民用建筑设计机构都能胜任这一类勘察设计任务，所以竞争的范围比较广阔，但当供需不平衡时，竞争也会比较激烈。至于技术要求复杂，专业性强的大型建设项目，例如铁路、桥梁、高速公路、港口、核电站、油气田及城市基础设施等，需求者为数有限，有能力的供给者一般也仅有少数专业勘察设计机构，他们按专业部门或地区划分势力范围，形成"寡占"或"独占"市场。这是我国现阶段专业设计市场的典型特征。

2. 生产资料市场

建筑产品的生产资料指建造建筑物和构筑物所需的原材料、构配件、建筑设备及生产过程中使用的机械设备和工具等。

无论在建筑市场上还是在整个大市场体系中，除了少数特殊品种，一般生产资料的需求者和供应者都大量存在，新的供应者进入市场也几乎没有什么限制，因此竞争的范围相当广阔，接近于完全竞争市场，价格变化对供求关系反应相当敏感。

3. 劳务市场

建筑业属于劳务密集型产业，2011 年，全国农民工总量为 2.53 亿人，其中建筑业从业人员占 17.7%，可见劳动力在建筑产品生产中的重要地位。

在市场体系中，有专为建筑业服务的劳务市场。这个市场上的需求者是各种建筑产品的生产者，即建筑业企业。供给者有不同情况：发达国家通常由行业工会和承包商联合会之类的行业组织，通过集体谈判达到协议，向建筑业企业提供劳动力；也有少数不参加工会的建筑工人直接受雇于小型企业。在某些发展中国家，行业工会尚不健全，建筑工人处于无组织状态，建筑业所需劳动力往往由承包商临时就地招募；或者由市场上经营劳务输出的机构有组织地提供。前一种情况不易管理，也不容易保证工程质量，只能适用于小规模的工程项目；大型工程项目多采取后一种方式满足对劳动力的需求。

改革开放以前，我国建筑业的劳动力供应主要实行以固定工为主、合同工为辅的制度，工人一经被录用即获得永久性铁饭碗，基本上没有流动性，日积月累，使许多大型建筑业企业的劳动大军很难适应建筑业生产流动性强的特点。

改革开放以后，我国实行固定工和合同工、临时工相结合的多种用工制度。农村建筑队伍成为建筑劳动力市场的主要供给者。一些无组织自发地涌向城市的农民，则零散受雇于临时用工的建筑企业，由农村剩余劳动力组成的建筑包工队成为城市建筑业的劳动力主要供应者。

为了规范建筑劳动力市场主体行为，推动建筑劳动力的有序流动和优化配置，提高建筑劳动力的整体素质，近年来，各级建设行政主管部门强化了对建筑劳动力的基地化管理。建筑劳动力基地是国家建设行政主管部门根据建筑市场供求状况确定的能满足工程建设需要并达到一定资质条件的建筑劳动力培训和供应地区，是提供多工种合格建筑劳动力的主渠道。实行基地化管理是指建筑劳动力输出地政府建设行政主管部门按照输入地的需要，负责统一组织，统一选派，由有资质的建筑企业归口成建制供应，并对派出队伍实施跟踪管理与监督。但是，到 2000 年前后，出现了一些新情况：第一，基地县花费大量人力、物力、财力来培养人，一些外地企业以单个形式将建筑劳动力挖走，成为合同制工人或零星劳务工，基地县没有得到付出后应得的回报；第二，建筑企业推行项目制后，项目负责人自行招人，既不通过当地建管部门，也不管是否为基地县培训劳动力。有的基地县已经名存实亡。

2001 年建设部颁布《建筑业企业资质管理规定》及相关文件，设置了施工总承包、专业分包、劳务分包企业三个层次，提出了劳务分包企业的概念。2005 年 8 月 5 日，建设部印发了《关于建立和完善劳务分包制度发展建筑劳务企业的意见》，指出从 2005 年 7 月 1 日起，用三年的时间，在全国建立基本规范的建筑劳务分包制度，农民工基本被劳务企业或其他用工企业直接吸纳，"包工头"承揽分包业务基本被禁止。但是实际情况并没有达到政府期望的那样，劳务企业吸纳劳动力的能力极为有限，建筑工人绝大多数仍然游离于劳务企业。包工头实际掌握了建筑工人的供给，形成了以包工头为特征的劳务分包体系。

4. 技术市场

进入建筑技术市场交易的商品主要是科技研究成果，既包括新材料、新结构、新工艺设备等"硬件"，也包括生产组织管理方法和计算机应用程序等"软件"。市场上的需求者主要是为解决勘察设计和施工中迫切需要解决的技术问题的勘察设计和施工机构，也有为增强竞争实力而寻求技术储备的有远见的建筑业企业。供给者主要是科研机构，也有技术力量雄厚的大型建筑业企业和拥有非职务发明专利权的个人。

科技商品交易的一个显著特点是，供给者出售的科技成果通常是在实验室内完成的，虽然解决了关键的技术问题，但用户买到手之后往往还不能直接用于生产，收到立竿见影之效，而需进行再开发，使其适合于自己的生产规模和工艺流程，才能形成现实的生产力。这个特点使技术市场成为科技研究与生产之间的桥梁。

目前，我国建筑企业技术开发资金投入普遍偏少，特别是中小企业基本没有投入。据不完全统计，企业用于技术研究与开发的投资仅占营业额的 $0.3\%\sim0.5\%$，而发达国家一般达 3%，高的接近 10%，差距很大。在技术贡献率方面，我国建筑业仅为 $25\%\sim35\%$，发达国家已达到 70% 左右，差距比较明显。

5. 资金市场

建筑产品生产需要两类资金：一类是业主投入建设项目的固定资产投资和材料设备储备资金及建设单位的日常开支所需资金；另一类是建筑业企业建设基地和购置机械设备所需的固定资产投资及生产过程中必须支付的原材料、动力、工资、机械使用和生产管理等费用。

目前，我国的建筑资金市场作为我国建筑市场体系的重要组成部分，必将日益成熟，走向兴旺发达。

6. 咨询服务市场

就一个工程项目来说，在不同的阶段，建设咨询服务的主要内容包括以下几方面。

(1) 建设前期，编制项目建议书、可行性研究。

(2) 设计阶段，提出设计大纲，组织设计方案评选；选择勘察设计单位或自行承担勘察设计任务，签订勘察设计合同，并组织和监督检查其实施；编制概预算，控制投资额。

(3) 招标阶段，准备招标文件招标阶段，准备招标文件，编制标底，组织招标；主持或参与评标，提出决标建议；受业主委托，与中标单位商签承包合同。

(4) 施工阶段，作为监理工程师，监督承包商履行合同；检查工程质量，验收工程，签发付款证书，结算工程款；处理违约和索赔事项，解决争议；竣工后整理合同文件，建立技术档案。作为造价工程师，可以负责项目的全过程造价控制，审核工程量，审核工程变更，帮助业主审核工程进度付款申请，进行结算审计等。

(5) 生产准备阶段，组织职工培训和生产设备试运转。

(6) 正式投产以后，进行项目的后评估。

上述工作范围，可以是自始至终全过程的工作，也可以是其中某一阶段或某一项工作。咨询任务可通过招标投标或直接与客户协商的途径获得，具体内容由咨询委托合同约定。

在上述各种专业市场组成的建筑市场体系中，起主导作用的是建筑产品市场。这个市场没有交易或交易规模比较小，其他专业市场就缺乏动力。另外，各专业市场也对建筑产品市场起着制约作用，例如，生产资料市场和劳务市场供给不足，建筑产品的需求就难以满足；技术市场不发达，从长期看将阻碍生产力的发展，也不利于满足社会对建筑产品日益增长的需求；资金市场不活跃，也会使建筑产品市场陷于呆滞。总之，在一个系统内，作为子系统的各个专业市场是息息相关的，一损俱损，一荣皆荣，牵一环而动全局，因此必须协调发展。

从建筑市场的性质来看，建筑市场既是生产要素市场的一部分，也是消费品市场的一部分，与房地产市场交织在一起构成建筑产品生产和流通的市场体系，是具有特殊交易形式（招标投标）、相对独立的市场。建筑市场覆盖工程项目的前期规划、勘察、设计、施工、监理、竣工验收等全过程活动。

1.1.3 建筑市场的结构

从建筑业的角度来看，建筑市场结构是由行业、区域、专业业务所组成的三维空间结构，如图1.2所示。

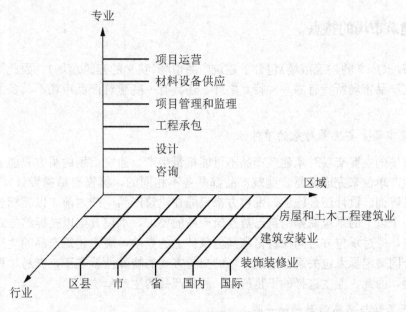

图 1.2 建筑市场结构图

行业轴是指建筑业的行业领域，根据 GB 4754—2002 的划分，建筑业中包含有房屋和土木工程建筑业、建筑安装业和装饰装修业三个子行业。对这些子行业领域还可以进一步细分，如房屋和土木工程建筑业可进一步分为房屋建筑业和铁路、道路、桥梁、隧道、港口、矿山、管道工程等行业。在我国目前的管理体制下，由于这些行业的企业资质分别属于相应的行业审批，行业部门内的保护主义还存在，企业只是某一行业的建筑业企业，企业跨行业发展的可能性较小，一定程度上限制了企业朝着特大型、综合型经营方向的发展。

专业业务轴是指建筑业企业在建设项目专业产业链上的专业业务范围。建筑业企业在建筑产业链整体或局部范围开展具体业务，这些业务包括工程咨询、勘察、设计、采购、施工及运营管理等。随着建筑业的发展，建筑业企业从事的业务范围在向整个建筑产业链上下游延伸和扩展。

区域轴是指建筑业扩展业务的区域分布。从企业的角度来看，其市场可以集中在区县、市、省内或者全国范围，还可以在国际范围内拓展业务。但是由于地方保护主义，许多建筑业企业的业务活动都主要局限在本地区，很难打入外地区，即使是一些大型集团公司，其实体是分散在全国各地的各分公司，从业务范围看，也都是地方性企业。

从建筑市场的结构可以看出，一个完整的建筑市场空间结构是不同的行业市场、专业市场、区域市场相互交叉、纵横发展的市场，建筑市场的买方和卖方就是在这个由区域、行业和专业所形成的矩形的每个交叉点上进行交易。从建筑市场的结构看，建筑市场是统一的、开放的，每个卖方都可以在市场中任意选择自己的位置，每个买方可以在市场中最大范围内地选择供应商，但由于地方保护和行业保护的存在，从而形成建筑市场的地域封锁、行业上垄断的分割式市场，这种条块分割式的建筑市场结构不利于建筑业企业竞争力的培育和形成，更难以形成一个国际或者全国范围内统一的、开放的、规则一致的竞争性建筑市场。

1.1.4 建筑市场的特点

建筑市场(广义的建筑市场)包含了建筑产品市场(狭义的建筑市场)，因此除了前面所概括的建筑产品市场所特有的一些特点之外，还具有一些建筑产品市场不具备的或者共性的特点。

1. 建筑市场主要交易对象的单件性

建筑市场的主要交易对象建筑产品不可能批量生产，建筑市场的买方只能通过选择建筑产品的生产单位来完成交易。建筑产品都是各不相同的，都需要单独设计，单独施工。因此无论是咨询、设计还是施工，发包方都只能在建筑产品生产之前，以招标要约等方式向一个或一个以上的承包商提出自己对建筑产品的要求，承包方则以投标的方式提出各自产品的价格，通过承包方之间在价格和其他条件上的竞争，决定建筑产品的生产单位，由双方签订合同确定承发包关系。建筑市场的交易方式的特殊性就在于，交易过程在产品生产之前开始，因此，业主选择的不是产品，而是产品的生产单位。

2. 生产活动与交易活动的统一性

建筑市场的生产活动和交易活动交织在一起，从工程建设的咨询、设计、施工发包与承包，到工程竣工、交付使用和保修，发包方与承包方进行的各种交易(包括生产)，都是在建筑市场中进行的，都自始至终共同参与。即使不在施工现场进行的商品混凝土供应、构配件生产、建筑机械租赁等活动，也都是在建筑市场中进行的，往往是发包方、承包方、中介组织都参与活动。交易的统一性使得交易过程长、各方关系处理极为复杂。因此，合同的签订、执行和管理就显得非常重要。

3. 建筑市场上有严格的行为规范

建筑市场有市场参与者共同遵守的行为规范。这种规范是在长期实践中形成的，不同的市场各有繁简不同。建筑市场的上述两个特点，就决定了它的第三个特点，即要有一套严格的市场行为规范。诸如市场参加者应当具备的条件，需求者怎样确切表达自己的购买要求，供应(生产)者怎样对购买要求作出明确的反应，双方成交的程序和订货(承包)合同条件，以及交易过程中双方应遵守的其他细节等，都须作出具体的明文规定，要求市场参加者遵守。这些行为规范对市场的每一个参加者都具有法律的或道德的约束力，从而保证建筑市场能够有秩序地运行。

4. 建筑市场交易活动的长期性和阶段性

建筑产品的生产周期很长，与之相关的设计、咨询、材料设备供应等持续的时间都较长，其间，生产环境(气候、地质等条件)、市场环境(材料、设备、人工的价格变化)和政府政策变化的不可预见性，决定了建筑市场中合同管理的重要作用和特殊要求。一般都要求使用合同示范文本，要求合同签订得详尽、全面、准确、严密，对可能出现的情况约定各自的责任和权利，约定解决的方法和原则。

建筑市场在不同的阶段具有不同的交易形态。在实施前，它可以是咨询机构提出的可行性研究报告或其他的咨询文件；在勘察设计阶段，可以是勘察报告或设计方案及图纸；在施工阶段，可以是一幢建筑物、一个工程群体；可以是代理机构编制的标底或预算报告；甚至可以是无形的，如咨询单位和监理单位提供的智力劳动。各个阶段的严格管理，是生产合格产品的保证。

5. 建筑市场交易活动的不可逆转性

建筑市场的交易一旦达成协议，设计、施工、咨询等承包单位必须按照双方约定进行设计、施工和咨询管理，项目竣工就不可能返工、退换。所以对工程质量、工作质量有严格的要求，设计、施工、咨询、建材、设备的质量必须满足合同要求，满足国家规范、标准和规定，任何过失均可能对工程造成不可挽回的损失，因此卖方的选择和合同条件至关重要。

6. 建筑市场具有显著的地域性

一般来说，建筑产品规模和价值越小，技术越简单，则其地域性越强，或者说其咨询、设计、施工、材料设备等供应方的区域范围越小；反之，建筑产品规模越大、价值越高、技术越复杂，建筑产品的地域性越弱，供应方的区域范围越大。

7. 建筑市场竞争较为激烈

由于建筑市场中需求者相对来说处于主导地位，甚至是相对垄断地位，这就加剧了建筑市场的竞争。建筑市场的竞争主要表现为价格竞争、质量竞争、工期竞争(进度竞争)和企业信誉竞争。

8. 建筑市场的社会性

建筑市场的交易对象主要是建筑产品，所有的建筑产品都具有社会性，涉及公众利益。例如，建筑产品的位置、施工和使用，影响到城市的规划、环境、人身安全。这个特点决定了作为公众利益代表的政府，必须加强对建筑市场的管理，加强对建筑产品的规划、设计、交易、开工、建造、竣工、验收和投入使用的管理，以保证建筑施工和建筑产品的质量和安全。工程建设的规划和布局、设计和标准、承发包、合同签订、开工和竣工验收等市场行为，都要由行政主管部门进行审查和监督。

9. 建筑市场与房地产市场的交融性

建筑市场与房地产市场有着密不可分的关系，工程建设是房地产开发的一个必要环节，房地产市场则承担着部分建筑产品的流通。这一特点决定了鼓励和引导建筑企业经营房地产业的必要性。建筑企业经营房地产，可以在生产利润之外得到一定的经营利润和风险利润，增加积累，增强企业发展基础和抵御风险的能力。房地产业由于建筑企业的进入，减少了经营环节，改善了经营机制，降低了经营成本，有助于它的繁荣和发展。

1.1.5 建筑市场的分类

（1）按交易对象，分为建筑产品市场、资金市场、劳务市场、建筑材料市场、设备租赁市场、技术市场和服务市场等。

（2）按市场覆盖范围，分为国际市场和国内市场。

（3）按有无固定交易场所，分为有形市场和无形市场。

（4）按固定资产投资主体，分为国家投资形成的建设工程市场、企事业单位自有资金投资形成的建设工程市场、私人住房投资形成的建设工程市场和外商投资形成的建设工程市场等。

（5）按建筑产品的性质，分为工业建设工程市场、民用建设工程市场、公用建设工程市场、市政工程市场、道路桥梁市场、装饰装修市场、设备安装市场等。

1.2 我国的建筑市场

1.2.1 我国建筑业的产业地位

改革开放以来，随着国民经济快速发展，固定资产投资率不断攀升。我国的建筑工程业增加值亦稳步上升，年增长率15％左右，至2012年，全国有资质的建筑业企业完成总产值近13.5万亿元，建筑业增加值占国民生产总值的比重也由20世纪80年代初期的4％左右上升到6.8％左右，在国民经济各行业中位列第五；建筑业全社会从业人数达到4 100万人以上。建筑工程业在带动相关的建材、设计、金融、制造等行业上起到越来越重要的作用，并且在建筑科技日益更新和建设管理技术不断进步的情况下，建筑业对其他相关行业的渗透力逐步增强。我国的建筑业已经成为国民经济的支柱性产业。

我国由于处在高速城市化的进程中，近十年来，全国固定资产投资持续保持在40％左右的高位上运行，这给建筑业的快速发展提供了契机，建筑业的这种快速发展，仍将伴随着我国城市化的深入而维持相当长的时间。目前我国建筑业在国民经济中的地位，已与美国、英国、日本等发达国家大致相当。

1.2.2 我国建筑市场的行业分布

我国建筑市场以土木工程建筑业为主，约为整个建筑市场总产值的85%以上，其中房屋建筑工程占60%左右，土木工程占25%左右。其余有线路、管道、设备安装业，以及建筑装修装饰业。

我国建筑市场中的房屋建筑工程比例远高于美、日等发达国家，这是由于一方面我国目前处于城市化提速阶段，城镇人口大量增加，同时民众迫切需要提高居住面积以改善生活条件，引起了现阶段的庞大市场需求；另一方面我国经济快速增长，有足够的资金愿意投入到容易受经济波动影响的房屋住宅产业中。相比而言，美、日等国早已度过了城市化发展的高峰期，其房屋工程的比例不如我国高，相比之下，受到政府投资支撑的土木工程行业占据更大的比例。从这种结构差异，也能看出我国建筑市场与发达国家相比，仍处于较为初级的阶段。

从工程项目投资主体(项目业主)的角度来看，有国家投资、地方政府投资、企业投资及民间私有投资的各种建设项目。其中，以国家投资为主的建设工程项目集中在水电建设、公路建设、电网建设、铁路建设、邮电通信，以及环保工程等领域。城市基础设施建设的投资主要来源于地方政府。企业及民间投资为主的工程项目主要为各类工业与民用建筑市场。

在我国目前的建筑市场中，从事交通、水电工程建设专业的建筑业企业任务较为稳定和饱满，其经济效益也相对好些；其次是具有承担高难度技术施工任务能力的企业和专业性强的小型公司也有较好的市场环境；而那些技术装备条件一般、从事普通房屋建筑工程的建筑业企业面临的市场环境竞争则十分激烈。

1.2.3 我国建筑市场的运行状况

1. 建立和完善了有形建筑市场

多年来，我国的有形建筑市场从无到有、从小到大，使建筑产品的交易从隐蔽走向公开、从无序走向有序，创造了交易公开、竞争公平、监督公正的市场条件，从而提高了投资效益和工程质量，加快了工程建设速度。有形建筑市场在我国现代化建设中起到了良好的作用，促进了我国工程建设和建筑业的发展。至2010年年底，全国已经有524多个地(州、盟)级以上城市建立了有形建筑市场，其中工程交易中心规模的是375个，占总量的72%。

2. 实施建筑业企业资质管理改革

建筑业企业资质管理是对建筑业结构调整的重要举措，也是整顿和规范建筑市场秩序的治本之策。2001年，建设部(现住房和城乡建设部)针对建筑业供求结构失衡，生产能力过剩等问题，决定对建筑业企业资质管理进行改革。通过改革，以期达到调控建筑业规模，优化建筑业结构，并加快建立建筑市场准入和清出制度的目标。目前，这项改革已经完成，这在一定程度上为进一步整顿和规范建筑市场提供了条件。

3. 建立了有关行业执业资格制度

1995 年，国务院以第 184 号令发布了《中华人民共和国注册建筑师条例》。这是建筑设计行业管理体制改革的一个重要组成部分。注册建筑师执业制度的实施，强化了执业人员的法律地位、责任和权力，规范了市场经济条件下执业人员的行为。这对规范市场管理，提高建筑设计质量，提高设计人员队伍素质有着重要的意义和深远的影响。随后，建设部(现住房和城乡建设部)又推行注册结构工程师、造价工程师、监理工程师、建造工程师执业资格制度等，推动了建筑市场的规范进程。

4. 我国建筑市场的主体已经形成

承发包双方均已作为独立的法人，依法在市场中进行建设活动。市场交易行为不断得到规范。招投标方式的不断改进，有形建筑市场的建立和规范，有力地促进和保证了市场各方主体公开、公平、公正的竞争。建筑中介服务机构有了新的发展，各种协会、学会、研究会、工程咨询机构、招标代理机构、质量认证机构、经济鉴定机构、产品检测鉴定机构，以及为建筑业和工程建设服务的会计事务所、审计事务所、律师事务所、资产和资信评估机构、公证机构等，得到了较好的发展。建立了为建筑市场配套服务的资金市场、劳动力市场、材料市场、机械设备租赁市场、建筑技术市场等生产要素市场，初步形成了建筑市场体系。

1.2.4　我国建筑市场运行状况与发达国家的比较

1. 专业化程度

发达国家建筑业中大部分为专业承包类企业，1999 年美国专业化企业占 72.6%，日本专业化企业占 71.4%。我国建筑业的专业化水平距离欧美日等国仍有差距，以建筑大省江苏省为例，该省 2007 年共有建筑企业约 12 000 家，其中总承包企业 3 718 家，占 31%；专业承包企业 4 265 家，占 35.5%，能产生高附加值的专业企业和施工总承包企业数量不断增加。专业化程度的提高有利于建筑业通过技术进步降低成本、提高效率、增进质量，同时又避免在总承包市场上形成过度竞争，造成资源浪费。

2. 从业人员和技术水平

传统上，中国建筑业的施工工艺和技术水平较落后，管理组织水平也较低，是一个十分依赖人工的劳动力密集化和低成本的行业。目前中国建筑业从业人员的数量相当于美国、日本、英国、法国、韩国和意大利等国建筑业从业人员总和的 1.85 倍，是美国建筑业从业人员的 4.5 倍。然而，中国建筑业的年产值只相当于美国建筑业年产值的 20%。建筑业的劳动生产率(按总产值计)还不到工业及电力、煤气业的 1/3。可以看出我国建筑业的技术水平较低，是一个典型的劳动密集型行业。也正因为这样，从事建筑行业生产和服务的门槛低导致了该行业生产供给规模容易迅速膨胀。其实目前中国的建筑业已成为吸纳农村剩余劳动力的主要渠道，许多刚刚放下锄头的农民组建中小型规模的建筑队伍承包、分包建筑工程施工业务。

3. 建筑企业状况

另一方面，在中国建筑市场内，许多建筑业企业有相同的组织形式、相近的管理方式和相似的生产水平，提供无差别的产品而互相竞争。因此中国建筑市场运行状况的主要特点可以概括为生产和服务能力的过剩和产品服务内容的无差别化，这样的市场状况下的竞争把行业内建筑业企业的平均利润大幅度降低，因而许多建筑业企业只能获得远低于社会正常水平的利润。例如，一般商品市场中企业的毛利率一般在 15%～20%，净利率接近 10% 或以上。而建筑业企业的毛利率通常在 10% 左右，净利率为 2% 左右。这导致了建筑业企业自身没有资本积累的能力，阻碍了建筑业企业的规模扩张和技术创新。

建筑业行业利润普遍偏低的现象也导致了企业间的一些不正当竞争行为，使建筑市场中的交易费用增加，这又间接地减少了企业用于技术进步和提高管理水平的资源。然而，近年来中国建筑业企业的平均生产总值一直呈增长趋势，建筑业企业出现产值增长、利润下滑的现象，这种产值与利润的背离趋势反映了中国建筑业市场的过度竞争、低效运行的特征。这种现象要通过法制保护建立健康的市场优胜劣汰机制，从过度、无序的竞争向有效竞争转变，从而实现中国建筑市场的健康运行，整个建筑行业的发展和从事建筑业业务的所有企业素质的提高。

4. 市场管理

我国建筑市场管理方式和一些发达国家的主要差别和差距体现在以下几点：一是政府承担着很多对建筑业和建筑市场内部管理的职能，很多职能如执业资格审查、资质管理工程质量监督等，在发达国家大多由专业协会管理；二是法律法规尚在不断完善和建立中，虽然已经形成了法律、法规、规章相结合的三个层次的法律法规体系，但存在着法律法规滞后于建筑业和建筑市场发展的问题；三是条块分割严重，行业管理不顺。建筑市场管理的不顺畅对建筑工程企业的发展壮大有负面的影响。如企业过于依赖政府的帮助，在自身的体制创新、科技进步、管理升级方面相比国际优秀的建筑工程企业有明显的差距。国内的建筑市场环境与国际建筑市场环境也存在着差距，国际惯例和准则在国内市场体现不够充分，这对中国建筑工程企业开拓国际市场有着一定影响。

5. 建设工程项目管理体制

我国的建设工程项目管理体制，尤其是工程咨询业管理还不能与国际全面接轨，管理水平粗放，工程总承包和项目管理的市场准入机制还处于探索阶段，相关配套政策和措施远不能满足市场和国际化发展的需要。

1.3 建筑市场的构成要素

多年来，我国的建筑市场形成了由工程建设发包方、承包方和中介服务机构组成市场主体，各种形态的建筑产品及相关要素（如建筑材料、建筑机械、建筑技术和劳动力）构成市场客体。建设工程市场的主要竞争机制是招标投标形式，用法律法规和监管体系保证市场秩序、保护市场主体的合法权益。建筑市场是消费品市场的一部分，如住宅建筑等；也是生产要素市场的一部分,如工业厂房、港口、道路、水库等。

1.3.1 建筑市场的主体

市场主体是指在市场中从事交换活动的当事人,包括组织和个人。按照参与交易活动的目的不同,当事人可分为卖方、买方和商业中介机构三类。建设工程市场的主体是业主、承包商和中介机构。

1. 买方

建筑市场的买方泛指提供资金购买一定的建筑产品或服务的行为主体。在我国,一般称为建设单位或甲方,在国际工程中称为业主。

业主对建设项目的规划、筹资、设计、建设实施直至生产经营、归还贷款及债券本息等全面负责。业主既是工程项目的所有者,又是决策者,在工程项目的前期工作阶段,确定工程的规模和建设内容;在招标投标阶段,择优选定中标的承包商。

在国际建筑市场上买方可以是建筑业外部的政府部门、非金融企业、金融机构,甚至是居民,也可以来自建筑业内部。建筑业内部的买方可以是总承包公司或施工企业,例如总承包公司将建设项目的勘察和设计工作委托给勘察、设计单位,购买其服务;把项目的施工任务发包给施工安装公司,购买其施工服务。建筑业内、外买方购买的产品和服务之间的比例反映了建筑业内分工和专业化程度。这个比例越大,建筑业内分工和专业化程度越高。

在我国,建设单位除了要具备相应的资金外,还应该具备建设地点的土地使用权,并办理各种准建手续。与其他国家相同,我国建筑市场的买方以政府公共部门为主,即通常所说的国家投资。

凡国家投资项目,按照发改委颁发的《关于实行建设项目法人责任制的暂行规定》,在建设阶段必须组建项目法人,实行项目法人责任制,由项目法人对项目的策划、资金筹措、建设实施、生产经营、债务偿还和资产的保值增值实行全过程负责。推行项目法人责任制,有利于规范业主行为,提高投资效益。

对于新建的项目,应由出资的政府机关或其他机构,直接或委托某事业、企业及其他组织为该项目组建具有法人资格的专门单位,全权负责整个项目的工程建设。新建项目的法人有两种情况:一种是项目法人在项目完成交验后即完成任务,随即撤销;另一种情况是项目法人在项目建成后还要负责整个项目的经营,直到项目寿命结束。

国内的建设单位有以下几种类型。

(1) 企事业单位或其他具备法人资格的机关团体投资的新建、扩建、改建工程,建设单位一般对工程建设有较大的自主权。

(2) 由不同投资方投资或参股的工程项目,共同投资方组成董事会或工程管理委员会。

(3) 开发商自行融资兴建的工程项目,或者由投资方委托开发商建造的工程,开发商是建设单位。

(4) 投资方组建工程管理公司,由工程管理公司具体负责工程建造。建设单位是该工程管理公司。

（5）其他情况。

以上所述的建设单位一般指建筑业外的买方，近几年我国建筑业内买方也有所发展，例如工程承包商可以委托造价咨询机构提供造价咨询服务，工程总承包商可以将基础工程或者装饰工程等专业工程向分包商发包，可以将劳务向有劳务分包资质的劳务分包商发包。近几年，建筑市场运行模式更加多种多样，例如 CM 模式、交钥匙方式、BOT 方式等都由工程总承包方采取了向外发包的运营方式。

2. 卖方

建筑市场的另一类主体即建筑市场的卖方是指是指有一定生产能力、机械设备、技术专长、流动资金、具有承包工程建设任务的营业资质，在工程建设中能够按照业主的要求，提供不同形态的建筑产品，并最终得到相应工程价款的一方，包括工程承包商、设计、勘察、咨询等单位和分包队伍。这类市场主体在建筑市场上承揽施工、设计等业务，共同建造符合买方要求的建筑产品，从而获得利润回报。

为了实现这一目的，卖方尽可能地提供买方满意的、合格的或者优质的产品或服务，在竞争中取得优势。

按生产的主要形式分为勘察设计单位、施工企业、机械设备供应或租赁单位、建材供应商及提供建筑劳务的企业。按照它们提供的主要建筑产品，可分为不同的专业公司，如水电、铁路、公路、冶金、市政工程等专业公司。

3. 中介机构

中介服务机构是指具有相应的专业服务能力，在建筑市场中受承包方、发包方或政府管理部门的委托，对工程建设进行估算测量、咨询代理、建设监理等高智能服务，并取得服务费用的服务机构和其他建设专业中介服务机构。

按中介服务机构的工作内容和作用来分，可分为以下 5 种类型。

（1）为协调和约束市场主体行为的自律性机构，如建筑业协会、建设监理协会、造价管理协会等。

（2）为保证市场公平竞争的公证机构，如会计师事务所、审计师事务所、律师事务所、保险公司、资产和资信评估机构、公证机构等。

（3）为促进市场发育，降低交易成本和提高效益服务的各种咨询、代理机构，如工程咨询公司、招标代理公司、监理公司、信息服务机构等。

（4）为监督市场活动，维护市场正常秩序的检查认证机构，如质量体系认证机构，计量、检验、检测机构，鉴定机构等。

（5）为保证社会公平，建立公正的市场竞争秩序的公益机构，如以社会福利为目的的基金会、行业劳保统筹等管理机构。建筑市场中介机构的分类和作用见表 1-1。

在建筑市场的运行过程中，中介服务机构作为政府、市场、企业之间联系的纽带，具有政府行政管理无法替代的作用。而发达的建筑市场中介服务机构既是市场体系成熟的标志，又是市场经济发达的表现。目前，我国的中介服务机构远远不能适应市场经济的要求，不能满足建筑市场日益发展的需要，政府部门还需加强引导，使我国的中介服务机构尽快地与国际惯例接轨。

表 1-1　建筑市场中介机构的分类和作用

类　　型	举　　例	作　　用
社团组织 (社团法人)	建筑业协会 勘察设计协会 监理协会 注册建筑师协会	(1) 协调和约束市场主体行为 (2) 沟通行业内企业间、企业与政府间的联系 (3) 反映行业问题，发布行业信息
公证机构 (企业法人)	会计师事务所 律师事务所 公证处 仲裁机构	(1) 保障建筑市场主体的利益和权益 (2) 解决市场主体经济纠纷、维护市场秩序 (3) 提高主体的法律意识
工程咨询代理机构 (企业法人)	监理公司 工程造价事务所 招标代理机构 工程咨询机构	(1) 降低工程交易成本，提高主体效益 (2) 促进工程信息服务 (3) 保证建筑市场自身利益
检查认证机构 (事业法人或企业法人)	工程质量检测中心 质量体系认证中心 建筑定额站 建筑产品检测中心	(1) 提高建筑产品质量，监督和维护市场秩序 (2) 促进承包方加强管理 (3) 建筑产品质量的公平认证
保障机构 (事业法人或企业法人)	保险机构 社会保证机构 行业统筹管理机构	(1) 保证市场的社会公平性 (2) 充分体现社会福利性 (3) 保证市场主体的社会稳定性

1.3.2　建设工程市场的客体

建筑市场的客体是指建筑市场的买卖双方交换的对象，它既包括有形建筑产品——建筑物，又包括无形产品——各种服务。客体凝聚着承包方和中介服务机构的劳动，业主则以投入资金方式，取得它的使用价值。根据不同的生产交易阶段把建筑产品分为以下几种形态。

（1）规划、设计阶段，产品分为可行性研究报告、勘察报告、施工图设计文件等形式。

（2）招标、投标阶段，产品包括资格预审报告、招标书、投标书及合同文件等形式；市场客体是指一定量的可供交换的商品和服务，它包括有形的物质产品和无形的服务。

（3）施工阶段，产品包括各类建筑物、构筑物，以及劳动力、建材、机械设备、预制构件、技术、资金、信息等。

建筑市场各方主体以客体为对象，以承包合同的方式来明确各方的责任、权利和义务，并以合同为纽带，把一系列的专业分包商、设备供应商、银行、运输商及咨询、保险公司等联系在一起，形成经济协作关系。

1.3.3 建筑市场体系

建筑市场体系是指建筑市场结构和政府对建筑市场宏观调控的有机结合体，包括由发包方、承包方和为工程建设服务的中介服务方组成的市场主体；不同形式的建筑产品组成的市场客体；保证市场秩序、保护主体合法权益的市场机制和市场交易规则，如图 1.3 所示。

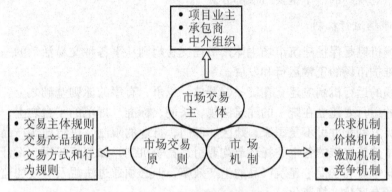

图 1.3　建筑市场体系

建筑市场交易规则是市场主体在市场交易中需要遵循的行为准则，包括市场行为规则和管理法规；建筑市场机制是保护市场主体按市场规则从事建筑业务活动的各种机制和措施，主要包括供求机制、价格机制、激励机制和竞争机制。

全面的市场体系的发育与完善，是市场化进程的标志。市场体系是实现资源优化配置，发挥供求、价格、竞争机制调节作用的前提条件，是建筑市场有效运行的重要基础。建筑市场围绕着市场主体的各种交易活动展开运行，市场机制能否顺利发挥作用，取决于是否存在一个完善的市场体系。

政府对市场的宏观调控体现在建立完善的市场规则（包括法律、法规、规范、标准和制度等）、监督和调控等方面。建筑市场主体与主体之间、主体与客体之间的关系，通过市场规则来明确和制约。

1. 建筑市场的交易规则

在建筑市场内，不同的市场主体的根本利益有较大的差异，即使是处于同一市场主体地位的不同企业（比如不同的承包商）或个人（比如执业工程师）也会有不同的交易行为。因此，要保证市场有序、健康地发展，必须有明确的运行规则来规范建筑市场各主体方的行为。建筑市场规则主要包括以下几个方面。

1）市场交易主体规则

建设项目承包商及中介组织必须具有法人资格或个人执业资格，必须遵守市场准入条件。项目业主要具有法人或自然人条件，对公共建设项目要形成项目法人。主体规则也规范各市场主体在资质和从业范围方面的条件，如项目类别和资质等级。

2）市场交易产品规则

对进入市场交易的建筑产品要界定范围，明确哪些可以和需要进入市场，哪些不可以进入市场。同时要对进入交易市场的建筑产品的质量、数量、安全等方面进行规范，不允许不安全、质量低劣的产品进入市场。建筑产品的特殊性决定了其产品规则的交验标准要由政府制定并颁布实施。

3）市场交易方式和行为规则

建筑市场的交易方式主要有邀请招标、公开招标、协议合同等形式。为了保证建筑市场交易活动的公平和公正性，需要制定相应的规则，如招标投标规则、合同内容规则等。这些规则规范了市场主体的交易行为，为公平公正竞争提供了保障。市场交易方式和行为规则是建筑市场规则的一个重要组成部分。

2. 建筑市场运行机制

建筑市场机制是保护建筑市场主体按市场交易规则从事各种交易活动的一系列市场运行机制，以维护市场的正常运行和发展。

建筑市场的运行机制应建立在统一、开放、竞争、有序的原则基础之上。统一是指建筑市场机制的运行要建立在统一的建筑法规、条例、标准、规范的平台之上；开放是指建筑市场中的买方和卖方可不受国家、地区、部门、行业的限制，进行建筑产品的生产和交换；竞争是指建筑生产的各个委托环节均要引进竞争机制，如招标投标、设计方案竞赛等竞争方式。竞争有利于促进建筑产品的生产效率，但必须通过法规及有效的监督管理机制引导建筑市场有序化、规范化。

建筑市场运行机制包括价格机制、竞争机制、供求机制、风险机制、货币流通机制等，它们各有不同的作用范围和内容，彼此制约、相互影响，从而推动建筑市场的正常运行。

1.4 建筑市场的管理

1.4.1 建筑市场参与者的管理

1. 买方的管理

建筑产品需求者就是意欲获得某种建筑产品且有相应支付能力的用户，在市场上处于买方地位，作为市场主体之一，是建筑市场的驱动力量。

在我国，进入建筑市场的买方需要具备以下条件。

（1）建筑场地必须获得土地所有权或使用权证书。

（2）土地用途和技术要求符合有关规定。

（3）设计经审查批准并取得建设工程规划许可证。

作为建筑市场的买方，必须承担以下义务。

（1）遵守相关法律、法规、规章和方针、政策。

（2）接受招标投标管理机构管理和监督的义务。

（3）不侵犯投标人合法权益的义务。

（4）委托代理招标时向代理机构提供招标所需资料、支付委托费用等义务。

（5）与中标人签订并履行合同的义务。

（6）承担依法约定的其他各项义务。

 案例 1.1

围标案例

某房地产公司对某房建工程进行招标。招标公告发布之后，某建筑公司与该房地产公司进行私下交易，最后房地产公司决定将此工程给这家建筑公司。为了减少竞争，由房地产公司出面邀请了几家私交比较好的施工单位前来投标，并事先将中标意向透露给这几家参与投标的单位，暗示这几家施工单位投标书制作得马虎一些。后来在投标的时候，被邀请的几家单位和某建筑公司一起投标，但是由于邀请的几家单位的投标人未经认真制作，报价都比较高，最后评委推荐某建筑公司为中标候选人。某建筑公司如愿承包了此项工程。

[解析]

这个案例是俗称的"围标"，其操作之所以能够成功，归根结底是竞争参与人均是来围标的，如果说这个案例中看到招标公告后来参与竞争的不限于围标的这几家单位，那么结果也就不是这些围标人员所能操控的，所以招投标可信度评价标准是将这一问题作了如下理解：招标公告公开方式是否足以在一个较大范围内产生竞争；其公开的信息是否充分体现了项目的竞争的价值以引起充分竞争。在一个充分竞争的市场环境里，有价值的招标项目进入交易市场后，参与竞争人实质上是处于不可确定的状态，而这种不可确定的状态恰恰是围标的天敌。

 小知识

围标与陪标

围标也称串通招标投标，是指招标人与投标人之间或者投标人与投标人之间采用不正当手段，对招标投标事项进行串通，以排挤竞争对手或者损害招标人利益的行为。《中华人民共和国招标投标法》规定，招标人无论是采用公开招标还是邀请招标方式，都应当有3个以上具备承担招标项目的能力、资信良好的特定法人或者其他组织参与投标，对招标文件进行实质性的响应，所以有时某一承包商就联系几家关系单位参加投标，以确保其能够中标。那些被伙同进行围标的单位的行为被称为"陪标"。可见，陪标与围标是不可分的，陪标是围标过程中的一种现象。无论他们的行为如何表现，都是通过不正当手段，排挤其他竞争者，以达到使某个利益相关者中标，从而谋取利益的目的。围标主要有以下两种表现。

（1）招标人与投标人之间进行串通。

有的招标人事先内定中标单位，通过制定有利于某个投标人的招标公告或招标文件及评标细则，或者制定歧视性的条款以排斥其他投标人；有的投标人与招标人采取欺诈的方式，用大大低于成本价的低价中标，将其他不明真相的投标人排除在外，然后在施工中采取变更工程量、多算工程量或材料人工费等手段提高决算价格获利；有的招标人与投标人私下事先约定将利润较大的部分收回另行分包，并以此作为投标的门槛。

（2）投标人之间进行串通。

有的无资质的投标人通过不正当手段疏通关系，假借大的工程建设单位的资质进行投标或施工，而一些有资质的工程建设单位为收取管理费或分得一定的工程量，以分包、联营、项目经营等方式将资质借与他人获利；有的投标人向数家有资质的建设单位挂靠投标，通过编制不同的投标方案进行围标，从而将其他投标人排挤出局；有的投标人故意废标，给关系单位陪标，增加关系单位的中标率，有的投标人互相配合，轮流中标。

关于"串通投标罪"刑事责任。

《招标法》中对何为"串通投标"行为并未作出具体、明确的规定。为了规范招标投标市场秩序，根据最高人民检察院、公安部于2010年5月7日发布的《关于公安机关管辖的刑事案件立案追诉标准的规定(二)》第七十六条的规定，投标人相互串通投标报价，或者投标人与招标人串通投标，涉嫌下列情形之一的，应予立案追诉：(一)损害招标人、投标人或者国家、集体、公民的合法利益，造成直接经济损失数额在五十万元以上的；(二)违法所得数额在十万元以上的；(三)中标项目金额在二百万元以上的；(四)采取威胁、欺骗或者贿赂等非法手段的；(五)虽未达到上述数额标准，但两年内因串通投标，受过行政处罚二次以上，又串通投标的；(六)其他情节严重的情形。根据该规定，依法必须进行招标的项目中的串通投标行为，都已达到刑事立案追诉的标准。该规定为依法立案追究串通投标违法行为人的刑事责任提供了明确的处理依据。2012年颁布的《招标投标法实施条例》对"串通投标"行为作出了明确规定。

2. 卖方的管理

建筑活动的专业性及技术性都很强，而且建设工程投资大、周期长，一旦发生问题将给社会和人民的生命财产安全造成极大损失。因此，为保证建设工程的质量和安全，对从事建设活动的单位必须实行从业资格管理，即资质管理制度。

我国建筑法规定，对从事建筑活动的施工企业、勘察设计单位、工程咨询机构(含监理单位)实行资质管理。

1) 工程勘察设计企业资质管理

我国建设工程勘察设计资质分为工程勘察资质、工程设计资质。工程勘察资质分为工程勘察综合资质(甲级)、工程勘察专业资质(甲、乙、丙级)和工程勘察劳务资质(不分级)；工程设计资质分为工程设计综合资质(不分级)、工程设计行业资质(甲、乙、丙级)、工程设计专项资质(甲、乙级)。

建设工程勘察、设计企业应当按照其拥有的注册资本、专业技术人员、技术装备和业绩等条件申请资质，经审查合格，取得建设工程勘察、设计资质证书后，方可在资质等级许可的范围内从事建设工程勘察设计活动。国务院建设行政主管部门及各地建设行政主管部门负责工程勘察、设计企业资质的审批、晋升和处罚。我国勘察设计企业的业务范围参见表1-2的有关规定。

表1-2 我国勘察设计企业的业务范围

企业类别	资质分类	等级	承担业务范围
勘察企业	综合资质	甲级	承担工程勘察业务范围和地区不受限制
	专业资质(分专业设立)	甲级	承担本专业工程勘察业务范围和地区不受限制
		乙级	可承担本专业工程勘察中、小型工程项目，承担工程勘察业务的地区不受限制
		丙级	可承担本专业工程勘察小型工程项目，承担工程勘察业务限定在省、自治区、直辖市所辖行政区范围内
	劳务资质	不分级	承担岩石工程治理、工程钻探、凿井等工程勘察劳务工作，承担工程勘察劳务工作的地区不受限制

企业类别	资质分类	等级	承担业务范围
设计企业	综合资质	不分级	承担工程设计业务范围和地区不受限制
	行业资质（分行业设立）	甲级	承担相应行业建设项目的工程设计范围和地区不受限制
		乙级	承担相应行业的中、小型建设项目的工程设计任务，地区不受限制
		丙级	承担相应行业的小型建设项目的工程设计任务，地区限定在省、自治区、直辖市所辖行政区范围内
	专项资质（分专业设立）	甲级	承担大、中、小型专项工程设计的项目，地区不受限制
		乙级	承担中、小型专项工程设计的项目，地区不受限制

2）建筑业企业资质管理

建筑业企业是指从事土木工程、建筑工程、线路管道及设备安装工程、装修工程等的新建、扩建、改建活动的企业。

我国的建筑业企业分为施工总承包企业、专业承包企业和劳务分包企业。施工总承包企业又按工程性质分为房屋、公路、铁路、港口、水利、电力、矿山、冶金、化工石油、市政公用、通信、机电等 12 个类别；专业承包企业又根据工程性质和技术特点划分为 60 个类别；劳务分包企业按技术特点划分为 13 个类别。工程施工总承包企业资质等级分为特、一、二、三级；施工专业承包企业资质等级分为一、二、三级；劳务分包企业资质等级分为一、二级或不分级。这三类企业的资质等级标准，由建设部统一组织制定和发布。工程施工总承包企业和施工专业承包企业的资质实行分级审批。特级和一级资质由建设部审批；二级以下资质由企业注册所在地省、自治区、直辖市人民政府建设主管部门审批；劳务分包企业资质由企业所在地省、自治区、直辖市人民政府建设主管部门审批。经审查合格的企业，由资质管理部门颁发相应等级的建筑业企业(施工企业)资质证书。我国建筑业企业承包工程范围见表 1-3。

表 1-3 我国建筑业企业承包工程范围

企业类别	等级	承包工程范围
施工总承包企业(12类)	特级	(以房屋建筑工程为例)可承担各类房屋建筑工程的施工
	一级	(以房屋建筑工程为例)可承担单项建安合同额不超过企业注册资本金 5 倍的下列房屋建筑工程的施工：①40 层及以下、各类跨度的房屋建筑工程；②高度 240m 及以下的构筑物；③建筑面积 20 万 m² 及以下的住宅小区或建筑群体
	二级	(以房屋建筑工程为例)可承担单项建安合同额不超过企业注册资本金 5 倍的下列房屋建筑工程的施工：①28 层及以下、单跨跨度 36m 以下的房屋建筑工程；②高度 120m 及以下的构筑物；③建筑面积 11 万 m² 及以下的住宅小区或建筑群体
	三级	(以房屋建筑工程为例)可承担单项建安合同额不超过企业注册资本金 5 倍的下列房屋建筑工程的施工：①14 层及以下、单跨跨度 24m 以下的房屋建筑工程；②高度 70m 及以下的构筑物；③建筑面积 6 万 m² 及以下的住宅小区或建筑群体

续表

企业类别	等级	承包工程范围
专业承包企业(60类)	一级	(以土石方工程为例)可承担各类土石方工程的施工
	二级	(以土石方工程为例)可承担单项合同额不超过企业注册资本金5倍且60万m^3及以下的石方工程的施工
	三级	(以土石方工程为例)可承担单项合同额不超过企业注册资本金5倍且15万m^3及以下的石方工程的施工
劳务分包企业(13类)	一级	(以木工作业为例)可承担各类工程木工作业分包业务,但单项合同额不超过企业注册资本金的5倍
	二级	(以木工作业为例)可承担各类工程木工作业分包业务,但单项合同额不超过企业注册资本金的5倍

3) 工程咨询单位资质管理

我国对工程监理、招标代理、工程造价等咨询机构也实行资质等级管理。

工程监理企业资质按照等级划分为综合资质、专业资质和事务所资质。其中,专业资质按照工程性质和技术特点划分为14个工程类别,综合资质、事务所资质不设类别。专业资质分为甲级、乙级,其中房屋建筑、水利水电、公路和市政公用专业资质可设立丙级。综合资质可以承担所有专业工程类别建设工程项目的工程监理业务。专业资质中,丙级监理单位只能监理相应专业类别的三级工程;乙级监理单位只能监理相应专业类别的二、三级工程;甲级监理单位可以建立相应专业类别的所有工程。事务所资质可以承担三级建设工程项目的监理业务,但国家规定必须实行监理的工程除外。

工程招标代理机构资质等级划分为甲级和乙级。乙级招标代理机构只能承担工程投资额(不含征地费、大市政配套费与拆迁补偿费)300万元以下的工程招标代理业务,地区不受限制;甲级招标代理机构承担工程的范围和地区不受限制。

工程造价咨询机构资质等级划分为甲级和乙级。乙级工程造价咨询机构在本省、自治区、直辖市所辖行政区域范围内承接中、小型建设项目的工程造价咨询业务;甲级工程造价咨询机构承担工程的范围和地区不受限制。工程咨询单位的资质评定条件包括注册资金、专业技术人员和业绩三方面的内容,不同资质等级的标准均有具体规定。

4) 材料设备供应单位的资质管理

材料设备供应单位,包括具有法人资格的建筑工程材料设备生产、制造厂家,材料设备公司、设备成套承包公司等。目前,我国对建筑工程材料设备供应单位实行资质管理的,主要是混凝土预制构件生产企业、商品混凝土生产企业和机电设备成套供应单位。

混凝土预制构件生产企业和商品混凝土生产企业参加建筑工程材料设备招标投标活动,必须持有相应的资质证书,并在其资质证书许可的范围内进行。混凝土预制构件生产企业、商品混凝土生产企业的专业技术人员参加建筑工程材料设备招标投标活动,应持有相应的执业资格证书,并在其执业资格证书许可的范围内进行。

机电设备成套供应单位参加建筑工程材料设备招标投标活动,必须持有相应的资质证书,并在其资质证书许可的范围内进行。机电设备成套供应单位的专业技术人员参加建筑工程材料设备招标投标活动,应持有相应的执业资格证书,并在其执业资格证书许可的范围内进行。

1.4.2 专业人士资格管理

在建设工程市场中，把具有从事工程咨询资格的专业工程师称为专业人士。

专业人士在建设工程市场管理中起着非常重要的作用，由于他们的工作水平对工程项目建设成败具有重要的影响，对专业人士的资格条件要求很高。从某种意义上说，政府对建设工程市场的管理，一方面要靠完善的建筑法规，另一方面要依靠专业人士。

我国专业人士制度是近几年才从发达国家引入的，目前，已经确定专业人士的种类有注册建筑工程师、结构工程师、监理工程师、造价工程师、建造工程师、岩土工程师、安全工程师、招标师等。由全国资格考试委员会负责组织专业人士的资格考试。由建设行政主管部门负责专业人士注册专业人士的资格和注册条件为：大专以上的专业学历、参加全国统一考试且成绩合格、具有相关专业的实践经验即可取得注册工程师资格。国外的咨询单位具有民营化、专业化、小规模的特点。许多工程咨询单位是以专业人士个人名义进行注册。由于工程咨询单位规模小，无法承担咨询错误造成的经济风险，所以国际上的做法是购买专项责任保险，在管理上实行专业人士执业制度，对工程咨询从业人员管理，一般不实行对咨询单位资质管理制度。

目前我国专业人士制度尚处在起步阶段，但随着建设工程市场的进一步完善，对它的管理会进一步规范化和制度化。

1.5 建设工程交易中心

1.5.1 建设工程交易中心的性质

建设工程交易中心是依据国家法律法规成立，为建设工程交易活动提供相关服务，依法自主经营、独立核算、自负盈亏，具有法人资格的服务性经济实体。

建设工程交易中心是一种有形的建设工程市场。

1.5.2 建设工程交易中心应具备的功能

依据国办法〔2002〕21号国务院办公厅转发《建设部国家计委监察部关于健全和规范有形建筑市场若干意见》通知的要求：有形建筑市场要为建设工程招标投标活动服务，包括开标、评标、定标等，提供设施齐全、服务规范的场所；收集、存贮和发布招标投标信息、政策法规信息、企业信息、材料设备价格信息、科技和人才信息、分包信息等，为建设工程交易各方提供信息咨询服务；为政府主管部门实施监督和管理提供条件。有形建筑市场要积极完善并拓展服务功能，为总包、分包双方依法开展经营活动提供优良的服务。建筑工程交易中心功能归纳如下。

1. 场所服务功能

交易中心一般具备信息发布大厅、洽谈室、开标室、会议室及其他相关实施，为工程承发包交易双方包括建设工程发布招标公告、资格预审、开标、评标、定标、合同谈判等提供场所服务。

2. 信息服务功能

交易中心配备有电子墙、计算机网络工作站，以收集、存储和发布各类工程信息、法律法规、造价信息、价格信息、专业人士信息等。

3. 集中办公功能

建设行政主管部门的各职能机构进驻建设工程交易中心，为建设项目进入有形建筑市场进行项目报建、招标投标交易和办理有关批准手续进行集中办公和实施统一管理监督。由于其具有集中办公功能，因此建设工程交易中心只能集中设立，每个城市原则上只能设立一个，特大城市可以根据需要设立区域性分中心，在业务上受中心领导。

4. 监督管理功能

有形建筑市场发现建设工程招投标活动中的违法违规行为，负有及时向有关部门报告的责任，并应当协助政府有关部门进行调查。在征得招标人和投标人同意后，有形建筑市场应当妥善保存建设工程招标投标活动中产生的有关资料、原始记录等，制定相应的查询制度和保密措施，以便于有关部门加强对建设工程交易活动的监督和管理。

5. 咨询服务功能

中心提供技术、经济、法律等方面的咨询服务。

1.5.3 建设工程交易中心的管理

建设工程交易中心要逐步建成包括建设项目工程报建、招标投标、承包商、中介机构、材料设备价格和有关法律法规等的信息中心。

各级建设工程招标投标监督管理机构负责建设工程交易中心的具体管理工作。

新建、扩建、改建的限额以上建设工程，包括各类房屋建筑、土木工程、设备安装、管道线路铺设、装饰装修和水利、交通、电力等专业工程的施工、监理、中介服务、材料设备采购，都必须在有形建设市场进行交易。凡应进入建设工程交易中心而在场外交易的，建设行政主管部门不得为其办理有关工程建设手续。

1.5.4 建设工程交易中心运作的一般程序

按有关规定，建设工程项目进入建设工程交易中心后按下列程序进行(图1.4)。

(1) 建设工程项目的报建。在建设工程项目的立项批准文件或投资计划下达后，建设单位根据《工程建设项目报建管理办法》规定的要求进行报建。报建的内容主要包括：工程名称、建设地点、投资规模、资金来源、当年投资额、工程规模、工程筹建情况、计划开竣工日期等。

(2) 确定招标方式。招标人填写"建设工程招标申请表"，并经上级主管部门批准后，连同"工程建设项目报建审查登记表"报招标管理机构审批。招标管理机构依据《中华人

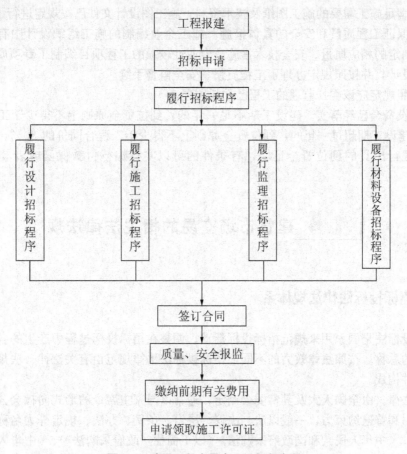

图1.4 建设工程交易中心运行程序图

民共和国招标投标法》（以下简称《招标投标法》）和有关规定确认招标方式。

（3）履行招标投标程序。招标人依据《招标投标法》和有关规定，履行建设项目包括建设项目的勘察、设计、施工、监理，以及与工程建设有关的设备材料采购等的招标投标程序。

（4）签订合同。自发出中标通知书之日起30天内，发包单位与中标单位签订承包合同。

（5）按规定进行质量、安全监督登记。

（6）统一缴纳有关工程前期费用。

（7）领取建设工程施工许可证。

根据《建设工程施工许可管理办法》的规定，申请领取施工许可证需要满足下列条件。

① 已经办理完该建筑工程用地批准手续。

② 在城市规划区的建筑工程，已经取得建设工程规划许可证。

③ 施工场地已经基本具备施工条件，需要拆迁的，其拆迁进度符合施工要求。

④ 已经确定施工企业。按照规定应该招标的工程没有招标，应该公开招标的工程没有公开招标，或者肢解发包工程，以及将工程发包给不具备相应资质条件的，所确定的施工企业无效。

⑤ 有满足施工需要的施工图纸及技术资料，施工图设计文件已按规定进行了审查。

⑥ 有保证工程质量和安全的具体措施。施工企业编制的施工组织设计中有根据建筑工程特点制定的相应质量、安全技术措施，专业性较强的工程项目编制了专项质量、安全施工组织设计，并按照规定办理了工程质量、安全监督手续。

⑦ 按照规定应该委托监理的工程已委托监理。

⑧ 建设资金已经落实。建设工期不足一年的，到位资金原则上不得少于工程合同价的 50%，建设工期超过一年的，到位资金原则上不得少于工程合同价的 30%。建设单位应当提供银行出具的到位资金证明，有条件的可以实行银行付款保函或者其他第三方担保。

1.6 建筑市场交易的相关法律法规

1.6.1 招标投标法律法规体系

招标投标法是国家用来规范招标投标活动、调整在招标投标过程中产生的各种关系的法律规范的总称。按照法律效力的不同，招标投标法法律规范由有关法律、法规、规章及规范性文件构成。

(1) 法律。由全国人大及其常委会制定，通常以国家主席令的形式向社会公布，具有国家强制力和普遍约束力，一般以法、决议、决定、条例、办法、规定等为名称。如《招标投标法》、《中华人民共和国政府采购法》(以下简称《政府采购法》)、《中华人民共和国合同法》(以下简称《合同法》)等。

(2) 法规。包括行政法规和地方性法规。

行政法规，由国务院制定，通常由总理签署国务院令公布，一般以条例、规定、办法、实施细则等为名称。如 2012 年颁布的《中华人民共和国招标投标法实施条例》(简称《条例》)是与《招标投标法》配套的一部行政法规。针对《条例》和部门规章不一致或需要补充的情形，2013 年 3 月 11 日，国家发改委、工信部、财政部、住建部、交通部、铁道部、水利部、广电总局、民航总局九部委联合以发改委 2013 年 23 号令(以下简称"23 号令")的形式对先期颁布的 11 件部门规章的部分条款做了修改。

地方性法规，由省、自治区、直辖市及较大的市(省、自治区政府所在地的市，经济特区所在地的市，经国务院批准的较大的市)的人大及其常委会制定，通常以地方人大公告的方式公布，一般使用条例、实施办法等名称，如《北京市招标投标条例》。

(3) 规章。包括国务院部门规章和地方政府规章。

国务院部门规章，是指国务院所属的部、委、局和具有行政管理职责的直属机构制定，通常以部委令的形式公布，一般以办法、规定等为名称。包括：

①《工程建设项目勘察设计招标投标办法》、《工程建设项目施工招标投标办法》、《工程建设项目货物招标投标办法》；

②《建设工程涉及招标投标管理办法》、《房屋建筑和市政基础设施工程施工招标投标管理办法》、《政府采购货物和服务招标投标管理办法》；

③《工程建设项目自行招标试行办法》、《工程建设项目招标范围和规模标准规定》、《评标委员会和评标办法暂行规定》、《工程建设项目招标代理机构资格认定办法》等。

地方政府规章，由省、自治区、直辖市、省及自治区政府所在地的市、经国务院批准的较大的市的政府制定，通常以地方人民政府令的形式发布，一般以规定、办法等为名称。如北京市人民政府制定的《北京市工程建设项目招标范围和规模标准的规定》（北京市人民政府令2001年第89号）。

（4）行政规范性文件。各级政府及其所属部门和派出机关在其职权范围内，依据法律、法规和规章制定的具有普遍约束力的具体规定。如《国务院办公厅印发国务院有关部门实施招标投标活动行政监督的职责分工意见的通知》（国办发[2000]34号），就是依据《招标投标法》第7条的授权作出的有关职责分工的专项规定；《国务院办公厅关于进一步规范招投标活动的若干意见》（国办发[2004]56号）则是为贯彻实施《招标投标法》，针对招标投标领域存在的问题从七个方面作出的具体规定。

这些法律法规正在逐步形成并完善了我国建设工程招标投标法律体系。

1.6.2 建筑法

我国从1998年开始实行的《中华人民共和国建筑法》（简称《建筑法》）对建筑工程发承包、建筑许可、建筑监理、生产安全、质量管理等方面进行了明确规定。

1. 对"建筑工程施工许可"的规定

新建、扩建、改建的建设工程，建设单位必须在建设工程立项批准后，工程发包前，向建设行政主管部门或其授权的部门办理报建登记手续，申请领取工程施工许可证。未办理报建登记手续的工程，不得发包，不得签订工程合同，不得开工。《建筑法》规定："建筑工程开工前，建设单位应当按照国家有关规定向工程所在地县级以上人民政府建设行政主管部门申请领取施工许可证；但是，国务院建设行政主管部门确定的限额以下的小型工程除外。"

2. 对建筑工程发包与承包的规定

1）对发包的规定

《建筑法》规定："建筑工程依法实行招标发包，对不适于招标发包的可以直接发包。"建筑工程实行招标发包的，发包单位应当将建筑工程发包给依法中标的承包单位。建筑工程实行直接发包的，发包单位应当将建筑工程发包给具有相应资质条件的承包单位。政府及其所属部门不得滥用行政权力，限定发包单位将招标发包的建筑工程发包给指定的承包单位。

提倡对建筑工程实行总承包，禁止将建筑工程肢解发包。建筑工程的发包单位可以将建筑工程的勘察、设计、施工、设备采购一并发包给一个工程总承包单位，也可以将建筑工程勘察、设计、施工、设备采购的一项或者多项发包给一个工程总承包单位。但是，不得将应当由一个承包单位完成的建筑工程肢解成若干部分发包给几个承包单位。

2）对承包的规定

（1）承包单位的资质管理。承包建筑工程的单位应当持有依法取得的资质证书，并在其资质等级许可的业务范围内承揽工程。禁止建筑施工企业超越本企业资质等级许可的业务范围或者以任何形式用其他建筑施工企业的名义承揽工程。禁止建筑施工企业以任何形式允许其他单位或者个人使用本企业的资质证书、营业执照，以本企业的名义承揽工程。

（2）联合承包。大型建筑工程或者结构复杂的建筑工程，可以由两个以上的承包单位联合共同承包。共同承包的各方对承包合同的履行承担连带责任。两个以上不同资质等级的单位实行联合共同承包的，应当按照资质等级低的单位的业务许可范围承揽工程。

（3）禁止建筑工程转包。禁止承包单位将其承包的全部建筑工程转包给他人，禁止承包单位将其承包的全部建筑工程肢解以后以分包的名义分别转包给他人。

（4）建筑工程分包。建筑工程总承包单位可以将承包工程中的部分工程发包给具有相应资质条件的分包单位；但是，除总承包合同中约定的分包外，必须经建设单位认可。施工总承包的，建筑工程主体结构的施工必须由总承包单位自行完成。

建筑工程总承包单位按照总承包合同的约定对建设单位负责；分包单位按照分包合同的约定对总承包单位负责；总承包单位和分包单位就分包工程对建设单位承担连带责任。

禁止总承包单位将工程分包给不具备相应资质条件的单位。禁止分包单位将其承包的工程再分包。

1.6.3　建设工程招标投标活动监管

建设工程招标投标涉及国家利益、社会公共利益和公众安全，因而必须对其实行强有力的政府监管。建设工程招标投标活动及其当事人应当接受依法实施的监督管理。

1. 建设工程招标投标监管体制

建设工程招标投标涉及各行各业的很多部门，如果都各自为政，必然会导致建设市场混乱无序，无从管理。为了维护建筑市场的统一性、竞争的有序性和开放性，国家明确指定了一个统一归口的建设行政主管部门，即住房和城乡建设部，它是全国最高招标投标管理机构。在建设部的统一监管下，实行省、市、县三级建设行政主管部门对所辖行政区内的建设工程招标投标分级管理。各级建设行政主管部门作为本行政区域内建设工程招标投标工作的统一归口监督管理部门，其主要职责有以下几点。

（1）从指导全社会的建筑活动、规范整个建筑市场、发展建筑产业的高度研究制定有关建设工程招标投标的发展战略、规划、行业规范和相关方针、政策、行为规则、标准和监管措施，组织宣传、贯彻有关建设工程招标投标的法律、法规、规章，进行执法检查监督。

（2）指导、检查和协调本行政区域内建设工程的招标投标活动，总结交流经验，提供高效率的规范化服务。

（3）负责对当事人的招标投标资质、中介服务机构的招标投标中介服务资质和有关专业技术人员的执业资格的监督，开展招标投标管理人员的岗位培训。

（4）会同有关专业主管部门及其直属单位办理有关专业工程招标投标事宜。

（5）调解建设工程招标投标纠纷，查处建设工程招标投标违法、违规行为，否决违反招标投标规定的定标结果。

2. 建设工程招标投标分级管理

建设工程招标投标分级管理，是指省、市、县三级建设行政主管部门依照各自的权限，对本行政区域内的建设工程招标投标分别实行管理，即分级属地管理。这是建设工程招标投标管理体制内部关系中的核心问题。实行这种建设行政主管部门系统内的分级属地管理，是现行建设工程项目投资管理体制的要求，也是进一步提高招标工作效率和质量的重要措施，有利于更好地实现建设行政主管部门对本行政区域建设工程招标投标工作的统一监管。

3. 建设工程招标投标监管机关

建设工程招标投标监管机关，是指经政府或政府主管部门批准设立的隶属于同级建设行政主管部门的省、市、县建设工程招标投标办公室。

1）建设工程招标投标监管机关的性质

各级建设工程招标投标监管机关从机构设置、人员编制来看，其性质通常都是代表政府行使行政监管职能的事业单位。建设行政主管部门与建设工程招标投标监管机关之间是领导与被领导关系。省、市、县(市)招标投标监管机关的上级与下级之间有业务上的指导和监督关系。这里必须强调的是，建设工程招标投标监管机关必须与建设工程交易中心和建设工程招标代理机构实行机构分设，职能分离。

2）建设工程招标投标监管机关的职权

建设工程招标投标监管机关的职权主要包括以下几个方面。

(1) 办理建设工程项目报建登记。

(2) 审查发放招标组织资质证书、招标代理人及标底编制单位的资质证书。

(3) 接受招标人申报的招标申请书，对招标工程应当具备的招标条件、招标人的招标资质或招标代理人的招标代理资质、采用的招标方式进行审查认定。

(4) 接受招标人申报的招标文件，对招标文件进行审查认定，对招标人要求变更发出后的招标文件进行审批。

(5) 对投标人的投标资质进行复查。

(6) 对标底进行审定，可以直接审定，也可以将标底委托银行及其他有能力的单位审核后再审定。

(7) 对评标定标办法进行审查认定，对招标投标活动进行全过程监督，对开标、评标、定标活动进行现场监督。

(8) 核发或者与招标人联合发出中标通知书。

(9) 审查合同草案，监督承发包合同的签订和履行。

(10) 调解招标人和投标人在招标投标活动中或履行合同过程中发生的纠纷。

(11) 查处建设工程招标投标方面的违法行为，依法受委托实施相应的行政处罚。

建设工程招标投标监管机关的职权，概括起来可分为两个方面：一方面是承担具体负责建设工程招标投标管理工作的职责。也就是说，建设行政主管部门作为本行政区域内建设工程招标投标工作统一归口管理部门的职责，具体是由招标投标监管机关来全面承担的。这时，招标投标监管机关行使职权是在建设行政主管部门的名义下进行的。另一方面，是在招投标管理活动中享有可独立以自己的名义行使的管理职权。

下面，我们通过一个案例学习对建筑市场违规行为的监管。

案例 I.2

一起典型的建设单位将工程肢解发包，施工单位
超越本单位资质且无建筑工程施工许可证违法施工案

2008 年 3 月中旬，某市建筑市场监察支队至某工程检查时，发现该工程建设单位将工程桩基部分肢解发包给 A、B 两家桩基施工单位(其中 A 桩基施工单位不具有相应的资质等级)，且开工时未办理出工程质量监督手续和建筑工程施工许可证；A 桩基施工单位超越本单位资质等级允许范围承接工程，且无建筑工程施工许可证违法施工；B 桩基施工单位无建筑工程施工许可证违法施工。

该工程总建筑面积约 150 000m²，工程合同总造价约 2 亿元，共有 19 个单体，地下室一层，工程分为两个标段。

A 桩基施工单位(为地基基础专业承包三级资质)承接部分工程桩基合同造价约 800 万元；B 桩基施工单位承接部分工程桩基合同造价约 1 000 万元，工程于 2007 年 12 月下旬开工，2008 年 1 月中旬才办理了工程质量监督手续和建筑工程施工许可证，至检查时工程桩已全部施工完毕。

[解析]

该工程的建设单位在工程建设过程中将桩基工程肢解发包给两家桩基施工单位(其中一家不具有相应资质等级)，且开工时未办理工程质量监督手续和建筑工程施工许可证，已经违反了《中华人民共和国建筑法》第七条第一款(建筑工程开工前，建设单位应当按照国家有关规定向工程所在地县级以上人民政府建设行政主管部门申请领取施工许可证)、第二十四条第一款(提倡对建筑工程实行总承包，禁止将建筑工程肢解发包)，国务院令第 279 号《建设工程质量管理条例》第七条(建设单位应当将工程发包给具有相应资质等级的单位；建设单位不得将建设工程肢解发包)、第十三条(建设单位在领取施工许可证或者开工报告前，应当按照国家有关规定办理工程质量监督手续)的规定。根据国务院令第 279 号《建设工程质量管理条例》第五十五条(违反本条例规定，建设单位将建设工程肢解发包的，责令改正，处工程合同价款 0.5% 以上 1% 以下的罚款)的规定对建设单位进行处罚。

A 桩基施工单位超越本单位资质等级允许范围(三级资质可承担工程造价 300 万元及以下)承接工程，且无建筑工程施工许可证而违法施工，违反了《中华人民共和国建筑法》第二十六条(承包建筑工程的单位应当持有依法取得的资质证书，并在其资质等级许可的业务范围内承揽工程)，国务院令第 279 号《建设工程质量管理条例》第二十五条第二款(禁止施工单位超越本单位资质等级许可的业务范围或者以其他施工单位的名义承揽工程)，建设部第 91 号令《建筑工程施工许可管理办法》第三条第一款(本办法规定必须申请领取施工许可证的建筑工程未取得施工许可证的，一律不得开工)的规定；根据国务院令第 279 号《建设工程质量管理条例》第六十条(违反本条例规定，勘察、设计、施工、工程监理单位超越本单位资质等级承揽工程的，责令停止违法行为，对施工单位处工程合同价款 2% 以上 4% 以下的罚款)的规定对 A 桩基施工单位进行处罚。

B 桩基施工单位无建筑工程施工许可证违法施工，违反了建设部第 91 号令《建筑工程施工许可管理办法》第三条第一款(本办法规定必须申请领取施工许可证的建筑工程未取得施工许可证的，一律不得开工)的规定；根据建设部第 91 号令《建筑工程施工许可管理办法》第十条(对未取得施工许可证或者规避办理施工许可证将工程分解后擅自施工的，由有管辖权的发证机关责令改正，对于不符合开工条件的责令停止施工，并对建设单位和施工单位分别处以罚款)、第十三条(本办法中的罚款、法律、法规有幅度规定的从其规定，有违法所得的处 5 000 元以上 30 000 元以下的罚款)的规定对 B 桩基施工单位进行处罚。

本 章 小 结

本章重点介绍了建筑市场的基本概念，对狭义的建筑市场和广义的建筑市场概念进行了详细介绍，并分析了建筑市场的特点，全面而系统地介绍了建筑市场的结构和构成要素。本章还介绍了我国建筑市场的现状和发展趋势，简要介绍了建设工程交易中心的性质、功能、运作程序等，同时介绍了与建筑市场交易相关的法律法规。

阅读材料

中国建筑市场的潜力

我国目前正处于建设快速发展时期，近年来投资建设了一大批举世瞩目的特大型建设项目。已投入运营的，如长江三峡二期工程、黄河小浪底水利枢纽、航天器试验装配及发射系统、西气东输、上海磁悬浮轨道工程等。正在建设的，如西电东送、南水北调、青藏铁路、润扬和苏通长江大桥、中海壳牌石化工程、国家大剧院、奥运场馆等项目。这些项目的开发建设，都带动了建筑市场的快速发展。再加上其他的一些项目，包括能源、交通、通信、水利、城市基础设施、环境改造、城市商业中心、住宅建设等，还有卫星城开发、小城镇建设等，使中国的建筑市场发展迅速，进入了快速发展的阶段。

中国加入WTO、"十五"计划、北京奥运、西部大开发、南水北调等数以千亿美元计的商机使中国建筑业成为全世界建筑业关注的焦点。北京申奥成功后，中国建筑业市场更是受到了国际社会的关注。巨大的市场吸引着全球各国的大型跨国建筑公司，这给中国建筑企业带来严峻的竞争压力。目前中国建筑业已初具规模，据美国《工程新闻纪录》2012年的排名，在世界最强225家工程承包商中，中国企业占到了59个。

2009年，《全球建筑业前景》和《牛津经济学》联合发布的《全球建筑业2020报告》预测，从2009—2020年，只有尼日利亚和印度的建筑业增长速率会超过中国。尽管印度的建筑业会高速增长，但10年后中国建筑市场的规模仍将是印度的3～4倍。中国最快将于2018年超过美国成为全球最大的建筑业市场。这份报告认为，届时中国庞大的建筑业市场将拥有近2.4万亿美元的产值，并占全球建筑业市场产值的19.1%。

《全球建筑业前景》的建筑业专家米克·贝茨对记者谈到："中国的建筑业市场非常庞大。很久以来，美国一直在这方面保持着第一的位置，而且在未来10年中也有所增长，但无疑中国将在2018年超过美国，成为世界最大的建筑业市场"。

思考与讨论

问答题

1. 上网查资料，列举什么是"在招标中压级压价"，什么是"人为肢解发包"、什么是"层层转包"、什么是"资质挂靠"，并查阅出现以上情况将受到何种处罚。
2. 建筑市场的主体是什么？
3. 建筑市场的交易对象有哪些？

4. 结合资料调研，预测五年后我国建筑市场的容量有多大。

5. 赴当地建设工程交易中心调研，完成包括交易中心的基本构成、交易中心的功能、交易中心的服务范围、交易中心所进行的工程开标和评标活动、交易中心的工作程序的内容的调研报告。

6. 请结合不同类型建筑市场交易客体的特点分析不同类型建筑市场的特点。

第 **2** 章
建设工程招标投标

1. 熟悉建设工程招标的概念、分类、原则、作用和意义。
2. 明确和掌握建筑工程采购的内容和主要方式。
3. 熟悉建筑工程招投标的范围和规模标准。
4. 了解建筑工程招标代理的概念等。

 导入案例

某房地产开发项目施工招标违规案例

2007 年初，某房地产开发公司欲开发新区第三批商品房，当年 4 月，某市电视台发出公告：房地产开发公司作为招标人就该工程向社会公开招标，择其优者签约承建该项目。此公告一发，在当地引起了不小反响，先后有二十余家建筑单位投标。原告 A 建筑公司和 B 建筑公司均在投标人之列。A 建筑公司基于市场竞争激烈等因素，经充分核算，在标书中作出全部工程造价不超过 500 万元的承诺，并自认为依此数额，该工程利润已不明显。房地产开发公司组织开标后，B 建筑公司投标数额为 450 万元。两家的投标均高于标底 440 万元。最后 B 建筑公司因价格更低而中标，并签订了总价包死的施工合同。该工程竣工后，房地产开发公司与 B 建筑公司实际结算的款额为 510 万元。A 建筑公司得知此事后，认为房地产开发公司未依照既定标价履约，实际上侵害了自己的权益，遂向法院起诉要求房地产开发公司赔偿在投标过程中的支出等损失。

本案争议的焦点是：经过招标投标程序而确定的合同总价能否再行变更的问题，这样做是否违反《合同法》第二百七十一条——建设工程的招标投标活动，应当依照有关法律的规定公开、公平、公正进行的原则。当然，如果是招标人和中标人串通损害其他投标人的利益，自应对其他投标人作出赔偿。本案中无串通的证据，就只能认定调整合同总价是当事人签约后的意思变更，是一种合同变更行为。

依法律规定，通过招标投标方式签订的建筑工程合同是固定总价合同，其特征在于：通过竞争决定的总价不因工程量、设备及原材料价格等因素的变化而改变，当事人投标报价应将一切因素涵盖，是一种高风险的承诺。当事人自行变更总价就从实质上剥夺了其他投标人公平竞价的权利，并势必纵容招标人与投标人之间的串通行为，因而这种行为是违反公开、公平、公正原则的行为，构成对其他投标人权益的侵害，所以 A 建筑公司的主张应予支持。

2.1 建设工程招标投标概述

2.1.1 建设工程招标投标的概念

工程招标、投标是指招标人对工程建设、货物买卖、中介服务等交易业务，事先公布采购条件和要求，吸引愿意承接任务的众多投标人参加竞争，招标人按照规定的程序和办法择优选定中标人的活动。

其中，工程是指各类房屋和土木工程的建造、设备安装、管线铺设、装饰装修等建设及附带的服务。货物是指各种各样的物品，包括原材料、产品、设备和固态、液态或气态物体和电力，以及货物供应的附带服务。服务是指除工程、货物以外的任何采购对象，如勘察、设计、咨询、监理等。

整个招标投标过程，包含着招标、投标和定标(决标)三个主要阶段。招标是招标人事先公布有关工程、货物和服务等交易业务的采购条件和要求，以吸引他人参加竞争承接。这是招标人为签订合同而进行的准备，在性质上属要约邀请(要约引诱)。投标是投标人获悉招标人提出的条件和要求后，以订立合同为目的向招标人作出愿意参加有关任务的承接竞争，在性质上属要约。定标是招标人完全接受众多投标人中提出最优条件的投标人，在性质上属承诺。承诺即意味着合同成立，定标是招标投标活动中的核心环节。招标投标的过程，是当事人就合同条款提出要约邀请、要约、新要约、再新要约……直至承诺的过程。

建设工程招标投标最突出的优点，是将竞争机制引入工程建设领域，将工程项目的发包方、承包方和中介方统一纳入市场，实行交易公开，给市场主体的交易行为赋予了极大的透明度；鼓励竞争，防止和反对垄断，通过平等竞争，优胜劣汰，最大限度地实现投资效益的最优化；通过严格、规范、科学合理的运作程序和监管机制，有力地保证了竞争过程的公正和交易安全。

2.1.2 建设工程招标投标的分类及特点

1. 建设工程招投标的分类

建设工程招标投标按照不同的标准可以进行不同的分类，如图 2.1 所示。

2. 建设工程招标投标的特点

建设工程招标投标的目的是在工程建设中引入竞争机制，择优选定勘察、设计、设备安装、施工、装饰装修、材料设备供应、监理和工程总承包单位，以保证缩短工期、提高工程质量和节约建设资金。

工程招标投标的特点有以下几点。

(1) 通过竞争机制，实行交易公开。

(2) 鼓励竞争、防止垄断、优胜劣汰，实现投资效益。

（3）通过科学合理和规范化的监管机制与运作程序，可有效地杜绝不正之风，保证交易的公正和公平。

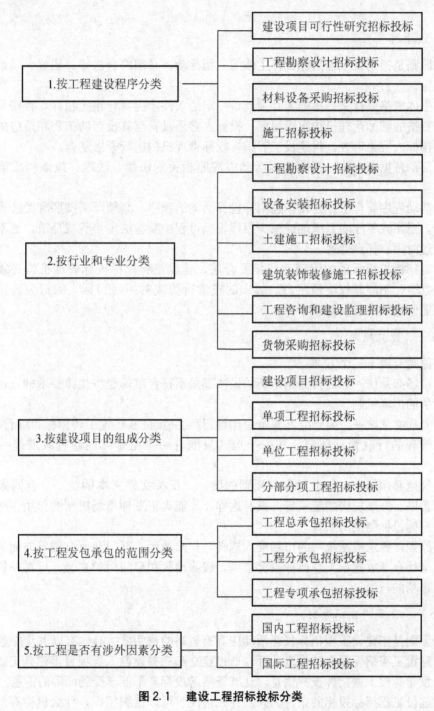

图 2.1 建设工程招标投标分类

2.1.3 建设工程招标投标活动的基本原则

1. 合法原则

合法原则是指建设工程招标投标主体的一切活动,必须符合法律、法规、规章和有关政策的规定。

(1) 主体资格要合法。招标人必须具备一定的条件才能自行组织招标,否则只能委托具有相应资格的招标代理机构组织招标;投标人必须具有与其投标的工程相适应的资格等级,并经招标人资格审查,报建设工程招标投标管理机构进行资格复查。

(2) 活动依据要合法。招标投标活动应按照相关的法律、法规、规章和政策性文件开展。

(3) 活动程序要合法。建设工程招标投标活动的程序,必须严格按照有关法规规定的要求进行。当事人不能随意增加或减少招标投标过程中某些法定步骤或环节,更不能颠倒次序、超过时限、任意变通。

(4) 对招标投标活动的管理和监督要合法。建设工程招标投标管理机构必须依法监管、依法办事,不能越权干预招(投)标人的正常行为或对招(投)标人的行为进行包办代替,也不能懈怠职责、玩忽职守。

2. 统一、开放原则

统一原则有以下三个方面。

(1) 市场必须统一。任何分割市场的做法都是不符合市场经济规律要求的,也无法形成公平竞争的市场机制。

(2) 管理必须统一。要建立和实行由建设行政主管部门(建设工程招标投标管理机构)统一归口管理的行政管理体制。在一个地区只能有一个主管部门履行政府统一管理的职责。

(3) 规范必须统一。如市场准入规则的统一,招标文件文本的统一,合同条件的统一,工作程序、办事规则的统一等。只有这样,才能真正发挥市场机制的作用,全面实现建设工程招标投标制度的宗旨。

开放原则,要求根据统一的市场准入规则,打破地区、部门和所有制等方面的限制和束缚,向全社会开放建设工程招标投标市场,破除地区和部门保护主义,反对一切人为的对外封闭市场的行为。

3. 公开、公平、公正原则

公开原则是指建设工程招标投标活动应具有较高的透明度。具体有以下几层意思。

(1) 建设工程招标投标的信息公开。通过建立和完善建设工程项目报建登记制度,及时向社会发布建设工程招标投标信息,让有资格的投标者都能享受到同等的信息。

(2) 建设工程招标投标的条件公开。什么情况下可以组织招标,什么机构有资格组织招标,什么样的单位有资格参加投标等,必须向社会公开,便于社会监督。

(3) 建设工程招标投标的程序公开。在建设工程招标投标的全过程中,招标单位的主要招标活动程序、投标单位的主要投标活动程序和招标投标管理机构的主要监管程序,必须公开。

（4）建设工程招标投标的结果公开。哪些单位参加了投标，最后哪个单位中了标，应当予以公开。

公平原则，是指所有投标人在建设工程招标投标活动中，享有均等的机会，具有同等的权利，履行相应的义务，任何一方都不受歧视。

公正原则，是指在建设工程招标投标活动中，按照同一标准实事求是地对待所有的投标人，不偏袒任何一方。

4. 诚实信用原则

诚实信用原则是建设工程招标投标活动中的重要道德规范，是指在建设工程招标投标活动中，招（投）标人应当以诚相待，讲求信义，实事求是，做到言行一致，遵守诺言，履行成约，不得见利忘义、投机取巧、弄虚作假、隐瞒欺诈、损害国家、集体和其他人的合法权益。

5. 求效、择优原则

求效、择优原则，是建设工程招标投标的终极原则。实行建设工程招标投标的目的，就是要追求最佳的投资效益，在众多的竞争者中选出最优秀、最理想的投标人作为中标人。讲求效益和择优定标，是建设工程招标投标活动的主要目标。在建设工程招标投标活动中，除了要坚持合法、公开、公正等前提性、基础性原则外，还必须贯彻求效、择优等目的性原则。贯彻求效、择优原则，最重要的是要有一套科学合理的招标投标程序和评标定标办法。

6. 招标投标权益不受侵犯原则

招标投标权益是当事人和中介机构进行招标投标活动的前提和基础，因此，保护合法的招标投标权益是维护建设工程招标投标秩序、促进建筑市场健康发展的必要条件。建设工程招标投标活动的当事人和中介机构依法享有的招标投标权益，受国家法律的保护和约束。任何单位和个人不得非法干预招标投标活动的正常进行，不得非法限制或剥夺当事人和中介机构享有的合法权益。

 案例 2.1

违反公平竞争原则的招标案例

在一次招标活动中，招标指南写明投标不能口头附加材料，也不能附条件投标。但业主将合同授予了投标人甲。业主解释说，如果考虑到该投标人的口头附加材料，则该投标人的报价最低。另一个报价低的投标人乙起诉业主，请求法院判定业主将该合同授予自己。法院经过调查发现，该投标人是业主自己内定的承包商。法院最后判决将合同授予合格的最低价的投标人乙。

［解析］

招标投标是国际和国内建筑行业广泛采用的一种方式。其目的旨在保护公共利益和实现自由竞争。招标法规有助于在公共事业上防止欺诈、串通、倾向性和资金浪费，确保政府部门和其他业主以合理的价格获得高质量的服务。从本质上讲，招标法规是保护公共利益的，保护投标人并不是它的出发点。为了更好地保护公共利益，确保自由、公正的竞争是招标法规的核心内容。对于招标法规的实质性违反是不允许的，即使这种违反是出于善意，也不允许违反有关招标法规的强制性规定。

保证招标活动的竞争性是有关招标法规最重要的原则。《建筑法》第16条规定，建筑工程发包与承包的招标投标活动，应当遵循公开、公平、公正等竞争的原则，择优选择承包单位。这就从法律上确立了保障招标投标活动竞争性这一最高原则。在本案中，业主私下内定了承包商，这就违反了招标法规的有关竞争性原则。况且本案中的招标文件明确规定投标不能口头附加材料，也不能附条件投标。法院判决将合同授予合格的最低价的投标人乙是正确的。对于投标人甲，由于他违反了招标法规的竞争原则，当然不能取得合同，也不能要求返还他的合理费用。

2.1.4　建设工程招标投标的作用和意义

建设市场实行招投标制是适应我国社会主义市场经济的需要，招投标工作的开展，促进了社会生产力水平的提高，加快了社会主义市场经济体制在建设市场的建立和完善，促进了建设市场的统一和开放，有利于培育、发展和规范建设市场，自实施以来，取得了明显的社会效益和经济效益，其作用和意义具体表现在以下几个方面。

（1）有利于规范业主行为，督促建设单位重视并做好工程建设的前期工作，从根本上改正了"边勘察、边设计、边施工"的做法，促进了征地、设计、筹资等工作的落实，促进其严格按程序办事。

（2）有利于降低工程造价，提高投资效益。据统计，建设工程实行招投标制，一般可节约投资 10%～15%。

（3）有利于提高工效，缩短工期，保证工程质量。

（4）增强了设计单位的经济责任意识，促使设计人员注意设计方案的经济性。

（5）增强了监理单位的责任感。

（6）有利于减少工程纠纷，保护市场主体的合法权益。

（7）体现了公平竞争，这种公平不仅体现在招标人、投标人的地位上，更体现在投标人之间的地位上。施工单位之间的竞争更加公开、公平、公正，对施工单位既是冲击又是一种激励，可促进企业加强内部管理，提高生产效率。

（8）有利于预防职务犯罪和商业犯罪。

总之，招标投标对于促进市场竞争机制的形成，使参与投标的承包商获得公平、公正的待遇，提高建设领域的透明度和规范化，促进投资节约，项目效益的最大化，以及建设市场的健康发展，都具有重要的意义。

2.2 建设工程采购模式

2.2.1　建设工程采购的内容

项目采购的内容非常广泛，可以包括项目的全过程，也可以分别对项目建议书、可行性研究、勘察设计、材料及设备采购、设备与非标准设备的加工、建筑安装工程施工、设备安装、生产准备(如生产职工培训)和竣工验收等阶段进行采购。一般地，工程项目采购按采购内容可分为以下三种采购。

1. 工程采购

工程采购是指通过招标或其他商定的方式选择工程承包单位，即选定合格的承包商承担项目工程施工任务，如修建高速公路、住宅区建设项目的单体工程、室外绿化景观工程等，并包括根据采购合同随工程附带的服务，条件是那些附带服务的价值不超过工程本身的价值，如人员培训、维修等。此阶段一般应采用招标投标的方式进行工程的承发包。

2. 货物采购

货物采购是指业主或称购货方购买项目建设所需的投入物，如建筑材料（钢材、水泥、木材等）、设备（空调系统、安防系统、电梯等），通过招标等的形式选择合格的供货商（或称供货方），它包含了货物的获得及其获取方式和过程，并包括与之相关的服务，如运输、保险、安装、调试、培训、初期维修等，条件是这些附带服务的价值不超过货物本身的价值。

此外，还有大宗货物，如包装材料、机械设备、办公设备等专项合同采购，它们采用不同的标准合同文本，可归入上述采购种类之中。

建设项目所需的设备和材料，涉及面广、品种多、数量大。设备和材料采购供应是工程建设过程中的重要环节。建筑材料的采购供应方式有：公开招标、询价报价、直接采购等。设备供应方式有：委托承包、设备包干、招标投标等。

3. 咨询服务采购

咨询服务采购工作贯穿于项目的整个生命周期中，其范围很广，大致可分为以下4类。

（1）项目投资前期准备工作的咨询服务，如项目的建议书、可行性研究、项目现场勘察、设计等业务。

项目建议书是建设单位向国家提出的要求建设某一项目的建设文件，主要内容为项目的性质、用途、基本内容、建设规模及项目的必要性和可行性分析等。项目建议书可由建设单位自行编制，也可委托工程咨询机构代为编制。

项目建议书经批准后，应进行项目的可行性研究。为了配合建设项目的顺利实施，国家发改委规定可行性研究报告中还应有招标方面的相关内容，这些内容包括建设项目的勘察、设计、施工、监理，以及重要设备、材料等采购活动的具体招标范围、拟采用的招标组织形式、拟采用的招标方式等。此阶段的任务，通常委托工程咨询机构完成。

该阶段可以通过方案竞选、招标投标等方式选定勘察设计单位。如采用招标投标的方式选定勘察设计单位，可以依据工程建设项目的不同特点，实行勘察设计一次性总体招标；也可以在保证项目完整性、连续性的前提下，按照技术要求实行分段或分项招标。

（2）工程招标代理服务。

招标人不具备自行招标能力的，可以委托具有相应资质的招标代理机构代理招标。

招标代理机构是依法设立、从事招标代理业务并提供相关服务的社会中介组织。招标代理机构的主要业务是接受政府、金融机构或企业等方面（即采购人）的委托，以采购人的名义，利用招标的方式，为采购人择优选定供应商或承包商。

（3）项目管理、监理等执行性服务。

建设工程项目管理、监理是指从事工程项目管理或监理的企业，受工程项目业主方委托，对建设工程全过程或分阶段进行专业化管理和服务的活动。

项目管理企业一般具有工程勘察、设计、施工、监理、造价咨询、招标代理等一项或多项资质。项目管理企业可以协助业主方进行项目前期策划、经济分析、专项评估与投资确定；办理土地征用、规划许可等有关手续；提出工程设计要求、组织评审工程设计方案、组织工程勘察设计招标、签订勘察设计合同并监督实施，组织设计单位进行工程设计优化、技术经济方案比选并进行投资控制；组织工程监理、施工、设备材料采购招标；也可以协助业主方与工程项目总承包企业或施工企业及建筑材料、设备、构配件供应等企业签订合同并监督实施；协助业主方提出工程实施用款计划，进行生产试运行及工程保修期管理，组织项目后评估，进行工程竣工结算和工程决算，处理工程索赔，组织竣工验收，向业主方提供竣工档案资料等工作。

工程项目业主方可以通过招标或委托等方式选择项目管理或监理企业。

（4）技术援助和培训等服务。

为了使新建项目建成后投入生产、交付使用，在建设期间就要准备合格的生产技术工人和配套的管理人员。因此，需要技术提供人或持有人提供技术援助和组织生产职工培训。这项工作通常由建设单位委托设备生产厂家或同类企业进行。在实行总承包的情况下，则由总承包单位负责。

2.2.2　建设工程采购方式

《建筑法》第 19 条规定："建筑工程依法实行招标发包，对不适于招标发包的可以直接发包。"也就是说建筑工程的发包方式有两种，一种是招标发包，另一种是直接发包。招标发包是最基本的发包方式。建设工程招标投标是市场经济活动中的一种竞争方式，是以招标的方式使投标竞争者分别提出有利条件，由招标人选择其中最优者并与其订立合同的一种法律制度。它是订立合同的要约与承诺的特殊表现形式。建设工程的招标投标是法人之间的经济活动，受国家法律的保护。

1. 招标采购

《招标投标法》规定招标分为公开招标和邀请招标。

1）公开招标

公开招标亦称无限竞争性招标，是指招标人以招标公告的方式邀请不特定的法人或者其他组织投标。采用这种招标方式可为所有的承包商提供一个平等竞争的机会，业主有较大的选择余地，有利于降低工程造价、提高工程质量和缩短工期。不过这种招标方式可能导致招标人对资格预审和评标工作量加大，招标费用支出增加。同时也使投标人中标概率减小而增加其投标前期风险。

世界银行的贷款项目公开招标方式又分为国际竞争性招标和国内竞争性招标。其中国际竞争性招标是世界银行贷款项目的主要招标方式。目前我国同世界银行商定，限额在 100 万美元以上的采用国际竞争性招标。

2）邀请招标

邀请招标亦称有限招标，是指招标人以投标邀请书的方式邀请特定的法人或者其他组织投标。采用这种招标方式，由于被邀请参加竞争的投标者为数有限，不仅可以节省招标费用，而且能提高每个投标者的中标率，所以对招标、投标双方都有利。不过，这种招标方式限制了竞争范围，把许多可能的竞争者排除在外，是不符合自由竞争、机会均等原则的。

总之，通过招标采购可以帮助招标人以合理的最低价格获得符合质量、工期要求的货物、工程和咨询服务，可以使符合要求的投标人都有机会参与投标，能够公开办理各种手续以避免贪污、贿赂的行为。招标采购所具有的程序规范、透明度高、公平竞争、一次成交等特点，决定了招标投标是政府采购及其他公共采购的主要方式。

当然，招标采购也存在一些缺点，例如：手续较烦琐，不够机动灵活；耗费的人力、物力、财力和时间也较多；投标人有可能将手续费等附加费用转移到投标报价中去；可能发生抢标、串标、围标等现象。

2. 非招标采购

非招标采购主要用于金额较小的工程非主要需求的采购。非招标采购一般包括询价采购、直接采购和竞争性谈判等。

1）询价采购

询价采购适用于对合同价值较低的标准化货物或服务的采购，一般是通过对国内外若干家（不少于3个）供应商的报价进行比较分析，综合评价各供应商的条件和价格，并最终选择一个供应商签订采购合同。

2）直接采购

直接采购是指直接与供应商签订采购合同，这是一种非竞争性采购方式。这种采购方式一般适用于以下情况：增购与现有采购合同类似的货物或服务，而且合同价格也较低；所需的产品设计比较简单或属于专卖性质；在特殊情况下急需采购的货物或服务；要求从指定的供应商采购关键性货物或服务以保证质量。

3）竞争性谈判

竞争性谈判是指在购货方与多个供应商进行直接谈判并从中选择满意供应商的一种采购方式。

2.2.3 建设工程采购的主要模式

1. 传统模式

传统模式也称为设计-招标-建造模式（Design-Bid-Build，DBB），是国内和国际上最常用的工程管理模式，世行、亚行贷款项目均采用这种模式。在这种方式中，业主委托建筑师/工程师进行前期的各项工作，如投资机会研究、可行性研究等，待项目评估立项后再进行设计。在设计阶段的后期进行施工招标的准备，随后通过招标选择施工承包商。这种项目管理模式在国际上最为通用，世行、亚行贷款项目和采用国际咨询工程师联合会（FIDIC）的合同条件的项目均采用这种模式。在这种方式中，又可分为施工总承包模式和平行承包模式。

1）施工总承包模式

目前广泛采用施工总承包模式，业主首先委托咨询、设计单位进行可行性研究和工程设计，并交付整个项目的施工详图，然后业主组织施工招标，最终选定一个施工总承包商，并与其签订施工总承包合同，施工总承包模式中各方之间的关系如图2.2所示。

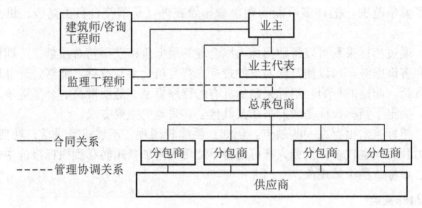

图2.2　施工总承包模式

施工总承包中，业主只选择一个总承包商，要求总承包商用本身力量承担其中主体工程或其中一部分工程的施工任务。经业主同意，总承包商可以把一部分专业工程或子项工程分包给分包商。总承包商向业主承担整个工程的施工责任，并接受监理工程师的监督管理。分包商和总承包商签订分包合同，与业主没有直接的经济关系。总承包商除组织自身的施工任务外，还要负责协调各分包商的施工活动，起总协调和总监督的作用。

2）平行承包模式

平行承包模式是指业主将整个工程项目按子项工程或专业工程分期分批，以公开或邀请招标的方式，分别直接发包给承包商，每一子项工程或专业工程的发包均有发包合同，如图2.3所示。

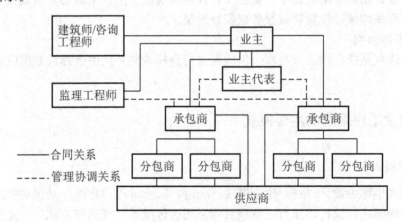

图2.3　平行承包模式

采用这种方式，业主在可行性研究决策的基础上，首先要委托设计单位进行工程设计，与设计单位签订委托设计合同。在初步设计完成并经批准立项后，设计单位按业主提出的分项招标进度计划要求，分项组织招标设计或施工图设计，业主据此分期分批组织采购招标，中标的承包商先后进点施工，每个承包商直接对业主负责，并接受监理工程师的监督，经业主同意，承包商也可以将部分工作进行分包。

2. 总承包模式

项目总承包是指总承包企业负责管理和承包工程项目的勘察、设计、采购、施工等项目全过程或若干阶段的任务。总承包单位再将若干专业性较强的部分工程任务发包给不同的专业承包单位去完成，并统一协调和监督各分包单位的工作。根据承包范围的多少，主要有设计-建造模式、EPC模式、交钥匙模式等。

1) 设计-建造总承包模式(图2.4)

业主首先招聘一家专业咨询公司代他研究拟定拟建项目的基本要求，在项目原则确定之后，业主通过招投标选定一家公司负责项目的设计和施工。业主授权一个具有专业知识和管理能力的管理专家为业主代表，管理设计-建造总承包商。

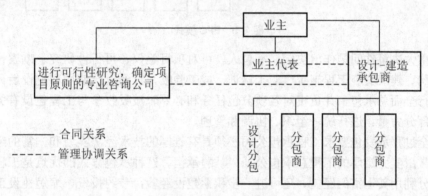

图 2.4 设计-建造模式

在通用的设计-建造模式中，承包商可以综合考虑设计和施工问题，设计和施工紧密结合，可以加快工程建设进度和节省费用，促进施工技术和设计技术的创新和应用，也可加强设计施工的配合和设计施工流水作业。但承包商既负责设计，又负责施工，可能导致设计屈服于施工成本的压力，从而降低项目的整体质量和性能。因此这种模式对业主的管理能力提出了更高的要求，而承担项目总承包的承包商由于对整个工程承担了大部分责任和风险，一般应具有雄厚的设计力量和丰富的施工管理经验。

此种模式可用于房屋建筑和大中型土木、机械、电力等项目。FIDIC《生产设备与设计/建造合同条件》(1999年第一版，新黄皮书)即适用于这种模式。

2) 设计-采购-施工(EPC)总承包模式(图2.5)

设计-采购-施工总承包模式即承包商为业主提供包括设计、施工、设备采购、安装、调试直至竣工移交的全套服务。

这种模式与设计-建造模式类似，但承包商往往承担了更大的责任和风险。

EPC主要应用于以大型装置或工艺过程为主要核心技术的工业建设领域，如通常包括大量非标准设备的大型石化、化工、橡胶、冶金、制药、能源等项目，这些项目共同的特点即工艺设备的采购与安装和工艺的设计紧密相关，成为投资建设的最重要、最关键的过程。FIDIC《设计-采购-施工(EPC)/交钥匙工程合同条件》(1999年第一版，新银皮书)即适用于这种模式。

3) 交钥匙模式

交钥匙模式又叫统包、一揽子承包。它是指发包人一般只要提出使用要求、竣工期限

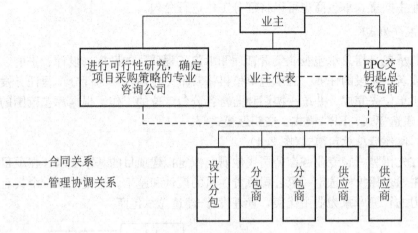

图 2.5　EPC 模式

或对其他重大决策性问题作出决定，承包人就可对项目建议、可行性研究、勘察设计、材料设备采购、建筑安装工程施工、职工培训、竣工验收，直到投产使用和建设后评估等全过程，实行全面总承包，并负责对各项分包任务和必要时被吸收参与工程建设有关工作的发包人的部分力量，进行统一组织、协调和管理。

建设全过程承发包要求工程承包公司必须具有雄厚的技术经济实力和丰富的组织管理经验，通常由实力雄厚的工程总承包公司(集团)承担。这种承包方式的优点是工程承包公司可以充分利用其丰富的经验，还可进一步积累建设经验，节约投资，缩短建设工期并保证建设项目的质量，提高投资效益。

按这种模式发包的工程也称为"交钥匙工程"。

3. 建设管理模式(CM 模式)

由业主委托的项目负责人(CM 经理)与建筑师组成一个联合小组，共同负责组织和管理工程的规划、设计和施工，CM 经理对设计的管理起协调作用。在项目的总体规划、布局和设计时，要考虑到控制项目的总投资，在主体设计方案确定后，随着设计工作的进展，完成一部分工程的设计后，即对这一部分工程进行招标，发包给一家承包商施工，由业主直接与承包商签订施工承包合同。

CM 模式可以有多种组织方式，最常用的两种形式为代理型建筑工程管理("Agent"CM)模式和风险型建筑工程管理("At-Risk"CM)模式，如图 2.6 所示。

1) 代理型 CM 模式

采用这种形式时，CM 经理是业主的咨询和代理，按照项目规模、服务范围和时间长短收取服务费，一般采用固定酬金加管理费，其报酬一般按项目总成本的 1‰~3‰ 计算。业主在各个施工阶段和承包商签订工程施工合同。

2) 风险型 CM 模式

采用这种形式时，CM 经理在开发和设计阶段相当于业主的顾问，自施工阶段担任总承包商的角色；一般业主要求 CM 经理提出保证最大价格(Guaranteed Maximum Price, GMP)，以保证业主的投资控制，如最后结算超过 GMP，由 CM 经理的公司赔偿，如低于 GMP，节约的投资归业主所有，但可按约定给予 CM 经理公司一定比例的奖励型提成。

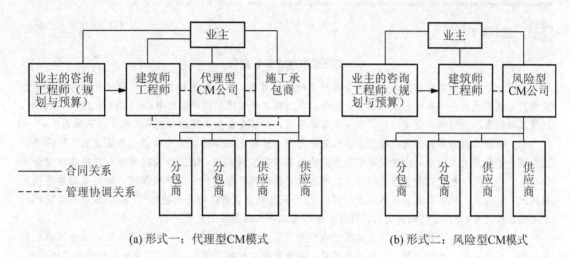

——— 合同关系
------ 管理协调关系

(a) 形式一：代理型CM模式　　　　　(b) 形式二：风险型CM模式

图 2.6　CM 模式的两种实现形式

这种模式在英国也被称为管理承包（Management Contracting）。

4. 建造-运营-移交模式（BOT 模式）

BOT 模式指发包人（主要是政府）开放基础设施建设和运营市场，吸收私人资本，授给项目公司以特许权，由该公司负责融资和组织建设，建成后负责运营及偿还贷款（图 2.7）。在特许期满时将工程移交给发包人。

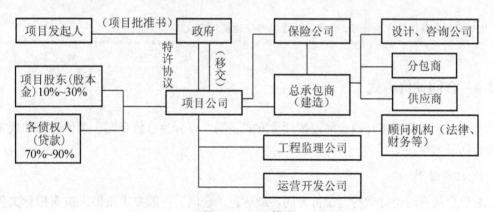

图 2.7　BOT 模式

目前世界上许多国家都在研究和采用 BOT 方式，我国的建设项目投资渠道愈加多元化，利用 BOT 建设的项目也逐渐增多。项目发起人既有外资企业、民营企业，也有国有企业，甚至地方政府也参与投资，日益显现出这种融资及项目管理模式的优越性。各国在 BOT 方式实践的基础上，又发展了多种演变模式，如：BOOT（Build－Own－Operate－Transfer）建造-拥有-运营-移交；BOO（Build－Own－Operate）建造-拥有-运营；BLT（Build－Lease－Transfer）建造-租赁-移交；BT（Build－Transfer）建造-移交；BTO（Build－Transfer－Operate）建造-移交-运营；ROT（Rehabilitate－Operate－Transfer）改建-运营-移交等形式。

案例 2.2

工程发包模式策划案例

对于一个较大型工程的发包，可能会选用多种发包模式，所以在发包前，代理单位必须为建设单位做好发包模式及总分包界定的策划工作。例如：我公司在代理中国银行信息中心(上海)项目施工招标时，根据工程性质、建设单位提出的建设目标及实施要求，就其发包模式及总分包界定作了以下策划。

(1) 根据工程的实施情况，将整个工程划分为两大标段，主体建设工程和绿化景观工程，采用平行发包模式，合同关系独立，由建设单位与相应的施工单位直接签订，施工单位就承包内容直接对建设单位负责，不发生总包管理费。绿化招标文件中对绿化景观施工范围作了明确的界定，特别是对景观范围内的水、电安装，绿化灌溉、水景配套的水系统(水从总包预留的接水头开始)，景观照明(电从景观照明配电箱出线开始)都作了明确的说明，以防与总体施工单位在界面上交叉。

(2) 对列入总体工程施工总承包范围内的部分专业工程，如桩基工程、精装饰工程、幕墙工程、机房工程、弱电系统、燃气工程、变配电工程等，由于需要专业施工资质，且工程量大、计价方式较特殊，因此可以设为由建设单位特别认可的分包工程，合同模式为专业分包合同，合同主体为施工总承包单位(即分包合同发包人)和专业分包单位(即分包合同承包人)，建设单位为分包合同的鉴证方。分包工程的承包人应当按照分包合同的约定对其承包的工程向分包工程发包人负责，分包工程的发包人和分包工程的承包人就分包工程对建设单位承担连带责任。分包工程的发包人对施工现场安全负责，并对分包工程承包人的安全生产进行管理，分包工程的承包人应当服从分包工程的发包人对施工现场的安全生产管理。分包工程的发包人根据施工总承包合同的约定收取相应的总包管理配合费。

(3) 对幕墙工程、机房工程，由于其专业特点强、结构体系独立，建议采用深化设计施工一体化的模式。

上述策划得到建设方的认可，为业主实现工程目标提供了保证。

2.2.4 合同计价方式

业主与承包商所签订的合同，按计价方式不同，可分为总价合同、单价合同和成本加酬金合同三大类。

1. 总价合同

总价合同有时也称为约定总价合同，或称包干合同。一般要求投标人按照招标文件要求报一个总价，在这个价格下完成合同规定的全部项目，即业主支付给承包商的施工工程款项在承包合同中是一个规定的金额。

总价合同一般有以下三种方式。

1) 固定总价合同

承包商的报价以业主方的详细设计图纸和计算为基础，并考虑到一些费用上涨的因素，如图纸及工程要求不变动则总价固定，但当施工中图纸或工程质量要求有变更，或工期要求提前，则总价也应改变。

由于固定总价合同是以不改变合同总价作为委托方式，因此在合同履行过程中，双方均不能以工程量、设备和材料价格、工资变动等为理由提出对合同总价调值的要求。承包商将承担全部风险，并将为许多不可预见的因素付出代价，因此，一般报价较高。

固定总价合同一般适用于工期在一年之内且对工程要求非常明确的项目。

2) 调价总价合同

在报价及签订合同时，按招标文件的要求及当时的物价计算总价。但在合同条款中双方商定：如果在执行合同中，由于通货膨胀引起工料成本增加达到某一限度时，合同总价应相应调整。

对于这种合同，业主承担了通货膨胀这一不可预见的费用因素的风险，承包商承担了合同实施过程中实物工程量、成本及工期等因素的风险。

调值总价合同适用于工程内容和建筑技术经济指标规定很明确的工程项目，由于其合同中有调值条款，因此建设工期在一年以上的工程项目均适合采用这种合同形式。

3) 固定工程量总价合同

业主要求投标人在投标时分别填写工程量表中各子项的工程单价，从而计算出工程总价，据之签订合同。原定工程项目全部完成后，根据合同总价付款给承包商。如果改变设计或增加新项目，则利用合同中已确定的单价来计算新的工程量，并调整总价，这种方式适用于工程量变化不大的项目。

这种方式对业主有利，一方面业主可以了解投标人的投标总价是如何计算得来的，便于业主审查投标价(特别是对投标人过度的不平衡报价)，可以在合同谈判时压价；另一方面，在物价上涨的情况下，增加新项目的工程量可利用已确定的单价，由承包商承担损失。

固定工程量总价合同作为介于固定总价合同与调值总价合同之间的一种形式，使工程项目可以在设计深度不够而又采用总价合同的情况下就进行招标，相对降低了投标人的风险，使得风险的分担趋于合理。

2. 单价合同

单价合同以工程量清单和单价表为计算包价的依据。通常由建设单位委托设计单位或专业估算师(造价工程师或测量师)提出工程量清单，列出分部分项工程量，由承包商填报单价，再算出总造价。

单价合同可分为以下3种形式。

1) 近似工程量单价合同

对于此类合同，业主在准备招标文件时，委托咨询单位按分部、分项工程的相关子项列出工程量表并填入估算的工程量，承包商投标时，在工程量表中填入各子项的单价，并计算出总价作为投标报价之用。但在项目实施过程中，在每月结账时，以实际完成的工程量结算。在工程全部完成时以竣工图最终结算工程的价款。

有的合同中规定，当某一子项工程的实际工程量比招标文件中估算的工程量相差超过一定百分比时，双方可以讨论改变单价，但单价调整的方法和比例最好在订合同时即写明，以免以后发生纠纷。

这种合同适用于工期长、技术复杂、实施过程中可能发生较多不可预见因素的工程项目；或业主为了赶工期，缩短项目的施工周期，在初步设计完成后就进行工程招标的项目。

2) 纯单价合同

不考虑工程量变化的工程价款的影响，承包商几乎承担了合同执行过程中的全部风险。

3) 单价与子项包干混合式合同(Unit Price Contract with Lump-sum Items)

以估计工程量单价合同为基础，但对其中某些不易计算工程量的分项工程(如施工中小型设备的购置与安装调试等），则采用子项包干办法，而对能用某种单位计算工程量的，均要求报单价，在结账时，则按实际完成工程量及工程量表中的单价结账。很多大中型土木工程都采用这种方式。

3. 成本加酬金合同

这种承包方式的基本特点是按工程实际发生的成本(包括人工费、材料费、施工机械使用费、其他直接费和施工管理费及各项独立费，但不包括承包企业的总管理费和应缴税金)，加上商定的总管理费和利润，来确定工程总造价。对于工程内容及其技术经济指标尚未完全确定而又急于上马的工程，如旧建筑物维修、翻新的工程、抢险、救灾工程，或完全崭新的工程以及施工风险很大的工程可采用这种合同。这种合同可分为以下四种主要形式。

1) 成本加固定或比例酬金合同

对人工、材料、机械台班费等直接成本实报实销，对于管理费及利润则是在考虑工程规模、估计工期、技术要求、工作性质及复杂性、所涉及的风险等基础上，根据双方讨论确定一笔固定数目或一定比例的报酬金额。如果设计变更或增加新项目，当直接费用超过原定估算成本的10%左右时，固定的报酬费也要增加。

在工程总成本一开始估计不准，可能变化较大的情况下，可采用此合同形式，有时可分为几个阶段谈判付给固定报酬。这种方式虽然不能鼓励承包商关心降低成本，但为了尽快得到酬金，承包商会关心缩短工期。有时也可在固定费用之外，根据工程质量、工期及节约成本等因素，给予承包商一定的奖励，以鼓励承包商积极工作。

这种合同形式通常多用于勘察设计和项目管理合同方面。

2) 成本加奖罚合同

奖金是根据报价书中成本概算指标制定的。合同中对这个概算指标规定了一个"底点"(Floor)(约为工程成本概算的60%～75%)和一个"顶点"(Ceiling)(约为工程成本概算的110%～135%)。承包商在概算指标的"顶点"之下完成工程则可得到奖金，超过"顶点"则要对超出部分支付罚款。如果成本控制在"底点"之下，则可加大酬金值或酬金比例。采用这种方式通常规定，当实际成本超过"顶点"，对承包商罚款时，最大罚款限额不超过原先议定的最高酬金值。

当招标前，设计图纸、规范等准备不充分，不能据以确定合同价格，而仅能制定一个概算指标时，可采用这种形式。

3) 成本加保证最大酬金合同

订合同时，双方协商一个保证最大酬金，施工过程中及完工后，业主支付给承包商在工程中花费的直接成本(包括人工、材料等)、管理费及利润。但最大限度不得超过成本加保证最大酬金。如实施过程中，工程范围或设计有较大变更，双方可协商新的保证最大酬金。

这种合同适用于设计已达到一定深度，工作范围已明确的工程。

4) 限额最大成本加酬金合同

这种合同是在工程成本总价合同基础上加上固定酬金费用的方式，即设计深度已达到可以报总价的深度，投标人报一个工程成本总价，再报一个固定酬金(包括各项管理费、风险费和利润)。合同规定，若实际成本超过合同中的工程成本总价，则由承包商承担所有额外的费用；若承包商在实际施工中节约了工程成本，节约部分由业主和承包商分享，在订合同时要确定节约分成比例。

不同的合同形式具有不同的应用范围和特点，合同类型比较如表2-1所示。

表2-1 合同类型比较表

项目	总价合同	单价合同	成本加酬金合同			
			百分比酬金	固定酬金	浮动酬金	限额成本加酬金
业主控制投资难易	易	较易	最难	难	不易	有可能
承包商的风险	风险大	风险小	无风险			有风险
应用范围	广泛	广泛	紧急工程、保密工程、为试验研究和技术发展修建的工程，业主与承包商长期共事、相互信任			酌情

2.3 建设工程招标方式及范围和规模标准

2.3.1 建设工程招标方式

《招标投标法》规定，招标可以分为公开招标和邀请招标两种方式。

1. 公开招标

公开招标又称无限竞争性招标，是指招标人以招标公告的方式邀请非特定法人或者其他组织投标。即招标人按照法定程序，在国内外公开出版的报刊或通过广播、电视、网络等公共媒体发布招标公告，凡有兴趣并符合公告要求的供应商、承包商，不受地域、行业和数量的限制均可以申请投标，经过资格审查合格后，按规定时间参加投标竞争。

这种招标方式的优点是：招标人可以在较广的范围内选择承包商或供应商，投标竞争激烈，择优率更高，有利于招标人将工程项目交给可靠的供应商或承包商实施，并获得有竞争性的商业报价，同时也可以在较大程度上避免招标活动中的贿标行为。因此，国际上的政府采购通常采用这种方式。

但其缺点是：对投标申请者进行资格预审和评标的工作量大，招标时间长，费用高。同时，参加竞争的投标者越多，每个参加者中标的机会越小，风险越大，损失的费用也就越多，而这种费用的损失必然反映在标价上，最终会由招标人承担。

 案例 2.3

某医院医技大楼工程施工招标公告

1. ×市×医院医技大楼工程已由行政主管部门批准建设。现决定对该项目的工程施工进行公开招标，择优选定承包人。

2. 本次招标工程项目概况。

(1) 项目性质：房屋建筑工程。

(2) 工程规模：建筑面积约 6 588m²。

(3) 结构类型层数：框架/五层。

(4) 招标范围：建筑、装饰、水电安装工程。

(5) 标段：划分一个标段。

(6) 本项目总投资约 540 万元。

(7) 资金来源及性质：财政拨款。

(8) 资金落实情况：已到位。

(9) 计划开工日期为：2009 年 6 月，计划竣工日期为 2010 年 2 月，总工期 210 日历天。

(10) 工程建设地点：×市新 323 线 6～9 桩北侧。

(11) 工程质量要求达到国家施工验收规范合格标准。

3. 投标申请人及建造师的专业类别和资质等级要求。

凡具备建设行政主管部门核发的房屋建筑工程三级以上(含三级)资质，建筑工程二级以上(含二级)注册建造师且具有足够资产及能力，能有效地履行合同的施工企业可参加本招标工程项目的投标。

4. 资格审查方式、条件、标准和应提供的相关材料名称。

(1) 本工程对投标人的资格审查采用资格后审方式(即截标后资格审查)。

(2) 本工程投标人必备的资格条件(资格审查应提供的证件材料原件)：①营业执照(副本)；②提供房屋建筑工程施工总承包三级以上(含三级)资质证书；③安全生产许可证；④建筑工程二级以上(含二级)注册建造师证书及安全生产考核合格证书，并附本人身份证；⑤法定代表人证明书或法定代表人授权委托书，如是委托代理人必须是投标单位的正式职工，需提供委托代理人身份证和劳动主管部门已备案的劳动聘用合同；⑥本市范围外的投标单位应出具其建设行政主管部门(或其授权机构)在投标截止时间之前 20 天内出具的无拖欠农民工工资情况证明；⑦外埠施工单位还须持有×省建设行政主管部门办理的投标备案通知书，否则，不接受所递交的投标文件；⑧施工员、质检员、造价员(预算员)的岗位证书(或资质证书)和专职安全员安全生产考核合格证书。

5. 购买招标文件的时间、地点和方式。

凡符合上述第 3 条及第 4 条第(2)小点的规定，并对本工程有意投标的投标人，请于 2009 年×月×日至×日上午 9：30～11：30 时、下午 15：00～17：00 时至×市招标投标中心不记名购买招标文件，招标文件等资料费 600 元/份，图纸光盘费 200 元/份，软件使用费 200 元/份，均售后不退。

招标单位：

法定代表人：   联系人：   联系电话：

招标代理机构：

法定代表人：   联系人：   联系电话：

招投标监督单位：×市建设工程招标投标办公室

2. 邀请招标

邀请招标是指招标人用投标邀请书的方式邀请特定的法人或者其他组织投标。邀请招标又称有限竞争性招标，是一种由招标人选择若干符合招标条件的供应商或承包商，向其发出投标邀请，由被邀请的供应商、承包商投标竞争，从中选定中标者的招标方式。邀请招标的特点有以下几点。

(1) 招标人在一定范围内邀请特定的法人或其他组织投标。为了保证招标的竞争性，邀请招标必须向 3 个以上具备承担招标项目能力并且资信良好的投标人发出邀请书。

(2) 邀请招标不需发布公告，招标人只要向特定的投标人发出投标邀请书即可。接受邀请的人才有资格参加投标，其他人无权索要招标文件，不得参加投标。

邀请招标的优点是：简化了招标程序，节约了招标费用和缩短了招标时间。而且由于招标人对投标人以往的业绩和履约能力比较了解，从而减少了合同履行过程中承包商违约的风险。邀请招标虽然不履行资格预审程序，但为了体现公平竞争，便于招标人对各投标人的综合能力进行比较，仍要求投标人按招标文件中的相关要求，在投标书内报送有关资料，在评标时以资格后审的形式作为评标的内容之一。

邀请招标的缺点是：由于投标竞争的激烈程度较差，有可能提高中标的合同价；也有可能排除了某些在技术上或报价上有竞争力的供应商、承包商参与投标，也有可能出现虚假招标、串通投标、陪标的现象。

与公开招标相比，邀请招标耗时短、花费少，对于标的额较小的招标来说，采用邀请招标比较有利。另外，有些项目专业性强，有资格承接的潜在投标人较少，或者需要在短时间内完成投标任务等，也不宜采用公开招标的方式，而应采用邀请招标的方式。

应当指出，邀请招标虽然在潜在投标人的选择上和通知形式上与公开招标不同，但其所适用的程序和原则与公开招标是相同的，其在开标、评标标准等方面都是公开的，因此，邀请招标仍不失其公开性。

 案例 2.4

某市政府卫生间改造等工程邀请招标案例

受采购人的委托，2006 年 1 月 29 日，某市政府采购中心拟就其卫生间改造等工程进行邀请招标。2 月 5 日，采购中心在财政部门指定的政府采购信息发布媒体上发布了邀请招标公告。2 月 21 日，4 家当地建筑公司如期参与了开标会。

开标后，采购中心意外地发现，B 安装工程有限公司已经更名为 H 建筑工程集团有限公司，其整套资质已经按新公司名称办理完毕，但是他们提供的优质工程的原件是原公司的，他们投标文件中选用的项目经理的证书中标记的也是原公司。对此，项目负责人不知如何处置，于是在现场征求了评标专家的意见后，作了"允许其正常参与投标"的决定。

2 月 23 日，采购中心发布的预中标公告中，H 建筑工程集团有限公司名列第一，获得了该项目承包人的资格。

A 工程股份有限公司此项目的经办人看到预中标公告后，随即给采购中心项目负责人打去电话："H 建筑工程集团有限公司提供的资质与公司的名称不符，应按无效标处理，怎能让其参与之后的竞争？还让它中标了。"采购中心项目负责人友好地说："该公司只是换了个名称而已，我们怎能剥夺其权利。"为了能更好地说服质疑人，该项目负责人在电话中笑着打了个比喻："就像你，如果换了个名字，你还是你，你们公司就不能因为你换了名字而开除你……"没等项目负责人把话说完，质疑人愤怒地挂了电话。第二天便投诉到了监管部门。采购中心滥用权力，开标过程中没有依法排除无效标。采购中心项目负责人轻视质疑，对质疑人还轻易侮辱，随意拿质疑人的名字开玩笑……采购中心项目负责人听说质疑人的投诉后，也觉得万般委屈："我这么友好地对他，咋就侮辱他了……"

透过这起投诉案例，有两个问题值得思考：

(1) 开标时才发现有被邀请投标的公司更换了名称投标怎么办？

(2) 采购中心项目负责人或受理质疑的工作人员应如何受理质疑？

针对上述案例中出现的公司名称变更问题，部分业内人士和案例中采购中心项目负责人一样，认为只是一个名称变更问题，不应该剥夺其参与正常竞争的权利："名称变了，不等于就没了实力，应该允许其投标。"

但专家们却普遍认为,应按无效标处理,因为这个公司可以认为不是原邀请的投标公司。专家们的解释是,邀请招标虽然不进行资格预审,但是应进行市场调查或依据过去对市场的了解,邀请资质和资格符合要求的公司来投此项目的标。采购中心如果允许其继续竞争是不理性的做法,"一般情况下,公司名称的变更应该是公司发展中的一件大事,公司变更名称应及时通知有利害关系的当事人,既然接受了采购中心的投标邀请,就应在开标之前把这一情况通知招标人或招标代理机构。只有开标前经招标人或招标代理机构同意才可以投标。对于采购中心来说,邀请的公司名称变了都不知道,说明对公司的发展近况也不了解,所以在其变更名称后拒绝其投标是理所当然的。"

3. 公开招标与邀请招标的区别

公开招标与邀请招标的区别如表2-2所示。

表2-2 公开招标与邀请招标的区别

项 目	公 开 招 标	邀 请 招 标
发布信息的方式不同	采用招标公告的方式发布招标信息	采用投标邀请书的方式发布招标信息
选择的范围不同	针对的是一切潜在的对招标项目感兴趣的法人或其他组织,招标人事先不知道投标人的数量	针对的是已经了解的法人或其他组织,而且事先已经知道投标人的数量
竞争的范围不同	所有符合条件的法人或其他组织都有机会参加投标,竞争的范围较广,竞争性体现得也比较充分,招标人拥有绝对的选择余地,容易获得最佳招标效果	投标人的数目有限,竞争的范围有限,招标人拥有的选择余地相对较小,有可能提高中标的合同价,也有可能将某些在技术上或报价上更有竞争力的供应商或承包商遗漏
公开的程度不同	所有的活动都必须严格按照预先指定并为大家所知的程序和标准公开进行,大大减少了作弊的可能	公开程度逊色一些,产生不法行为的机会多一些
时间和费用不同	耗时较长,费用也比较高	整个招投标的时间大大缩短,招标费用相应减少
资格审查时间不同	投标前进行资格预审	投标后进行资格后审

4. 适用条件

1) 公开招标方式的适用情况

公开招标符合市场经济的要求,因此各类工程项目和实施任务均可采用公开招标的方式,择优选择实施者。

2) 可以采用邀请招标方式的情况

包括建设工程项目标的小,公开招标的费用与项目的价值相比不经济;技术复杂、专业性强、潜在投标人少的项目;军事保密项目等。

一般用于以下两种情况。

(1) 对实施者的能力要求较高,往往需要具有特殊专业技术、丰富的经验和专门的设备,如电力安装工程、天然气管道焊接工程的施工,专业化较强的项目设计,特殊工厂生产设备的制造和供应等。

（2）项目较小、技术含量要求较低且工作环境较差的工程项目施工。此类工程由于一般承包人均可完成，投标竞争将会非常激烈。实力较强的承包人由于获得项目实施后的利润较低，一般不愿参与竞争，如果采用公开招标也不会得到他们的响应，如施工环境条件较差的沟道工程施工等。

2.3.2 法律规定必须进行招标的工程建设项目的范围和规模标准

建设工程采用招标投标这种承发包方式在提高工程经济效益、保证建设质量、保证社会及公众利益方面具有明显的优越性，世界各国和主要国际组织都规定，对某些工程建设项目必须实行招标投标。我国有关的法律、法规和部门规章根据工程建设项目的投资性质、工程规模等因素，也对建设工程招标范围和规模标准进行了界定，在此范围之内的项目，必须通过招标进行发包，而在此范围之外的项目，是否招标业主可以自愿选择。

1. 《招标投标法》关于必须进行招标的工程建设项目的范围和规模标准的有关规定

《招标投标法》第三条规定：在中华人民共和国境内进行下列工程建设项目包括项目的勘察、设计、施工、监理及与工程建设有关的重要设备、材料等的采购，必须进行招标。

（1）大型基础设施、公用事业等关系社会公共利益、公众安全的项目。

（2）全部或者部分使用国有资金投资或者国家融资的项目。

（3）使用国际组织或者外国政府贷款、援助资金的项目。

大型基础设施、公用事业等关系社会公共利益、公众安全的项目，是针对项目性质作出的规定，通常来说，所谓基础设施，是指为国民经济生产过程提供的基本条件，可分为生产性基础设施和社会性基础设施。前者指直接为国民经济生产过程提供的设施，后者指间接为国民经济生产过程提供的设施。基础设施通常包括能源、交通运输、邮电通信、水利、城市设施、环境与资源保护设施等。所谓公用事业，是指为适应生产和生活需要而提供的具有公共用途的服务，如供水、供电、供热、供气、科技、教育、文化、体育、卫生、社会福利等。全部或部分使用国有资金投资或者国家融资的项目，是针对资金来源作出的规定。国有资金，是指国家财政性资金（包括预算内资金和预算外资金）、国家机关、国有企事业单位和社会团体的自有资金及借贷资金。使用国际基金组织或者外国政府贷款、援助资金的项目必须招标，是世行等国际金融组织和外国政府所普遍要求的。我国在与这些国际组织或外国政府签订的双边协议中，也对这一要求予以了认可。另外，这些贷款大多属于国家的主权债务，由政府统借统还，在性质上应视同国有资金投资。

2. 中华人民共和国国家发展和改革委员会关于《工程建设项目招标范围和规模标准规定》的有关规定

《招标投标法》中所规定的招标范围，是一个原则性的规定，针对这种情况，原国家计划发展委员会制定出了更具体的招标范围。

（1）关系社会公共利益、公众安全的基础设施项目的范围包括以下几个方面。

① 煤炭、石油、天然气、电力、新能源等能源项目。

② 铁路、公路、管道、水运，航空及其他交通运输业等交通运输项目。

③ 邮政、电信枢纽、通信、信息网络等邮电通信项目。

④ 防洪、灌溉、排涝、引（供）水、滩涂治理、水土保持、水利枢纽等水利项目。

⑤ 道路、桥梁、地铁和轻轨交通、污水排放及处理、垃圾处理、地下管道、公共停车场等城市设施。

⑥ 生态环境保护项目。

⑦ 其他基础设施项目。

(2) 关系社会公共利益、公众安全的公用事业项目的范围包括以下几个方面。

① 供水、供电、供气、供热等市政工程项目。

② 科技、教育、文化等项目。

③ 体育、旅游等项目。

④ 卫生、社会福利等项目。

⑤ 商品住宅，包括经济适用住房。

⑥ 其他公用事业项目。

(3) 使用国有资金投资项目的范围包括以下几个方面。

① 使用各级财政预算资金的项目。

② 使用纳入财政管理的各种政府性专项建设基金的项目。

③ 使用国有企业、事业单位自有资金，并且国有资产投资者实际拥有控制权的项目。

(4) 国家融资项目的范围包括以下几个方面。

① 使用国家发行债券所筹资金的项目。

② 使用国家对外借款或者担保所筹资金的项目。

③ 使用国家政策性贷款的项目。

④ 国家授权投资主体融资的项目。

⑤ 国家特许的融资项目。

(5) 使用国际组织或者外国政府资金的项目的范围以下几个方面。

① 使用世界银行、亚洲开发银行等国际组织贷款资金的项目。

② 使用外国政府及其机构贷款资金的项目。

③ 使用国际组织或者外国政府援助资金的项目。

(6) 上述(1)～(5)项规定范围内的各类工程建设项目，包括项目的勘察、设计、施工、监理以及与工程建设有关的重要设备、材料等的采购，达到下列标准之一的，必须进行招标。

① 施工单项合同估算价在 200 万元人民币以上的。

② 重要设备、材料等货物的采购，单项合同估算价在 100 万元人民币以上的。

③ 勘察、设计、监理等服务的采购，单项合同估算价在 50 万元人民币以上的。

④ 单项合同估算价低于第①、②、③项规定的标准，但项目总投资额在 3 000 万元人民币以上的。

(7) 省、自治区、直辖市人民政府根据实际情况，可以规定本地区必须进行招标的具体范围和规模，但不得缩小本规定确定的必须进行招标的范围。

我国的国家重点建设项目和各省、自治区、直辖市人民政府确定的地方重点建设项目，以及全部使用国有资金投资或者国有资金投资占控股或者主导地位的工程建设项目，应当公开招标；但下列特殊情况经批准可以进行邀请招标。

① 项目技术复杂或有特殊要求，只有少量几家潜在投标人可供选择的。

② 受自然地域环境限制的。

③ 涉及国家安全、国家秘密或者抢险救灾，适宜招标但不宜公开招标的。

④ 拟公开招标的费用与项目的价值相比不值得的。

⑤ 法律、法规规定不宜公开招标的。

国家重点建设项目的邀请招标，应当经国务院发展计划部门批准；地方重点建设项目的邀请招标，应当经各省、自治区、直辖市人民政府批准。

全部使用国有资金投资或者国有资金投资占控股或者主导地位的并需要审批的工程建设项目的邀请招标，应当经项目审批部门批准，但项目审批部门只审批立项的，最终由有关行政监督部门批准。

2.4 建设工程招标代理

2.4.1 自行招标与委托招标

建筑工程招标人自行办理招标必须具备的条件有以下几点。

(1) 具有法人资格，或依法成立的其他组织。

(2) 有与招标工程相适应的经济、技术管理人员。

(3) 有组织编制招标文件的能力。

(4) 有审查投标单位资质的能力。

(5) 有组织开标、评标、定标的能力。

招标人不具备上述(1)~(3)项条件的，不得自行组织招标，只能委托招标代理机构代理组织招标。

从条件要求来看，主要是指招标人必须设立专门的招标组织；必须有与招标工程规模和复杂程度相适应的工程技术、预算、财务和工程管理等方面的专业技术力量；有从事同类工程建筑招标的经验；熟悉和掌握《招标投标法》及有关法规规章，而且至少包括一名在本单位注册的造价工程师。凡符合上述要求的，招标人应向招标投标管理机构备案后组织招标。

招标投标管理可以通过申报备案制度审查招标人是否符合条件。招标人自行办理招标事宜的，应当在发布招标公告或发出投标邀请书5日前，向工程所在地县级以上地方人民政府建设行政主管部门备案，并报送下列材料。

(1) 按国家有关规定办理审批手续的各项批准文件。

(2) 专门的施工招标组织机构和与工程规模、复杂程度相适应，并具有同类工程施工招标经验、熟悉有关工程施工招标法律法规的工程技术、概预算及工程管理的专业人员的证明材料，包括专业技术人员的名单、职称证书或者执业资格证书及其工作经历的证明材料。

(3) 法律、法规、规章规定的其他材料。如建设行政主管部门自收到备案材料之日起5个工作日内没有提出异议，招标人可发布招标公告或发出投标邀请书。如招标人不具备自行办理施工招标事宜条件的，建设行政主管部门应当自收到备案材料之日起5日内，责令招标人停止自行办理招标事宜。

2.4.2　建筑工程招标代理机构

建筑工程招标代理机构是依法设立，接受招标人的委托，从事招标代理业务并提供相关服务的社会中介组织，并且要求其与行政机关和其他国家机关存在隶属关系或者其他利益关系。招标代理机构是独立法人，实行独立核算、自负盈亏，在实践中主要表现为工程招标公司、工程招标(代理)中心、工程咨询公司等。随着建筑工程招标投标活动在我国的开展，这些招标代理机构也发挥着越来越重要的作用。

招标人有权自行选择招标代理机构，委托其办理招标事宜。任何单位和个人不得以任何方式为招标人指定招标代理机构。招标人具有编制招标文件和组织评标能力的，可以自行办理招标事宜，任何单位和个人不得强制其委托招标代理机构办理招标事宜。

1. 建筑工程招标代理机构的资质

建筑工程招标代理机构的资质，是指从事招标代理活动应当具备的条件和素质。招标代理人从事招标代理业务，必须依法取得相应的招标资质等级证书，并在资质等级证书许可的范围内开展招标代理业务。

我国对招标代理机构的条件和资质有以下几个方面的专门规定。

(1) 是依法设立的中介组织。

(2) 与行政机关和其他国家机关没有行政隶属关系或者其他利益关系。

(3) 有固定的营业场所和开展工程招标代理业务所需设施及办公条件。

(4) 有健全的组织机构和内部管理的规章制度。

(5) 具有编制招标文件和组织评标的相应专业力量。

实践中，由于建筑工程招标一般都是在固定的建筑工程交易场所进行，因此该固定场所(建筑工程交易中心)所设立的专家库，可以作为各类招标代理人直接利用的专家库，招标代理人一般不需要另建专家库。

从事建筑工程项目招标代理业务的招标代理机构，其资格由国务院或者省、自治区、直辖市人民政府的建设行政主管部门认定，具体办法由国务院建设行政主管部门会同国务院有关部门制定。从事其他招标代理业务的招标代理机构，其资格认定的主管部门由国务院规定。工程代理机构可以跨省、自治区、直辖市承担工程招标代理业务，其代理资质分为甲、乙两级。

甲级招标代理资质证书的业务范围是，代理任何建筑工程的全部(全过程)或者部分招标工作。乙级招标代理资质证书的业务范围是，只能代理建筑工程总投资额(不含征地费、大市政配套费和拆迁补偿费)在3 000万元以下的建筑工程的全部(全过程)或者部分招标工作。

2. 建筑工程招标代理机构的权利和义务

1) 建筑工程招标代理机构的权利

(1) 组织和参与招标活动。招标人委托代理人的目的，是让其代理自己办理有关招标事务。组织和参与招标活动，既是代理人的权利也是其义务。

(2) 依据招标文件的要求，审查投标人资质。

(3) 按规定标准收取代理费用。

（4）招标人授予的其他权利。

2）建筑工程招标代理机构的义务

（1）遵守法律、法规、规章和方针。

（2）维护委托人的合法权利。

（3）组织、编制、解释招标文件。

（4）接受招标投标管理机构的监督管理和招标行业协会的指导。

（5）履行依法约定的其他义务。

 案例 2.5

招标代理公司在宝钢设备采购中的积极作用案例

2003 年宝钢股份公司（业主）液化装置招标。在 2002 年 5 月启动前，业主已经同该领域三大国外生产供应商就工艺方案、供货范围，以及设计分工进行了前期技术交流。业主的想法是：目前这三大国外供应商的设备比国内设备的技术水平高，但价格也高，因此，他们希望国内企业也能参与竞争，如果外国企业价格比国内企业价格高得不多（20％的幅度），就采购外国设备；如果价格太高（超过 20％）就选择国内设备。但如何实现上述采购意图，业主缺乏经验，于是业主委托招标代理公司进行代理招标。

招标代理公司在编制招标文件时，通过调研发现国内外企业能力的主要差别反映在业绩水平，国外企业都具备生产 300t/d 液化产品的能力，而国内企业只能具备 200t/d 液化产品的能力。基于此，招标代理公司在招标文件的编制中将投标资格业绩标准设定为 200t/d 液化产品，使国内企业能参与竞争，评标标准设定为：没有 300t/d 液化产品的能力业绩，评标价在投标报价基础上增加 20％。

这样，国内外 4 家企业都来投标。经过开标评标，美国一家公司投标报价比国内某企业高 20％，但国内某企业没有 300t/d 液化产品的业绩，其投标报价折算为评标价增加了 20％。这样两者报价折算的评标价相同，美国公司产品质量好，经评审的评标价最低成为中标人。合同签约价比预算低得多。外商说，这是他们历史上报出的最低价，招标取得圆满成功。

招标代理机构的最大优势就是经验的多次总结和重复使用。该招标代理机构在为业主节约投资的同时，也为企业树立了良好的企业形象。

本 章 小 结

本章主要介绍了建筑工程招投标的概念、分类、原则、作用和意义，阐述了工程招投标的方式、范围，介绍了建设工程招标方式，阐述了自行招标和委托招标的概念和相关知识。

通过本章的学习应对招投标概念和基本采购模式有一个较深的认识。

 阅读材料

鲁布革工程管理经验

1982 年，在云南罗平县和贵州省兴义市交界的黄泥河鲁布革水电站项目，我国采用世界银行贷款通过招标方式对水电站引水隧道实行招标采购，项目标底 14 958 万元，日本大成株式会社以 8 643 万元投

标价中标,比标底节约了42.22%;施工期间,大成公司派出20~30人,施工方有水电部14局424人在日方工程师领导下组织项目管理。该项目在实行招标采购制度的同时,建立了项目法人责任制、工程监理制、合同管理制等一系列科学管理制度,并采用先进设备和工程技术,工程效率为单月平均进度222.5m,最高373.7m,创世界纪录。劳动生产率4.57万元/(人•年),相当于当时同业2~3倍,工程提前5个月完工。这个项目的成功不仅为国家节约了6 000余万元的资金,而且为我国建立和推行项目法人责任制、工程监理制、合同管理制等制度提供了有益的经验,对提高我国的工程建设项目管理水平有重要意义。

1987年6月,国务院召开的全国施工工作会议提出全面推广鲁布革经验,同年8月,《人民日报》发表题为《鲁布革冲击波》的长篇通讯,引起社会的强烈反响。

2012年8月22日,纪念推广"鲁布革"工程管理经验25周年暨第十一届中国国际工程项目管理高峰论坛在天津隆重举行。来自国务院有关部门、天津市、住房和城乡建设部有关部门的领导,国际项目管理合作联盟、美国、新加坡、日本、芬兰等国际项目管理组织的专家代表,各行业建设协会、各省(市)自治区建筑业协会负责人,有关大专院校的专家学者,建筑企业代表,全国优秀项目经理,国际杰出项目经理代表等约千人出席大会。

中国水电建设第一个世界银行贷款项目——鲁布革水电站工程由"项目法施工"为突破口到工程项目管理的组织方式,极大地提高了工程建设速度,降低了成本,推动了我国建筑业生产方式转变和建设工程管理体制的深层次改革,使我国建筑业跻身于世界前列,大大加快了我国现代化建设。(来源:中国建设报2012-08-25)

思考与讨论

一、单项选择题

1. 当工程内容明确、工期较短时,宜采用(　　)。

A. 总价可调合同　　　　　　　　　　B. 总价不可调合同

C. 单价合同　　　　　　　　　　　　D. 成本加酬金合同

2. 应当招标的工程项目,根据招标人是否具有(　　),可以将组织招标分为自行招标和委托招标两种情况。

A. 招标资质　　　　　　　　　　　　B. 招标许可

C. 招标的条件与能力　　　　　　　　D. 评标专家

3. 按计价方式不同,建设工程施工合同可分为三种:(1)总价合同;(2)单价合同;(3)成本加酬金合同。以承包商所承担的风险从小到大的顺序来排列,应该是(　　)。

A. (1)(2)(3)　　　B. (3)(2)(1)　　　C. (2)(3)(1)　　　D. (2)(1)(3)

4. 根据《招标投标法》和有关规定,全部或部分使用国有资金投资或国家融资的项目,其重要设备材料的采购,单项合同估算价格在(　　)万元人民币以上时,必须进行招标。

A. 3 000　　　B. 1 000　　　C. 100　　　D. 50

5. 投标人少于(　　)的,招标人应当依照《招标投标法》重新投标。

A. 3　　　　B. 4　　　　C. 5　　　　D. 10

6. 招标人不得以任何方式限制或排斥本地区、本系统以外的法人或其他组织参加投标体现（　　）原则。

A. 公平　　　　B. 保密　　　　C. 及时　　　　D. 公开

7.《招标投标法》规定："招标人采用邀请招标方式，应当向（　　）个以上具备承担招标项目的能力、资信良好的特定的法人或者其他组织发出投标邀请书。"

A. 二　　　　B. 三　　　　C. 四　　　　D. 五

8. 必须进行招标的项目而不招标的，将必须进行招标的项目化整为零或者以其他任何方式规避招标的，责令限期改正，可以处项目合同金额（　　）的罚款。

A. 3‰以上 5‰以下　　　　B. 10‰以上 15‰以下
C. 5‰以上 10‰以下　　　　D. 15‰以上 20‰以下

9. 招标人以不合理的条件限制或者排斥潜在投标人的，对潜在投标人实行歧视待遇的，强制要求投标人组成联合体共同投标的，或者限制投标人之间竞争的，责令改正，可以处（　　）万元的罚款。

A. 1　　　　B. 1~5　　　　C. 5~10　　　　D. 10

10. 依法必须进行招标的项目的招标人向他人透露已获取招标文件的潜在投标人的名称、数量或者可能影响公平竞争的有关招标投标的其他情况的，或者泄露标底的，给予警告，并处（　　）万元的罚款。

A. 1~10　　　　B. 10~15　　　　C. 15~20　　　　D. 20

二、多项选择题

1. 凡在国内使用国有资金的项目，必须进行招标的情况包括（　　）。

A. 勘察、设计、监理等服务的采购，单项合同估算价在 50 万元人民币以上
B. 重要设备、材料采购等货物的采购，单项合同估算价在 100 万元人民币以上
C. 施工单项合同估算价在 200 万元人民币以上
D. 项目总投资额在 1 000 万元人民币以上
E. 项目总投资额在 2 000 万元人民币以上

2.《招标投标法》第五条规定：招投标应遵循的原则有（　　）。

A. 公开　　　　　　　　　　B. 公平
C. 投标方资信好　　　　　　D. 公正
E. 诚实信用

3. 根据原国家计委关于工程建设项目招标范围和规模标准所作出的具体规定，关系到社会公共利益、公众安全的公用事业项目的范围包括（　　）。

A. 石油项目　　B. 供电项目　　C. 教育项目
D. 商品住宅　　E. 娱乐场所项目

4. 建设工程的招标方式可分为（　　）。

A. 公开招标　　B. 邀请招标　　C. 议标
D. 系统内招标　　E. 行业内招标

5. 建设工程施工招标的条件有：（　　）。

A. 招标人已经依法成立
B. 初步设计及概算应当履行审批手续的，已经批准
C. 招标范围、招标方式和招标组织形式等应当履行核准手续的，已经核准

D. 有相应资金或资金来源已经落实

E. 有招标所需的设计图纸及技术资料

6. 采用公开招标方式,(　　)等都应当公开。

A. 评标的程序　　　　　　　　　　B. 评标人的名单

C. 开标的程序　　　　　　　　　　D. 评标的标准

E. 中标的结果

7. 招标投标活动的公平原则体现在(　　)等方面。

A. 要求招标人或评标委员会严格按照规定的条件和程序办事

B. 平等地对待每一个投标竞争者

C. 不得对不同的投标竞争者采用不同的标准

D. 投标人不得假借别的企业的资质,弄虚作假来投标

E. 招标人不得以任何方式限制或者排斥本地区、本系统以外的法人或者其他组织参加投标

8. 工程建设项目招标的范围包括(　　)。

A. 全部或者部分使用国有资金投资或者国家融资的项目

B. 施工单项合同估算价在 100 万元人民币以上的

C. 关系社会公共利益、公众安全的大型基础设施项目

D. 使用国际组织或者外国政府资金的项目

E. 关系社会公共利益、公众安全的大型公用事业项目

9. 《工程建设项目招标范围和规模标准规定》中关系社会公共利益、公众安全的基础设施项目包括(　　)等。

A. 防洪、灌溉、排涝、引(洪)水、滩涂治理、水土保持、水利枢纽等水利项目

B. 道路、桥梁、地铁和轻轨交通、污水排放及处理、垃圾处理、地下管道、公共停车场等城市设施项目

C. 用于食品加工的饮食基地建设项目

D. 生态环境保护项目

E. 邮政、电信枢纽、通信、信息网络等邮电通信项目

10. 《工程建设项目招标范围和规模标准规定》中关系社会公共利益、公众安全的公用事业项目包括(　　)等。

A. 生态环境保护项目

B. 供水、供电、供气、供热等市政工程项目

C. 商品住宅,包括经济适用住房

D. 科技、教育、文化等项目

E. 铁路、公路、管道、水运、航空等交通运输项目

11. 《招标投标法》第六十六条规定:(　　)等特殊情况,不适宜进行招标的项目,按国家规定可以不进行招标。

A. 涉及国家安全、国家秘密

B. 使用国际组织或者外国政府资金的项目

C. 抢险救灾

D. 利用扶贫资金实行以工代赈需要使用农民工

E. 生态环境保护项目

12. 《工程建设项目招标范围和规模标准规定》第八条规定：建设项目（　　），经项目主管部门批准，可以不进行招标。

A. 与科技、教育、文化相关的

B. 涉及生态环境保护的

C. 建筑艺术造型有特殊要求的

D. 勘察、设计采用特定专利的

E. 勘察、设计采用专有技术的

13. 国家发展和改革委员会等 7 部委令第 38 号发布的《工程建设项目施工招标投标办法》第 12 条规定的（　　）项目可不进行招标。

A. 施工主要技术采用特定的专利或者专有技术的

B. 施工企业自建自用的工程，该施工企业资质等级符合工程要求的

C. 在建工程追加的附属小型工程或者主体加层工程，原中标人仍具备承包能力的

D. 使用国际组织或者外国政府资金的项目的

E. 涉及国家安全、国家秘密或者抢险救灾而不适宜招标的

三、问答题

1. 简述建设工程招投标方式与范围。

2. 简述招标投标分类及特点。

3. 建设工程采购的主要内容有哪些？

4. 主要的采购方式有哪些？请结合资料调研对总承包发包的几种方式提出实践案例。

5. 阐述公开招标和邀请招标的特点和适用范围。

6. 简述建设工程招标代理的基本概念。

7. 简述招标代理机构的概念。

第3章
建设工程招标

本章教学目标

1. 认识招标准备和招标策划的重要性。
2. 掌握工程项目施工招标程序及内容。
3. 熟悉标准招标文件的主要内容。
4. 了解建筑工程招标控制价的编制。

 导入案例

三峡工程招标案例

中国长江三峡工程开发总公司(以下简称"三峡总公司")是三峡工程的业主单位,是工程招标的主管部门。从1993年开始,采取各种招标形式,对建安工程进行招标,通过招标择优选施工承包单位,签订承包合同。同时对1992年年末以前三峡工程筹建阶段的建安工程项目进行全面清理,补充签订了承包合同。至1996年12月末,共签订各类经济合同2 212个(包括设备、不包括物资),合同总金额130.67亿元;其中建安工程合同717个,占合同总个数的32.4%,合同金额103.77亿元,占合同总金额的79.4%。由于永久机电设备的采购招标正在进行,因此通过招标发包的主要是建安工程项目;其次为勘测设计、科研、监理、征地、施工设备等合同,合同个数占67.6%,合同金额只占20.6%。

三峡工程中以招标方式所确定的承包合同共54个,占建安工程合同总个数的7.5%,但合同总金额达63.31亿元,占建安工程合同金额的61%。以议标方式投标的单位只有一两个,采用这类方式主要是对1992年年末的工程项目进行清理,补签合同,主要承包单位为中国葛洲坝水利水电工程集团公司,合同金额约2.4亿元;还有一些较小的准备工程、房建工程及专业性的工程共约16亿元。三峡工程中采用非招标方式的项目一般也按招标的方式进行,有较规范的招标投标文件,合同价的确定以概算的价格进行控制。随着三峡工程的进展,公开招标和邀请招标的个数、金额比例逐渐增加,1995年的比例已达75.4%,1996年比例已达84.5%。

一、招标范围和条件

三峡总公司规定,凡属三峡工程的主体建安工程、主要临时工程、较大的房屋建设、大型施工设备、永久设备工程监理等,一般都要采用招标方式,通过竞争择优选择承包单位。三峡总公司规定工程招标必须具备下列基本条件。

(1) 建设基金已纳入总公司的计划。

(2) 主要的施工方案或技术方案已经确定;招标设计完成,并满足编制招标文件和标底的需要。

(3) 立项手续完备,纳入招标计划。

(4) 征地移民手续已办妥。

二、招标程序

(1) 招标设计。建安工程主要项目在初步设计或单项技术设计的基础上,由设计单位提出招标设计。其主要内容包括设计说明、图纸、技术规范、工程量,由三峡总公司提前1~3个月审定。

（2）招标文件。招标文件的主要内容包括：投标邀请书；第一卷为投标须知、合同协议书格式、保函格式、授权书格式、合同条款、投标书格式与附录、工程量报价单、投标辅助资料；第二卷为技术条款，主要是指出该工程项目应该采用的技术规程规范，并按土方开挖填筑、混凝土浇筑、砌石、建筑装饰、设备安装等分章提出技术要求和计量方法；第三卷为设计说明和图纸。招标文件要写明招标方式、承包合同的性质、物资设备供应方式和规定、资金支付方法和规定、合同变更和合同价格调整的规定、风险和保险的规定、提供的施工条件、工期进度要求、对各分部工程的技术要求和计量方法等。此外，还应包括承包合同执行中商务上的几个难点，如合同变更、合同价格的调整，工期延误补偿等计算原则、计算方法等。

（3）招标通告。公开招标的项目都在有关报刊上发布招标通告，邀请招标和议标项目用书面或其他方式邀请。招标通知和邀请书的内容主要包括：业主、设计单位的名称和地址，工程项目名称、合同编号、位置、工程规模和主要工程量、计划开工日期和竣工日期，投标企业的资质与资格条件等。

（4）资格预审和发售招标文件。三峡总公司规定，申请参加投标的单位需提供包括以下主要内容的资格预审资料：企业的法人营业执照复印件；企业资质等级证书复印件；企业简史和近10年的工程业绩；企业现状（人员、设备、财务）；企业现有的施工任务和正在签订的合同；拟投入本工程的设备及其状况；拟派驻本工程的负责人和主要人员的姓名、职务、职称、资历等。

（5）标底。建安工程项目的招标标底编制的原则为：工程项目划分和工程量与招标文件相一致；采用招标时的物价、人工费、其他费用水平、施工方案、工期和强度应符合设计文件的要求；生产效率、竞争性指标和综合价格水平，根据市场环境和招标项目的具体情况，进行适当的优化；一个招标项目只能有一个标底。标底经审查后进行密封保管，评标时发给评委使用；用完收回，长期保密。

（6）开标和评标。按招标文件规定的时间、地点召开开标会议，除投标单位必须派合法代表参加外，还应请公证单位、设计单位、银行代表和评标专家参加，当众开标。规定投标书有下列情况之一者为废标：未加盖公章和法人代表或其授权的合法代表人未签章；有两个以上报价（建议方案报价除外）；合法代表人未到会；明显违反招标文件规定，提出违反招标文件规定的附加条款。三峡工程的建安工程项目，开标后一般立即组织评标。评标一般分组织技术、商务两个专家组，由有关专业的行家组成，一般都具有高级职称；三峡总公司的主要领导不参加评标。评标项目一般分为总价、单价、技术条件、资信四个项目。技术条件一般包括施工组织设计、施工进度安排、质量保证体系和措施、施工设备和材料、安全及环保措施。资信一般包括企业管理水平，投入本工程人员素质、以往的业绩和信誉、承包风险能力、投标文件响应性等细目。评分由每个评标专家无记名进行。为保持客观性，去掉一个最高分和一个最低分，再计算平均得分；并规定技术专家不评价格项目，商务专家不评技术条件项目。根据评分结果，全体评标专家再进行综合分析，推荐可能中标的单位，一般推荐2个，最多3个，并向三峡总公司提出评标报告。三峡总公司根据评标专家的意见最后研究决标。整个议标工作按"专家评标、定量打分、定性分析、领导决标"的原则进行，领导不向评标专家授意有倾向性的意见，使评标工作保持廉洁、客观、公正。

（7）发中标通知书。决标后在发中标通知书之前，进一步与投标单位交换意见，确认对招投标文件没有实质性的不同理解和意见，然后发中标通知书。中标通知书写明合同价和对履约保函的要求以及签订合同的时间、地点。建安工程的合同是在承包单位提供履约保函的同时签订的。履约保函必须由银行提供。由于我国还没有法人担保公司，三峡工程不接受行政行为的履约担保。组成合同的文件及优先次序如下：合同协议书及备忘录、中标通知书、工程报价单、投标书和合同条款、技术条款、设计说明和施工图纸等。

三、承包合同的执行

三峡工程的承包合同一经签订，都要依法严格履行。由于合同执行中的几个主要难点，如价格、调整变更合同量的价款、工期延误补偿、设备和物资供应等都作了较为明确的规定，在合同执行中还没有发生原则性的争端。但在变更合同量和工期延误数量的确定及其对价格确定的影响等，有时双方认识不尽一致，这些可以通过友好协商解决。

3.1 建设工程招标准备阶段

招标准备阶段是指业主决定进行建设工程招标到发布招标公告之前所做的准备工作，包括成立招标机构、办理项目审批手续、审查招标人招标资质、确定招标方式、申请招标、编制招标有关文件等。

1. 成立招标机构

对于任何一项建设工程项目招标，业主都需要成立专门的招标机构，完成整个招标活动。其主要职责是拟订招标文件，组织投标、开标、评标和定标工作等。成立招标机构有两种途径：一种是业主自行成立招标机构组织招标，另一种是业主委托专门的招标代理机构组织招标。

2. 办理项目审批手续

建设工程项目的立项批准文件或年度投资计划下达后，按照有关规定，须向建设行政主管部门的招标投标行政监管机关报建备案。工程项目报建备案的目的是便于当地建设行政主管部门掌握工程建设的规模，规范工程实施阶段程序的管理，加强工程实施过程的监督。建设工程项目报建备案后，具备招标条件的建设工程项目，即可开始办理招标事宜。凡未报建的工程项目，不得办理招标手续和发放施工许可证。工程项目报建应按规定的格式进行填报，其主要内容包括：①工程名称；②建设地点；③投资规模；④资金来源；⑤当年投资额；⑥工程规模；⑦开竣工时间；⑧发包方式；⑨工程筹建情况等。根据《工程建设项目报建管理办法》的规定，实行报建制度是为了强化建筑市场管理。

3. 审查招标人招标资质

组织招标有两种情况，招标人自行组织招标或委托招标代理机构代理招标。对于招标人自行办理招标事宜的，必须满足一定的条件，并向其行政监督机关备案，行政监督机关对招标人是否具备自行招标的条件进行检查。对委托招标代理机构代理招标的也应向其行政监管机关备案，行政监管机关检查其相应的代理机构资质。对委托的招标代理机构，招标人应与其签订委托代理合同。

4. 确定招标方式

招标人应当依法选定公开招标或邀请招标方式。

5. 申请招标

由招标人填写建设工程招标申请表，上级主管部门批准。同时，审批建设工程项目报建审查登记表。申请表的主要内容包括：工程名称、建设地点、招标建设规模、结构类型、招标范围、招标方式、要求企业资质等级、前期准备情况、招标机构组织情况等。

6. 编制招标有关文件

1) 编制资格预审文件

包括：①资格预审须知；②资格预审申请书；③资格预审评审标准或方法。

2）编制招标文件

招标文件既是投标人编制投标书的依据，也是招标阶段招标人的行为准则。招标人应根据工程特点和具体情况参照"标准招标文件"编写招标文件。具体内容和编写方法见3.3节相关内容。

3）编制招标控制价

招标控制价的编制应遵循客观、公正的原则，严格执行清单计价规范，合理反映拟建工程项目市场价格水平。在编制招标控制价时，消耗量水平、人工工资单价、有关费用标准按省级建设主管部门颁发的计价表（定额）和计价办法执行；材料价格按工程所在地造价管理机构发布的市场指导价取定（市场指导价没有的，按市场信息价或市场询价取定）；措施项目费用考虑工程所在地常用的施工技术和施工方案计取。

招标控制价应当在递交投标文件截止日 10 天前发给投标人。发给投标人的招标控制价应当包括费用汇总表、清单与计价表、材料价格表、相关说明及招标价调整系数的取值，可以不提供"分部分项工程量清单综合单价分析表"与"措施项目清单费用分析表"。

▎3.2 建设工程招标策划

招标投标是由招标人和投标人经过要约、承诺、择优选定，最终形成协议和合同关系的、平等主体之间的一种交易方法，是"法人"之间达成有偿、具有约束力的法律行为。招标投标是商品经济发展到一定阶段的产物，是一种最高竞争的采购方式，是建设工程项目施工合同形成、订立的过程。采取有效措施控制招标工作质量，有利于建设工程项目管理目标的实现。项目施工招标策划阶段是施工招标活动策划、招标文件和合同条件形成的关键阶段，对合同实施有决定性意义。在施工招标策划阶段，运用过程方法对招标工作实施有效的质量控制，是招标活动完满成功的有力保证。

招标策划阶段的招标工作过程主要包括风险分析、合同策略制定、中标原则确定、招标文件编制等。充分做好这些工作过程的规划、计划、组织、控制的研究分析，并采取有针对性的预防措施，减少招标工作实施过程中的失误和被动局面，招标工作质量才能得到保证。

3.2.1 风险分析

在招标策划阶段进行风险分析，主要是对招标活动实施过程中和工程施工过程中的风险因素和可能发生的风险事件进行分析，研究相应的应对策略和解决方案，并致力在招标工作实施前，识别工程风险，建立工程风险清单，研究应对策略。

招标策划阶段的风险分析包括项目风险管理中的风险识别和风险评价两项内容。风险识别通过经验数据的分析、风险调查、专家咨询及实验论证等方式实施。风险评价是根据招标人的承受能力并结合工程实际情况，对识别的工程风险事件做进一步的分析，为下一步制定合同策略提供依据，并研究工程实施过程中风险事件的产生对工程建设造成的不利影响，制定相应的策略和措施。

影响招标投标活动的风险因素包括招标程序的正确性和可操作性、评标办法的可靠性、施工合同条件的可实施性等一系列与招标活动成果得到保证有关的可靠性因素。施工合同签订后，施工实施过程中的风险因素包括设计变更、合同条款遗漏、合同类型选择不当、承发包模式选择不当、索赔管理不力、合同纠纷等一系列在施工实施过程中有可能发生，并影响实现工程预期投资、进度、质量控制目标的风险因素。

3.2.2　合同策略制定

合同策略应在编制招标文件前研究确定。《招标投标法》第四十六条规定："招标人和中标人应当自中标通知书发出之日起 30 日内，按照招标文件和中标人的投标文件订立书面合同。招标人和中标人不得再行订立背离合同实质性内容的其他协议。"因而招标人对工程建设目标的期望应在招标文件中充分反映。在前述的风险分析工作结束后，应制定相应的合同策略，并采用合适的表述方式，充分反映和渗透到招标文件合同条件的各相关条款中去。

招标人在合同策略方面的决策内容包括：工程采购(发包)模式策划，工程分标策划，合同计价方式的选择，招标方式的确定，合同条件的选择，重要的合同条款的确定等方面。

1. 工程采购(发包)模式策划

采购(发包)模式选定得恰当与否将会直接影响到项目的质量、投产时间和效益，因此业主方应熟悉各类采购(发包)模式的特点，为作出正确的决策奠定基础。业主方在确定项目采购(发包)模式时应考虑的主要因素包括以下几方面。

(1) 法律、行政法规、部门法规及项目所在地的法规与规章和当地政府的要求。

(2) 资金来源：融资有关各方对项目的特殊要求。

(3) 项目管理经验：业主方及拟聘用的咨询(监理)单位或管理单位对某种模式的管理经验是否适合该项目，有无标准的合同范本。

(4) 项目的复杂性和对项目的时间进度、质量等方面的要求；如工期延误可能造成的后果。

(5) 建设市场情况：在市场上能否找到合格的管理和实施单位(如工程咨询公司、项目管理公司、总承包商、承包商、专业分包商等)。

2. 工程分标策划

工程分标策划就是通过项目结构分解，将工程分拆为若干个合同段。项目的分标方式，对承包人来说就是承包方式，对整个工程项目的实施有重大影响。分标策略决定了与招标人签约的承包人的数量，决定着项目的组织结构及管理模式，从根本上决定合同各方面责任、权利和工作的划分，所以它对项目的实施过程和项目管理产生根本性的影响。招标人通过分标和合同委托项目施工任务，并通过施工合同实现对项目的目标控制。

由于一个建设项目投资额很大，所涉及的各个项目技术复杂，工程量也巨大，往往一个承包商难以完成。为了加快工程进度，发挥各承包商的优势，降低工程造价，对一个建设项目进行合理分标，是非常必要的。

1) 工程分标考虑的主要因素

一般情况下，项目整体进行招标。对于大型的项目，整体招标符合条件的承包商较少，采用整体招标将会降低标价的竞争力，或基于其他原因，可将项目划分成若干个标段进行招标。在划分标段时主要考虑的因素如下。

(1) 招标项目的专业性要求。

相同、相近的项目可作为整体工程，否则采取分别招标。建设工程项目中的土建和设备安装应分别招标。

（2）工程资金的安排。

建设资金的安排，对工程进度有重要影响。有时，根据资金筹措、到位情况和工程建设的次序，在不同时间进行分段招标，就十分必要。

（3）对工程投资的影响。

标段划分与工程投资相互影响。这种影响是由多种因素造成的，从资金占用角度考虑，作为一个整体招标，承包商资金占用额度大，反之亦然。从管理费的角度考虑，分段招标的管理费一般比整体直接发包的管理费高。

大型、复杂的工程项目，一般工期长、投资大、技术难题多，因而对承包商在能力、经验等方面的要求很高。对这类工程，如果不分标，可能会使有资格参加投标的承包商数量大为减少，竞争对手少必然会导致投标报价提高，招标人就不容易得到满意的报价。如果对这类工程进行分标，就会避免这种情况，对招标人、投标人都有利。

（4）工程管理的要求。

现场管理和工程各部分的衔接，也是分标时应考虑的一个因素。分标要有利于现场的管理，尽量避免各承包商之间在现场分配、生活营地、附属厂房、材料堆放场地、交通运输、弃渣场地等方面的相互干扰，在关键线路上的项目一定要注意相互衔接，防止因一个承包商在工期、质量上的问题而影响其他承包商的工作。如果建设项目的各项工作的衔接、交叉和配合少，责任清楚，则可考虑分别发包。对场地集中、工程量不大、技术上不复杂的工程宜采用一次招标。

总之，标段划分应根据工程特点和招标人的具体情况确定。

2）工程分标的原则

分标时必须坚持不肢解工程的原则，保持工程的整体性和专业性。所谓肢解工程，是指将本应由一个承包人完成的工程任务，分解成若干个部分，分别发包给几个承包商去完成。分标时要防止和克服肢解工程的现象，关键是要弄清工程建设项目的一般划分和禁止肢解工程的最小单位。

一般来说，勘察设计招标发包的最小分标单位，为单项工程；施工招标发包的最小分标单位，为单位工程。

对不能分标发包的工程进行分标发包的，即构成肢解工程。

 案例 3.1

某建设项目的合同策划案例

某咨询公司在某文体中心代理项目施工招标时，根据工程性质、建设单位提出的建设目标及实施要求，就其发包模式及总分包界定的作了以下策划。

项目概况：该项目用地面积 5.9 万 m^2，新建建筑面积 7.8 万 m^2（其中：地上建筑面积 4.9 万 m^2，地下建筑面积 2.9 万 m^2）。最大建筑高度 99.8m。建筑单体有：全民健身中心，共三层（一层为游泳池，二层为大众健身中心，三层为球类多功能比赛场地）；文化创意产业大厦，共二十三层（一层至三层为大厅及配套商业用房，四、五层为青少年活动中心，六至二十三层为办公用房），是一个集办公、商贸、文体、休闲等服务功能于一体的综合体。

主要施工合同架构建议如图 3.1 所示。

后经与业主沟通，发现以下关键问题。

（1）此时只有桩基施工图纸比较完整，主体工程还不具备施工图审查条件。根据业主的目标工期要求，业主建议土方和桩基工程现行单独发包。

（2）本项目由苏州市××设计院设计，该院虽然是国内的一所综合性建筑设计院，实力雄厚，但对幕墙、智能化、内装修专业无法达到施工图设计的深度，无法进行施工图招标。以上专业的设计客户还在选择队伍阶段。

（3）对于专业性强、功能重要的设备，主要包括空调设备、游泳池水处理系统设备、太阳能热水系统、电梯和自动扶梯等，业主要花大量时间对厂家进行考察，综合比选后进行投标报价，此部分设备要独立招标。

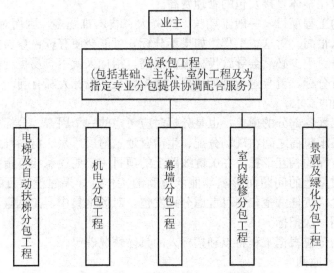

图 3.1　项目主要施工合同架构建议

综合以上关键矛盾所在，需要重新设计合理的工程施工合同架构体系。优化后的合同架构如图 3.2 所示。

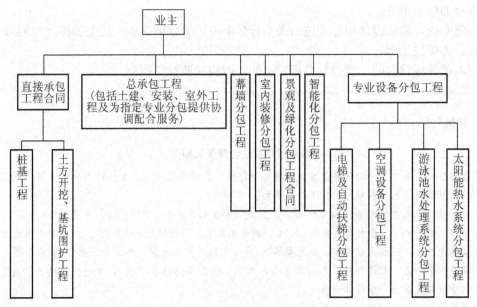

图 3.2　项目优化后的主要施工合同架构

3. 合同计价方式的选择

在工程实践中，合同计价方式有很多，基本形式有单价合同、固定总价合同、成本加酬金合同等。不同种类的合同，有不同的应用条件、不同的权利和责任的分配、不同的付款方式、不同的风险分配方式，应根据具体情况选择合同类型。可以在一个合同中采取上述合同类型的组合形式，也可以在同一项目合同规划的各个合同中分别采取不同的合同形式。

4. 招标方式的确定

我国《招标投标法》规定招标方式有公开招标和邀请招标。现行法律法规对公开招标和邀请招标的适用范围都有明确的规定。在公开招标的情况下，潜在投标人数量多、范围广，投标人之间充分地平等竞争，有利于降低工程造价、提高工程质量、缩短工期；但招标周期长，招标人有大量的招标管理工作。在邀请招标情况下，招标人可以根据工程特点，有目标、有条件地选择和邀请3个以上的若干个投标人参加投标。采用这种招标方式，招标人的事务性管理工作较少，招标用的时间较短，费用较低。

5. 合同条件的选择

合同协议书和合同条件是合同文件最重要的组成部分。在工程实践中，招标人可以按照对工程目标的需要和期望起草合同协议书和合同条件，也可以参考国内外的各种合同示范文本标准合同条件。在具体工程项目应用时，可以针对工程特点，对合同示范文本标准合同条件作修改、补充，在合同专用条款内写明具体约定。

6. 重要的合同条款的确定

重要的合同条款包括支款方式、合同价格的调整方式、双方合同风险的分担等。招标人应根据项目建设特点和工程情况综合考虑制定，恰当的合同条件对项目目标的实现有重要的意义。特别是要慎重考虑双方工程风险的合理分担，承发包双方工程风险的合理分担的基本原则应是通过风险分担激励承包人努力完成项目的投资、进度、质量目标，达到最好的工程经济效益，使项目参与各方都得益，出现多赢的局面。但是，目前国内建筑市场基本处于买方市场状态，使部分招标人在招标文件合同条件中制订出不平等的合同条款，并通过招标文件的合同条件将属于招标人的工程风险转移到承包人身上，而这种风险转移措施后面往往隐藏着更大的风险，有可能引发承包人无力施工，企业倒闭等事件，使得工程的各项预期目标无法实现。

招标人在工程合同签订过程中处于主导地位，招标人的合同策略将对整个工程项目的实施有很大影响。制定正确的合同策略不仅能够签订一个完备的、有利的合同，而且可以保证圆满地履行工程中的各个合同，并使它们之间能完善地协调，以顺利地实现工程项目目标。

3.2.3 中标原则确定

中标原则决定评标定标办法。评标定标办法应体现平等、公正、合法、合理的原则，综合考虑投标人的信誉、业绩、报价、质量、工期、施工组织设计等各方面的因素，不得含有倾向或者排斥潜在投标人的内容，不得妨碍和限制投标人之间的竞争。招标文件定标原则的制定应根据法律法规有关规定，以及对项目的建设特点和项目具体情况研究分析后决定。

根据《房屋建筑和市政基础设施工程施工招标投标管理办法》第四十一条规定，评标可以采用综合评估法、经评审的最低投标价法或者法律法规允许的其他评标方法(见5.2.3节的详细叙述)。

一般来说，大型复杂、采用高科技新技术或技术要求高或有深化设计要求的建设项目适用于综合评估法，而采用施工工艺成熟、潜在符合资格投标人数量多的建设项目适用于经评审的最低投标价法。招标文件中采用何种评标方法，关键要根据项目管理目标的要求，对项目建设特点、技术和施工特点的研究分析，依据工程项目的规模大小和结构复杂程度，在法律法规允许的范围内研究决定。招标人可根据工程的具体情况，选择其中一种评标定标办法或选择其中几种评标定标办法综合成一种评标定标办法，经建设行政主管部门或其委托建设工程招标投标管理机构审核同意后写入招标文件。

中标原则的确定关系到对工程建设基本要求和对中标人素质的选择方向，是根据建设项目工程情况和技术、经济特点综合权衡后制定的招标策略。中标人素质和综合实力是项目实施质量、进度、投资目标的有力保证，对招标活动的成果质量有重要的意义。

3.2.4 招标文件编制

招标文件一般包括招标邀请书、投标人须知、合同的通用条款、专用条款、技术条件、投标书格式、工程量清单、图纸等内容。招标文件编制的基本质量要求主要包含四方面的内容：一是要符合法律法规要求；二是合同条件应充分反映合同策略，反映招标人要求和期望；三是所规定的招标活动安排和评定标方式有可实施性；四是招标文本规范、文件完整、逻辑清晰、语言表达准确，避免产生歧义和争议。

招标文件的编制首先必须保证招标文件的所有内容都符合国家、地方有关法律、法规和规范的要求，应进一步保证招标文件所规定的程序的可执行性，从而确保招标活动处于受控状态。招标文件是要约邀请文件，应充分体现招标人对合同条件的期望和要求，保证实现预期的合同策略。工作实践中，可以先采用招标文件范本和工程合同范本编制招标文件，再根据招标方制订的合同策略对范本文件作适当修改、补充。

将施工招标活动和相关的资源作为过程进行管理，可以更高效地得到期望的结果。以过程方法识别施工招标活动中的关键过程，在随后的施工招标实施和管理中不断进行持续改进来达到招标人对招标工作的满意，以达到对招标工作质量控制的目的。以风险分析、合同策略制定、中标原则的确定、招标文件编制作等关键工作为招标策划阶段招标工作关键过程来加以管理控制，并通过研究分析，不断提高这些工作过程的质量水平，有利于提高施工招标策划工作的质量和效果。

在现代社会激烈的商业经济竞争中，招标失败必然会导致招标人在经济资源上的损失，因而充分做好招标策划阶段的论证和酝酿工作，只有在招标策划阶段就把招标活动中的各项工作任务、运作程序加以研究分析，将各项招标工作充分准备就绪，才能实现预定的招标目标，保证项目投资、进度、质量控制目标的实现，保证工程项目建设的圆满成功。

3.3 建设工程项目施工招标程序及招标资格审查

3.3.1 建设工程项目施工招标程序

建设工程项目施工招标程序，是指在建设工程项目施工招标活动中，按照一定的时间、空间顺序运作的次序、步骤、方式。建设工程项目施工招投标是一个整体活动，涉及招标人和投标人两个方面，招标作为整体活动的一部分，主要是从招标人的角度揭示其工作内容，但同时又需注意招标与投标活动的关联性，不能将两者割裂开来。

1. 建设项目施工公开招标程序

公开招标的工作流程如图 3.3 所示。

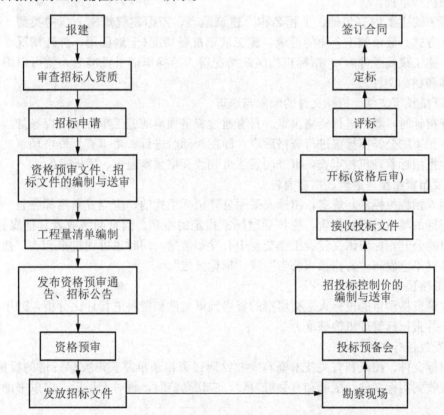

图 3.3 国内公开招标工作流程图

1）建设工程项目报建

根据《工程建设项目报建管理办法》的规定，凡在我国境内投资兴建的工程建设项目，都必须实行报建制度，接受当地建设行政主管部门的监督管理。

建设工程项目报建，是建设单位招标活动的前提。报建范围包括：各类房屋建筑（包括新建、改建、扩建、翻修等）、土木工程（包括道路、桥梁、房屋基础打桩等）、设备安装、管道线路铺设和装修等建筑工程。报建的内容主要包括：工程名称、建筑地点、投资规模、资金投资额、工程规模、发包方式、计划开竣工日期和工程筹建情况等。办理工程项目报建时应该交验的文件资料包括：立项批准文件或年度投资计划，固定资产投资许可证，建设工程规划许可证，验资证明。

在建设工程项目的立项批准文件或投资计划下达后，建设单位根据《工程建设项目报建管理办法》的要求进行报建，并由建设行政主管部门审批。

2）审查招标人资质

审查招标人是否具备招标条件。不具备有关条件的招标人，须委托具有相应资质的中介机构代理招标。招标人与中介机构签订委托代理招标的协议，并报招标管理机构备案。

3）招标申请

招标申请是指招标单位向政府主管部门提交的，要求开始组织招标、办理招标事宜的一种法律行为。招标单位进行招标，要向招标投标管理机构申报招标申请书，填写"建设工程招标申请表"，并经上级主管部门批准后，连同"工程建设项目报建审查登记表"报招标管理机构审批。

申请表的主要内容包括：工程名称、建筑地点、招标建筑规模、结构类型、招标范围、招标方式、要求施工企业的等级、施工前期准备情况（土地征用、拆迁情况、勘察设计情况、施工现场条件等）、招标机构组织情况等。招标申请书批准后，就可以编制资格预审文件和招标文件。

4）资格预审文件、招标文件的编制与送审

公开招标时，要求进行资格预审。只有通过资格预审的施工单位才可以参加投标。不采用资格预审的公开招标应进行资格后审，即在开标后进行资格审查。资格预审文件和招标文件须报招标管理机构审查，审查同意后可刊登资格预审通告、招标通告。

5）发布资格预审通告、招标通告

我国《招标投标法》规定，招标人采用公开招标形式的，应当发布招标公告。依法必须进行招标的项目的招标公告，应该通过国家指定的报刊、信息网络或者其他媒介发布。建设项目的公开招标应该在建设工程交易中心发布信息，同时也可通过报刊、广播、电视等或信息网络上发布"资格预审公告"或"招标公告"。

6）资格预审

对申请资格预审的投标人送交填报的资格预审文件和资料进行评比分析，列出投标人的名单，并报招标管理机构核准。

7）发放招标文件

将招标文件、图纸和有关技术资料发放给通过资格预审并获得投标资格的投标单位。投标单位收到招标文件、图纸和有关资料后，应认真核对，核对无误后，应以书面形式予以确认。

8）勘察现场

招标人组织投标人进行现场勘察的目的在于了解工程场地和周围环境情况，以获取投标单位认为有必要的信息。

9）招标预备会

招标预备会的目的在于澄清招标文件中的疑问，解答投标人对招标文件和勘察现场中所提出的疑问和问题。

10）工程招标控制价的编制与送审

招标控制价是招标人根据国家或省级、行业建设主管部门颁发的有关计价依据和办法，按设计施工图纸计算的，对招标工程限定的最高工程造价。

招标控制价应在招标文件中公布，不应上调或下浮，同时将招标控制价的明细表报工程所在地工程造价管理机构备查。

11）接收投标文件

投标人根据招标文件的要求，编制投标文件，并进行密封和标记，在投标截止时间前按规定的地点递交至招标人。招标人接收投标文件并将其秘密封存。

12）开标

在投标截止日期后，按规定时间、地点在投标人法定代表人或授权代理人在场的情况下举行开标会议，按规定的议程进行开标。

13）评标

由招标代理、建设单位上级主管部门协商，按有关规定成立评标委员会，在招标管理机构的监督下，依据评标原则、评标方法，对投标单位报价、工期、质量、主要材料用量、施工方案或施工组织设计、以往业绩、社会信誉、优惠条件等方面进行综合评价，公正合理地择优选择中标单位。

14）定标

中标单位选定后，由招标管理机构核准，获准后招标单位发出"中标通知书"。

15）签订合同

招标人与中标人应当自中标通知书发出之日起 30 日内，按照招标文件和中标人的投标文件签订工程承包合同。

2. 建设项目施工邀请招标程序

邀请招标程序是直接向适合本工程施工的单位发出邀请，其程序与公开招标大同小异。其不同点主要是没有刊登资格预审通告、招标公告和资格预审的环节，但增加了发出投标邀请书的环节。这里的发出投标邀请书，是指招标人可直接向有能力承担本工程的施工单位发出投标邀请书。

3.3.2 建设项目施工招标资格审查

1. 资格审查的种类和作用

一般来说，资格审查可分为资格预审和资格后审。

资格预审是指在投标前对潜在投标人进行的资格审查。资格后审是指在投标后（即开标后）对投标人进行的资格审查。

对于一些开工期要求比较早、工程不算复杂的工程项目，为了争取早日开工，有时不进行资格预审，而进行资格后审。资格后审是在招标文件中加入资格审查的内容。投标人在填报投标文件的同时，按要求填写资格审查资料。评标委员会在正式评标前先对投标人进行资格审查，对资格审查合格的投标人进行评标，对不合格的投标人不进行评标。资格后审的内容与资格预审的内容大致相同，主要包括：投标人的组织机构、财务状况、人员与设备情况、施工经验等方面。

通常公开招标采用资格预审，只有资格预审合格的施工单位才允许参加投标；不采用资格预审的公开招标应进行资格后审，即在开标后进行资格审查。

通过资格审查，可以预先淘汰不合格的投标人，减少评标阶段的工作时间和费用，也使不合格的投标人节约购买招标文件、现场考察和投标的费用。

2. 资格预审程序

资格预审程序一般为编制资格预审文件、刊登资格预审通告、出售资格预审文件、对资格预审文件的答疑、报送资格预审文件、澄清资格预审文件、评审资格预审文件，最后招标人以书面形式向所有参加资格预审者通知评审结果，在规定的日期、地点向通过资格预审的投标人出售招标文件。

3. 资格预审文件的内容

2007 年版的《标准施工招标资格预审文件》（以下简称《标准资格预审文件》）作为国家发改委等 9 部委 2008 年 56 号令《（标准施工招标资格预审文件)和(标准施工招标文件)暂行规定》的附件属于部门规章，首次在法规层面对资格预审文件的内容作了规定。《标准资格预审文件》共有 5 章，各章内容如下。

第一章：资格预审公告
第二章：申请人须知
第三章：资格审查办法(合格制)
第三章：资格审查办法(有限数量制)
第四章：资格预审申请文件格式
第五章：项目建设概况
下面分别加以介绍。
1) 资格预审公告
资格预审公告内容包括以下几个方面。
(1) 招标人的名称和地址。
(2) 招标项目的性质和数量。
(3) 招标项目的地点和时间要求。
(4) 获取资格预审文件的办法、地点和时间。
(5) 对资格预审文件收取的费用。
(6) 提交资格预审申请书的地点和截止时间。
(7) 资格预审的日程安排。

 案例 3.2

某建设项目的资格预审公告

1. ××公司的××厂房已经批准建设。工程所须资金来源是自筹，现已落实。现邀请合格的潜在投标人参加本工程的资格预审。

2. 招标人自行办理本工程的招标事宜。

3. 工程概况。

工程地点：略。

工程规模：略。

计划开工日期：略。

计划竣工日期：略。

4. 本招标工程共分一个标段，标段划分及相应招标内容如下。

招标范围：1/2层厂房、钢结构、附属雨污、室外配套工程。

5. 申请人应当具备的主要资格条件。

申请人资质类别和等级：房屋建筑总承包一级及市政二级（独立法人）。

拟选派项目经理资质等级：注册建造师房建一级，配备市政二级。

企业业绩、信誉：投标项目部近两年内在周边地区承建过与本次招标工程类似的项目，且质量优良。

项目经理业绩、信誉：投标项目经理近两年内在周边地区管理过类似工程，且质量优良。

以上证件须为原件副本（验证后归还）及复印件。

其他条件：

企业营业执照

税务登记证

银行资信证明

企业信用手册

6. 请申请人于×年×月×日，上午×时至×时，下午×时至×时到×区建设工程有形市场报名，报名经办人须携带本人身份证件和加盖单位公章的书面报名申请书，申请人须于×年×月×日×时前将相关资料送至。

7. 其他。

本次招标每标段择优选取7家申请人作为投标单位。

8. 联系方式： 联系人： 联系电话：

2）申请人须知

申请人须知包括前附表和正文两部分。

（1）申请人须知前附表。

前附表是对申请人须知正文针对项目具体要求的细化。

表3-1 申请人须知前附表

条款号	条款名称	编列内容
1.1.1	招标人	名称： 地址： 联系人： 电话：
1.1.2	招标代理机构	名称： 地址： 联系人： 电话：
1.1.3	项目名称	
1.1.4	建设地点	
1.2.1	资金来源	
1.2.2	出资比例	

续表

条款号	条款名称	编列内容
1.2.3	资金落实情况	
1.3.1	招标范围	
1.3.2	计划工期	计划工期：_____日历天 计划开工日期：_____年_____月_____日 计划竣工日期：_____年_____月_____日
1.3.3	质量要求	
1.4.1	申请人资质条件、能力和信誉	资质条件： 财务要求： 业绩要求： 信誉要求： 项目经理(建造师，下同)资格： 其他要求：
1.4.2	是否接受联合体资格预审申请	□不接受 □接受，应满足下列要求：
2.2.1	申请人要求澄清 资格预审文件的截止时间	
2.2.2	招标人澄清 资格预审文件的截止时间	
2.2.3	申请人确认收到 资格预审文件澄清的时间	
2.3.1	招标人修改 资格预审文件的截止时间	
2.3.2	申请人确认收到 资格预审文件修改的时间	
3.1.1	申请人需补充的其他材料	
3.2.4	近年财务状况的年份要求	_____年
3.2.5	近年完成的类似项目的 年份要求	_____年
3.2.7	近年发生的诉讼及仲裁情况的 年份要求	_____年
3.3.1	签字或盖章要求	
3.3.2	资格预审申请文件副本份数	_____份
3.3.3	资格预审申请文件的装订要求	

续表

条款号	条 款 名 称	编 列 内 容
4.1.2	封套上写明	招标人的地址： 招标人全称： _____（项目名称）_____标段施工招标资格预审申请文件在_____年_____月_____日_____时_____分前不得开启
4.2.1	申请截止时间	_____ 年 _____ 月 _____ 日 _____ 时 _____ 分
4.2.2	递交资格预审申请文件的地点	
4.2.3	是否退还资格预审申请文件	
5.1.2	审查委员会人数	
5.2	资格审查方法	
6.1	资格预审结果的通知时间	
6.3	资格预审结果的确认时间	
9		需要补充的其他内容
……		……
……		……

（2）总则。

在总则中分别列出项目概况、资金来源和落实情况、招标范围、计划工期和质量要求、申请人资格要求、语言文字及费用承担。

（3）资格预审文件。

包括资格预审文件的组成、资格预审文件的澄清和修改。

当资格预审文件、资格预审文件的澄清或修改等在同一内容的表述上不一致时，以最后发出的书面文件为准。

申请人应仔细阅读和检查资格预审文件的全部内容。如有疑问，应在申请人须知前附表规定的时间前以书面形式（包括信函、电报、传真等可以有形表现所载内容的形式，下同），要求招标人对资格预审文件进行澄清。

招标人应在申请人须知前附表规定的时间前，以书面形式将澄清内容发给所有购买资格预审文件的申请人，但不指明澄清问题的来源。

申请人收到澄清后，应在申请人须知前附表规定的时间内以书面形式通知招标人，确认已收到该澄清。

在申请人须知前附表规定的时间前，招标人可以书面形式通知申请人修改资格预审文件。在申请人须知前附表规定的时间后修改资格预审文件的，招标人应相应顺延申请截止时间。

申请人收到修改的内容后，应在申请人须知前附表规定的时间内以书面形式通知招标人，确认已收到该修改。

（4）资格预审申请文件的编制。

资格预审申请文件应包括下列内容：

① 资格预审申请函；

② 法定代表人身份证明或附有法定代表人身份证明的授权委托书；

③ 联合体协议书；

④ 申请人基本情况表；

⑤ 近年财务状况表；

⑥ 近年完成的类似项目情况表；

⑦ 正在施工和新承接的项目情况表；

⑧ 近年发生的诉讼及仲裁情况；

⑨ 其他材料：见申请人须知前附表。

申请人应按要求，编制完整的资格预审申请文件，用不褪色的材料书写或打印，并由申请人的法定代表人或其委托代理人签字或盖单位章。资格预审申请文件中的任何改动之处应加盖单位章或由申请人的法定代表人或其委托代理人签字确认。

资格预审申请文件正本一份，副本份数见申请人须知前附表。正本和副本的封面上应清楚地标记"正本"或"副本"字样。当正本和副本不一致时，以正本为准。

（5）资格预审申请文件的递交。

资格预审申请文件的正本与副本应分开包装，加贴封条，并在封套的封口处加盖申请人单位章。

在资格预审申请文件的封套上应清楚地标记"正本"或"副本"字样，封套还应写明的其他内容见申请人须知前附表。

资格预审申请文件应按照申请人须知前附表规定的申请截止时间和递交地点递交。逾期送达或者未送达指定地点的资格预审申请文件，招标人不予受理。

（6）资格预审申请文件的审查。

资格预审申请文件由招标人组建的审查委员会负责审查。审查委员会参照《中华人民共和国招标投标法》第三十七条规定组建。审查委员会根据申请人须知前附表规定的方法和"资格审查办法"中规定的审查标准，对所有已受理的资格预审申请文件进行审查。没有规定的方法和标准不得作为审查依据。

（7）通知和确认。

招标人在申请人须知前附表规定的时间内以书面形式将资格预审结果通知申请人，并向通过资格预审的申请人发出投标邀请书。

应申请人书面要求，招标人应对资格预审结果作出解释，但不保证申请人对解释内容满意。

通过资格预审的申请人收到投标邀请书后，应在申请人须知前附表规定的时间内以书面形式明确表示是否参加投标。在申请人须知前附表规定时间内未表示是否参加投标或明确表示不参加投标的，不得再参加投标。因此造成潜在投标人数量不足3个的，招标人重新组织资格预审或不再组织资格预审而直接招标。

3）资格审查办法

无论是合格制评审还是有限数量制评审，都需要编制初步审查和详细审查办法。

初步审查首先对接收到的资格预审文件进行整理，看其是否对资格预审文件作出了实质性的响应，即是否满足资格预审文件的要求。检查资格预审文件的完整性，检查资格预审强制性标准的合格性，如投标申请人（包括联合体成员）营业执照和授权代理人授权书应有效。投标申请人（包括联合体成员）企业资质和资信登记等级应与拟承担的工程标准和规模相适应。如以联合体形式申请资格预审，应提交联合体协议，明确联合体主办人；如有分包，应满足主体工程限制分包的要求。投标申请人提供的财务状况、人员与设备情况及履行合同的情况应满足要求。只有对资格预审文件作出实质性响应的投标人才能参加进一步评审。

详细审查的办法如下。

（1）合格制。

资格预审是为了检查、评估投标人是否具备能令人满意的执行合同的能力。只有表明投标人有能力胜任，公司机构健全，财务状况良好，人员技术、管理水平高，施工设备适用，有丰富的类似工程经验，有良好的信誉，才能被招标人认为是资格预审合格。

合格制主要从营业执照、安全生产许可证、资质等级、财务状况、类似项目业绩、信誉、项目经理资格、其他要求、联合体申请人等方面提出具体要求，有一项因素不符合审查标准的，不能通过资格预审。

（2）有限数量制。

审查委员会依据本章规定的审查标准和程序，对通过初步审查和详细审查的资格预审申请文件进行量化打分，按得分由高到低的顺序确定通过资格预审的申请人。通过资格预审的申请人不超过资格审查办法前附表规定的数量。

4）资格预审申请文件格式

资格预审申请文件应按第四章"资格预审申请文件格式"进行编写，如有必要，可以增加附页，并作为资格预审申请文件的组成部分。

主要格式文件包括"资格预审申请函"、"法定代表人身份证明"、"授权委托书"、"联合体协议书"、"申请人基本情况表"、"近年财务状况表"、"近年完成的类似项目情况表"、"正在施工和新承接的项目情况表"、"近年发生的诉讼及仲裁情况"等。

5）项目建设概况

包括项目说明、建设条件和建设要求等。

4．资格预审评审报告

资格预审评审委员会对评审结果要写出书面报告。评审报告的主要内容包括：工程项目概要，资格预审工作简介，资格预审评价标准，资格预审评审程序，资格预审评审结果，资格预审评审委员会成员名单，资格预审评分汇总表，资格预审分项评分表，资格预审评审细则等。资格预审报告应上报招标管理部门审查。资格预审评审结果应在其文件规定的期限内通知所有投标申请人，同时向通过资格预审的投标申请人发出投标邀请。

5．资格审查应注意的问题

（1）通过建设市场的调查确定主要施工经验方面的资格条件。

依据拟建工程的特点和规模进行建筑市场调查。调查与本工程项目相类似的已建完工程和拟建工程的施工企业资质和施工水平的状况，调查可能来此项目投标的投标人数目等。依此确定实施本工程项目施工企业的资质和资格条件。该资格条件既不能过高，减少竞争；也不能过低，增加其评标工作量。

（2）资格审查文件的文字和条款要求严密和明确。

一旦发现条款中存在问题，特别是影响资格审查时，应及时修正和补遗。但必须在递交资格预审截止日前 14 天到 28 天发出，否则投标人来不及作出响应，影响评审的公正性。

（3）应审查资格审查资料的真实性。

投标人提供的资格审查资料是编造的或者不真实时，招标人有权取消其资格申请，而且可不作任何解释。因此，投标人编制资格预审文件时切忌弄虚作假，此外，还要加强资格预审文件的编后审查工作，尽量减少不必要的损失。

3.4 建设工程招标文件的编制

建设工程施工招标文件，是建设工程招标单位单方面阐述自己的招标条件和具体要求的意思表示，是招标单位确定、修改和解释有关招标事项的书面表达形式的统称。从合同的订立过程来分析，建设工程招标文件属于一种要约邀请，其目的在于引起投标人的注意，希望投标人能按照招标人的要求向招标人发出要约。

我国《招标投标法》规定，招标人应当根据招标项目的特点和需要来编制招标文件。国家对招标项目的技术、标准有规定的，招标人应当按照规定在招标文件中提出相应的要求。

建设工程施工招标文件是由招标单位或其委托的咨询机构编制并发布的。它既是投标单位编制投标文件的依据，也是招标单位将来与中标单位签订工程承包合同的基础。招标文件提出的各项要求，对整个招标工作乃至承发包双方都有约束力。由此可见，建设工程招标文件的编制实质上是做合同的前期准备工作，即合同的策划工作。

3.4.1 建设工程施工招标文件的组成

建设工程施工招标文件是建设工程施工招投标活动中最重要的法律文件，它不仅规定了完整的招标程序，而且还提出了各项技术标准和交易条件，拟列了合同的主要条款。招标文件是评标委员会对投标文件评审的依据，也是业主与中标人签订合同的基础，同时也是投标人编制投标文件的重要依据。

建设工程施工招标文件由招标文件正式文本、对招标文件正式文本的解释和对招标文件正式文本的修改三部分组成。

1. 招标文件正式文本

招标文件正式文本由投标邀请书、投标人须知、合同主要条款、投标文件格式、工程量清单（采用工程量清单招标的应当提供）、技术条款、设计图纸、评标标准和方法、投标辅助材料等组成。

2. 对招标文件正式文本的解释

投标人拿到招标文件正式文本之后，如果认为招标文件有问题需要解释，应在收到招标文件后在规定的时间内以书面形式向招标人提出，招标人以书面形式，向所有投标人作出答复。其具体形式是招标文件答疑或答疑会议记录等，这些也构成招标文件的一部分。

3. 对招标文件正式文本的修改

在投标截止日前，招标人可以对已发出的招标文件进行修改、补充，这些修改和补充也是招标文件的一部分，对投标人起约束作用。修改意见由招标人以书面形式发给所有获得招标文件的投标人，并且要保证这些修改和补充发出之日到投标截止时间有 15 天的合理时间。

3.4.2　建设工程施工招标文件的内容

2007 年 11 月，9 部委(国家发改委牵头，联合财政部、原建设部、交通部、铁道部、信息产业部、水利部、民航总局、广电总局)联合发布 56 号部令《〈标准施工招标资格预审文件〉和〈标准施工招标文件〉试行规定》，56 号部令的附件是两册标准文件，即标准施工招标资格预审文件和标准施工招标文件。标准文件自 2008 年 5 月 1 日起试行，适用范围为一定规模以上工程，今后政府投资工程强制使用。

56 号令规定：国务院有关行业主管部门可根据《标准施工招标文件》并结合行业施工招标特点和管理需要，编制行业标准施工招标文件。行业标准施工招标文件中的"专用合同条款"可对《标准施工招标文件》中的"通用合同条款"进行补充、细化，除"通用合同条款"明确"专用合同条款"可作出不同约定外，补充和细化的内容不得与"通用合同条款"强制性规定相抵触，否则抵触内容无效。

2010 年住房和城乡建设部颁布《房屋建筑和市政工程标准施工招标文件》(简称"行业标准文件")是《标准施工招标文件》的配套文件，是在《标准施工招标文件》的基础上结合房屋建筑与市政工程招投标管理与履约管理的特点进行完善，形成的房屋建筑与市政工程行业招标文件范本。

2012 年，国家发改委同工信部、财政部等 9 部委联合发布了《关于印发简明标准施工招标文件和标准设计施工总承包招标文件的通知》，规定《简明标准施工招标文件》和《标准设计施工总承包招标文件》自 2012 年 5 月 1 日起实施。

其中，《简明标准施工招标文件》共分招标公告(或投标邀请书)、投标人须知、评标办法、合同条款及格式、工程量清单、图纸、技术标准和要求、投标文件格式 8 章，适用于工期不超过 12 个月、技术相对简单，且设计和施工不是由同一承包人承担的小型项目施工招标。《标准设计施工总承包招标文件》共分招标公告(或投标邀请书)、投标人须知、评标办法、合同条款及格式、发包人要求、发包人提供的资料、投标文件格式 7 章。设计施工一体化的总承包项目，其招标文件应当根据《标准设计施工总承包招标文件》编制。下面就《标准施工招标文件》加以重点介绍。

《中华人民共和国标准施工招标文件范本》(2007 年版)包括以下 8 章内容。

第一章　招标公告或投标邀请书

第二章　投标人须知及投标人须知前附表

第三章　评标办法

第四章　合同条款及格式

第五章　工程量清单

第六章　图纸

第七章　技术标准和要求

第八章　投标文件格式

下面就这 8 章的主要内容加以介绍。

1. 投标人须知及投标人须知前附表

投标人须知是投标人的投标指南，投标人须知一般包括两部分：一部分为投标人须知前附表，另一部分为投标人须知正文。

1）投标人须知前附表

投标人须知前附表是指把投标活动中的重要内容以列表的方式表示出来。"投标人须知前附表"用于进一步明确"申请人须知"和"投标人须知"正文中的未尽事宜，项目招标人应结合招标项目具体特点和实际需要编制和填写，但不得与"投标人须知"正文内容相抵触，否则抵触内容无效。

 案例 3.3

如表 3-2 所示为××学院专家博士生公寓 31#～35#楼招标文件投标人须知前附表。

表 3-2　××学院专家博士生公寓 31#～35#楼招标文件投标人须知前附表

项目	内容	说明与要求
1	工程名称	××学院专家博士生公寓 31#～35#楼
2	建设地点	××学院西校区院内
3	建设规模及结构类型	砖混结构 5 层，共 5 栋，建筑面积约 12 710m²
4	承包方式	施工总承包
5	质量标准	合格
6	招标范围	施工图设计及说明中的土建工程和安装工程
7	工期要求	2009 年 4 月 1 日计划开工
8	资金来源	自筹
9	投标单位资质要求	房屋建筑工程施工总承包三级(含三级)以上资质 建造师具有建筑二级(含二级)以上，安全考核证
10	资格审查方式	资格后审(要求见附表)
11	工程报价方式	结合自身情况，自主投报承包价
12	投标有效期	30 天(从投标截止之日算起)
13	投标担保金额	每个标段人民币 3 万元
14	踏勘现场	自行
15	投标单位的替代方案	不允许
16	投标文件份数	每个标段一份正本，两份副本

续表

项目	内　容	说明与要求
17	投标文件提交地点及截止时间	时间：2009 年 3 月 26 日 9 时以前(北京时间) 地点：××市建设工程交易中心三楼
18	开标	开始时间：2009 年 3 月 26 日 9 时整(北京时间) 地点：××市建设工程交易中心三楼
19	开标方法及标准	详见评标定标办法
20	履约担保金额	按××号文件规定执行

2）投标人须知正文

投标人须知正文内容很多，主要包括以下几部分。

（1）总则。

① 工程说明。主要说明工程的名称、位置、承包方式、招标范围等情况，通常见前附表所述。

② 资金来源。主要说明招标项目的资金来源和支付使用的限制条件。

③ 资质要求与合格条件。这是指对投标人参加投标进而被授予合同的资格要求。投标人参加投标进而被授予合同必须具备前附表中所要求的资质等级。组成联合体投标的，按照资质等级较低的单位确定资质等级。

④ 投标费用。投标人应承担其编制、递交投标文件所涉及的一切费用。无论投标结果如何，招标人对投标人在投标过程中发生的一切费用，都不负任何责任。

（2）招标文件。

这是投标须知中对招标文件的组成、格式、解释、修改等问题所作的说明。投标人应认真审阅招标文件中的所有内容，如果投标人的投标文件没有按照招标文件要求提交全部资料，或者投标文件没有对招标文件作出实质性响应，其投标可能被拒绝。

（3）投标报价说明。

投标报价说明是对投标报价的构成、采用的方式和投标货币等问题的说明。除非合同中另有规定，具有标价的工程量清单中所报的单价和合价，以及报价汇总表中的价格，应包括完成该工程项目的成本、利润、税金、开办费(及准备)、技术措施费、大型机械进出场费、风险费、政策性文件规定费等各项应有费用。投标人应按招标人提供的工程量清单中的工程项目和工程量填报单价和合价，工程量清单中的每一单项均需填写单价和合价，并只允许有一个报价。投标人没有填写单价和合价的项目将不予支付，并认为此项费用已包括在工程量清单的其他单价和合价中。采用工料单价法报价的，应按招标文件的要求，依据相应的工程量计算规则和预算定额计量报价。

投标报价可采用以下两种方法。

① 固定价。投标人所填写的单价和合价在合同实施期间不因市场变化因素而变动，投标人在计算报价时可考虑一定的风险系数。

② 可调价。投标人所填写的单价和合价在合同实施期间可因市场变化因素而变动。

（4）投标文件的编制。

投标须知中对投标文件的各项具体要求包括以下几个方面。

① 投标文件的语言及度量衡单位。投标书中所使用的语言，投标人、招标人之间与投标有关的来往通知、函件和文件的语言均应使用一种官方主导语言(如中文或英文)。投标文件中应用的度量衡单位，除规范另有规定外，均采用我国法定的计量单位。

② 投标文件的组成。投标人的投标文件应由下列内容组成：投标书、投标书附录、投标保证金、法定代表人资格证明书、授权委托书、具有标价的工程量清单与报价表、辅助资料表、资格审查表(资格后审用)、按本须知规定提交的其他资料。投标人必须使用招标文件提供的表格格式，但表格可以按同样格式扩展。

③ 投标有效期。投标有效期是指投标文件在投标须知规定的投标截止日期之后的前附表中所规定的投标有效期的日历日前有效。在特殊情况下，招标人在原定投标有效期内，可以根据需要以书面形式向投标人提出延长投标有效期的要求，对此要求投标人需以书面形式予以答复。投标人可以拒绝招标人的这种要求，而不被没收投标保证金。同意延长投标有效期的投标人既不能要求也不能不允许其修改招标文件，但需要相应地延长投标担保的有效期，在延长的投标有效期内关于投标担保的规定仍然适用。

④ 投标担保。投标担保有投标保函和投标保证金两种形式。投标保函应为在中国境内注册并经招标人认可的银行出具的银行保函，或具有担保资格和能力的专业担保公司出具的担保书。银行保函的格式，应按照担保银行提供的格式，担保书的格式应为招标文件规定的格式。投标保证金可以是现金、支票、银行汇票。对于未能按要求提交投标保证金的投标，招标人将予以拒绝。未中标的投标人的投标保证金应尽快退还(无息)；中标人的投标担保，按要求提交履约担保并签署合同协议后，予以退还(无息)。

投标人有下列情形之一的，投标担保不予退还：投标人在投标有效期内未经招标人许可撤回其投标文件的；中标人未能在规定期限内提交履约担保的。

 案例 3.4

因缺少投标保证金而废标

×年×月，××市××区××路路灯设备采购及安装招标项目在某市工程交易中心进行。评标委员会按程序审查、评审各投标人的投标文件，结果 A 公司经过技术标和经济标评审后，综合得分最高，但评委仔细检查该公司的投标文件，发现该公司的投标文件正、副本都缺少投标保证金付款凭证，于是按相关规定，否决了该公司的评标资格。

[解析]

在本案例中，该投标人由于某种原因，没有及时递交投标保证金，从而失去了中标的资格。

(5) 踏勘现场和答疑。

应规定踏勘现场的时间和答疑会召开的时间和地点。投标人应按时派代表参加。

(6) 投标文件的份数和签署。

在投标须知中应规定提交投标文件的份数，一般规定提交一份投标文件正本和前附表所列份数的副本。投标文件正本和副本如有不一致之处，以正本为准。投标文件正本与副本均应使用不能擦去的墨水打印或书写；由投标人的法定代表人亲自签署(或加盖法定代表人印鉴)，并加盖法人单位公章；全套投标文件应无涂改和行间插字或增删，如果由于招标人或者投标人的错误必须修改投标文件，修改处应出投标文件签字人签字证明并加盖印鉴。

（7）投标文件的提交。

① 投标文件的装订密封与标志。投标文件一般要求正、副本分别装订成册。投标人应将投标文件的正本和每份副本分别密封在内层包封中，再将它们密封在一个外层包封中，并在内包封面正确标明"投标文件正本"和"投标文件副本"。内层和外层包封都应写明招标人名称和地址、招标工程项目编号、工程名称，并注明开标时间以前不得开封。在内层包封上还应写明投标人的名称与地址、邮政编码，以便投标出现逾期送达时能原封退回。

② 投标截止期。投标截止期是指招标人在招标文件中规定的最晚提交投标文件的时间和日期。投标人应在规定的日期内将投标文件递交给招标人。招标人在投标截止期以后收到的投标文件，将原封退给投标人。

③ 投标文件的修改与撤回。投标人可以在递交投标文件以后，在规定的投标截止时间之前，采用书面形式向招标人递交补充、修改或撤回其投标文件的通知。在投标截止日期以后，不能更改投标文件。投标人的补充、修改或撤回通知，应按规定编制、密封、加写标志和提交，并在内层包封标明"补充"、"修改"或"撤回"字样，补充、修改的内容为投标文件的组成部分。在投标截止时间与招标文件中规定的投标有效期终止日之间的这段时间内，投标人不能撤回投标文件，否则其投标保证金将不予退还。

（8）资格预审申请书材料的更新。

投标人在提交投标申请时，如果资格预审申请书中的内容发生了重大变化，投标人需对其更新。如果评标时投标人已经不能达到资格评审标准，其投标将被拒绝。

（9）开标与评标。

应当对开标时间、地点及开标过程作出明确的规定。对于资格后审的资格审查应当在评标前进行。对评标内容的保密、投标文件的澄清、投标文件的符合性鉴定、错误的修正、投标文件的评价与比较等内容也要在这一部分中作出规定。

投标文件的澄清有助于对投标文件的审查、评价和比较。评标组织在保密其成员名单的情况下，可以个别要求投标人澄清其投标文件。有关澄清的要求与答复，应以书面形式进行，但不允许更改投标报价和投标的其他实质性内容。但是校核时发现的算术错误应更正。

投标文件的符合性鉴定。在详细评标之前，评标组织将首先审定每份投标文件是否在实质上响应了招标文件的要求。实质上响应要求的投标文件，应该与招标文件中规定的要求、条件、条款和规范相符，无显著差异或保留。如果投标文件实质上不响应招标文件的要求，招标人将予以拒绝。

错误的修正。评标组织将对通过符合性鉴定的投标文件进行校核，看其是否有计算上或累计上的算术错误。

投标文件的评价与比较。评标组织将仅对通过符合性鉴定的投标文件进行评价与比较。

（10）授予合同。

① 合同授予标准。招标人将把合同授予其投标文件在实质上响应招标文件要求和按招标文件规定的评标方法评选出的投标人，确定为中标的投标人必须具有实施合同的能力和资源。

② 中标通知书。确定出中标人后，招标人以书面形式通知中标的投标人。中标通知书应包括中标合同价格、工期、质量和有关合同签订购日期、地点等内容。中标通知书将成为合同的组成部分。

③ 合同的签署。中标人按中标通知书中规定的时间和地点，由法定代表人或其授权代表前往与招标人代表进行合同签订。

④ 履约担保。

中标人应按规定向招标人提交履约担保。

履约担保是工程发包人为防止承包人在合同执行过程中违反合同规定或违约，并弥补给发包人造成的经济损失。其形式有履约担保金(又叫履约保证金)、履约银行保函和履约担保书三种。履约保证金可用保兑支票、银行汇票或现金支票，履约保证金不得超过中标合同金额的10%；履约银行保函是中标人从银行开具的保函，额度是合同价格的10%以内；履约担保书是由保险公司、信托公司、证券公司、实体公司或社会上的担保公司出具的担保书，担保额度是合同价格的30%。投标人应使用招标文件中提供的履约担保格式。

如果中标人不按投标须知的规定执行，招标人将有充分的理由废除授标，并不退还其投标保证金。给招标人造成的损失超过投标担保数额的，还应当对超过部分予以赔偿。招标人要求投标人提供履约担保时，招标人也将在中标人提交履约担保的同时，向中标人提供同等数额的工程款支付担保。

一般情况下履约担保是在保修期满并颁发保修责任终止证书后15天或14天退回。

2. 评标办法

"评标办法前附表"用于明确评标的方法(经评审的最低投标价法和综合评估法)、因素、标准和程序。招标人应根据招标项目具体特点和实际需要，详细列明全部评审因素、标准，没有列明的因素和标准不得作为评标的依据。

两种评标办法在5.2.3中详细叙述。

3. 合同条款及格式

招标文件中的合同条件，是招标人与中标人签订合同的基础，是对双方权利和义务的约定，合同条款的完善、公平将影响合同内容的正常履行。为方便招标人和中标人签订合同，目前国际上和国内都制订有相关的合同条件标准模式，如国际工程承发包中广泛使用的 FIDIC 合同条件，国内的《建设工程施工合同(示范文本)》中的合同条款等。

我国的合同条款分为三部分，第一部分是协议书；第二部分是通用条款(或称标准条款)，是运用于各类建设工程项目的具有普遍适应性的标准化的条款，其中凡双方未明确提出或者声明修改、补充或取消的条款，就是双方都要履行的；第三部分是专用条款，是针对某一特定工程项目，对通用条件的修改、补充或取消。

合同文件格式是指招标人在招标文件中拟定好的合同文件的具体格式，以便于定标后由招标人与中标人达成一致协议后签署。招标文件中的合同文件主要格式有：合同协议书格式、承包人履约保函格式、发包人预付款保函格式等。

小知识

主要合同文件格式学习

一、合同协议书格式

_____（发包人名称，以下简称"发包人"）为实施_____（项目名称），已接受_____（承包人名称，以下简称"承包人"）对该项目_____标段施工的投标。发包人和承包人共同达成如下协议。

1. 本协议书与下列文件一起构成合同文件：

(1) 中标通知书；

(2) 投标函及投标函附录；

(3) 专用合同条款；

(4) 通用合同条款；

(5) 技术标准和要求；

(6) 图纸；

(7) 已标价工程量清单；

(8) 其他合同文件。

2. 上述文件互相补充和解释，如有不明确或不一致之处，以合同约定次序在先者为准。

3. 签约合同价：人民币（大写）_____元（¥_____）。

4. 承包人项目经理：_____。

5. 工程质量符合_____标准。

6. 承包人承诺按合同约定承担工程的实施、完成及缺陷修复。

7. 发包人承诺按合同约定的条件、时间和方式向承包人支付合同价款。

8. 承包人应按照监理人指示开工，工期为_____日历天。

9. 本协议书一式_____份，合同双方各执一份。

10. 合同未尽事宜，双方另行签订补充协议。补充协议是合同的组成部分。

发包人：_____（盖单位章）　　承包人：_____（盖单位章）

法定代表人或其委托代理人：_____（签字）　　法定代表人或其委托代理人：_____（签字）

_____年_____月_____日　　　　　　_____年_____月_____日

二、承包人履约担保格式

_____（发包人名称）：

鉴于_____（发包人名称，以下简称"发包人"）接受_____（承包人名称）（以下称"承包人"）于_____年_____月_____日参加_____（项目名称）_____标段施工的投标。我方愿意无条件地、不可撤销地就承包人履行与你方订立的合同，向你方提供担保。

1. 担保金额人民币（大写）_____元（¥_____）。

2. 担保有效期自发包人与承包人签订的合同生效之日起至发包人签发工程接收证书之日止。

3. 在本担保有效期内，因承包人违反合同约定的义务给你方造成经济损失时，我方在收到你方以书面形式提出的在担保金额内的赔偿要求后，在7天内无条件支付。

4. 发包人和承包人按《通用合同条款》第15条变更合同时，我方承担本担保规定的义务不变。

担保人：_____（盖单位章）

法定代表人或其委托代理人：_____（签字）

地　　址：_____

邮政编码：_____

电　　话：_____

传　真：_____

_____年_____月_____日

三、发包人预付款保函格式

_____（发包人名称）：

根据_____（承包人名称）（以下称"承包人"）与_____（发包人名称）（以下简称"发包人"）于_____年_____月_____日签订的_____（项目名称）_____标段施工承包合同，承包人按约定的金额向发包人提交一份预付款担保，即有权得到发包人支付相等金额的预付款。我方愿意就你方提供给承包人的预付款提供担保。

1. 担保金额人民币（大写）_____元（￥_____）。

2. 担保有效期自预付款支付给承包人起生效，至发包人签发的进度付款证书说明已完全扣清止。

3. 在本保函有效期内，因承包人违反合同约定的义务而要求收回预付款时，我方在收到你方的书面通知后，在7天内无条件支付。但本保函的担保金额，在任何时候不应超过预付款金额减去发包人按合同约定在向承包人签发的进度付款证书中扣除的金额。

4. 发包人和承包人按《通用合同条款》第15条变更合同时，我方承担本保函规定的义务不变。

担保人：_____（盖单位章）

法定代表人或其委托代理人：_____（签字）

地　　址：_____

邮政编码：_____

电　　话：_____

传　　真：_____

_____年_____月_____日

4. 工程量清单

工程量清单应包括由投标人完成工程施工的全部项目，它是各投标人投标报价的基础，也是签订合同、调整工程量、支付工程进度款和竣工决算的依据。工程量清单应由具有编制招标文件能力的招标人或其委托的具有资质的工程咨询机构进行编制。招标文件中的工程量清单应由工程量清单说明和工程量清单表两部分组成。

工程量清单说明主要包括工程量清单说明、投标报价说明和其他说明等。

工程量清单表应由分部分项工程量清单、措施项目清单、其他项目清单等组成。招标人应按规定的统一格式提供工程量清单。

1）分部分项工程量清单

分部分项工程量清单应根据《建设工程工程量清单计价规范》（GB 50500—2013）附录中规定的统一项目编码、项目名称、计量单位和工程量计算规则，以及招投标文件、施工设计图纸、施工现场条件进行编制。附录中未包括的项目，编制人可以补充列项，但要特别加以说明。

分部分项工程量清单项目的工程数量，应按照规范中规定的计量单位和工程量计算规则计算。

2）措施项目清单

措施项目清单包括施工期间需要发生的施工技术措施和施工组织措施等项目。招标人应根据工程的具体情况，参照规范中列出的通用项目内容进行列项，招标认可根据实际情况做响应和补充。

对于措施项目清单，招标人只列出项目，由投标人自主填列数量及价格。

3）其他项目清单

其他项目清单分为招标人和投标人两部分。招标人部分包括预留金、招标人拟供材料购置费等。投标人部分包括总承包服务费等。

招标人部分由招标人确定，投标人按招标人确定的项目及金额列表并不得改动。招标人拟供材料购置费由招标人按计划采购材料的品种、数量和价格进行估算；分部分项工程量清单项目综合单价的构成中，不包括招标人拟供材料的价款，但包括该材料应计取的管理费和利润。

投标人部分由招标人根据拟建工程的具体情况列出项目，应将其列入相应项目清单中并注明"暂定金额"。暂定金额，指某些工程项目暂不具备计量条件或不确定是否发生时，由招标人列出的金额。

 案例 3.5

××学院专家博士生公寓 31#～35#楼投标文件格式

一、投标函（格式）

致：[建设单位]

1. 根据已收到的_____工程的招标文件，遵照《中华人民共和国招标投标法》的规定，我单位经考察现场并研究上述工程招标文件的投标须知、合同条款、技术规范、图纸和其他有关文件后，我方愿以人民币_____（大写）万元的承包价按上述合同条款技术规范、图纸等条件承包上述工程的施工、竣工和保修。

2. 一旦我方中标，我方保证在_____天（日历天）内竣工并移交整个工程，质量标准为_____。

3. 如果我方中标，我方将按照平建（2007）66 号规定，在接到中标通知书后 7 日内向贵方提交履约保证金。

4. 我方同意在招标文件中规定的投标有效期内，本投标书始终对我方有约束力且随时可能按此投标书中标。

5. 除非另外达成协议并生效，你方的中标通知书和本投标文件将构成约束我们双方的合同。

6. 我方完全接受招标文件的所有内容及条件。完全理解你方不一定接受我方的投标，无论中标与否，均不要求贵方承担任何责任和损失，也不要求贵方对招标结果作任何解释。

7. 若我方在投标中有违规行为，贵方有权中止我方投标活动或取消我方中标资格，并没收投标保证金。

投标单位（印章）：_____

法定代表人（签名和盖章）：_____

投标单位地址：_____

投标单位电话：_____

_____年_____月_____日

二、授权委托书（格式）

本授权委托书声明：我（姓名）系_____（投标单位名称）的法定代表人，现授权委托（投标单位名称）_____的_____（姓名）为我公司代理人，以本公司的名义参加_____（招标人）的_____工程的投标活动。代理人在开标、评标、合同谈判、签署合同过程中所签署的一切文件和处理与之有关的一切事宜，我均予以承认。代理人无转委权，特此委托。

代理人：_____性别：_____年龄：_____

单　　位：_____部门：_____职务：_____

投标单位(印章)：_____

法定代表人(签名和盖章)：_____

代理人：(签字)_____　　　　　　日　期：_____年_____月_____日

附代理人身份证复印件

三、投标保证金

保函编号：_____

_____(招标人名称)：

鉴于_____(投标人名称)(以下简称"投标人")参加你方_____(项目名称)_____标段的施工投标，_____(担保人名称)(以下简称"我方")受该投标人委托，在此无条件地、不可撤销地保证：一旦收到你方提出的下述任何一种事实的书面通知，在7日内无条件地向你方支付总额不超过_____(投标保函额度)的任何你方要求的金额：

1. 投标人在规定的投标有效期内撤销或者修改其投标文件。

2. 投标人在收到中标通知书后无正当理由而未在规定期限内与贵方签署合同。

3. 投标人在收到中标通知书后未能在招标文件规定期限内向贵方提交招标文件所要求的履约担保。

本保函在投标有效期内保持有效，除非你方提前终止或解除本保函。要求我方承担保证责任的通知应在投标有效期内送达我方。保函失效后请将本保函交投标人退回我方注销。

本保函项下所有权利和义务均受中华人民共和国法律管辖和制约。

担保人名称：_____(盖单位章)

法定代表人或其委托代理人：_____(签字)

地　　址：_____

邮政编码：_____

电　　话：_____

传　　真：_____

_____年_____月_____日

四、拟投入本工程的主要人员简历表(表3-3)

表3-3　拟投入本工程的主要人员简历表

姓名		年龄		专业	
职称		职务		拟在本工程担任何职	
毕业学校		年　月毕业于		学校　　　系	
经　历					
时间	参加过施工工程项目名称		担任何职		备注

下列人员需要填写此表，每人填一份，并附复印件。

1. 建造师

2. 项目技术负责人

3. 专职质检员

4. 专职安全员

5. 填报的内容应与报名时一致

五、拟派本项目的建造师已完成类似工程，经验收合格并已投入使用的工程项目业绩情况表3-4

表3-4 工程项目业绩情况

项目名称	建设单位	开竣工日期	规模	工程造价	是否已投入使用	验收单位

注：提供完成工程的合同、质量验收证书等相关文件复印件并加盖法人印鉴。

5. 图纸

图纸是招标文件的重要组成部分，是投标人在拟订施工方案、确保施工方法、计算或校核工程量、计算投标报价时不可缺少的资料。招标人应对其所提供的图纸资料的正确性负责。

6. 技术标准和要求

招标文件中的技术标准和要求，是指招标人在编制招标文件时，为了保证工程质量，向投标人提出使用具体工程建设标准的要求。

7. 投标文件的格式

1）投标函部分格式

为了便于投标文件的评比和比较，要求投标文件的内容按一定的顺序和格式进行编写。招标人在招标文件中，要对投标文件提出明确的要求，并拟定一套编制投标文件的参考格式，供投标人投标时填写。投标文件的参考格式，主要有法定代表身份证明书、投标文件签署、授权委托投标函、联合体协议及招标文件要求投标人提交的其他投标资料等。

2）已标价的工程量清单

已标价工程量清单按"工程量清单"中的相关清单表格式填写。构成合同文件的已标价工程量清单包括投标价说明、投标报价汇总表、主要材料清单报价表、设备清单报价表、分项分部工程量清单报价表、措施项目报价表、其他项目报价表、分部分项工程量清单综合单价分析表、措施项目费用分析表、投标报价需要的其他资料。

3）投标文件技术部分格式

投标文件技术部分内容包括施工组织设计、项目管理机构配备情况、拟分包项目情况等。

4）资格审查资料

资格审查资料主要由投标人基本情况表、近年财务状况表、近年完成的类似项目情况表、正在施工的和新承接的项目情况表、近年发生的诉讼及仲裁情况表组成（见招标文件资格审查）。

投标申请人须回答资格审查资料中提出的全部问题，任何缺项将可能导致其申请被拒绝。申请人应对申报资料的真实性和准确性负责。在资格审查中，招标人和其招标代理单位有权对投标申请的申报资料进行核实和澄清。

3.4.3 建设工程招标控制价的编制

1. 招标控制价的概念

招标控制价是招标人根据国家或省级、行业建设主管部门颁发的有关计价依据和办法，按设计施工图纸计算的，对招标工程限定的最高工程造价。

2008 年清单计价规范将原 2003 年清单计价规范的"标底"改称为"招标控制价"，其宣贯教材的术语中对招标控制价的解释为"其实质就是通常所称的标底"。

2. 招标控制价在招投标活动中的作用

1）控制高报价

在招投标活动中，有些工程由于其工程项目的特殊性，投标的人比较少，投标报价即使是最低价也使招标人无法接受（超出初设批复的工程造价）。所以设定一个招标控制价（或称拦标价）表明招标人态度，并在投标前 3 天通知投标人，投标人应考虑招标控制价并结合本企业情况、市场情况决定是否报价、如何报价。

2）控制低报价

招投标活动中有些投标报价低于预算标底，招标控制价起到一个衡量成本的标准作用。

在合理最低标中标的招标过程中，有些投标人不计后果，抢占市场、抢项目，其报价远远低于招标控制价（标底），这时招标控制价就起到一个衡量成本价的标准作用，以便对比分析废除低于成本价的投标报价，维护建筑市场的健康发展。

3. 编制招标控制价的原则

国有资金投资或以国有资金投资为主的工程建设招标项目应实行工程量清单招标，应编制招标控制价。招标控制价的编制应遵循客观、公正的原则，严格执行清单计价规范，合理反映拟建工程项目市场价格水平。在编制招标控制价时，消耗量水平、人工工资单价、有关费用标准按省级建设主管部门颁发的计价表（定额）和计价办法执行；材料价格按工程所在地造价管理机构发布的市场指导价取定（市场指导价没有的按市场信息价或市场询价）；措施项目费用按工程所在地常用的施工技术和施工方案计取。国有资金投资的工程建设项目应实行工程量清单招标，并应编制招标控制价。招标控制价超过批准的概算时，招标人应将其报原概算部门审核。投标人的投标报价高于招标控制价的，其投标应予拒绝。招标控制价须按照《建设工程工程量清单计价规范》（GB 50500—2013）的规定进行编制，不应上调或下浮。

招标控制价应由具有编制能力的招标人，或受其委托具有相应资质的工程造价咨询人编制。

4. 编制招标控制价的注意事项

（1）分部分项工程费应根据招标文件中的分部分项工程量清单项目的特征描述及有关要求，按《建设工程工程量清单计价规范》（GB 50500—2013）工程控制价依据的规定确定的综合单价计算。综合单价中应包括招标文件中要求投标人承担的风险费用。招标文件提供了暂估单价的材料，按暂估的单价计入综合单价。

（2）措施项目费应根据招标文件中的措施项目清单计价，可以计算工程量的措施项目，根据拟建工程的施工组织设计，按分部分项工程量清单的方式采用综合单价计价，其余的措施项目以项为单位按照不同费率计价，应包括除规费、税金外的全部费用。安全文明施工费应按照国家或省级、行业建设主管部门的规定计价，不得作为竞争性费用。

（3）其他项目费应按下列规定计价。

① 暂列金额应根据工程特点，按有关计价规定估算。

② 暂估价中的材料单价应根据工程造价信息或参考市场价格估算，暂估价中的专业工程金额应分不同专业，按有关计价规定估算。

③ 计日工应根据工程特点和有关计价依据计算。

（4）总承包服务费应根据招标文件列出的内容和要求估算。规费和税金应按国家或省级、行业建设主管部门的规定计算，不得作为竞争性费用。

（5）招标控制价应在招标时公布，不应上调或下浮。招标人应将招标控制价及有关数据报送工程所在地工程造价管理机构备查。

（6）投标人经复核认为招标人公布的招标控制价未按本规范的规定编制的，应在开标前 5 天向招投标监督机构或工程造价管理机构投诉。招投标监督机构应会同工程造价管理机构对投诉进行处理，发现有错误的，应责成招标人修改。

本 章 小 结

本章主要从建设工程招标的角度，详细讲述了建筑工程招标的准备、策划及招标的具体运作程序，建设工程编制招标文件时应包含的内容，建设工程招标控制价的概念、编制步骤及要求。本章还通过招标实例更加全面地介绍了建筑工程招标的全过程。

 阅读材料

中海某项目合约策划

一、项目概述

项目位于杭州市××区××大道地块，总用地面积为 47 735 m^2(71.6 亩)，容积率为 2.5，拟建设销售面积 12 万 m^2 的高档次住宅小区，住宅类型初步定为高档次小户型之高层建筑、联排别墅。

整个项目分一期开发，计划于 2012 年 9 月 18 日开工建设，2014 年 12 月 25 日竣工，总发展期约 2 年 3 个月。项目目前已开工。

本项目属自有资金投资项目，建安费用初步估算为 34 932 万元(含内配套)。

二、合约策划综述

（一）目的

鉴于本项目占地面积小、房屋类型多、设计标准高、工期紧、项目管理要求高，同时，该项目又为中海地产进入杭州市场的第一个项目，如何克服新的陌生市场环境带来的困难进行有效的成本控制管理、预控指导下一步的工程协调管理，是我们合约管理工作的重点和难点。为此，有必要在项目前期阶段制定出良好的合约管理体系、合约工作计划表等，以确保相关的节点目标和成本控制指标得以实现。

（二）合约管理架构

为有效管理和控制成本，我们拟采用总承包＋专业分包的管理模式进行合约体系构架，总承包工程拟分为两个标段同步施工。

具体合约管理架构见图 3.4。

（三）合约分判总体思路

为控制成本和施工管理，本项目拟采用总承包＋专业分包的管理模式。总承包商承担的工作是主体结构施工、内外粗装饰、强电及给排水工程施工，以及对指定专业分包商的照管(现场全面管理的责任)；各专业分包需与我司及总包签订三方合同，明确相互关系和各自权利义务。

招标报价模式采用地产集团标准工程量清单报价模式(按相应模板)，定标原则上采用最低价中标，确保最佳性价比。特殊项目(如政府电力配套等垄断性项目)可采用直接议价委托的方式。

对于已出图工程合约价款形式采用总价包干，对于无图的暂定量工程和物资采购合同采用单价包干。

具体而言，本项目拟进行以下专业分包：桩基工程、铝合金工程、公共部位精装修工程、室外园林绿化工程、售楼处及样板房精装饰工程、交通设施及划线工程、水景系统工程、弱电智能化工程、消防工程等；甲供料及设备拟包括电梯、外墙面砖、玻化砖、阀门、水电管材、外墙石材、屋面瓦、进户门、车库门等。

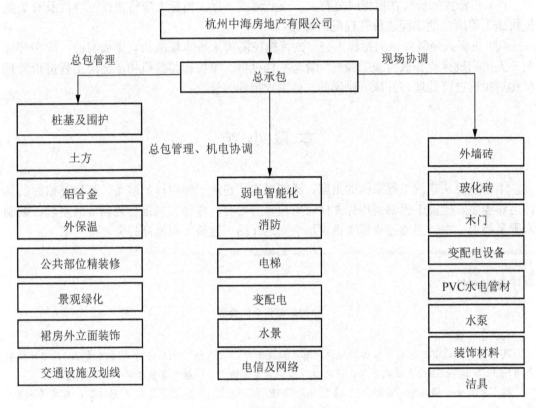

图 3.4　项目合约管理架构图

（四）标段划分

根据目前项目发展情况，考虑到施工管理和工期进度要求，我们拟将本工程分为两个标段进行操作管理；专业上有具体要求不可分割的(如消防工程、弱电智能化工程)，则统一为一个标段。

（五）时间节点控制思路

本项目工期较紧，对合约时间节点控制要求较高，同时又受到设计出图计划和工程进度计划的制约。因此，本项目时间节点的控制原则是以工程发展进度计划为根本控制点，根据设计出图及样板确认安排具体的合约分判时间节点计划。

在工作开展之前我们将与设计管理部、项目发展部等部门进行良好的沟通，对彼此制定的时间节点计划之间的冲突进行协调处理；在工作开展过程中，我们将随项目实际发展进度对合约时间节点计划进行动态调整，并严格执行；一旦出现部分工序的延误，我们将及时分析原因，寻找补救对策，确保合约管理工作不影响到整体项目发展。

（六）工程量清单编制原则

工程量清单原则上由我司自行编制，模式按照地产集团统一工程量清单模板进行；同时，考虑到杭州公司合约管理部目前的人手配置情况，为减少工程量计算失误概率，我们将采取两阶段招标方式，先通过回工程量的方式对 5～8 家投标单位的工程量进行比较复核，统一工程量后再进行报价。

（七）工程价款支付

本项目工程价款支付方式有两种：里程碑节点支付和按月完成量支付，原则上无预付款（除大型/大批定制货物或设备外）。里程碑节点支付方式适用于总承包等工期要求严格的工程、工程额较小的工程、工期仅 1～2 个月的工程；按月完成量支付方式适用于一般项目。

为了能够及时掌握建安成本实际变动情况，良好的控制建安成本，我们计划对设计变更和工程签证的工程量进行即时审核确认，对变更价款原则上在 3 个月内审定，款项在审定后的次月中期付款中支付。

工程结算在无特殊情况下，总承包工程在具备结算条件后 6 个月内完成结算工作，一般专业分包工程在具备结算条件后 2 个月内完成结算工作。

（八）不利因素分析及应对措施

本项目定位较高，工程技术性强、质量标准高，加上工期较紧，对合约分判的速度和质量要求较高，在合约人员有限的情况下，如何促使团队在紧张的配合下快速、有效的运作将是面临的最大困难。对此，我们将对项目的合约安排在事前作出尽可能详尽的统筹计划，并调用合约部的主要业务力量按工程性质进行职责分摊，使责任到人。每周召开合约协调例会，检讨本周工作，将本周内遇到的需要配合协调的问题在会议中进行及时沟通解决。

狗熊招标的故事

传说森林中的动物听说采用招标方式采购能发挥很大作用，狗熊有块地想出租，决定也用招标方式试一试。招标文件约定对其所有的 100 亩土地通过招标方式确定承租人，评标标准是按收成比例的多少确定中标人。为公平起见，邀请森林中豺狼虎豹熊各一只当评委，大熊担任评标委员会主任。经过招标投标程序，在众多投标人中，狐狸是排名第一的中标候选人，其要约按照庄稼收成的 50% 上交租金，其余归承租人。依据评标报告狗熊确定狐狸中标并发了中标通知书，在签订书面合同时，狐狸提出一个非实质性澄清："收成仅指农作物在地面以上的部分"，狗熊没有思考就同意了。秋收时狗熊来收租子，到地里一看，地里种的不是当地普遍种植的高粱而是土豆，按照合同地面下的土豆归狐狸，土豆秧子双方分成。狗熊才知道上了狐狸的当。狗熊认为，招标是个好办法，只是自己没有经验，决定明年对招标文件进行修改再次招标。第二年经过激烈竞争，结果还是狐狸中标，约定庄稼收成的 60% 上交租金。招标文件约定，"收成仅指农作物地面以下的部分"。这年秋天，狗熊高高兴兴来收租，可到了地里一看，地里改种了水稻，狗熊气得差点晕过去。第三年，评委狼向狗熊建议应当建立资格审查制度，拒绝没有诚信的动物投标，狗熊没有接受这个意见，决定完善招标文件提高中标收成比例，一举补偿两年的损失。招标文件规定，地面上面收成 70%，地面下收成的 70% 归招标人，结果还是狐狸中标，但狐狸的投标文件有一个偏差，将地面上收成 70% 改为地上庄稼最上面 70% 归招标人，其余归承包人。评委认为水稻穗就在最上面，和招标文件没有实质性差别，同意了狐狸的偏差澄清作为中标通知书的组成部分。第三年，踌躇满志的狗熊带领全家族高高兴兴来收租，看地地里全是玉米，果实累累的是个大丰收。狗熊要求狐狸按照 70% 的玉米上交租子，狐狸不慌不忙地拿出书面合同解释道，咱们约定庄稼最上面的 70% 归你，地面下 70% 归你，玉米棒不是庄稼的最上面而是中间，依据合同约定应当归我。狗熊听罢大吼一声晕倒在地。醒来后它不解地问大家说："招标是怎么回事呢？"

狗熊招标的故事很可笑，但是掩卷深思，这里有很多地方值得我们认真思考。一般来讲，招标文件对标的之约定没有问题，但是由于招标文件相关约定的漏洞给招标人造成的损失比比皆是，如没有约定提交图纸的时间、数量造成工作范围变更造成的损失；没有约定竣工验收的程序和细节造成工期违约的损失，等等。编制招标文件是一项技术性、专业性非常强的工作，它直接关系到项目的成败，也是招标代理机构最重要的能力标志。

在编制招标文件中，关于资格条件设置、标段划分、技术条件、评标办法、合同计价形式的确定，以及标底、最高控制价的设定等都是实现招标人项目意图的重要手段。

确定资格条件主要选择合同"相对人"；确定技术条件及评标办法主要选择合同"标的物"，标段划分的实质是划分合同；确定合同计价形式的实质是确定风险责任的合理分配，两者都是保证合同履行不可或缺的重要手段。作为编制招标文件的技术措施，招标人可以设置标底或最高控制价，但不能设置最低限价以限制竞争。

思考与讨论

一、单项选择题

1. 根据我国《施工合同文本》规定，对于具体工程的一些特殊问题，可通过（　　）约定承发包双方的权利和义务。

A. 通用条款　　　　B. 专用条款　　　　C. 监理合同　　　　D. 协议书

2. 根据我国有关规定，凡在我国境内投资兴建的工程建设项目，都必须实行（　　），受当地建设行政主管部门的监督管理。

A. 报建制度　　　　B. 监理制度　　　　C. 工程咨询　　　　D. 项目合同管理

3. 下列不属于招标文件内容的是（　　）。

A. 投标邀请书　　　B. 设计图纸　　　　C. 合同主要条款　　D. 财务报表

4. 招标文件、图纸和有关技术资料发放给通过资格预审获得投标资格的投标单位。投标单位应当认真核对，核对无误后以（　　）形式予以确认。

A. 会议　　　　　　B. 电话　　　　　　C. 口头　　　　　　D. 书面

5.《工程建设项目施工招标投标办法》第15条规定："对招标文件或者资格预审文件的收费应当合理，不得以营利为目的。对于所附的设计文件，招标人可以向投标人酌情收取（　　）。"

A. 押金　　　　　　B. 成本费　　　　　C. 手续费　　　　　D. 租金

6. 招标文件发售后，招标人要在招标文件规定的时间内组织投标人踏勘现场，了解工程现场和周围环境情况，并对潜在投标人针对（　　）及现场提出的问题进行答疑。

A. 设计图纸　　　　B. 招标文件　　　　C. 地质勘查报告　　D. 合同条款

7. 投标人对招标文件或者在现场踏勘中如果有疑问或有不清楚的问题，应当用（　　）的形式要求招标人予以解答。

A. 书面　　　　　　B. 电话　　　　　　C. 口头　　　　　　D. 会议

8.《招标投标法》第24条规定："依法必须进行招标的项目，自招标文件开始发放之日起至投标人提交投标文件截止之日止，最短不得少于（　　）日。"

A. 10　　　　　　　B. 15　　　　　　　C. 20　　　　　　　D. 7

9. 下列哪项内容在开标前不应公开？（　　）

A. 招标信息　　　　　　　　　　　　B. 开标程序

C. 评标委员会成员的名单　　　　　　D. 评标标准

10.《招标投标法》第28条规定："招标人收到投标文件后，应当（　　），不得开启。在招标文件要求提交投标文件的截止时间后送达的投标文件，招标人应当拒收。"

A. 登记备案　　　　B. 签收送审　　　　C. 集中上报　　　　D. 签收保存

11. 招标人收到投标文件后，应当向投标人出具标明签收人和签收时间的（　　），在开标前任何单位和个人不得开启投标文件。

  A. 凭证　　　　　　B. 回执　　　　　　C. 协议　　　　　　D. 收条

  12. 提交投标文件的投标人少于（ ）个的，招标人应当依法重新招标。重新招标后投标人仍少于这个数，属于必须审批的工程建设项目，报经原审批部门批准后可以不再进行招标；其他工程建设项目，招标人可自行决定不再进行招标。

  A. 3　　　　　　　　B. 4　　　　　　　　C. 2　　　　　　　　D. 5

  13. 招标人和中标人应当自中标通知书发出之日起（ ）日内，按照招标文件和中标人的投标文件订立书面合同。

  A. 15　　　　　　　B. 30　　　　　　　C. 45　　　　　　　D. 60

二、多项选择题

  1. 计划招标的项目在招标之前需向政府主管机构提交招标申请书。招标申请书的主要内容包括（ ）等。

  A. 招标单位的资质　　　　　　　　　B. 招标工程具备的条件

  C. 招标工程设计文件　　　　　　　　D. 拟采用的招标方式

  E. 对投标人的要求

  2. 招标文件应当包括（ ）等所有实质性要求和条件以及拟签订合同的主要条款。

  A. 招标工程的报批文　　　　　　　　B. 招标项目的技术要求

  C. 对投标人资格审查的标准　　　　　D. 投标报价要求

  E. 评标标准

  3. 招标控制价的编制依据有（ ）。

  A. 招标文件确定的计价依据和计价方法

  B. 经验数据资料

  C. 工程量清单

  D. 工程设计文件

  E. 施工组织设计和施工方案等

  4. 评审资格预审文件时，评审内容主要包括：（ ）。

  A. 法人资格　　　　B. 商业信誉　　　　C. 财务能力

  D. 技术能力　　　　E. 施工经验

三、问答题

  1. 招标准备工作有哪些？

  2. 简述建设施工招标的程序。

  3. 简述建设工程招标文件的编制及内容。

  4. 叙述招标控制价的作用和编制方法。

第**4**章
建设工程投标

1. 熟悉建设工程投标的程序。
2. 了解建设工程投标决策的内容，投标中采取的策略和技巧。
3. 掌握投标报价的构成和编制方法。
4. 掌握建设工程投标文件的内容、编制步骤及提交。

导入案例

小浪底工程投标案例

小浪底工程是我国部分使用世行贷款兴建的特大型水利水电枢纽工程。

中国水利水电第十一工程局从前期工程开始，把工作重点放在Ⅱ标上，同时组织精干力量全力参与国际合作竞标。

经过业主评审，十一局和法国 SPIE 公司联营体通过第Ⅱ标（洞群和进出口）和第Ⅲ标（地下厂房）的资格预审。1993 年 3 月业主发售标书。十一局和 SPIE 公司购买了标书并联合考察了工程现场。

标书编制早期由两家分别进行，双方沟通不多。由于业主提供了中文标书，十一局也提前收集了不少工程资料，在投标初期的文字和语言问题没有给工作带来太大麻烦。十一局组织了较强的力量参与编标，全面编制施工方案，全面计算报价。和过去国内投标经验不同的是，这是一个国际工程，应在施工设备配置、施工技术方面尽量体现国际水准；在报价方面要考虑欧洲承包商的参与，要考虑工程执行 FIDIC 合同条件和西方技术规范。尽管困难很多，十一局经过努力做出了基本完整的施工方案和报价。

1994 年 7 月份，十一局一行 6 人到 SPIE 公司总部进行汇标。由于语言问题、思维方式等原因，双方不能完全理解对方所做的工作。工作量比较大的是大家事先没有料到的报价问题，法方要求十一局对可能分包的所有项目进行报价。十一局担心 SPIE 公司报价太高，则努力说服 SPIE 降低报价。这期间，SPIE 组织了多次编标各方参与的会议，对施工方案和报价进行讨论。

经过努力，水电十一局如愿与欧洲多家著名承包商组成联营体中标小浪底第Ⅱ标段。中标后，水电十一局以伙伴公司、分包商、劳务供应商、材料供应商、营地管理商等多角色全面积极地参与小浪底主体工程施工，使水电十一局成为在小浪底承接工程最多、参与最深、施工历时最长的中国工程局。

小浪底工程的 3 个标段的所有投标商，除瑞典公司斯堪斯卡是独家投标外，其他均以联营体的方式投标，联营体多由 3～5 家承包商组成。而单独投标的斯堪斯卡非但没有提交降价函，反而以信件的方式提高报价。对于大型国际工程，以联营体方式投标和实施工程主要是为了降低和分散风险，也就是常说的"不要将所有的鸡蛋放在一个篮子里"。

4.1 建设工程投标程序

4.1.1 投标的含义

建设工程投标是指具有合法资格和能力的承包商根据招标条件，经过初步研究和估算，在指定期限内填写标书，提出报价，争取承包建设工程项目的经济活动。投标是建筑企业取得工程施工合同的主要途径，它是针对招标的工程项目，力求实现决策最优化的活动。

我国《招标投标法》规定，投标人是响应招标、参加投标竞争的法人或者其他组织。工程项目施工招标的投标人是响应施工招标、参与投标竞争的施工企业，应当具备相应的施工企业资质，并在工程业绩、技术能力、项目经理资格条件、财务状况等方面满足招标文件提出的要求，具备承担招标项目的能力。

4.1.2 工程投标的基本程序

建设工程投标是建设工程招标投标活动中投标人的一项重要活动。建设工程施工投标程序主要是指投标活动在时间和空间上应遵循的先后顺序，投标工作程序如图4.1所示。

1. 投标的前期工作

投标的前期工作包括获取工程招标信息与前期投标决策。

1) 获取工程招标信息

投标人获取招标信息的渠道很多，最普遍的是通过大众媒体所发布的招标公告获取招标信息。投标人必须认真分析所获取信息的可靠性，对业主进行必要的调查研究，证实其招标项目确实已立项批准、资金已经落实等情况。

2) 前期投标决策

证实招标信息真实可靠后，施工企业不可能对每个项目都去投标，而应有选择地进行，通过了解招标人的信誉、实力等方面，分析企业的技术等级、现有的资源条件、潜在的竞争对手情况等，作出投标决策，即是否投标？以什么身份投标？投哪一段标？

2. 参加资格预审

当决定对某项目进行投标后，投标人一般参加资格预审。对投标人来说，填好资格预审文件是购买招标文件，进行投标的第一步。因此，填写资格预审文件一定要认真细心。严格按照要求逐项填写，不能漏项，每项内容都要填写清楚。投标人应特别注意要根据所投标工程的特点，有重点地填写，对在评审内容中可能占有较大比重的内容多填写，有针对性地多报送资料，并强调本公司的财务、人员、施工设备、施工经验等方面的优势。投标人应充分理解拟投标项目的技术经济特点和业主对项目的要求，除了提供规定的资料外，应有针对性地提交在该项目上反映企业特长和优势的材料，以在资格预审时就引起业主的注意，留下良好的印象，为下一步投标竞争奠定基础。报送的预审文件内容应简明准

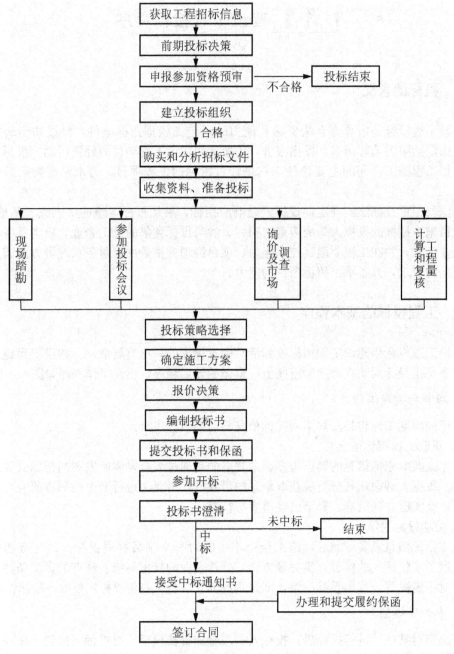

图 4.1 投标工作程序

确，装订美观大方，给招标人一个良好的印象。

要做到在较短的时间内填报出高质量的资格预审文件，平时要做好公司在财务、人员、施工设备和经验等各方面原始资料的积累与整理工作，分门别类地存储在计算机中，以便随时可以调用和打印出来。例如：公司施工经验方面应详细记录公司近 5～10 年来所完成和目前正在施工的工程项目名称、地点、规模、合同价格、开工、竣工的时间；招标人名称、地址，监理单位名称、地址；在工程中本公司所担任的角色是独家承包还是联合承包，是联合体负责人还是合伙人，是总承包人还是分承包人；公司在工程项目实施中的地位和作用等。

3. 建立投标组织

为了确保在投标竞争中获得胜利，投标人应在投标前建立专门的投标班子，负责投标事宜。投标班子中的人员应包括企业决策层、施工管理、技术、经济、财务、法律法规等方面的人员。参加投标的人员应对投标业务比较熟悉，掌握市场和本单位有关投标的资料和情况，可以根据拟投标项目的具体情况，迅速提供有关资料或编制投标文件。投标人在投标时如果认为必要，也可以请某些具有资质的投标代理机构代理投标或策划，以提高中标的概率。

4. 购买和分析招标文件

投标单位通过资格预审后，就表明已具备并获得了参加该项目投标的资格。如果决定参加投标，应按招标单位规定的日期和地点，凭邀请书或通知书及有关证件购买招标文件。

招标文件是投标和报价的主要依据，也是承包商正确分析判断是否进行投标和如何获取成功的重要依据，因此应组织得力的设计、施工、估价等人员对招标文件认真研究。研究重点应放在投标人须知、合同条件或条款、设计图纸、工程范围、工程量清单、技术规范和特殊要求等方面。通过对招标文件的认真研究，对疑问之处整理记录，交由参加现场踏勘和标前会议的人员，使其在标前会议上尽力予以澄清，也可随时向业主及招标人致函咨询。全面权衡利弊得失，才能据此作出评价和是否投标报价的决策。重点通常放在以下几方面。

（1）研究工程的综合说明，借以获得工程全貌的轮廓。

（2）熟悉并详细研究设计图纸和技术说明书及特殊要求，材料样品。其目的在于了解工程的技术细节和具体要求，使制订施工方案和报价有确切的依据。详细了解设计规定的各部分工艺做法和对材料品种加工规格的要求，对整个建筑装饰设计及其各部位详图的尺寸，各种图纸之间的关系都要清晰，发现不清楚或互相矛盾之处，要提请招标方解释或订正。

（3）研究合同的主要条款，明确中标后应承担的义务和责任及应享有的权利。重点注意承包方式，开竣工时间及工期奖罚，材料供应及价款结算办法，预付款的支付和工程款结算办法，工程变更及停工、窝工损失处理办法等。这些因素关系到施工方案的安排，或关系到资金的周转，以及工程管理的成本费用，最终都会反映在标价上，所以都必须认真研究，以减少承包风险。

（4）熟悉投标须知，明确在投标过程中，投标方应在什么时间做什么事和不允许做什么事，目的在于提高效率，避免造成废标，徒劳无功。

全面研究了招标文件，对工程本身和招标方的要求有基本的了解之后，投标单位就可以制订自己的投标工作计划，为争取中标，有秩序地开展工作。

5. 收集资料、准备投标

研究招标文件后，就要尽快通过调查研究和对问题的质询与澄清，获取投标所需的有关数据和情报，解决在招标文件中存在的问题并进行投标准备。投标准备包括：组建投标机构、参加现场踏勘及投标预备会、询问市场情况、计算和复核招标文件中提供的工程量等内容。

1）参加现场踏勘

投标人拿到招标文件后，应对其进行全面细致的调查研究。若有疑问或不清楚的问题需要招标人予以澄清和解答的，应在收到招标文件后的规定时间内以书面形式向招标人提出。

投标人在去现场踏勘之前，应先仔细研究招标文件的有关概念和各项要求，特别是招标文件中的工作范围、专用条款及设计图纸和说明等，然后有针对性地拟订出踏勘提纲，确定出需要重点澄清和解答的问题，做到心中有数。投标人参加现场踏勘的费用，由投标人自己承担。招标人一般在招标文件发出后，就着手考虑安排投标人进行现场踏勘等准备工作，并在现场踏勘中对投标人给予必要的协助。招标人在现场踏勘中介绍的工程场地和相关的周边环境情况，供投标人在编制投标文件时参考，招标人不对投标人据此作出的判断和决策负责。

投标人进行现场踏勘的内容，主要包括以下几个方面。

（1）工程的范围、性质及与其他工程之间的关系。

（2）投标人参与投标的那一部分工程与其他承包商或分包商之间的关系。

（3）现场地貌、地质、水文、气候、交通、电力、水源等情况，有无障碍物等。

（4）进出现场的方式，现场附近有无食宿条件、料场开采条件、其他加工条件、设备维修条件等。

（5）现场附近治安情况。

2）参加投标预备会

投标预备会，又称答疑会、标前会议，一般在现场踏勘之后的 1~2 天内举行。答疑会的目的是解答投标人对招标文件和在现场踏勘中所提出的各种问题，并对图纸进行交底和解释。

投标人在对招标文件进行认真分析和对现场进行踏勘之后，应尽可能多地将投标过程中可能遇到的问题向招标人提出疑问，争取得到招标人的解答，为下一步投标工作的顺利进行打下基础。投标人应在投标人须知前附表规定的时间前，以书面形式将提出的问题送达招标人，以便招标人在会议期间澄清。

3）询价及市场调查

投标文件编制时，投标报价是一个很重要的环节，为了能够准确地确定投标报价，投标时应认真调查工程所在地的人工工资标准、材料来源、价格、运输方式、机械设备租赁价格等和报价有关的市场信息，为准确报价提供依据。

4）计算或复核工程量，复核招标控制价

现阶段我国进行工程施工投标时，招标文件中给出的工程数量比较准确，但是投标人还必须进行校核，否则，一旦投标人自己计算漏项或其他错误，就会影响中标或造成不应有的经济损失。投标人在进行投标时，应根据图纸等资料对给定工程量的准确性进行复核，为投标报价提供依据。在工程量复核过程中，如果发现某些工程量有较大的出入或遗漏，应向招标人提出，要求招标人更正或补充，如果招标人不作更正或补充，投标人投标时应注意调整报价以减少实际实施过程中由于工程量调整带来的风险。

投标人可复核招标控制价，如果投标人经复核认为招标人公布的招标控制价未按照工程量清单计价规范的规定进行编制，应在开标前 5 日向招投标监督机构或（和）工程造价管理机构投诉。招投标监督机构应会同工程造价管理机构对投诉进行处理，发现确有错误，应责成招标人修改。

6. 选择投标策略

建设工程投标策略，是指建设工程承包商为了达到中标目的而在投标过程中所采用的手段和方法。投标人应根据项目状况、自身条件和竞争状况合理选择投标策略。

7. 确定施工方案

施工方案也是投标内容中很重要的部分，是招标人了解投标人的施工技术、管理水平、机械装备的途径。编制施工方案的主要内容有：①选择和确定施工方法；②对大型复杂工程则要考虑几种方案，进行综合对比；③选择施工设备和施工设施；④编制施工进度计划等。

8. 投标决策

投标决策主要决策是否投标，投什么性质的标以及在投标中如何采用以长制短、以优胜劣等关键问题。

投标决策的正确与否，关系到能否中标和中标后的效益问题，关系到施工企业的信誉和发展前景及职工的切身经济利益，甚至关系到国家的信誉和经济发展问题。因此，企业的决策班子必须充分认识到投标决策的重要意义，着重考虑。

9. 编制及提交投标书

投标单位应按招标文件的要求，认真编写投标书。按照招标文件的内容、格式和顺序要求进行，并在规定时间内将投标书密封送达招标文件指定地点。若发现标书有误，需在投标截止时间前用正式函件更正，否则以原标书为准。投标人在递交投标书时，应同时提交开户银行出具的投标保函或交付投标保证金。

10. 参加开标、接受投标书澄清询问

投标人在编制、递交投标文件后，要积极准备出席开标会议。参加开标会议对投标人来说，既是权利也是义务。开标会议由投标人的法定代表人或其授权代理人参加。如果是法定代表人参加，一般应持有法定代表人资格证明书；如果是委托代理人参加，一般应持有授权委托书。按照国际惯例，投标人不参加开标会议的，视为弃权，其投标文件将不予启封，不予唱标，不允许参加评标。投标人参加开标会议，要注意其投标文件是否被正确启封、宣读，对于被错误地认定为无效的投标文件或唱标出现的错误，应当场提出异议。

在评标期间，评标组织要求澄清投标文件中不清楚问题的，投标人应积极予以说明、解释、澄清。澄清招标文件一般可以采用向投标人发出书面询问，由投标人书面作出说明或澄清的方式，也可以采用召开澄清会的方式。澄清会是评标组织为有助于对投标文件的审查、评价和比较，而个别地要求投标人澄清其投标文件（包括单价分析表）而召开的会议。在澄清会上，评标组织有权对投标文件中不清楚的问题，向投标人提出询问。有关澄清的要求和答复，最后均应以书面形式进行。所说明、澄清和确认的问题，经招标人和投标人双方签字后，作为投标书的组成部分。在澄清会谈中，投标人不得更改标价、工期等实质性内容，开标后和定标前提出的任何修改声明或附加优惠条件，一律不得作为评标的依据。澄清修正必须以书面方式提供。如果投标人不愿意根据要求加以修正或用户对所澄清的内容感到不能接受时，可视为不符合要求而否定投标。

11. 接受中标通知书、签订合同、办理和提交履约担保

经评标，投标人被确定为中标人后，应接受招标人发出的中标通知书。未中标的投标人有权要求招标人退还其投标保证金。中标人收到中标通知书后，应在规定的时间和地点与招标人签订合同。我国规定招标人和中标人应当自中标通知书发出之日起 30 日内订立书面合同。在合同正式签订之前，应先将合同草案报招标投标管理机构审查。经审查后，中标人与招标人在规定的期限内签订合同。结构不太复杂的中小型工程一般应在 7 天以内，结构复杂的大型工程一般应在 14 天以内，按照约定的具体时间和地点，根据《合同法》等有关规定，依据招标文件、投标文件的要求和中标的条件签订合同。同时，按照招标文件的要求，提交履约保证金或履约保函，招标人同时退还中标人的投标保证金。中标人如拒绝在规定的时间内提交履约担保和签订合同，招标人报请招标投标管理机构批准同意后取消其中标资格，按规定不退还其投标保证金，并考虑在其余投标人中重新确定中标人，与之签订合同，或重新招标。中标人与招标人正式签订合同后，应按要求将合同副本分送有关主管部门备案。

 案例 4.1

某火力发电厂工程投标案例

某火力发电厂工程，业主采用交钥匙合同。为此，业主依法进行了公开招标，并委托某监理公司代为招标。在该工程招标过程中，相继发生了下述事件。

事件一：在现场踏勘中，C 公司的技术人员对现场进行了补充勘察，并当场向监理人员指出招标文件中的地质资料有误。监理人员则口头答复："如果招标文件中的地质资料确属错误，可按照贵公司勘察数据编制投标文件。"

事件二：投标人 D 在编制投标书时，认为招标文件要求的合同工期过于苛刻，如按此报价，导致报价过高，于是按照其认为较为合理的工期进行了编标报价，并于截标日期前两天将投标书报送招标人。1 日后，D 公司又提交一份降价补充文件。但招标人的工作人员以"一标一投"为由拒绝接受该降价补充文件。

问题：1. 在事件一中，有关人员的做法是否妥当？为什么？

2. 在事件二中，是否存在不妥之处？请一一指出，并说明理由。

[解析]

1. C 公司技术人员口头提问不妥，投标人对招标文件有异议，应当以书面形式提出；监理人员当场答复也不妥，招标人应当将各个投标人的书面质疑，统一回答，并形成书面答疑文件，寄送给所有得到招标文件的投标人。

2. 投标人 D 不按招标文件要求的合同工期报价的做法不妥，投标人应对招标文件作出实质性响应；招标人工作人员拒绝投标人的补充文件不妥，投标人在提交投标文件截止时间前可以修改其投标文件。

4.2 建设工程投标准备

4.2.1 投标前期的准备工作

投标前期的准备工作包括获取投标信息与前期投标决策，确定选取哪个（些）作为投标对象。一般要注意如下几个问题。

1. 查证信息并确定信息的可靠性

信息查证是投标的前提。在现实工程招投标过程中，信息的真实性、公平竞争的透明度、工程款支付等方面存在诸多问题。投标企业在决定投标之前，必须认真分析所获得的招标信息的真实性，在国内做到这一点并不困难，可通过与招标单位直接见面，证实其招标项目确实已立项批准和资金已落实即可。

2. 对业主进行必要的调查分析

对业主的调查了解是确定实施工程的酬金能否收回的前提。有些业主单位长期拖欠工程款，致使承包企业不仅不能获取利润，甚至连成本都无法收回。还有些业主单位的工程负责人与外界勾结，索要巨额回扣，中饱私囊，致使承包企业苦不堪言。承包商必须对获得项目之后履行合同的各种风险进行认真的评估分析。风险可以带来效益，但不良的业主同样也使承包商陷入泥潭而不能自拔。利润总是与风险并存的。

3. 成立投标工作机构

如果已经核实了信息，证明某项目的业主资信可靠，没有资金不到位及拖欠工程款的风险，则建设施工企业可以作出投标该项目的决定。

工程招标与投标是激烈的市场竞争活动。招标人希望通过招标以较低的价格在较短的工期内获得技术先进、品质优良的建筑产品。投标人希望以自己在技术、经验、实力和信誉等方面的优势在竞争中获胜，占据市场，求得发展。当一个公司进行工程投标时，组织一个强有力的、专业的投标班子是十分重要的。投标机构中要有经济管理、工程技术、商务金融、合同管理的专家参加。

（1）经济管理类人才，是指直接从事工程估价的人员。他们不仅对本公司各类分部分项工程工料消耗的标准和水平了如指掌，而且对本公司的技术特长和优势以及不足之处有客观的分析和认识，对竞争对手和生产要素市场的行情和动态也非常熟悉。他们能运用科学的调查、统计、分析、预测的方法，对所掌握的信息和数据进行正确的处理，使估价工作建立在可靠的基础之上。另外，他们对常见工程的主要技术特点和常用施工方法也应有足够的了解。

（2）工程技术类人才，主要是指工程设计和施工中的各类技术人员，如建筑师、结构工程师、电气工程师、机械工程师等。他们应掌握本专业领域内最新的技术知识，具备熟练的实际操作能力，能解决本专业的技术难题，以便在估价时能从本公司的实际技术水平出发，根据投标工程的技术特点和需要，选择适当的专业实施方案。

（3）商务金融类人才，是指从事金融、贸易、采购、保险、保函、贷款等方面工作的专业人员。他们要懂税收、保险、涉外财会、外汇管理和结算等方面的知识，特别要熟悉工程所在国有关方面的情况，根据招标文件的有关规定选择工作方案，如材料采购计划、贷款计划、保险方案、保函业务等。

（4）合同管理类人才，是指从事合同管理和索赔工作的专业人员。他们应熟悉国际上与工程承包有关的主要法律和国际惯例，熟悉国际上常用的合同条件，充分了解工程所在国的有关法律和规定。他们能对招标文件所规定采用的合同条件进行深入分析，从中找出对承包商有利和不利的条款，提出要予以特别注意的问题，并善于发现索赔的可能性及其合同依据，以便在估价时予以考虑。

另外，作为承包商来说，要注意保持报价班子成员的相对稳定，以便积累和总结经验，不断提高素质和水平，提高估价工作的效率，从而提高本公司投标报价的竞争力。一般来说，除了专业技术类人才要根据投标工程的工程内容、技术特点等因素而有所变动之外，其他三类专业人员应尽可能不做大的调整或变动。

4.2.2　投标的准备工作

1. 接受资格预审

资格预审是投标人投标过程中需要通过的第一关，资格预审一般按招标人所编制的资格预审文件内容进行审查。

1）资格预审的工作程序

（1）资格预审报名，购买资格预审文件。

根据资格预审通告规定的时间和地点，持单位介绍信和本人身份证报名，购买资格预审文件。

（2）选择拟投标标段、投标形式和分包人。

根据招标文件要求和企业自身的实力，选择拟申请投标的标段。根据拟投标段工程规模和难度以及本单位能力确定独立承包或组成联合体，或者分包部分工程。

（3）填写资格预审表。

资格预审表通常是招标人根据项目的技术经济特点和有关规定，制定统一的资格预审表格。投标人应严格按照要求逐项填写，不能漏项，每项内容都需要填写清楚。

（4）提交资格预审材料。

投标人提交的资格预审材料包括两部分：一部分是规定的标准表格；另一部分是资格证明材料，一般需要提供资质证明材料、业绩证明材料、社会信誉方面的证明材料。

同时，做好递交资格预审调查表后的跟踪工作，以便及时发现问题，补充材料。每参加一个工程招标的资格预审，都应该全力以赴，力争通过预审，成为可以投标的合格投标人。

2）资格预审的资料内容

为了顺利通过资格预审，投标人应在平时就将有关基础材料有目的地积累起来，建立企业资格预审资料信息库，并及时更新。针对某个项目填写资格预审文件时，将有关文件调出来加以补充完善，再补齐其他项目，即可成为资格预审书。公司的业绩与公司介绍最好印成图册。此外，每竣工一个工程，可以请该工程业主和有关单位开具证明工程质量良好等的鉴定信，作为业绩的有力证明。如有各种证书，应备有彩色照片及复印件。

投标资格预审的资料主要包括：①公司简介，包括公司概况表、公司组织机构、人员数量等；②公司营业执照、公司资质证书、公司资信等级证书的复印件；③公司财务状况表；④近年已完成工程概况表和交（竣）工验收工程质量鉴定书复印件及有关证明文件；⑤在建工程情况，包括工程名称、规模、承包合同段、工期、投入施工人员等的情况；⑥拟派到工地的主要管理、技术人员的数量、资格（资质）；⑦公司目前剩余劳动力和机械设备情况；⑧近两年来涉及的诉讼案件情况；⑨合作单位（拟作为联合体成员或分包单位）的资质、公司概况、业绩、施工设备、财务，以及主要管理人员资历表等有关资料和证件；⑩其他资料（如各种奖励和处罚等）。

2. 投标经营准备

1) 联合体投标

《招标投标法》第三十一条规定，两个以上法人或者其他组织可以组成联合体，以一个投标人的身份共同投标。在招标文件中允许联合体投标的，则投标人可以以联合体的身份参加投标，反之，招标文件中明确不允许联合体投标的，则投标人不能组成联合体。

（1）共同投标的联合体的基本条件。

① 联合体承包的联合各方为法人或者法人之外的其他组织。形式可以是两个以上法人组成的联合体，两个以上非法人组织组成的联合体，或者是法人与其他组织组成的联合体。

② 联合体是一个临时性的组织，不具有法人资格。组成联合体的目的是增强投标竞争能力，减少联合体各方因支付巨额履约保证而产生的资金负担，分散联合体各方的投标风险，弥补有关各方技术力量的相对不足，提高共同承担的项目完工的可靠性。如果属于共同注册并进行长期的经营活动的"合资公司"等法人形式的联合体，则不属于《招标投标法》所称的联合体。

③ 联合体的组成是"可以组成"，也可以不组成。是否组成联合体由联合体各方自己决定。招标人不得强制投标人组成联合体共同投标，不得限制投标人之间的竞争。

④ 联合体对外"以一个投标人的身份共同投标"。也就是说，联合体虽然不是一个法人组织，但是对外投标应以所有组成联合体各方的共同名义进行，不能以其中一个主体或者两个主体（多个主体的情况下）的名义进行，即"联合体各方""共同与招标人签订合同"。这里需要说明的是，联合体内部之间权利、义务、责任的承担等问题则需要依据联合体各方订立的合同为依据。

⑤ 共同投标的联合体各方应具备一定的条件。根据《招标投标法》的规定，联合体各方均应具备承担招标项目的相应能力；国家有关规定或者招标文件对投标人资格条件有规定的，联合体各方均应当具备规定的相应资格条件，以保证招标质量。

⑥ 联合体共同投标一般适用于大型建设项目和结构复杂的建设项目。

（2）联合体内部关系及其对外关系。

① 内部关系以协议的形式确定。联合体在组建时，应依据招标投标法和有关合同法律的规定共同订立书面投标协议，在协议中拟定各方应承担的具体工作和责任，并将共同投标协议连同投标文件一并提交给招标人。

② 联合体对外关系。中标的联合体各方应当共同与招标人签订合同，并在合同书上签字或盖章。在同一类型的债权债务关系中，联合体任何一方均有义务履行招标人提出的债权要求。招标人可以要求联合体的任何一方履行全部的义务。被要求的一方不得以"内部订立的权利义务关系"为由拒绝履行义务，即联合体各方就承包项目向招标人承担连带责任。

(3) 联合体的优缺点。

① 可增强融资能力。大型建设项目需要巨额履约保证金和周转资金，资金不足则无法承担这类项目。采用联合体可以增强融资能力，减轻每一家公司的资金负担。实现以最少资金参加大型建设项目的目的，其余资金可以再承包其他项目。

② 可分散风险。大型工程的风险因素很多，诸多风险如果由一家公司承担是很危险的，所以有必要依靠联合体来分散风险。

③ 弥补技术力量的不足。大型项目需要很多专门技术，而技术力量薄弱和经验不足的企业是不能承担的，即使承担了也要冒大的风险。同技术力量雄厚、经验丰富的企业联合成立联合体，使各个公司的技术专长可以互相取长补短，就可以解决这类问题。

④ 可互相检查报价。有的联合体报价是每个合伙人单独制定的，要想算出正确、适当的价格，必须互查报价，以免漏报和错报。有的联合体报价是合伙人之间互相交流、检查后制定的，这样可以提高报价的可靠性，提高竞争力。

⑤ 确保项目按期完工。对联合体合同的共同承担提高了项目完工的可靠性，对业主来说，也提高了项目合同、各项保证、融资贷款等的安全性和可靠性。

但是，联合体投标也存在着一定的法律风险。譬如，投标人选择合作伙伴不当，影响联合体整体竞争实力；或者联合体资格条件不符合《招标投标法》和招标文件要求，失去投标资格或者在投标中削弱竞争优势；联合体协议如果责任不明确，义务不清楚，利益不清晰，这对于招标人和联合体都蕴藏着巨大的风险。

2) 分包商的选定

分包商是相对于总包商而言的，是指从总承包人承包范围内分包某一分项工程，如土方、模板、钢筋等分项工程，或某种专业工程，如钢结构制作和安装、电梯安装等，或提供某些专业技术服务等。我国《建筑法》对分承包商做了相关的规定。

(1) 分包商的特点。

① 除总承包合同中约定的分包外，总承包单位进行分包，必须事先得到业主认可。

② 分承包人承包的工程不能是总承包范围内的主体结构或主要部分(关键性部分)，建筑工程主体结构的施工必须由总承包单位自行完成。

③ 分包商必须是具备相应资质条件的单位。

④ 禁止分包单位将其承包的工程再分包。

(2) 总包商与分包商的责任关系。

分包人不与发包人发生直接关系，在现场由总承包人统筹安排其活动。建筑工程总承包单位按照总承包合同的约定对业主负责；分包单位按照分包合同的约定对总承包单位负责。总承包单位和分包单位就分包工程对业主承担连带责任。

3) 与银行建立业务联系

与银行的业务联系有：贷款，存款，提请银行开具保函、信用证、资信证明及代理调查等。

3. 标书编制准备

1) 熟悉和研究招标文件

承包商在决定投标并通过资格预审、获得投标资格、取得招标文件后，首先要研究和熟悉招标文件，充分了解其内容和要求，以便统一安排投标工作，应特别注意可能对标价计算产生重大影响的问题。

2) 调查投标环境

招标工程项目的社会、自然及经济条件会影响项目成本，因此在报价前应尽可能全面、细致地收集与报价有关的各种风险与数据资料。其主要调查内容如下。

(1) 社会经济条件。如工程所需各种材料在当地市场的供应能否满足工程要求和其价格情况，劳动力资源，工资标准，当地运输、装卸及汽柴油价格等。

(2) 地理、地貌、气象等自然条件。如项目所在地地形、地貌，地下水情况、水质，当地近20年的气温、雨量、雨季期、冰冻深度、冬季时间、风向、风速等气象资料，地震灾害情况、自然地理等因素。

(3) 施工现场条件。如场地承载能力，地上及地下建筑物，构筑物及其他障碍物，地下水位，道路、供水供电、通信条件，材料及构配件堆放场地。

(4) 工地所在地有关健康、安全、环保和治安情况。如医疗设施、救护工作、环保要求、废料处理、保安措施等。

3) 校核工程量、编制施工规划

对于招标文件中的工程量清单，投标人一定要进行校核，同时要编制施工规划。因为投标报价的需要，投标人必须编制施工规划，包括施工方案，施工方法，施工进度计划，施工机械、材料、设备、劳动力计划。制定施工规划的主要依据为施工图纸，编制的原则是在保证工程质量和工期的前提下，使成本最低，利润最大。

(1) 编制施工规划的目的。

招标单位可以通过施工规划具体了解投标人的施工技术、机械装备、材料、人力的情况，使其对所投的标有信心。投标人可以通过施工规划改进施工方案、施工方法与施工机械的选用，甚至出奇制胜、降低报价、缩短工期而中标。

(2) 施工规划的内容。

① 确定施工方法。根据工程的类型，研究可以采用的施工方法。对一般的土方工程、混凝土工程、房建工程、灌溉工程等，可结合已有施工机械及工人技术水平来选定施工方法，努力做到节约开支、加快进度。

② 对于复杂的大型工程，则要对几种施工方案进行综合比较。如水利工程中的施工导流方式对工程造价及工期均有很大影响，投标人应结合施工进度计划及能力研究确定。

③ 选择施工设备和施工设施，一般与研究施工方法同时进行。还要不断比较施工设备和施工设施，确定利用旧设备还是采购新设备、在国内采购还是在国外采购。需对设备的型号、配套、数量(包括使用数量和备用数量)进行比较。还应研究哪些类型的机械可以采用租赁办法。对于特殊的、专用的设备折旧率需单独考虑。订货设备清单中还应考虑辅助和修配机械、备用零件，尤其是订购外国机械时应特别注意这一点。

④ 编制施工进度计划。编制施工进度计划应紧密结合施工方法和施工设备，施工进度计划中应提出各时段应完成的工程量及限定日期。施工进度计划是采用网络进度计划还

是横道图，根据招标文件的要求确定。

⑤ 考虑设备的来源以及辅助设备、零配件等问题。

4.3 建设工程投标决策与投标策略

4.3.1 工程投标决策

1. 投标决策的内容

投标决策主要包括三方面的内容：其一，针对项目招标是投标，或是不投标；其二，倘若去投标，是投什么性质的标；其三，投标中如何采用以长制短，以优胜劣。

投标决策的正确与否，关系到能否中标和中标后的效益问题，关系到施工企业的信誉和发展前景及职工的切身经济利益，甚至关系到国家的信誉和经济发展问题。因此，企业的决策班子必须充分认识到投标决策的重要意义，着重考虑。

投标决策主要分析以下几个方面：①分析本企业在现有资源条件下，在一定时间内，可承揽的工程任务数量。②对可投标工程的选择和决定：当只有一项工程可供投标时，决定是否投标；有若干项工程可供投标时，正确选择投标对象，决定向哪个或哪几个工程投标。③确定对某工程进行投标后，在满足招标单位质量和工期要求的前提下对工程成本进行估价，即结合工程实际对本企业的技术优势和实力作出合理的评价。④在收集各方信息的基础上，从竞争谋略的角度确定采取高价、微利或保本投标报价策略。

2. 影响投标决策的主要因素

(1) 业主和监理工程师的情况。

业主的合法地位、资金支付能力、履约能力、对招标工程的主体资格，监理工程师处理问题的公正性、合理性、技术能力和职业道德等均是影响投标人决策的重要客观因素，须予以考虑。

(2) 投标竞争形式和竞争对手的情况。

竞争对手的实力、优势和投标环境；竞争对手是大型工程承包公司还是中小型公司或是当地工程公司，一般来说，大型的承包公司技术水平高，管理经验丰富，适应性强，具有承包大型工程的能力，因此在大型工程项目中，中标可能性较大，而中小型工程项目的投标中，一般中小型公司或当地的工程公司中标的可能性更大。另外，竞争对手在建工程的规模和进度对本公司的投标决策也存在一定的影响。

(3) 法律、法规情况。

对于国内工程承包，适用本国的法律法规、工程所在地的地方性法律、法规和政府规章，投标人应熟悉相应的法规。如果是国际工程承包，则存在法律的适用问题。法律适用的原则有：强制适用工程所在地原则、意思自治原则、适用国际惯例原则、国际法优先于国内法原则。在具体适用过程中，应根据工程招投标的实际情况来确定。

(4) 投标风险的情况。

投标的风险包括市场风险、自然条件风险、政治经济风险等。在市场经济中风险是和利润并存的，风险的存在是必然的，只是有大小之分。因此，投标人在决定是否投标时必须考虑风险因素。投标人只有经过调查研究，总结资料，全面分析才能对投标作出正确的决策。其中很重要的是承包工程的效益性，投标人应对承包工程的成本、利润进行预测和分析，以便作为投资决策的依据。

（5）投标人自身的实力。

具体包括以下四方面的内容。

① 技术实力。有精通专业的建筑师、工程师、造价师、会计师和管理专家等所组成的投标组织机构；有技术、经验较为丰富的施工工人队伍；有工程项目施工专业特长，有解决工程项目施工技术难题的能力；有与招标工程项目同类的施工和管理经验；有一定技术实力的合作伙伴、分包商和代理人。

② 经济实力。有垫付建设资金的能力；有一定的固定资产和机械设备；有资金周转能力；有支付各项税款和保险金、担保金的能力；具有承担不可抗力所带来的风险的能力。

③ 管理实力。成本控制能力；能建立健全企业管理制度，制定切实可行的措施。

④ 信誉实力。有"重质量、重合同、守信誉"的意识；遵守国家的法律、法规，按照国际惯例办事，保证工程施工的安全、工期和质量。

3. 投标项目的选择

根据上述的影响因素，对于下列招标项目投标人应放弃投标。

（1）本施工企业的业务范围和经营能力之外的项目。

（2）工程资质要求超过本企业资质等级的项目。

（3）本施工企业生产任务饱满，无力承担的工程项目。

（4）招标工程的赢利水平较低或风险较大的项目。

（5）本施工企业技术等级、信誉、施工水平明显不如潜在竞争对手参加的项目。

4. 投标报价的类型

投标报价由投标人自主确定，投标价应由投标人或受其委托，具有相应资质的工程造价咨询人员编制。

承包商要决定是否参与某项工程的投标，首先要考虑当前经营状况和长远经营目标，其次要明确参加投标的目的，然后分析中标机会的外部影响因素和投标机会的内在因素。在此我们可将投标分为以下三种类型。

（1）生存型。指投标报价以克服生存危机为目标，争取中标可以不考虑各种利益。社会政治经济环境的变化和承包商自身经营管理不善，都可能造成承包商的生存危机。这种危机首先表现为政治原因，新开工工程减少，所有的承包商都将面临生存危机；其次，政府调整基建投资方向，使某些承包商擅长的工程项目减少，这种危机常常危害营业范围单一的专业工程承包商；第三，如果承包商经营管理不善，投标邀请越来越少，这时承包商应以生存为重，采取不盈利甚至赔本也要夺标的态度，只图暂时维持生存渡过难关，寻求东山再起的机会。

（2）竞争型。指投标报价以竞争为手段，以开拓市场、低赢利为目标，在精确计算成本基础上，充分估计各竞争对手的报价目标，以有竞争力的报价达到中标的目的。如果承包商处在经营状况不景气、近期接受的投标邀请较少、竞争对手有威胁性、试图打入新的地区、开拓新的工程施工类型，而且招标项目风险小、施工工艺简单、工程量大、社会效益好的项目和附近有本公司其他在施工的项目，则应压低报价，力争夺标。

（3）赢利型。指投标报价充分发挥自身优势，以实现最佳赢利为目标，对效益无吸引力的项目热情不高，对赢利大的项目充满自信。如果承包商在该地区已经打开局面，施工能力饱和，信誉度高，竞争对手少，具有技术优势并对业主有较强的名牌效应，投标目标主要是扩大影响，或者项目施工条件差、难度高、资金支付条件不好，工期质量要求苛刻，则应采用比较高的报价。

俗话说"知己知彼，百战不殆"，工程投标决策的研究就是知己知彼的研究，这个"己"就是影响投标决策的主观因素，"彼"就是影响投标决策的客观因素。一旦知己知彼了，就确定了所投标应是投赢利标或保本标或亏损标。对于各种性质标的确定：如果招标工程既是本企业的强项又是竞争对手的弱项，或企业任务饱满，利润丰厚，考虑到企业超负荷运转时，此种情况下就投赢利标；当企业无后续工程或已出现部分窝工，争取中标，但招标的项目企业又无优势可言，竞争对手又多，此时就投保本标，至多投薄利标；当企业已大量窝工，严重亏损，若中标后至少可以使部分人工、机械运转，减少亏损，或者为在对手林立的竞争中夺得头标，不惜血本压低标价，或是为了在本企业一统天下的地盘里，挤垮企图插足的竞争对手，或为了进入新市场，取得拓宽市场的立足点，此时就投亏损标，但这种标是一种非常手段，虽然是不正常的，在激烈的竞争中有时也会采用。

5. 投标决策应遵循的原则

承包商应对投标项目有所选择，特别是投标项目比较多时，投哪个标不投哪个标以及投一个什么样的标，都关系到中标的可能性和企业的经济效益。因此，投标决策非常重要，通常由企业的主要领导担当此任。要从战略全局全面地权衡得失与利弊，作出正确的决策。进行投标决策实际上是企业的经营决策问题。因此，投标决策时，必须遵循下列原则。

1）可行性

选择的投标对象是否可行，首先，要从本企业的实际情况出发，实事求是，量力而行，以保证本企业均衡生产，连续施工为前提，防止出现"窝工"和"赶工"现象。要从企业的施工力量、机械设备、技术能力、施工经验等方面，考虑该招标项目是否比较合适，是否有一定的利润，能否保证工期和满足质量要求。其次，要考虑能否发挥本企业的特点、特长、技术优势和装备优势，要注意扬长避短，选择适合发挥自己优势的项目，发扬长处才能提高利润，创造信誉，避开自己不擅长的项目和缺乏经验的项目。第三，要根据竞争对手的技术经济情报和市场投标报价动向，分析和预测是否有夺标的把握和机会。对于毫无夺标希望的项目，就不宜参加投标，更不宜陪标，以免损害本企业的声誉，进而影响未来的中标机会。即若明知竞争不过对手，则应退出竞争，减少损失。

2）可靠性

要了解招标项目是否已经过正式批准，列入国家或地方的建设计划，资金来源是否可靠，主要材料和设备供应是否有保证，设计文件完成的阶段情况、设计深度是否满足要求等。此外，还要了解业主的资信条件及合同条款的宽严程度，有无重大风险性。应当尽早回避那些利润小而风险大的招标项目以及本企业没有条件承担的项目，否则，将造成不应有的后果。特别是国外的招标项目，更应该注意这个问题。

3）赢利性

利润是承包商追求的目标之一。保证承包商的利润，既可保证国家财政收入随着经济发展而稳定增长，又可使承包商不断改善技术装备，扩大再生产；同时有利于提高企业职工的收入，改善生活福利设施，从而有助于充分调动职工的积极性和主动性。所以，确定适当的利润率是承包商经营的重要决策。在选取利润率的时候，要分析竞争形势，掌握当时当地的一般利润水平，并综合考虑本企业近期及长远目标，注意近期利润和远期利润的关系。在国内投标中，利润率的选取要根据具体情况适当酌情增减。对竞争很激烈的投标项目，为了夺标，采用的利润率会低于计划利润率，但在以后的施工过程中，要注重在企业内部革新挖潜，实际的利润率不一定会低于计划利润。

4）审慎性

参与每次投标，都要花费不少人力、物力，付出一定的代价。如能夺标，才有利润可言。特别在基建任务不足的情况下，竞争非常激烈，承包商为了生存都在拼命压价，赢利甚微。承包商要审慎选择投标对象，除非在迫不得已的情况下，决不能承揽亏本的施工任务。

5）灵活性

在某些特殊情况下，采用灵活的战略战术。例如，为了在某个地区打开局面，取得立脚点，可以采用让利方针，以薄利优质取胜。由于报价低、干得好，赢得信誉，势必带来连锁效应。承揽了当前工程，更为今后的工程投标中标创造机会和条件。

要作出正确的投标决策，首先应从多方面收集大量的信息，知己知彼。对承包难度大、风险度高、资金不到位的工程以及"三边"工程，要考虑主动放弃，否则企业将会陷入工期拖长、成本加大的困难，企业的效益、信誉就会受到损害。

对决策投标的项目应充分估计竞争对手的实力、优势及投标环境的优劣等情况。竞争对手的实力越强，竞争就越激烈，对中标的影响就越大。竞争对手拥有的任务不饱满，竞争也会越激烈。

4.3.2 投标报价的编制

建设工程投标报价是建设工程投标内容中的重要部分，是整个建设工程投标活动的核心环节，报价的高低直接影响着能否中标和中标后是否能够获利。

1．投标报价的组成

建设工程投标报价主要由工程成本（直接费、间接费）、利润、税金组成，同时考虑风险费用。直接费是指工程施工中直接用于工程实体的人工、材料、设备和施工机械使用费等费用的总和；间接费是指组织和管理施工所需的各项费用。直接费和间接费共同构成工程成本。利润是指建筑施工企业承担施工任务时应计取的合理报酬。税金是指施工企业从事生产经营应向国家税务部门交纳的营业税、城市建设维护费及教育费附加。风险费用是指在各种风险发生后需由承包人承担的风险损失，投标报价中应依据合同条款的规定和当时当地的情况考虑风险种类和风险费用的多少。在投标报价中，应科学地编制以上费用，使总报价既有竞争力，又有利可图。

2. 投标报价编制的依据

编制投标报价时应考虑以下几方面。

(1) 工程量清单计价规范。

(2) 国家或省级、行业建设主管部门颁发的计价办法。

(3) 企业定额，国家或省级、行业建设主管部门颁发的计价定额。

(4) 招标文件、工程量清单及其补充通知、答疑纪要。

(5) 建设工程设计文件及相关资料。

(6) 施工现场情况、工程特点及拟定的投标施工组织设计或施工方案。

(7) 与建设项目相关的标准、规范等技术资料。

(8) 市场价格信息或工程造价管理机构发布的工程造价信息。

(9) 其他的相关资料。

3. 投标报价的编制方法

工程量清单报价，是建设工程招投标中，招标人按照国家统一的工程量计算规则提供工程数量，由投标人依据工程量清单，根据自身的技术、财务、管理能力进行自主报价。招标人根据具体的评标细则进行选优。

投标报价的编制过程应首先根据招标人提供的工程量清单，编制分部分项工程量清单计价表、措施项目清单计价表、其他项目清单计价表、规费、税金，计算完毕之后，汇总而得到单位工程投标报价汇总表，再层层汇总，分别得出单项工程投标报价汇总表和工程项目投标总价汇总表。在编制过程中，投标人应按照招标人提供的工程量清单填报价格。填写的项目编码、项目名称、项目特征、计量单位、工程量必须与招标人提供的一致。

1) 分部分项工程量清单与计价表的编制

承包人投标价中的分部分项工程费应按招标文件中分部分项工程量清单项目的特征描述确定综合单价来计算。因此，确定综合单价是分部分项清单与计价表编制过程中最主要的内容。综合单价包括完成单位分部分项工程所需的人工费、材料费、机械使用费、管理费、利润，并考虑风险费用的分摊。其中人工费、材料费、机械费指市场价的人、材、机费用。管理费指发生在企业、施工现场的各项费用。利润(含风险费)由施工单位根据工程情况和市场因素，自主确定。即：

分部分项工程综合单价＝人工费＋材料费＋机械使用费＋管理费＋利润＋风险

接下来以表4-1和表4-2为例说明。

表4-1　分部分项工程量清单计价表

工程名称：某公寓楼　　　　　　　　　　标段　　　　　　　　第　页　共　页

序号	项目编码	项目名称	项目特征描述	计量单位	工程数量	金额/元	
						综合单价	合价
第一章　土石方工程							
1	010101001001	平整场地	一、二类土	m²	454.00	4.64	2 106.56
2	010101003001	挖基础土方	二类土，砖条基，挖土深度1.4m，弃土运距50m	m³	964.00	21.57	20 793.48

续表

序号	项目编码	项目名称	项目特征描述	计量单位	工程数量	综合单价	合价
						金额/元	
3	010103001001	基础回填土方	分层夯填	m³	558.00	30.00	16 740.00
			分部小计				39 640.04
4	010302001001	实心砖墙	地下室 M10 水泥砂浆 240 厚	m³	30.00	145.15	4 354.50
……	……	……	……	……	……	……	……

表 4-2 分部分项工程量清单综合单价分析表

工程名称：某公寓楼　　　　　　　　　　标段　　　　　　　　　第　页　共　页

项目编码	010101003001		项目名称	挖基础土方	计量单位	m³	工程量	964.00

清单综合单价组成明细

定额编号	定额名称	定额单位	数量	单价/元				合价/元			
				人工费	材料费	机械费	管理费和利润	人工费	材料费	机械费	管理费和利润
1-18	挖基槽	100m³	9.64	1 229.33			320.20	11 850.74			3 086.73
1-36	余土外运 50m	100m³	4.06	1 105.53	13.56		287.95	4 488.45	55.05		1 169.08
1-128	原土夯实	100m²	2.32	41.28		7.11	13.73	95.77		16.50	31.85
人工单价		小　计						16 434.96	55.05	16.50	4 287.66
元/日		未计价材料费						0			
	清单项目综合单价							20 794.17 元/964m² = 21.57 元			

2）措施项目清单与计价表的编制

措施费是指工程量清单中，除工程清单项目以外，为保证工程顺利进行，按照国家现行有关建设工程施工及验收规范、规程要求，必须配套完成的工程内容所需的费用。主要是计算各项措施项目费，措施项目费应根据招标文件中的措施项目清单及投标时拟定的施工组织设计或施工方案按不同报价方式自主报价。

清单计价模式下的施工措施项目费包括施工技术措施项目费和施工组织措施项目费两种。施工技术措施项目费包括脚手架使用费、模板使用费、垂直运输机械使用费、建筑物超高增加费、大型机械进出场和安装、拆除费用。施工组织措施项目费包括材料二次搬运费、远途施工增加费、缩短工期增加费、安全文明施工增加费、总承包管理费及其他费用。这些费用项目在《建设工程工程量清单计价规范》中都列有参考项目。但是，投标人可以根据本企业的实际情况增加措施项目内容，这是由于各投标人拥有的施工装备、技术水平和采用的施工方法有所差异，而招标人提出的措施项目清单是根据一般情况确定的，没考虑不同投标人的"个性"。投标人根据投标施工组织设计或施工方案调整和确定的措施项目应通过评标委员会的评审。

措施项目清单计价应根据拟建工程的施工组织设计，可以计算工程量适宜采用分部分项工程量清单方式的措施项目应采用综合单价计价；其余的措施项目可以"项"为单位的方式计价，应包括除规费、税金外的全部费用，如表4-3和表4-4所示。

表4-3 措施项目清单计价表(一)

工程名称：某公寓楼　　　　　　　　　　　标段　　　　　　　　　　　第 页 共 页

序号	项目名称	计算基础	费率	金额/元
1	安全文明施工	综合工日×34	17.76%	236 834
2	夜间施工费	综合工日	0.68(元/工日)	15 463
3	二次搬运费	综合工日	1.36(元/工日)	7 658
4	冬雨季施工	综合工日	1.29(元/工日)	3 462
5	大型机械设备进出场及安拆费			14 350
6	施工排水			2 700
7	施工降水			14 300
8	地上、地下设施，建筑物的临时保护设施			2 000
9	已完工程及设备保护			5 000
10	各专业工程的措施项目			233 700
(1)	垂直运输机械			125 000
(2)	脚手架			156 000
	合计			816 467

表4-4 措施项目清单计价表(二)

工程名称：某公寓楼　　　　　　　　　　　标段　　　　　　　　　　　第 页 共 页

序号	项目编码	项目名称	项目特征描述	计量单位	工程数量	金额/元	
						综合单价	合价
1	AB001	现浇混凝土平板模板及支架	矩形板、支模高度3m	m²	1 000	19.36	19 360
……	……	……	……	……	……	……	……
		合计					198 690

3) 其他项目清单与计价表的编制

其他项目费主要包括暂列金额、暂估价、计日工、总承包服务费。暂列金额应按照其他项目清单中列出的金额填写，不得变动。暂估价不得变动和更改，暂估价中的材料暂估价必须按照招标人提供的暂估单价计入分部分项工程费中的综合单价；专业工程暂估价必须按照招标人提供的其他项目清单中列出的金额填写；材料暂估价和专业工程暂估价均由招标人提供，为暂估价格。在工程实施过程中，对于不同类型的材料与专业工程采用不同的计价方法。计日工应按照其他项目清单列出的项目和估算的数量，自主确定各项综合单价并计算费用。总承包服务费应根据招标人在招标文件中列出的分包专业工程内容和供应材料、设备情况，按照招标人提出的协调、配合与服务要求和施工现场管理需要自主确定，如表4-5所示。

表4-5 其他项目清单计价汇总表

工程名称：某公寓楼 　　　　　　　　　标段 　　　　　　　第 页 共 页

序号	项目名称	计量单位	金额/元	备注
1	暂列金额	项	300 000	
2	暂估价		100 000	
2.1	材料暂估价		—	
2.2	专业工程暂估价	项	100 000	
3	计日工		22 156	
4	总承包服务费		10 000	
	合计		532 156	

4. 规费、税金项目清单与计价表的编制

规费和税金应按照国家或省级、行业建设主管部门的规定计算，不得作为竞争性费用，如表4-6所示。

表4-6 规费、税金项目清单与计价表

工程名称：某公寓楼 　　　　　　　　　标段 　　　　　　　第 页 共 页

序号	项目名称	计算基础	费率	金额/元
1	规费			
1.1	工程排污费	按工程所在地环保部门规定按实计算		
1.2	社会保障费	综合工日	7.84(元/工日)	1 567 725
1.3	住房公积金	综合工日	1.70(元/工日)	66 524
1.4	危险作业意外伤害保险	综合工日	0.60(元/工日)	3 410
1.5	工程定额测定费	综合工日	0.27(元/工日)	12 023
2	税金	税前造价	3.41(%)	342 554
	合计			1 992 236

工程量清单计价应采用标准的统一格式。工程量清单计价格式应随招标文件发至投标人，由投标人填写。工程量清单计价格式应由下列内容组成。

(1) 封面。

(2) 单位工程费汇总表。

（3）分部分项工程量清单计价表。

（4）措施项目清单计价表。

（5）其他项目清单计价表。

（6）零星工作项目表。

（7）主要材料价格表。

5. 建设工程投标报价审核

为了提高中标概率，在投标报价正式确定之前，应对其进行认真审查、核算。审核的方法很多，常用的有以下几种。

（1）用一定时期本地区内各类建设项目的单位工程造价，对投标报价进行审核。

（2）运用全员劳动生产率即全体人员每工日的生产价值，对投标报价（主要适用于同类工程，特别是一些难以用单位工程造价分析的工程）进行审核。

（3）用各类单位工程用工用料正常指标，对投标报价进行审核。

（4）用各分项工程价值的正常比例（如一栋楼房的基础、墙体、楼板、屋面、装饰、水电、各种专用设备等分项工程，在工程价值中所占有的大体合理的比例），对投标报价进行审核。

（5）用各类费用的正常比例（如人工费、材料费、设备费、施工机械费、间接费等各类费用之间所占有的合理比例），对投标报价进行审核。

（6）用储存的一个国家或地区的同类型工程报价项目和中标项目的预测工程成本资料，对投标报价进行审核。

（7）用个体分析整体综合控制法（如先对组成一条铁路工程的线、桥、隧道、站场、房屋、通信信号等各个体工程逐个进行分析，然后再对整条铁路工程进行综合研究控制），对投标报价进行审核。

（8）用综合定额估算法（即以综合定额和扩大系数估算工程的工料数量和工程造价）对投标报价进行审核。

4.3.3　建设工程投标策略与技巧

建设工程投标策略，是指建设工程承包商为了达到中标目的而在投标过程中所采用的手段和方法。投标策略作为投标取胜的方式、手段和艺术，贯穿于投标竞争的始终，内容十分丰富。在投标与否、投标项目的选择、投标报价等方面，无不包含投标策略，投标策略在投标报价过程中的作用更为显著。工程项目施工投标技巧研究，其实是在保证工程质量与工期的条件下，寻求一个好的报价的技巧问题。恰当的报价是能否中标的关键，但恰当的报价，并不一定是最低报价。

1. 建设工程投标策略

1）知彼知己，把握情势

当今世界正处于信息时代，广泛、全面、准确地收集和正确地开发利用投标信息，对投标活动具有举足轻重的作用。投标人要通过广播、电视、报纸、杂志等媒体和政府部门、中介机构等各种渠道，广泛、全面地收集招标人情况、市场动态、建筑材料行情、工程背景和条件、竞争对手情况等各种与投标密切相关的信息，并对各种投标信息进行深入调查，综合分析，去伪存真，准确把握情势，做到知彼知己，百战不殆。

2）以长制短，以优胜劣

人总有长处与短处，即使一个优秀的企业也是这样。建设工程承包商也有自己的短处，在投标竞争中，必须学会以长处胜过短处，以优势胜过劣势。

3）随机应变，争取主动

建筑市场处于买方市场，竞争非常激烈。承包商要对自己的实力、信誉、技术、管理、质量水平等各个方面做出正确的估价，过高或过低估价自己，都不利于市场竞争。在竞争中，面对复杂的形势，要准备多种方案和措施，善于随机应变，掌握主动权，真正做投标活动的主人。

2. 投标技巧

投标技巧在投标过程中，主要表现在通过各种操作技能和诀窍，确定一个好的报价，常见的投标报价技巧有以下几种。

1）扩大标价法

这种方法也比较常用，即除了按正常的已知条件编制价格外，对工程中变化较大或没有把握的工作，采用扩大单价，增加"不可预见费"的方法来减少风险。但是这种作标方法往往因为总价过高而不易中标。

2）不平衡报价法

又称前重后轻法，是指在总报价基本确定的前提下，调整内部各个子项的报价，以期既不影响总报价，又在中标后满足资金周转的需要，获得较理想的经济效益。不平衡报价法的通常做法有以下几种。

（1）先期开工的能够早日结账收回工程款的项目（如土石方工程、基础工程等），单价可适当报高些；对机电设备安装、装饰等后期工程项目，单价可适当报低些。

（2）经过核算工程量，估计到以后会增加工程量的项目的单价适当提高，工程量会减少的项目的单价适当降低。

（3）对设计图纸内容不明确或有错误，估计修改后工程量要增加的项目，可以提高单价；而对工程内容不明确的项目，可以降低单价。

（4）对没有工程量，只填单价的项目（如土方工程中挖淤泥、岩石、土方超运等备用单价）可以将单价报价高，这样既不影响投标总价，又有利于多获利润。

（5）对暂定项目（任意项目或选择项目）中实施的可能性大的项目，单价可报高些；预计不一定实施的项目，单价可适当报低些。

（6）零星用工（记日工）单价一般可稍高于工程中的工资单价，因为记日工不属于承包总价的范围，发生时实报实销。但如果招标文件中已经假定了记日工的"名义工程量"，则需要具体分析是否报高价，以免提高总报价。

（7）对于允许价格调整的工程，当利率低于物价上涨时，则后期施工的工程项目的单价报价高；反之，报价低。

采用不平衡报价法，优点是有助于对工程报价表进行仔细校核和统筹分析，总价相对稳定，不会过高；缺点是单价报高或报低的合理幅度难以掌握，单价报得过低会因执行中工程量增多而造成承包商损失，报得过高会因招标人要求比价而使承包商得不偿失。因此，在运用不平衡报价法时，要特别注意工程量有无错误，具体问题具体分析，避免报价盲目报高或报低。

案例 4.2

不平衡报价法应用案例

某办公楼施工招标文件的合同条款中规定：预付款数额为合同价的30%，开工后3天内支付，上部结构工程完成一半时一次性全额扣回，工程款按季度支付。

某承包商对该项目投标，经造价工程师估算，总价为9 000万元，总工期为24个月，其中：基础工程估价为1 200万元，工期为6个月；上部结构工程估价为4 800万元，工期为12个月；装饰和安装工程估价为3 000万元，工期为6个月。

该承包商为了既不影响中标，又能在中标后取得较好的收益，决定采用不平衡报价法对造价工程师的原估价做适当调整，基础工程调整为1 300万元，结构工程调整为5 000万元，装饰和安装工程调整为2 700万元。

另外，该承包商还考虑到，该工程虽然有预付款，但平时工程款按季度支付不利于资金周转，决定除按上述调整后的数额报价外，还建议业主将支付条件改为：预付款为合同价的5%，工程款按月支付，其余条款不变。

问题：(1) 该承包商所运用的不平衡报价法是否恰当？为什么？

(2) 除了不平衡报价法，该承包商还运用了哪一种报价技巧？运用是否得当？

[解析]

(1) 恰当。因为该承包商是将属于前期工程的基础工程和主体结构工程的报价调高，而将属于后期工程的装饰和安装工程的报价调低，这样可以在施工的早期阶段收到较多的工程款，从而提高承包商所得工程款的现值；而且，这三类工程单价的调整幅度均在±10%以内，属于合理范围。

(2) 该承包商运用的另一种投标技巧是多方案报价法，该报价技巧运用恰当，因为承包商的报价既适用于原付款条件，也适用于建议的付款条件。

3) 多方案报价法

指对同一个招标项目除了按招标文件的要求编制了一个投标报价以外，还编制了一个或几个建议方案。多方案报价法有时是招标文件中规定采用的，有时是承包商根据需要决定采用的。承包商决定采用多方案报价法，通常主要有以下两种情况。

(1) 如果发现招标文件中的工程范围很不具体、明确，或条款内容很不清楚、不公正，或对技术规范的要求过于苛刻，可先按招标文件中的要求报一个价，然后再说明假如招标人对合同要求做某些修改，报价可降低多少。

(2) 如发现设计图纸中存在某些不合理但可以改进的地方或可以利用某项新技术、新工艺、新材料替代的地方，或者发现自己的技术和设备满足不了招标文件中设计图纸的要求，可以先按设计图纸的要求报一个价，然后再另附一个修改设计的比较方案，或说明在修改设计的情况下，报价可降低多少。这种情况，通常也称作修改设计法。

 案例 4.3

中铁一局的投标策略

中铁一局桥梁处在投标秦沈客运专线10座桥梁建设中，在投标文件中提出生产出一台适应架设16m梁的无轨式架桥机，以满足因桥墩位于水稻田内，无法支放大型吊装设备及吊装困难的情况，并详细说明了架桥机的设计方案，同时附有详细设计图纸。证明此种方法不仅能保证工程安全性、缩短工期、提高空间利用的灵活性，而且可降低造价约 2%。

4）突然降价法

指为迷惑对方，可在整个报价过程中，仍然按照一般情况进行，在准备投标报价的过程中预先考虑好降价的幅度，然后有意泄露一些虚假情况，如宣扬自己对该工程兴趣不大，不打算参加投标或表现出无利可图不想干等假象。到投标截止前几小时，突然前往投标，并压低投标报价，从而使对手措手不及而败北。

5）先亏后盈法

在实际工作中，有的承包商为了打进某一地区，或为减少大量窝工损失或为挤走竞争对手保住自己的地盘，依靠自身的雄厚资本实力，采取一种不惜代价、只求中标的低价投标方案。一旦中标之后，可以承担这一地区或这一领域更多的工程任务，达到总体赢利的目的。应用这种手法的承包商必须有较好的资信条件，并且提出的施工方案也先进可行。

 案例 4.4

中铁十五局的投标策略

中铁十五局为打入西南建筑市场，采用了"先亏后盈方案"，在 2000 年承揽了昆明市滇池电影院人行天桥工程，结算价 260 余万元，仅仅盈利 1 000 多元；但为了打入西南市场，中铁十五局投入大量人力物力，确保施工质量优良，并得到昆明市政府的表彰，随后相继承揽了总造价 500 多万元的昆明市盘龙江桥工程和价值 7 000 余万元的昆明市金星立交桥工程。又在 2005 年承揽了世界银行贷款项目昆明市污水处理厂工程，成立了西南指挥部，成为西南建筑企业的一面旗帜。

6）优惠取胜法

指向业主提出缩短工期、提高质量、降低支付条件，提出新技术、新设计方案，提供物资、设备、仪器（交通车辆、生活设施等），以此优惠条件取得业主赞许，争取中标。

7）以人为本法

指注重与业主、当地政府搞好关系，邀请他们到本企业施工管理过硬的在建工地考察，以显示企业的实力和信誉。处理好人与人之间的关系，求得理解与支持，争取中标。

建设工程承包商对招标工程进行投标时，除了应在投标报价上下工夫外，还应注意掌握其他方面的技巧。其他方面的投标技巧主要有：①聘请投标代理人。投标人在招标工程所在地聘请代理人为自己出谋划策，以利争取中标。②寻求联合投标。一家承包商实力不足，可以联合其他企业，特别是联合工程所在地的公司或技术装备先进的著名公司投标，是争取中标的一种有效方法。③开展公关活动。公关活动是投标人宣传和推销自我，沟通和联络感情，树立良好形象的重要活动。积极开展公关活动，是投标人争取中标的一个重要手段。

案例 4.5

某工程公司的投标策略

某市重点工程，总建筑面积约为 10 万 m²，为 7 幢 6～12 层的建筑组成，其中±0.00 以上建筑面积超过 8 万 m²，最大跨度近 40m。该工程的业主方由三个事业单位代表共同组成，项目投资规模较大，采用公开招标的方式分期招标，包括±0.00 以下土建工程(含桩基础)造价约 4 000 万元、±0.00 以上土建工程造价约 2 亿元及各专业工程和其他配套工程。某工程公司拟参加投标，通过对项目即自身实力的分析，采取了相应的报价策略，最终中标，现将其过程分析如下。

[解析]

1. 投标决策分析

该公司是一家植根于该市的国有大中型转制企业，对市场相当熟悉，在施工管理和成本控制上也积累了许多经验，但由于现阶段无大量后续工程，一些分公司已经出现部分窝工现象，若取得±0.00 以下土建工程(含桩基础)，可以在一定程度上舒缓公司近期内的压力。通过分析业主的意图，该项目决定实行分期招标，公司决定投标，且计划参加下期的±0.00 以上土建工程投标，若在该工程的施工中表现较好且给业主方留下好感的话，能够先入为主，为企业创下品牌，为承接项目下期工程开创条件。且鉴于竞争对手太多，为慎重起见，公司决定投低价保本标，在该工程中让利给业主，而利润在项目的下期工程中弥补。

2. 影响投标决策的重要因素分析

1) 技术方面的实力分析

该公司是一家国有大中型企业转制的一级总承包企业，经过多年的经营和发展，公司现在拥有工程、经济和会计等系列中高级职称员工一百多名，拥有解决桩基础及其他工程施工中的技术难题的能力和技术创新能力，且以往施工过大量的类似项目。

2) 经济方面的实力分析

该项目招标文件规定的工程预付备料款比率较低且工期较短，而作为桩基础工程前期的投入较大，因此需要承包商具有垫付前期资金的能力和拥有充足的大中型施工机械和周转材料。经过统计和分析，公司在近期内有多个工程竣工结算，拥有满足该工程施工的大中型施工机械、周转材料和所需垫付的资金。

3) 管理方面的实力分析

综合公司的实力，公司决定在成本控制上下功夫，向管理要效益，缩短工期，进行劳动定额和施工定额管理，开源节流，并应用新技术、新工艺、新材料和新设备，针对项目提出了先进、可行和具体的质量和工期保证措施。

4) 信誉方面的实力分析

公司在该地区拥有良好的信誉，连续多年被评为"重合同、守信用企业"，平均每年创一项省优工程和三项市优工程。

5) 竞争对手和竞争形势分析

一方面目前该市的建筑市场面临"僧多粥少"的局面，但另一方面正待开拓本地市场的外地公司却在虎视眈眈地盯着。参加工程投标的单位除了该公司外，皆是国内的知名建筑企业，有丰富的施工经验，但对于地区的建筑市场尚未有深入了解。

3. 投标风险分析

决定是否投标前，公司对项目进行了包括经济、技术、管理等方面的风险分析。采用了最常用的"单纯评分比较法"进行分析，其方法如下。

首先对上述分析的因素分类、排队，分别为各个因素确定权重。然后将每个风险因素按出现的可能性大小分为很大、比较大、中等、不大、较小这五个等级，并赋予各等级一个定量数值，分别以 1.0、

0.8、0.6、0.4和0.2打分。最后将每项风险因素的权数与等级分相乘，求出该项风险因素的得分。若干项风险因素得分之和即为此工程项目风险因素的总分。显然，总分越高说明该项工程风险越大，工程估价时风险费也应取较高水平。由于该项目的业主方三个单位都是本地知名的事业单位，项目建设资金充足，信誉良好，经过综合分析认为该项目的投标风险值在企业可接受的范围内。

4. 报价技巧分析

因为该工程付款方式为按工程进度付款，前期资金压力较大，所以该公司在报投标单价时，结合采用了不平衡报价法，对前期工程如土方、基础和结构工程等通过调整此部分单价的利润率，适当调高投标单价，而对后期工程如装饰、电气设备安装工程等则适当调低，经过调整后对工程总造价并没有影响，在工程开工后一定程度上缓解了因工程预付备料款少而产生的前期垫付资金压力紧张问题，加速工程资金回笼，间接赢得了经济效益。在该项目的投标中，业主以暂定数量形式列出了钻孔混凝土灌注桩和深层搅拌桩的数量，在结合项目所在地的地质水文资料研究后发现数量应有所减少，因此该公司适当降低了该部分的单价。在工程开工后，设计单位对图纸做出多处修改，使得钻孔混凝土灌注桩和深层搅拌桩的总长度都减少了近15%。由于投标时已将该部分的利润转移到了结构工程中，巧妙地避免了减少利润的风险。

为了舒缓企业内部部分窝工和施工机械、周转材料闲置带来的压力，保持公司的良性运作，以及为了很好地挤走竞争对手保住自己在该市建筑市场的地位，公司决定降低投标利润和经营管理费，并设定了降价系数以保本标的策略来夺标。该公司在投标文件中对低投标价报价做出了充分的说明，以消除业主对公司保本报价的疑虑，增加了业主对公司报价的信心。

通过成功的投标决策和巧妙地运用报价技巧，该公司以低价保本策略赢得了该项±0.00以下土建工程(含桩基础)投标，同时结合不平衡报价法获取了适当利润；并且通过在施工中给业主留下较好的印象，达到先入为主的目的，成功地在第二期±0.00以上土建工程投标中击败了各个竞争对手，保持了公司的良性运作，挤走了竞争对手。

投标竞争不单单是投标者之间技术、设备、资金和管理水平等实力的竞争，更是综合素质的竞争。除了企业综合实力外，投标决策与报价技巧的正确性和预见性都显得相当重要。只有在投标工作中认真总结这方面的经验和教训，深刻剖析和不断探索，才能提高企业的中标率，保证合理的利润和在建筑承包市场的竞争地位。

4.4 建设工程投标文件的编制

投标文件的编制是指按招标人的要求，参加各项投标活动逐一完成投标人须知中规定的各项内容，并将完成的内容按招标文件要求的资料装订成册提交的过程。投标文件是投标活动的一个书面成果，它是投标人能否通过评标、决标并签订合同的依据。因此，投标人应高度重视投标文件的编制。

4.4.1 建设工程投标文件的组成

根据《标准施工招标文件》的规定，投标文件内容包括以下几点。
(1) 投标函及投标函附录。
(2) 法定代表人身份证明。
(3) 授权委托书。

（4）联合体协议书（未成立联合体的不采用）。

（5）投标保证金。

（6）已标价工程量清单。

（7）施工组织设计。

（8）项目管理机构。

（9）拟分包项目情况表。

（10）资格审查资料（资格预审的不采用）。

（11）投标须知规定的应填报的其他材料。

在实际编制中应注意不要遗漏招标文件规定的内容，根据需要，确有必要时，可适当增加相应内容。

4.4.2　投标文件的编制步骤

投标文件编制有以下几个要点。

（1）研究招标文件，重点是投标须知、合同条件、技术规范、工程量清单及图纸。

（2）熟悉招标文件、图纸、资料。

（3）为编制好投标文件和投标报价，应收集现行定额标准、取费标准及各类标准图集，收集掌握政策性调价文件及材料和设备价格情况。

（4）编制实质性响应条款，包括对合同主要条款的响应及对提供资质证明的响应。

（5）依据招标文件和工程技术规范要求，并根据施工现场情况编制施工方案或施工组织设计。

（6）按照招标文件中规定的各种因素和依据计算报价，并仔细核对，确保准确，在此基础上正确运用报价技巧和策略，并用科学方法作出报价决策。

（7）填写各种投标表格。

（8）投标文件的封装。投标文件编写完成后要按招标文件要求的方式分装。

4.4.3　编制投标文件的注意事项

（1）投标人编制投标文件时必须使用招标文件提供的投标文件表格格式。填写表格时，凡要求填写的空格都必须填写，否则，即被视为放弃该项要求。重要的项目或数字（如工期、质量等级、价格等）未填写的，将被作为无效或作废的投标文件处理。

（2）编制的投标文件"正本"仅一份，"副本"则按招标文件中要求的份数提供，同时要明确标明"投标文件正本"和"投标文件副本"字样。投标文件正本和副本如有不一致之处，以正本为准。

（3）投标文件正本与副本均应使用不能擦去的墨水打印或书写。投标文件的书写要字迹清晰、整洁、美观。

（4）所有投标文件均由投标人的法定代表人签署、加盖印鉴，并加盖法人单位公章。

（5）填报的投标文件应反复校核，保证分项和汇总计算均无错误。全套投标文件均应无涂改和行间插字，除非这些删改是根据招标人的要求进行的，或者是投标人造成的必须修改的错误。修改处应由投标文件签字人签字证明并加盖印鉴。

（6）如招标文件规定投标保证金为合同总价的某百分比时，开具投标保函不要太早，以防泄漏报价。但有的投标人提前开出并故意加大保函金额，以麻痹竞争对手的情况也是存在的。

（7）投标文件应严格按照招标文件的要求进行包封，避免由于包封不合格造成废标。

（8）认真对待招标文件中关于废标的条件，以免被判为无效标而前功尽弃。

4.4.4 建设工程投标文件的签署、加封、递送

投标文件编制完成，经核对无误，由投标人的法定代表人签字密封，派专人在投标截止日期前送到招标人指定地点，并取得收讫证明。当招标人延长了递交投标文件的截止日期，招标人与投标人以前在投标截止期方面的全部权利、责任和义务，将适用于延长后新的投标截止日期。在投标截止日期以后送达的投标文件，招标人将拒收。递送投标文件不宜太早，因市场情况在不断变化，投标人需要根据市场行情及自身情况对投标文件进行修改。递送投标文件的时间在招标人规定的投标文件截止日前两天为宜。

投标人可以在提交投标文件以后，在规定的投标截止时间之前，采用书面形式向招标人递交补充、修改或撤回其投标文件的通知。在投标截止日期以后，不能更改投标文件。投标人的补充、修改或撤回通知，应按招标文件中投标须知的规定编制、密封、加写标志和提交，补充、修改的内容为投标文件的组成部分。根据招标文件的规定，在投标截止时间与招标文件中规定的投标有效期终止日之间的这段时间内，投标人不能撤回投标文件，否则其投标保证金将不予退还。

案例 4.6

某工程施工投标文件

根据招标文件的要求和工程实际情况进行编制工程施工投标文件，以下是某住宅小区38#楼工程施工投标文件。

封面：

×××小区 38#楼工程施工招标

投 标 文 件

投标人：___建筑安装有限责任公司___（盖单位章）

法定代表人或其委托代理人：___×××___（签字）

_____年___月___日

目 录

一、投标函及投标函附录

二、法定代表人身份证明

三、授权委托书

四、投标担保银行保函

五、工程量清单报价表

六、合同实质性条款承诺书

七、施工组织设计

八、项目管理机构

九、企业综合实力、信誉、综合施工能力、近三年以来类似工程业绩

<h2>一、投标函及投标函附录</h2>

(一)投标函

××建设房地产开发公司：

1. 我方已仔细研究了 ×××小区 38#楼 工程施工招标文件的全部内容，愿意以人民币(大写)×××元(¥×××)的投标总报价，工期 345 日历天，按合同约定实施和完成承包工程，修补工程中的任何缺陷，工程质量达到合格。

2. 我方承诺在投标有效期内不修改、撤销投标文件。

3. 如我方中标：

(1) 我方承诺在收到中标通知书后，在中标通知书规定的期限内与你方签订合同。

(2) 随同本投标函递交的投标函附录属于合同文件的组成部分。

(3) 我方承诺按照招标文件规定向你方递交履约担保。

(4) 我方承诺在合同约定的期限内完成并移交全部合同工程。

4. 我方在此声明，所递交的投标文件及有关资料内容完整、真实和准确。

5. 除非另外达成协议并生效，你方的中标通知书和本投标文件将成为约束双方的合同文件的组成部分。

投标人：××建筑安装有限责任公司 (盖单位章)

法定代表人或其委托代理人： ××× (签字)

地址： ×××静公路 26 号

网址：

电话：

传真：

邮政编码：

年 月 日

(二)投标函附录(表 4-7)

表 4-7 投标函附录

序号	条款名称	合同条款号	约定内容	备注
1	履约保证金 银行保函金额 履约担保书金额	16.1 37.3 37.3	贰万元 合同价款的 5% 合同价款的 5%	
2	施工准备时间	18.3	签订合同后 30 天	
3	误期违约金额	20.1	(5 000)元/天	
4	误期赔偿费限额	20.3	合同价款(15)%	
5	提前工期奖	20.4	(5 000)元/天	
6	施工总工期	19.6	(345)日历天	
7	质量标准	15.6	符合合同条款	
8	工程质量违约金最高限额	10.2	(贰拾万)元	
9	预付款金额	11.5	合同价款的(15)%	

续表

序号	条款名称	合同条款号	约定内容	备注
10	预付款保函金额	11.5	合同价款的(15)%	
11	进度款付款时间	25.1	签发月付款凭证后(27)天	
12	竣工结算款付款时间	25.2	签发竣工结算付款凭证后(30)天	
13	保修期	26.1	依据保修书约定的期限	

二、法定代表人身份证明

投标人名称：___×× 建筑安装有限责任公司___

单位性质：_____

地址：_____×××静公路26号_____

成立时间：__1999__年__5__月__6__日

经营期限：_____

姓名：_____ 性别：_____ 年龄：_____ 职务：_____

系___ ××建筑安装有限责任公司___ 的法定代表人。

特此证明。

投标人：___××建筑安装有限责任公司___（盖单位章）

_____年_____月_____日

三、授权委托书

本人×××（姓名）系___××建筑安装有限责任公司___（投标人名称）的法定代表人，现委托___×××___（姓名）为我方代理人。代理人根据授权，以我方名义签署、澄清、说明、补正、递交、撤回、修改___×× ××小区38#楼___工程施工投标文件、签订合同和处理有关事宜，其法律后果由我方承担。

委托期限：_____

代理人无转委托权。

附：法定代表人身份证明

投标人：_____××建筑安装有限责任公司___（盖单位章）

法定代表人：_____（签字）

身份证号码：_____

委托代理人：_____（签字）

身份证号码：_____

_____年_____月_____日

四、投标担保银行保函

__××建设房地产开发公司__：

鉴于__××建筑安装有限责任公司__(以下称"投标人")于_____年___月___日参加_____（项目名称）__×××小区38#楼__ 标段施工的投标，本银行受投标人委托，承担向你方支付总金额为__30 000__元（小写）的责任。

本责任的条件是：如果投标人在投标有效期内收到你方的中标通知书后：

1. 不能或拒绝按投标须知的要求签署合同协议书。

2. 不能或拒绝按投标须知的规定提交履约保证金。

只要你方指明产生上述任何一种情况的条件时，则本银行在接到你方以书面形式的要求后，即向你方支付上述全部款额，无需你方提出充分证据证明其要求。

127

本保函在投标有效期后或招标人在这段时间内延长的投标有效期后 28 天内保持有效，若延长投标有效期无须通知本银行，但任何索款要求应在上述投标有效期内送达本银行。

本银行不承担支付下述金额的责任：

(1) 大于本保函规定的金额。

(2) 大于投标人投标价与招标人中标价之间的差额的金额。

本银行在此确认，本保函责任在投标有效期或延长的投标有效期满后 30 天内有效，若延长投标有效期无须通知本担保人，但任何索款要求应在上述投标有效期内送达本银行。

银行名称：＿＿×××银行＿＿（ 盖章 ）

银行法定代表人或负责人：＿＿＿＿（签字或盖章）

地　　址：＿＿＿＿＿＿＿＿＿＿＿

邮政编码：＿＿＿＿＿＿＿＿＿＿＿

日　　期：＿＿＿年＿＿月＿＿日

五、工程量清单报价表

投标总价

招 标 人：＿＿＿＿＿＿＿＿＿＿＿＿＿＿＿＿＿

工程名称：＿＿＿＿＿＿＿＿＿＿＿＿＿＿＿＿＿＿

投标总价(小写)：＿＿＿＿＿＿＿＿＿＿＿＿＿

　　　　(大写)：＿＿＿＿＿＿＿＿＿＿＿＿＿

投 标 人：＿＿＿＿＿＿＿＿＿＿

　　　　　(单位盖章)

法定代表人：＿＿＿＿＿＿＿＿＿

　　　　　(签字或盖章)

编 制 人：＿＿＿＿＿＿＿＿＿

　　　　(造价人员签字盖专用章)

编制时间：　　年　　月　　日

投标报价说明

1. 本报价依据本工程工程量清单、甲方提供的图纸和招标文件的有关条款进行编制。

2. 投标报价汇总表中的价格为完成该工程项目的成本、措施费、利润、税金、一定的风险费等全部费用。

3. 措施项目报价表中所填入的措施项目报价，包括《建设工程工程量清单计价规范》和施工组织设计所采用方案的全部费用。

4. 单价报价依据《河南省建设工程工程量清单综合单价》(建筑工程和装饰装修工程)、《河南省安装工程工程量清单综合单价》。

(1) 工程项目投标报价汇总表(表4-8)。

表4-8 工程项目投标报价汇总表

工程名称：　　　　　　　　　　　　　　　　　　第1页 共1页

序号	单项工程名称	金额/元	其中		
			暂估价/元	安全文明施工费/元	规费/元
1	38#住宅楼				
	合　计				

(2) 单项工程投标报价汇总表(表4-9)。

表4-9 单项工程投标报价汇总表

工程名称： 第1页 共1页

序号	单位工程名称	金额/元	其中		
			暂估价/元	安全文明施工费/元	规费/元
1	土建工程				
2	给排水工程				
3	电气工程				
4	采暖工程				
	合 计				

(3) 单位工程投标报价汇总表(表4-10)。

表4-10 单位工程投标报价汇总表
(土建、给排水、电气、采暖)

工程名称： 第1页 共1页

序号	汇总内容	金额/元	其中：暂估价/元
1	分部分项工程		
1.1			
1.2			
1.3			
1.4			
1.5			
2	措施项目		
2.1	安全文明施工费		
3	其他项目		
4	规费		
5	税金		
	合计		

(4) 分部分项工程量清单计价表(土建、给排水、电气、采暖)(略)。

(5) 措施项目清单计价表(土建、给排水、电气、采暖)(略)。

(6) 其他项目清单计价表(土建、给排水、电气、采暖)(略)。

(7) 暂列金额明细表(土建、给排水、电气、采暖)(略)。

(8) 计日工表(土建、给排水、电气、采暖)(略)。

(9) 分部分项工程量清单综合单价分析表(土建、给排水、电气、采暖)(略)。

(10) 主要材料价格表(土建、给排水、电气、采暖)(略)。

六、合同实质性条款承诺书

××建设房地产开发公司：

我公司完全响应本工程招标文件中关于合同主要条款的要求并认真履行。具体承诺如下。

1. 工程合同价。

(1) 合同总价。

本工程采用工程量清单报价，我公司投标的投标报价即为中标合同总价。我公司的投标报价中已包括按招标文件及技术规范、设计图纸等规定，实施和完成合同工程所需的人工、材料、材料检验实验、机械、措施检验试验、规费、管理、保险、利润、税金等全部费用，以及合同文件规定的应由我公司承担的所有责任、义务和一定的风险。这些费用均已包含在分部分项工程费、措施项目费、其他项目费和规费、税金等组成部分中。除工程发生变更可按合同约定调整外，其他情况不再调整承包合同总价。

(2) 合同单价。

工程量清单计价报价中的单价，应包括人工费、材料费、机械费、管理费、利润和一定的风险费。在竣工结算时，不因工程量发生任何增加和减少而变更所投报的工程量清单单价。

2. 预付工程款、拨付工程进度款的数额、支付时限及抵扣方式。

招标人在本工程合同签订后一个月内或不迟于开工前7日内，向我公司预付工程合同价款的10%作为工程预付款，预付款待工程款支付至合同价的60%时一次扣回。工程款支付采用按月进度付款方式：每月25日我公司向招标人报送已完工程量报表，经监理工程师、招标人验收合格并签字认可后，按实际完成量的80%付款。待工程竣工经验收合格，且结算完毕后一个月内付至工程价款的97%，剩余3%留作质量保修金，待缺陷责任期满且无质量问题后一个月内一次付清(无息)。

3. 工程量和工程价款的调整方法。

工程施工中发生变更时，工程量和工程价款的调整方法如下。

(1) 工程量的调整。

当招标范围内的工程发生变更时，按设计单位出具的经建设单位认可的设计变更通知单增减工程量；招标范围未包括且不符合另行招标条件的相关工程，如果招标人交由我公司施工，按《建设工程工程量清单计价规范》(GB 50500—2008)计算新发生的工程量。

(2) 工程价款的调整。

合同中已有适用于新增工程和变更工程的价格，按合同已有的价格变更合同价款；合同中只有类似于变更工程的价格，可以参照类似价格变更合同价款；合同中没有适用或类似于变更工程的价格，由我公司或发包人提出适当的变更价格，经对方确认后执行。

4. 材料供应。

(1) 本工程所需材料均由我公司自行采购保管，采购前需经建设单位、监理单位认可。

(2) 所用材料必须符合设计要求，并且具备有关的出厂合格证、质量证明文件及复试报告等。

5. 质量要求。

我公司保证质量达到合格标准。

6. 工期要求。

工期按照招标人要求从×××年×月×日开工至×××年×月×日竣工，共345个日历天。具体开工日期在合同签订后另定，合同竣工日期以开工日期加中标日历工期确定。

7. 我公司承担总包责任，不转包工程。若发现我公司转包工程，视为我公司违约，招标人有权终止合同，另选施工队伍，履约保证金不予退还。

8. 验收合格后5年内为缺陷责任期。在缺陷责任期内如出现施工质量缺陷或由于施工质量而引起的纠纷，我公司承担责任及损失。

9. 根据规定，一旦中标，我公司承诺按照中标价的2%足额缴纳农民工工资保障金。如果承包的工程项目中出现拖欠农民工工资的情况，可由建设行政主管部门从该保障金中先予划支。

10. 我公司接到中标通知书后,保证在 7 个工作日内向招标人交纳合同总价 10%的履约保证金,作为我公司在合同期内履行履约义务的担保,招标人同时向我公司提供相应的支付担保,若不能按时足额交纳履约保证金,投标保证金将被没收,且招标人有权另选中标人。

七、施工组织设计

(一)工程概况

1. 工程概述:×××小区 38#楼工程,位于某市××区。结构类型:砖混结构。层数:6 层。建筑面积:3 707.58m²。

2. 合同工期。

本工程总工期为 345 日历天(节假日、高温、雨天等均包括在内)。计划工期从 2008 年 5 月 17 日开工至 2009 年 4 月 26 日竣工。

3. 质量要求:按与该工程有关的施工及验收规范,工程质量达到合格标准。

4. 工程招标范围。

根据设计图纸及招标文件说明,本工程的施工范围为土建、装饰、水、电、暖等安装工程。

(二)各分部分项工程的主要施工方法(略)

(三)确保工程质量的技术组织措施(略)

(四)确保安全生产的技术组织措施(略)

(五)确保工程工期的技术组织措施(略)

(六)确保文明施工的技术组织措施(略)

(七)施工总进度计划表或施工网络图(略)

(八)施工总平面布置图(略)

(九)工程拟投入的主要施工机械或设备计划表(表 4-11)

(十)劳动力安排计划表(表 4-12)

表 4-11 工程拟投入本标段的主要施工机械或设备计划表
×××小区 38#楼 工程

序号	机械或设备名称	型号规格	数量	国别产地	制造年份	额定功率/kW	生产能力	用于施工部位	备注
1	塔式起重机	轨道式	2					基础	
2	施工电梯	4RX	6					主体	
3	履带式挖掘机	R984C	2					基础	
4	推土机	SG19	4					基础	
5	汽车式起重机	5t	1					主体	
6	电动夯实机	20-6NM	2					基础	
7	自卸汽车	10t	1					基础	
8	载货汽车	6t	5					主体和基础	
9	灰浆搅拌机	400L	2					基础	
10	潜水泵	DN100	4					主体	

表 4-12 劳动力安排计划表   单位：人

工　种	按工程施工阶段投入劳动力情况					
	土方施工	基础施工	主体施工	屋面施工	装饰施工	交验阶段
项目管理人员						
机械工						
电　工						
电焊工						
维修工						
测量员						
木　工						
钢筋工						
管道工						
混凝土工						
普　工						
实验员						

八、项目管理机构

1. 项目管理机构组成表(表 4-13)。

表 4-13 项目管理机构组成表

职务	姓名	职称	执业或职业资格证明					备注
			证书名称	级别	证号	专业	养老保险	

2. 主要人员简历表(表 4-14)。

表 4-14 主要人员简历表

姓　名		年　龄		学　历	
职　称		职　务		拟在本合同任职	
毕业学校	年毕业于		学校	专业	
主要工作经历					
时　间	参加过的类似项目			担任职务	发包人及联系电话

附项目经理证、身份证、职称证、学历证、养老保险复印件，管理过的项目业绩须附合同协议书复印件。（略）

附技术负责人身份证、职称证、学历证、养老保险复印件，管理过的项目业绩须附证明其所任技术职务的企业文件或用户证明；其他主要人员职称证（执业证或上岗证书）、养老保险复印件。（略）

九、企业综合实力、信誉、综合施工能力、近三年以来类似工程业绩（具体内容略）

本 章 小 结

本章从建设工程施工投标的角度，讲述了建设工程投标的程序、投标准备、投标决策的内容、投标策略与技巧、投标报价的组成与编制、投标文件的组成与编制步骤、投标文件的递交。

阅读材料

污水处理工程建设项目投标案例分析

案例1：工程技术方案的合理性重于报价

招标内容：工程勘察设计

招标时间：2001年

工程内容：城市污水处理及再生水工程

工程规模：40 000m³/d

招标形式：公开招标

简要分析：该项目招标文件中提供的污水处理厂的进水水质，氮磷比比常规城市污水的指标高出近一倍，针对这种进水水质数据，投标单位在对现场考察时，了解到水质监测点位于一个化肥厂附近，水质监测是随机进行的，不是连续监测的，不具有代表性。之后通过了解化肥厂的污水排放量和浓度，核算城市污水水质浓度，在招标答疑中提出，但当时招标单位与项目业主没有明确答复。因此，编制投标文件时不能以此作为编制依据，否则会导致废标。

在投标文件编制过程中，为响应招标文件，必须采用原进水水质数据，确定工程方案，并对工程建设投资、运行后的费用提出详细的数据。在投标文件编制中对水质中存在的问题进行详细的论述，提出潜在的问题，对不同水质条件下工程投资、运行费用进行了详细的比较。在评标过程中得到全体专家的一致认可，最终以高于最低报价70%的价格中标。该项目后续的水质监测结果验证了原水质的氮、磷指标存在偏高的问题，在工程设计中进行相应调整，为工程节省了投资，降低了运行费用。

案例2：及时撤标以避免更大的损失

招标内容：水处理工程总包招标

招标时间：2002年

工程内容：污水处理、给水处理工程、软化水工程等

招标形式：邀请招标形式

简要分析：该项目虽然采用了邀请招标形式，但招标程序采用的是两步招标的办法。即首先对根据概念设计或性能规格提交不带报价的技术建议书，可进行技术和商务澄清和调整，随后对招标文件进行修改；第二步提交最终的技术建议书和带报价的投标书；最后按可接受的技术基础进行评标。

该项目招标程序如下：

（1）向拟选投标商发出邀标书；

（2）向应邀供货商发出技术要求，限定技术文件提交时间；

（3）进行技术澄清和调整，修改技术文件，签订技术文件；

（4）提交双方签订的技术文件和商务报价书。

上述程序均符合相关规定，但商务评标中招标人利用项目的付款条件比较优越，完全按进度付款，不需要投标人垫付资金，项目周期短等优惠条件，进行了不合理的降价谈判。该项目的最低成本价格为14 000万元。

参加商务投标人有10多个，开始最高报价为56 000万元，最低报价为15 000万元，通过几轮谈判，部分投标者开始提交降价函，出现低于14 000万元的报价，招标人依然与各投标人进行价格谈判，最终提出12 000万元的价格进行竞标，大部分投标人撤标，最终中标人按低于成本价2 000万元的价格接标，结果工程完工后亏损2 000多万元。投标时付出的成本不过几万元，与承包后亏损额相比可以忽略。因此对于有些项目，及时撤标可以避免更大的损失。

思考与讨论

一、单项选择题

1. 投标人拿到招标文件后，应进行全面细致的调查研究。若有疑问或不清楚的问题需要招标人予以澄清和解答的，应在收到招标文件后的（　　）内以书面形式向招标人提出。

A. 半个月　　　　　　B. 10日　　　　　　C. 一定期限　　　　　　D. 1周

2. 在投标报价程序中，在调查研究，收集信息资料后，应当（　　）。

A. 对是否参加投标作出决定　　　　　　B. 确定投标方案

C. 办理资格审查　　　　　　D. 进行投标计价

3. 承包商假借资质投标违反了《招标投标法》中的（　　）原则 。

A. 公开　　　　　　B. 公平　　　　　　C. 公正　　　　　　D. 诚实信用

4. 甲、乙、丙三家土建施工单位，甲的资质等级最高，乙次之，丙最低。当三家单位组成联合体投标时，应按照（　　）单位的业务许可范围承揽工程。

A. 甲　　　　　　B. 乙　　　　　　C. 丙　　　　　　D. 甲或丙

二、多项选择题

1. 招标项目属于建设施工的，投标文件的内容应当包括（　　）。

A. 投标人的资质　　　　　　B. 拟派出的项目负责人

C. 主要技术人员的简历　　　　　　D. 中标后的利润回报率

E. 拟用于完成招标项目的机械设备

2. 中标的联合体除不可抗力因素外，不履行与招标人签订的合同时，则（　　）。

A. 应当对招标人赔偿双倍履约保证金

B. 履约保证金不予退还

C. 给招标人造成损失不足履约保证金数额的，可以退还不足的部分

D. 给招标人造成损失超过履约保证金数额的，应当对超过部分承担连带赔偿责任

E. 如果没有造成损失，就退还履约保证金

三、问答题

1. 简述建设工程投标的一般程序。
2. 建设工程投标决策的依据有哪些？
3. 常用的投标技巧有哪几种？
4. 建设工程投标报价的组成有哪些？
5. 简述投标报价的编制方法。
6. 建设工程投标文件由哪些内容组成？
7. 编制投标文件时应注意哪些事项？
8. 通过查阅资料举例说明几种投标策略的应用。
9. 什么是投标保证？什么是履约保证？各有什么作用？

四、案例分析题

案例背景：

某承包商通过资格预审后，对招标文件进行了仔细分析，发现业主提出的工期要求过于苛刻，且合同条款中规定每拖延 1 天工期扣罚合同价的 1‰。若要保证实现该工期要求，必须采用特殊措施，从而大大增加成本；还发现原设计结构方案采用框架-剪力墙体系过于保守。因此，该承包商在投标文件中说明业主的工期要求难以实现，因而按自己认为的合理工期(比业主要求的工期增加 6 个月)编制施工进度计划并据此报价；还建议将框架-剪力墙体系改为框架体系，并对这两种结构体系进行了技术经济分析和比较，证明框架体系不仅能保证工程结构的可靠性和安全性、增加使用面积、提高空间利用的灵活性，而且可降低造价约 3%。该承包商将技术标和商务标分别按要求封装后，在投标截止日期前 1 天上午将投标文件报送业主。次日(即投标截止日当天)下午，在规定的开标时间前 1 小时，该承包商又递交了一份补充材料，其中声明将原报价降低 1%。

问题：

该承包商运用了哪几种报价技巧？其运用是否得当？请逐一加以说明。

第**5**章
开标、评标与决标

1. 熟悉工程开标的概念和程序。
2. 熟悉工程评标的重要原则与评标组织设立的条件。
3. 掌握工程评标的方法与评标的工作程序。
4. 熟悉工程从商谈、决标到签订合同中需注意的问题。

 导入案例

某市国际机场地基处理施工开标评标案例

某市国际机场第一期工程已经批准建设。根据机场建设的总体安排，机场建设指挥部决定机场地基处理的施工于××年×月正式开始。本工程经×建设工程招投标管理办公室同意，采用邀请招标的方式，择优选定施工承包单位。

某市机场公司是本工程的招标单位，组成招标工作小组负责本工程招标、投标全过程的组织工作。

1. 工程范围

本工程施工范围为一期工程中的 4 000m×60m 跑道和一条平行滑行道及其间的联络道(跑、滑道间的土面区不是本工程处理范围)。

根据工程进度的需要，上述工程范围横向划分为三个标段，依次为北标段(包括北端防吹坪)，中标段，南标段(包括南端防吹坪)。

本工程加固范围面积共约 699 000m²，其中：一号标(北标段)面积约 228 493m²；二号标(中标段)面积约 242 931m²；三号标(南标段)面积约 227 576m²。

本工程划定的标段范围包括下列各项内容。

(1) 表层耕植土挖除，场内驳运。

(2) 清淤、填土。

(3) 铺筑夯填料。

(4) 强夯。

(5) 碾压找平。

(6) 施工排水措施。

2. 评标办法

根据本工程施工的特点，并结合×招投标办有关评标决标的规定，本着保护竞争，维护招标工作的公正性、公平性和严肃性，特制定本评标办法。

1) 评标总则

(1) 本工程采用两阶段评标法进行评标。

第一阶段为技术标的评定。主要是对各投标单位的施工组织设计进行综合评定，看其是否满足本工程地基处理技术文件的有关要求；强夯施工工艺是否符合地基处理技术标准和要求；能否体现合理的施工程序。主要内容包括7个方面：土方施工、试夯计划、夯填料、强夯方案、管理体系、人员配备、施工进度计划。用百分制评分法对各项指标进行评分。

第二阶段为商务标书的评定。主要是对技术标书获得通过的投标单位的报价及施工承包合同(草案)的合理性进行综合评定，对施工承包合同内容基本满足建设单位要求并且报价中没有漏项，没有开口的商务标书，用基准分加减附加分的评分方法对其报价进行评分。

各投标单位的最终得分按以下公式计算：

$$最终得分 = 技术标得分×0.6 + 商务标得分×0.4$$

(2) 中标单位的确定。

在每个标段最终得分列前两名的投标单位中，经和建设单位商量，确定最终中标单位。

2) 评标细则

(1) 技术标的评定。

先由各评委对所有技术标进行评议和分析，据此按以下7项指标(共计100分)各自无记名对所有标书打分。统计、汇总所有评委对每一份标书的评分，从中去掉一个最高分，一个最低分，然后求出每一份标书的平均得分，排在前5名的技术标获出线权，取得进入第二阶段商务标评定的资格。

① 强夯方案(30分)。

自行设计的强夯参数是否合理，本标段内不同功能区若采用不同的垫层材料，是否考虑了相对应的强夯参数，施工排水措施是否落实，是否有完善的自检手段，机械的性能和数量是否满足工艺要求和工期要求等？

② 试夯计划(10分)。

试夯位置是否合理，试夯面积是否恰当，工期安排和检测手段是否周密等？

③ 夯填料(15分)。

④ 土方施工(20分)。

土方施工(挖、填、运)的施工程序是否合理，弃土堆放地点是否合理等？

⑤ 管理体系(10分)。

工程管理体系、质量安全管理体系是否完整等？

⑥ 人员配备(5分)。

是否配备强有力的领导班子，现场是否配备足够数量并具有丰富强夯施工经验的技术人员？

⑦ 施工进度计划(10分)。

本工程总进度计划安排是否切合实际，对计划工期的控制有何措施？

(2) 商务标的评定。

首先对取得商务标评定资格的投标单位，由各位评委对其商务标中所附的施工承包合同内容进行评定，应基本满足招标的各项要求；同时，对投标报价进行分析，其中不得有漏项，不得有开口要求，否则，该商务标得分为40分。

以各投标单位报价的算术平均数作为评标的基准分，在此基础上，各投标单位的报价每高出基准分1%，则扣1分，每低于基准分1%，则加1分，最多加20分。

3. 开标与评标

×年×月×日×时在×培训中心举行了本工程的开标会议，随后又进行了评标。

本工程的评标由10名专家组成评审委员会。整个开标、评标的全过程在×公证处和×招投标管理办公室的监督下按法律程序进行。

各位评委对邀请投标的几家投标单位标书的评定，严格按照×招标办核准的评标办法进行评审，评审结果如下。

(1) 技术标的评定。

评委经无记名评分方式，选择三个标段各进入前五名的投标单位。

(2) 商务标的评定。

各标段技术标进入前五名的投标单位，在×公证处和×招投标办的监督下，于×月×日上午×时进行了商务标的公开开标。

评审委员会依据开标会签字记录和经×公证处现场公证的有效数据，按评标办法的计算标准进行评分，并将计算结果按名次排列。

（3）综合评定和建议。

经对技术标、商务标评定结果的综合汇总，进入前两名的投标单位作为中标候选人。

评审委员会经与建设单位商议，最终确定三家单位分别为本工程三个标段的中标单位。

5.1 开 标

5.1.1 开标概述

1. 开标的定义

开标是指在规定的日期、时间、地点当众宣布所有投标人的名称和报价，使全体投标人了解各家投标价和自己在其中的顺序，是向所有投标人和公众保证其招标程序公平合理的最佳方式。

在没有特殊原因的情况下，开标应于招标文件确定的投标截止日的当天或次日举行。开标地点及时间都应在招标文件中预先确定。若变更开标日期和地点，应提前三天通知投标企业和有关单位。

2. 开标的参加人员

开标由招标人或招标代理机构主持，邀请评标委员会成员、投标人代表、公证部门代表和有关单位代表参加。招标人要事先以各种有效的方式通知投标人参加开标，不得以任何理由拒绝任何一个投标人代表参加开标。投标人或其代表应按时赴约定地点参加开标。

3. 开标的主要工作内容

开标时应当众打开在规定时间内收到的所有标书，宣读无效标和弃权标的规定，核查投标人提交的各种证件、资料，检查标书密封情况，当众宣读并记录投标人名称以及报价（包括投标人报价内容及备选方案报价），公布评标原则和评标办法等。

5.1.2 开标的程序

1. 招标人签收投标人递交的投标文件

招标人应委托专人负责签收投标人递交的投标文件。对提前递交的投标文件应当办理签收手续，由招标人携带至开标现场。在开标当日且在开标地点递交的投标文件，应当填写投标文件报送签收一览表。

对未按规定日期寄到的投标书，原则上均应视为废标而予以原封退回，但如果迟到日期不长，且延误并非由于投标人的过失（如邮政、罢工等原因），招标单位也可以考虑接受迟到的投标书。

2. 投标人出席开标会的代表签到

投标人授权出席开标会的代表填写开标会签到表，招标人委托专人负责核对签到人员身份，此应与签到的内容一致。

3. 开标会主持人介绍主要与会人员

主要与会人员包括到会的招标人代表、招标代理机构代表、各投标人代表、公证机构公证人员、见证人员及监督人员等。

4. 主持人检验投标企业法定代表人或其指定代理人身份证件、授权委托书

主持人要当众核查投标人的授权代表的授权委托书和有效身份证件，确认授权代表的有效性，并留存授权委托书和身份证件的复印件。招标文件中一般还会要求开标时投标人提交如下证件：营业执照（副本原件）、资质等级证书（副本原件）、建筑企业施工安全证书（原件）、建筑施工企业项目经理资质证书（副本原件）。法定代表人或受委托人必须携带本人身份证，有些招标人可能还要求投标人提供企业已获得的奖励证书。

5. 主持人重申招标文件要点，宣布评标办法

主要介绍招标文件的组成部分，同时强调主要条款和招标文件中的实质性要求。为了体现公平竞争，还应当公布评标原则和方法。

6. 主持人当众检验启封投标书

属于无效标书的，须经评标委员会半数以上成员确认，并当众宣布。

（1）投标文件有下列情形之一的，应当场宣布为废标。

① 逾期送达的或者未送达指定地点的。

② 未按招标文件要求密封的。

（2）投标文件有下列情形之一的，由评标委员会初审后按废标处理。

① 无单位盖章并无法定代表人或法定代表人授权的代理人签字或盖章的。

② 未按规定的格式填写，内容不全或关键字字迹模糊、无法辨认的。

③ 投标人递交两份或多份内容不同的投标文件，或在一份投标文件中对同一招标项目报有两个或多个报价，且未声明哪一个有效的（按招标文件规定提交备选投标方案的除外）。

④ 投标人名称或组织机构与资格预审时不一致的。

⑤ 未按招标文件要求提交投标保证金的。

⑥ 联合体投标未附联合体各方共同投标协议的。

7. 开标、唱标

一般按标书送达时间或以抽签方式排列投标企业开标、唱标顺序。开标由开标主持人在监督人员及与会代表的监督下当众拆封，拆封后应当检查投标文件的组成情况并记入开标会记录。

主持人按顺序宣读各家投标书。唱标内容一般包括投标报价、工期和质量标准、质量奖项等方面的承诺、替代方案报价、投标保证金、主要人员等，对投标截止时间前收到的投标人递交的对投标文件的补充、修改文件也应同时宣布，对投标截止时间前，投标人要求撤回其投标的投标文件不再唱标，但须在开标会上说明。

8. 当众启封并公布标底(设有标底的情况下)

招标人设有标底的，标底必须公布。

9. 开标会记录签字确认

招标人应指定专人监督唱标，并做好开标会记录(工程开标汇总表)。开标会记录应当如实记录开标过程中的重要事项，包括开标时间、开标地点、出席开标会的各单位及人员、唱标记录、开标会程序、开标过程中出现的需要评标委员会评审的情况，有公证机构出席公证的还应记录公证结果，投标人的授权代表应当在开标会记录上签字确认。对记录内容有异议的可以注明，但必须对没有异议的部分签字确认。

开标记录一般应记载档案号、招标项目的名称及数量摘要、投标人的名称、投标报价、开标日期、其他必要的事项，由主持人和其他工作人员签字确认。

一旦开标，任何投标人均不得更改其投标内容和报价，也不允许再增加优惠条件，但在业主需要时可以作一般性说明和疑点澄清。

实行议标方式的，由招标单位和投标单位分别协商，不需公开开标，但仍应邀请有关部门参加。

5.2 评 标

开标后即转入秘密评标阶段，这阶段工作要严格对投标人及任何不参与评标工作的人保密。评标是指评标委员会依据招标文件的规定和要求，对投标人递交的投标文件进行审查、评审和比较以最终确定中标人的全过程。评标是招标投标活动的重要环节，是招标能否成功的关键，是确定中标人的必要前提。

评标必须在招标投标管理机构的监督下，由招标人依法组建的评标委员会进行。

5.2.1 评标的重要原则

评标工作具有严肃性、科学性和合理性，评标活动应遵循公平、公正、科学、择优的原则，依法进行，任何单位和个人不得非法干预或者影响评标过程和结果。对投标文件的评价、比较和分析，要客观公正，不以主观好恶为标准，不带成见，遵守评标纪律，严守保密原则，遵循合理中标原则，维护招投标双方的合法权益。

施工评标定标的主要原则包括：标价合理，工期适当，施工方案科学合理，施工技术先进，质量、工期、安全保证措施切实可行，有良好的施工业绩和社会信誉。

5.2.2 评标组织的设立

评标组织由招标人的代表和有关经济、技术等方面的专家组成,其具体形式为评标委员会,也有是评标小组的,这与工程规模、结构、类型、招标方式等有关系。

一般来说,大中型项目、技术和结构复杂的项目或公开招标的项目应当设立评标委员会,而对于小型项目、技术简单的项目可以设立评标小组。

《招标投标法》明确规定:评标委员会由招标人负责组建,评标委员会成员名单一般应于开标前确定。

《评标委员会和评标方法暂行规定》规定:依法必须进行施工招标的工程,其评标委员会由招标人的代表和有关技术、经济等方面的专家组成,成员人数为 5 人以上单数,其中招标人、招标代理机构以外的技术、经济等方面专家不得少于成员总数的三分之二。

评标委员会的专家成员,应当由招标人从建设行政主管部门及其他有关政府部门确定的专家名册或者工程招标代理机构的专家库内相关专业的专家名单中确定。一般招标项目采取随机抽取的方式,特殊招标项目可以由招标人直接确定。与投标人有利害关系的人不得进入相关工程的评标委员会。评标委员会成员名单在中标结果确定前应当保密。

评标专家应符合下列条件。

(1) 从事相关专业领域工作满 8 年并具有高级技术职称或同等专业水平。

(2) 熟悉有关招标投标法律法规,并具有与招标项目相关的实践经验。

(3) 能够认真、公正、诚实、廉洁地履行职责。

有下列情形之一的,不得担任评标委员会成员。

(1) 投标人或投标人的主要负责人的近亲属。

(2) 项目主官部门或行政监督部门的人员。

(3) 与投标人有经济利益关系,可能影响对投标公正评审的。

(4) 曾因在招标、评标及其他与招标投标有关活动中有违法行为而受过行政处罚或刑事处罚的。

5.2.3 评标方法

《招标投标法》规定,招标人应当采取必要的措施,保证评标在严格保密的情况下进行。任何单位和个人不得非法干预、影响评标的过程和结果。评标委员会应当按照招标文件确定的评标标准和方法,对投标文件进行评审和比较;设有标底的,应当参考标底。

原建设部 89 号令《房屋建筑和市政基础设施工程施工招标投标管理办法》第四十一条规定,评标可以采用经评审的最低投标价法、综合评估法或者法律法规允许的其他评标方法。

1. 经评审的最低投标价法

经评审的最低投标价法是对投标文件中的各项评标因素尽可能地折算为货币量,将投标报价进行综合比较后，确定出评标价格最低的投标，并以该投标人为中标候选人的评标方法。在评标过程中最低评标价不是最低投标价，它是一个以货币形式表现的衡量投标竞争力的定量指标。它除了考虑投标价格因素外，还综合考虑质量、工期、施工组织设计、企业信誉、业绩等因素，并将这些因素应尽可能加以量化折算为一定的货币额，加权计算得到。显然经专家评审后的最低评标价就是经评审的合理低价，所以该方法也称为经评审的合理低价中标法。

经评审的最低投标价法的适用范围和条件如下。

(1) 具有通用技术、性能标准或者招标人对其技术、性能没有特殊要求的招标项目。

(2) 政府和国有投资项目。

(3) 必须是工程量清单报价。实行"量""价"分离，风险共担的原则，施工单位承担"价"的风险，建设单位承担"量"的风险。

(4) 招标文件要保证深度和精度，粗枝大叶的招标文件无法满足最低评标价法的要求。

2. 综合评估法

不宜采用经评审的最低投标价法的招标项目，一般应当采取综合评估法进行评审。根据综合评估法，最大限度地满足招标文件中规定的各项综合评价标准的投标，应当推荐为中标候选人。

综合评估法是对价格、施工组织设计(或施工方案)、项目经理的资历和业绩、质量、工期、信誉和业绩等因素进行综合评价，从而确定最大限度地满足招标文件中规定的各项综合评价标准的投标为中标人的评标定标方法。它是适用最广泛的评标定标方法。

综合评估法需要综合考虑投标书的各项内容是否同招标文件所要求的各项文件、资料和技术要求相一致。不仅要对价格因素进行评议，还要对其他因素进行评议，主要包括：①标价(即投标报价)；②施工方案或施工组织设计；③投入的技术及管理力量；④质量；⑤工期；⑥信誉和业绩。

综合评估法的按其具体分析方式的不同，又可分为定性综合评估法和定量综合评估法。

1) 定性综合评估法

又称评议法，通常的做法是：由评标组织对工程报价、工期、质量、施工组织设计、主要材料消耗、安全保障措施、业绩、信誉等评审指标，分项进行定性比较分析，综合考虑，经过评议后，选择其中被大多数评标组织成员认为各项条件都比较优良的投标人为中标人，也可用记名或无记名投票表决的方式确定投标人。

定性综合评议法的优点是不量化各项评审指标。它是一种定性的优选法。采用定性综合评议法，一般要按从优到劣的顺序，对各投标人排列名次，排序第一名的即为中标人。

这种方法虽然能深入地听取各方面的意见，但由于没有进行量化评定和比较，评标的科学性较差。其优点是评标过程简单，较短时间内即可完成。一般适用于小型工程或规模较小的改扩建项目。

2) 定量综合评估法

又称打分法、百分制计分评议法。通常的做法是：事先在招标文件或评标定标办法中将评标的内容进行分类，形成若干评价因素，并确定各项评价因素在百分率中占的比例和评分标准，开标后由评标组织中的每位成员按评标规则，采用无记名方式打分，最后统计投标人的得分，得分最高者(排序第一名)或次高者(排序第二名)为中标人。

这种方法的主要特点是，量化各评审因素对工程报价、工期、质量、施工组织设计、主要材料消耗、安全保障措施、业绩、信誉等评审指标，确定科学的评分及权重分配，充分体现整体素质和综合实力，符合公平、公正的竞争法，则使质量好、信誉高、价格合理、技术强、方案优的企业能中标。

3. 由上述两种评标方法演变出的其他类似方法

如两阶段低价评标法、综合指数合理低价法、商务报价合理低价法和综合定量评价法等。

招标人设有标底的，标底应当保密，并在评标时作为参考。标底不得作为评标的唯一依据。在评标过程中，评标委员会发现投标人的报价明显低于其他投标报价或者明显低于标底，使得其投标报价可能低于其个别成本的，应当要求该投标人作出书面说明并提供相关证明材料。

 案例 5.1

某大型工程项目的综合评标法

某大型工程，由于技术难度大，对施工单位的施工设备和同类工程施工经验要求高，而且对工期的要求也比较紧迫。业主在对有关单位和在建工程考察的基础上，仅邀请了3家国有一级施工企业参加投标，并预先与咨询单位和该3家施工单位共同研究确定了施工方案。业主要求投标单位将技术标和商务标分别装订报送。经招标领导小组研究确定的评标规定如下所示。

1. 技术标共30分，其中施工方案10分(因已经确定施工方案，各投标单位均得10分)、施工总工期10分、工程质量10分。满足业主总工期要求(36个月)者得4分，每提前1个月加1分，不满足者不得分；自报工程质量合格者得4分，自报工程质量优良者得6分(若实际工程质量未达到优良将扣罚合同价的2%)，近三年内获鲁班工程奖每项加2分，获省优工程奖每项加1分。

2. 商务标共70分。报价不超过标底(35 500万元)的±5%者为有效标，超过者为废标。报价为标底的98%者得满分(70分)，在此基础上，报价比标底每下降1%，扣1分，每上升1%，扣2分(计分按四舍五入取整)。

各投标单位的有关情况见表5-1。

表5-1 投标单位一览表

投标单位	报价/万元	总工期/月	自报工程质量	鲁班工程奖	省优工程奖
A	35 642	33	优良	1	1
B	34 364	31	优良	0	2
C	33 867	32	合格	0	1

本案例按综合得分最高者中标的原则确定中标单位。

首先，计算各投标单位的技术标得分，见表5-2。

表5-2 技术标得分表

投标单位	施工方案	总 工 期	工程质量	合 计
A	10	4+(36−33)×1=7	6+2+1=9	26
B	10	4+(36−31)×1=9	6+1×2=8	27
C	10	4+(36−32)×1=8	4+1=5	23

其次，计算各投标单位的商务标得分，见表5-3。

表5-3 商务标得分表

投标单位	报价/万元	报价与标底的比例/(%)	扣 分	得 分
A	35 642	35 642/35 500=100.4	(100.4−98)×2≈5	70−5=65
B	34 364	34 364/35 500=96.8	(98−96.8)×1≈1	70−1=69
C	33 867	33 867/35 500=95.4	(98−95.4)×1≈3	70−3=67

第三，计算各投标单位的综合得分，见表5-4。

表5-4 综合得分表

投标单位	技术标得分	商务标得分	综合得分
A	26	65	91
B	27	69	96
C	23	67	90

因为B公司综合得分最高，故应选择B公司为中标单位。

5.2.4 评标体系设计的原则

影响标书质量的因素很多，评标体系的设计也多种多样，一般需要考虑的原则有以下几点。

1. 评标因素在评标体系中的地位和重要程度

在所有评标因素中，重要的因素所占的分值应高些，不重要或不太重要的评标因素占的分数应低些。

2. 各评标因素对竞争性的体现程度

对竞争性体现程度高的评标因素，即不只是某一投标人的强项，而所有投标人都具有较强的竞争性的因素，如价格因素等，所占分值应高些；而对竞争性体现程度不高的评标因素，即对所有投标人而言共同的竞争性不太明显的因素，如质量因素等，所占分值应低些。

3. 各评标因素对招标意图的体现程度

招标人的意图即招标人最侧重的择优方面，不同性质的工程、不同实力的投资者可能有很大差异。能明显体现出招标意图的评标因素所占的分值高些，不能体现招标意图的评标因素所占的分值可适当降低。

4. 各评标因素与资格审查内容的关系

对某些评标因素，如在资格预审时已作为审查内容，其所占分值可适当低些；如资格预审未列入审查内容或采用资格后审的，其所占分值就可适当高些。

5.2.5 评标工作程序与内容

评标的过程由招标文件中的评标办法决定，通常要经过投标文件的符合性鉴定、技术评审、商务评审、投标文件澄清与答辩、综合评审、资格后审等几个步骤。

1. 投标文件的符合性鉴定

评标委员会应对投标文件进行符合性鉴定，核查审查投标人是否与资格预审名单一致；投标文件是否按照招标文件的规定和要求编制；签署投标文件正副本之间的内容是否一致；投标文件是否有重大漏项、缺项；是否提出了招标人不能接受的保留条件；投标文件是否实质上响应招标文件的要求等。

所谓实质上响应招标文件的要求，就是其投标文件应该与招标文件的所有条款、条件和规定相符，无显著差异或保留。显著差异或保留是指对工程的发包范围、质量标准、工期、计价标准、合同条件及权利义务产生实质性的影响；如果投标文件实质上不响应招标文件的要求或不符合招标文件的要求，将被确认为无效标。

在检验投标文件的符合性时首先应剔除法律法规所提出的废标，投标文件有下述情形之一的，属重大投标偏差，或被认为没有对招标文件作出实质性响应，作为废标处理。

（1）在评标过程中，评标委员会发现投标人的报价明显低于其他投标报价或者在设有标底时明显低于标底，使得其投标报价可能低于其个别成本的，应当要求该投标人作出书面说明并提供相关证明材料。投标人不能合理说明或者不能提供相关证明材料的，由评标委员会认定该投标人以低于成本报价竞标，其投标应作废标处理。

（2）投标人资格条件不符合国家有关规定和招标文件要求的，或者拒不按照要求对投标文件进行澄清、说明或者补正的，评标委员会可以否决其投标。

（3）评标委员会应当审查每一投标文件是否对招标文件提出的所有实质性要求和条件作出响应。未能在实质上响应的投标，应作废标处理。

评标委员会应当根据招标文件，审查并逐项列出投标文件的全部投标偏差。投标文件存在重大偏差，按废标处理，下列情况属于重大偏差。

① 没有按照招标文件要求提供投标担保或者所提供的投标担保有瑕疵。

② 投标文件没有投标人授权代表签字和加盖公章。

③ 投标文件载明的招标项目完成期限超过招标文件规定的期限。

④ 明显不符合技术规格、技术标准的要求。

⑤ 投标文件载明的货物包装方式、检验标准和方法等不符合招标文件的要求。

⑥ 投标文件附有招标人不能接受的条件。

⑦ 不符合招标文件中规定的其他实质性要求。

评标委员会否决不合格投标或者界定为废标后，因有效投标不足三个使得投标明显缺乏竞争的，根据《招标投标法》第四十二条的规定："评标委员会可以否决全部投标，依法必须进行招标的项目的所有投标被否决的，招标人应当依法重新招标。"

招标文件对重大偏差另有规定的，从其规定。经过审查，只有合格的标书才有资格进入下一轮的详评。

案例 5.2

评 标 案 例

某建筑公司所投的投标文件只有单位的盖章而没有法人代表的签字，被评标委员会确定为废标。评标委员会的理由是：招标文件上明确规定必须要既有单位的盖章也要有法人代表的签字，否则就是废标。建筑公司认为评标委员会的处理是不当的，与《工程建设项目施工招标投标办法》关于废标的规定不符。根据该办法，只要有单位的盖章就不是废标。你认为评标委员会这样处理是否正确？

[解析]

评标委员会的处理是正确的。虽然《工程建设项目施工招标投标办法》规定的废标条件是"无单位盖章并无法定代表人或法定代表人授权的代理人签字或盖章"，但同时还规定"未按规定的格式填写，内容不全或者关键字迹模糊、无法辨认，由评标委员会初审后应按废标处理"。

案例 5.3

中国某公司在某项目投标竞争中的评标过程

在评标过程中，经过对投标文件的符合性鉴定，可能会对投标人的报价名次重新进行排列。这是因为，某些投标人的报价在公开开标时可能表面上因报价较低而排在前列，经过对投标文件的符合性鉴定则可能属于不合格的标书而被排除。中国某公司在项目投标竞争中就多次遇到这种情况。有一次甚至在公开开标时因标价偏高而列为第五名，最后经过评审，前面几家均因各种不同原因被排除，而这家公司却晋升为第一名最低报价的合格标而中标。可见，承包商除了力争合理降低投标报价外，还必须认真对待投标书的有效性、完整性、一致性和正确性，使之能通过对投标文件的符合性鉴定而列入合格投标书的入围行列。

2. 技术评审

对投标人的技术评审主要内容是评审施工方案或施工组织设计、施工进度计划的合理性，施工技术管理人员和施工机械设备的配备，关键工序、劳动力、材料计划、材料来源、临时用地、临时设施布置是否合理可行，施工现场周围环境污染的保护措施、投标人的综合施工技术能力、质量控制措施、以往履约能力、业绩和分包情况等。具体内容如下。

（1）施工总体布置。着重评审布置的合理性。对分阶段实施还应评审各阶段之间的衔接方式是否合适，以及如何避免与其他承包商之间(如果有的话)发生作业干扰。

(2) 施工进度计划。首先要看进度计划是否满足招标要求，进而再评价其是否科学和严谨，以及是否切实可行。业主有阶段工期要求的工程项目对里程碑工期的实现也要进行评价。评审时要依据施工方案中计划配置的施工设备、生产能力、材料供应、劳务安排、自然条件、工程量大小等诸因素，将重点放在审查作业循环和施工组织是否满足施工高峰月的强度要求，从而确定其总进度计划是否建立在可靠的基础上。

(3) 施工方法和技术措施。主要评审各单项工程所采取的方法、程序技术与组织措施。包括所配备的施工设备性能是否合适、数量是否充分；采用的施工方法是否既能保证工程质量，又能加快进度并减少干扰；安全保证措施是否可靠等。

(4) 材料和设备。规定由承包商提供或采购的材料和设备，是否在质量和性能方面满足设计要求和招标文件中的标准。必要时可要求投标人进一步报送主要材料和设备的样本，技术说明书或型号、规格、地址等资料。评审人员可以从这些材料中审查和判断其技术性能是否可靠和达到设计要求。

(5) 技术建议和替代方案。对投标书中提出的技术建议和可供选择的替代方案，评标委员会应进行认真细致的研究，评定该方案是否会影响工程的技术性能和质量，在分析建议或替代方案的可行性和技术经济价值后，考虑是否可以全部采纳或部分采纳。

3. 商务评审

评标委员会对确定为实质上响应招标文件要求的投标进行商务评审，主要审查内容包括以下几点。

(1) 投标报价是否按招标文件要求的计价依据进行报价。

(2) 是否擅自修改了工程量清单数据。

(3) 报价构成是否合理性，是否低于工程成本等。

(4) 报价数据是否有计算上或累计上的算术错误等。

对工程量清单表中的单价和合计进行校核，如有计算或累计上的算术错误，按修正错误的方法调整投标报价。算术性错误修正的方法是：投标文件中的大写金额与小写金额不一致时，以大写金额为准；总价金额与依据单价计算出的结果不一致时，以单价金额为准修正总价，但单价金额小数点有明显错误的除外。修正后的投标报价经投标人代表确认同意后，对投标人起约束作用。如果投标人不接受修正价格的，其投标作废标处理。

4. 投标文件的澄清与答辩

为有助于投标文件的审查、评价和比较，必要时，评标委员会将要求投标人澄清其投标文件或进行答辩。

澄清的内容包括：要求投标人补充报送某些标价计算的细节资料；对具有某些特点的施工方案作出进一步的解释；补充说明其施工能力和经验，或对其提出的建议方案进行详细的说明等。在答辩会上，分别对投标人进行询问，投标人应给予解答，随后投标人应以书面形式予以确认。

澄清或答辩问题经招标人和投标人双方签字后，作为投标文件的组成部分，列为评标依据，但不得超出投标文件的范围或改变投标文件的实质性内容，不允许招标人和投标人变更或寻求变更价格、工期、质量等级等实质性内容。

开标后，投标人对价格、工期、质量等级等实质性内容提出的任何修正声明或者附加优惠条件，一律不得作为评标组织评标的依据。

5. 综合评审

综合评审是在以上工作的基础上，根据事先拟定好的评标原则、评价指标和评标办法，按照平等竞争、公正合理的原则，对实质性响应招标文件要求投标文件的报价、工期、质量、主要材料用量、施工方案或组织设计、以往业绩和履行合同的情况、社会信誉、优惠条件等进行综合评价和比较，并与标底进行对比分析，通过进一步澄清、答辩和评审，公正合理地择优选定中标候选人。

6. 资格后审(如有)

未进行资格预审的招标项目，在确定中标候选人前，评标委员会须对投标人的资格进行审查；投标人只有符合招标文件要求的资质条件时，方可被确定为中标候选人或中标人。

进行资格预审的招标项目，评标委员会应就投标人资格预审所报的有关内容是否改变进行审查。如有改变，审查是否按照招标文件的规定将所改变的内容随投标文件递交；内容发生变化后是否仍符合招标文件要求的资质条件。资质条件符合招标文件要求的，方可被确定为中标候选人或中标人；否则，其投标将被拒绝。

 案例 5.4

某综合楼建筑安装工程施工招标定量评标法

1. 评标总则

(1) 评标工作由建设单位负责组建的评标委员会承担。评标委员会由建设单位的代表和受聘的经济、技术专家组成，评标委员会成员总人数应为 5 人，其中受聘的专家不少于 2/3，且应符合《中华人民共和国招标投标法》的规定。

(2) 评标原则。本工程评标委员会应依法按下述原则进行评标：公开、公平、公正和诚实信用的原则；科学、合理评标原则；反不正当竞争的原则。贯彻建设单位对本工程施工承包招标的各项要求和原则。

(3) 中标人确定方法。评标委员会根据本办法及本工程招标文件要求对投标、投标文件进行定量评分，并从中评选出合格的有序的综合得分最高的投标人，如无特殊原因，则作为本施工招标的中标人；当中标人自动放弃中标时，招标人应按排名先后顺序确定综合得分第二名的投标人为本工程中标人，以此类推，当排名为第三名的投标人也放弃中标机会时，招标人将对本工程重新组织招标。

(4) 建设工程招标投标管理办公室对本工程的招标、投标工作实施全过程监督。

2. 评标程序与方法

1) 评标内容

(1) 技术标的评标内容包括：施工组织设计、企业信誉和综合实力、对招标文件响应程度的评分。

(2) 经济标的评标内容包括：投标报价的评分(评标委员会应对其投标报价的报价水平构成的合理性、有无不平衡报价、缺项漏项等进行分析，以判断投标人的投标报价是否合理)。

2) 评标规定及程序

(1) 投标人投标属下列情况之一的，视为无效。

① 凡投标的内容属实质性不符合招标文件的要求，评标委员会按规定予以拒绝的。

② 技术标的施工组织设计部分违背招标文件的规定，在正文中出现投标人名称和其他可识别投标人的字符及徽标的。

③ 投标人的投标行为违反《中华人民共和国招标投标法》及本办法有关规定的。

(2) 评标委员会对投标书中的施工组织设计内容和投标预算书的内容，以及其他有关内容有疑问的部分，可以向投标人质询并要求该投标人作出书面澄清，但不得对投标文件做实质性修改。质询工作应当由全体评委参加。

(3) 按本办法评标，评标委员会应首先对所有投标文件进行符合性与完整性评审，再按对招标文件响应程度、施工组织设计、企业信誉和综合实力进行评分，最后再对投标报价进行评分。

(4) 当投标人按照招标文件规定的时间、地点等要求报送投标文件后，评委会按照本办法，对投标文件进行独立评标，并汇总计算出各有效得分的平均数，即为投标人的得分。

(5) 评标委员会根据评标情况写出评标报告，报送招标人(即招标人法人代表或代表委托人)。招标人按照本办法，确定中标人。投标人对招标人评标结果有疑义的，应以书面形式提出，由招标人会同建设工程招标投标管理办公室研究后，提出处理意见。

(6) 如发生并列第一名的情况时，建设单位可从并列第一名的投标人中选一名作为中标人。

3. 评分方法

1) 本定量评分办法

本定量评分办法的评分标准总分值为100分。评分分值计算保留小数点后两位，第三位四舍五入。

2) 技术标评分方法

(1) 对招标文件响应程度的评定。

评定内容包括：是否承诺招标文件要求的质量标准、工期要求和投标文件的完整性等。其中招标文件要求的工期被合理地提前了的投标工期和质量标准(质量等级)高于招标文件要求的属于响应招标文件要求。对招标文件的响应程度详见表5-5。

表5-5 对招标文件的响应程度(100分)

序号	项目	标准分	评分标准	分值	备注
1	质量标准	30分	承诺招标人质量要求	30分	
			不承诺招标人质量要求	0分	废标
2	投标工期	30分	承诺招标人工期要求	30分	
			不承诺招标人工期要求	0分	废标
3	综合响应程度	40分	充分响应	40分	
			无重大实质性不响应	20分	
			有重大实质性不响应	0分	废标

(2) 对施工组织设计的评定。

评定内容主要包括：工期、质量保证措施；现场施工平面布置图；重点、难点部分施工控制措施；安全、文明施工及环保措施；分包计划和对分包队伍的管理措施；劳动力、材料及机械的组织计划，总包与监理人员的配合措施等。施工组织设计评分详见表5-6。

表 5-6 施工组织设计评分表(100 分)

序号	项 目	标准分	评 分 标 准	分值	备 注
1	施工方案	40	针对性强,施工难点把握准确	30~40	
			可行	20~29	
			不合理	0	
2	质量保证体系及措施	10	保证体系完整,措施有力	8~10	
			保证体系较完整,措施一般	5~7	
			保证体系及措施欠完整	2~3	
3	文明施工、环保、安全措施	10	完善、可靠	6~10	施工组织设计评分:
			欠完善	0~5	1. 良好:得分在 80 分以上(含 80 分);
4	劳动力计划及主要设备材料、构件用量计划	5	合理	3~5	2. 合格:得分在 60 分以上(含 60 分);
			不合理	0~2	3. 不合格:得分在 60 分以下
5	分包计划和对分包队伍的管理措施	10	计划合理有保证、措施合理	6~10	
			计划欠周全、措施欠合理	0~5	
6	施工进度计划、保护措施	10	合理	6~10	
			欠合理	0~5	
7	总包与监理及设计人员的配合	10	合理	6~10	
			欠合理	0~5	
8	施工现场总平面图	5	合理	3~5	
			欠合理	0~2	

(3) 企业信誉、综合实力和项目经理的评定。

本部分评分时,如以集团(总)公司的名义投标,必须明确承担本招标工程施工任务的具体下属公司。企业信誉、综合实力评分详见表 5-7。

表 5-7 企业信誉、综合实力评分表(100 分)

序号	项 目	标准分	评 分 标 准	分值	备 注
1	ISO 9000 质量体系通过认证	40 分	通过认证	40 分	
			无	0 分	
2	近 5 年企业同类工程施工经验	60 分	0 个	0 分	不超过 60 分
			1 个	10 分	
			每多 1 个	10 分	

3) 经济标评分方法

(1) 投标报价有效性的确定:凡通过招标文件属于符合性评定的投标文件,其报价均视为有效;无效的投标报价将予以剔除,不再参加评审。

(2) 评标委员会将经评审的投标报价由低到高排序,并按投标报价评分表(表 5-8)计算各投标人的该项得分。

(3) 有效投标报价的确定：凡投标方报价不超过招标方标底价3%的报价，均为有效投标报价；凡投标方报价超过招标方标底价3%的，为无效投标报价(废标)，不再参与下一步的评标。

(4) 投标报价标底的确定：由招标方提供的标底。

确定基准价：基准价为所有有效投标报价中剔除最高和最低各一家后的算术平均值。

$$投标报价的范围 = (投标报价 - 基准价)/基准价 \times 100\%$$

表 5-8 投标报价评分表

投标报价范围	大于+5%，不含+5%	+5%～+4%，含+5%	+4%～+3%，含+4%	+3%～+2%，含+3%	+2%～+1%，含+2%	+1%～0，含+1%	0～-1%，含0及-1%
得分	50	60	70	75	80	85	100
投标报价范围	-1%～-2%，含-2%	-2%～-3%，含-3%	-3%～-4%，含-4%	-4%～-5%，含-5%	-5%～-6%，含-6%	-6%～-7%，含-7%	小于-7%，不含-7%
得分	90	85	80	75	70	65	50

5.3 决　标

5.3.1　商谈

大多数情况下，招标人根据全面评议的结果，选出2～3家中标候选人，然后再分头进行商谈。商谈的过程也就是业主方进行最后一轮评标的过程，也是投标人为最终夺取投标项目而采取各种对策的竞争过程。在这个过程中，投标人的主要目标是击败竞争对手，吸引招标方，争取最后中标。

在公开开标的情况下，由于投标人业已了解可能影响其夺标的主要对手和主要障碍，其与招标人商谈的内容通常是在不改变其投标实质(如报价、工期、支付条款)的条件下，对招标方作出种种许诺和附加优惠条件及对施工方案的修改等。在商谈期间，投标人应特别注意洞察招标人的反应。在不影响最根本利益的前提下，投其所好。例如投标常常提出施工设备在竣工后赠送给招标方，许诺向当地承包公司分包工程，使用当地劳动力，与当地有关部门进行技术合作，为其免费培训操作技术人员等建议，这些建议对招标方具有很大的吸引力。

对于招标方，由于需要最终选定中标人，在报价条件和技术建议反映不出较大差别时，只有靠进一步澄清的方法分头同各中标候选人进行商谈，通过研究各家提出的辅助建议，结合原投标报价，排出先后顺序并最终决标。

5.3.2　定标

定标亦称决标，即最后决定将合同授予某一个投标人。

《招标投标法》规定，中标人的投标应当符合且能够最大限度满足招标文件中规定的各项综合评价标准或是能够满足招标文件的实质性要求，并且经评审的投标价格最低的（但是投标价格低于成本的除外）才能中标。

在确定中标人之前，招标人不得与投标人就投标价格、投标方案等实质性内容进行谈判。

评标委员会完成评标后，应当向招标人提出书面评标报告，阐明评标委员会对各投标文件的评审和比较意见，并按照招标文件中规定的评标方法，推荐不超过 3 名有排序的合格的中标候选人。招标人根据评标委员会提出的书面评标报告和推荐的中标候选人确定中标人。招标人也可以授权评标委员会直接确定中标人。

使用国有资金投资或者国家融资的项目，招标人应当确定排名第一的中标候选人为中标人。排名第一的中标候选人放弃中标、因不可抗力提出不能履行合同，或者招标文件规定应当提交履约保证金而在规定的期限内未能提交的，招标人可以确定排名第二的中标候选人为中标人。排名第二的中标候选人因前款规定的同样原因不能签订合同的，招标人可以确定排名第三的中标候选人为中标人。

5.3.3　签订合同

评标委员会作出授标决定后，招标人应当向中标人发出中标通知书，并同时将中标结果通知所有未中标的投标人。招标人不得向中标人提出压低报价、增加工作量、缩短工期或者其他违背中标人意愿的要求，以此作为发出中标通知书和签订合同的条件。中标通知书应经招标投标管理机构核准和公示，无问题后方可发出。中标通知书对招标人和中标人具有法律效力。中标通知书发出后，招标人改变中标结果的，或者中标人放弃中标项目的，应承担法律责任。

根据《招标投标法》的有关规定，招标人和中标人应当自中标通知书发出之日起 30 日内，按照招标文件和中标人的投标文件订立书面合同。招标人和中标人不得再行订立背离合同实质性内容的其他协议。通常招标人要事先与中标人进行合同谈判。合同谈判以招标文件为基础，各方提出的修改补充意见在经对方同意后，均应作为合同协议书的补遗并成为正式的合同文件。

招标文件要求中标人提交履约保证金或其他形式的履约担保的，中标人应当提交；拒绝提交的，视为放弃中标项目。招标人要求中标人提供履约保证金或履约担保的，招标人应当同时向中标人提供工程款支付担保。招标人不得擅自提高履约保证金，不得强制要求中标人垫付中标项目建设资金。

双方在合同协议书上签字，同时承包商应提交履约保证，才算正式决定了中标人，至此招标工作方告一段落。招标人与中标人签订合同后 5 个工作日内，应当向未中标的投标人退还投标保证金。

 案例 5.5

某房地产开发公司建设项目的决标案例

2000 年 11 月 22 日×省 A 房地产开发公司就一住宅建设项目进行公开招标，×省 B 建筑公司与其他三家建筑公司共同参加了投标。结果由 B 建筑公司中标。2000 年 12 月 14 日，A 房产公司就该项工程建设向 B 建筑公司发出中标通知书。该通知书载明:工程建筑面积 74 781m²,中标造价人民币 8 000 万元,要求 12 月 25 日签订工程承包合同,12 月 28 日开工。中标通知书发出后,B 建筑公司按 A 房产公司的要求提出,为抓紧工期,应该先做好施工准备,后签工程合同。A 房产公司也同意了这个意见。之后,B 建筑公司安排施工队伍进入现场,平整了施工场地,将打桩桩架运入现场,并配合 A 房产公司在 12 月 28 日打了两根桩,完成了项目的开工仪式。

但是,工程开工后,还没有等到正式签订承包合同,双方就因为对合同内容的意见不一致而发生了争议。A 房地产公司要求 B 建筑公司将工程中的一个专项工程分包给自己信赖的 C 公司,而 B 建筑公司以招标文件没有要求必须分包而拒绝。2001 年 3 月 1 日,A 房产公司明确函告 B 建筑公司:"将另行落实施工队伍。"无可奈何的 B 建筑公司只得诉至×省×市中级人民法院,在法庭上 B 建筑公司指出,A 房产公司既已发出中标通知书,就表明招投标过程中的要约已经承诺,按招投标文件和《建设工程施工合同(示范文本)》的有关规定,签订工程承包合同是 A 房产公司的法定义务。因此,B 建筑公司要求 A 房产公司继续履行合同,并赔偿损失 560 万元。但 A 房产公司辩称:虽然已发了中标通知书,但这个文件并无合同效力,且双方的合同尚未签订,因此双方还不存在合同上的权利义务关系,A 房产公司有权另行确定合同相对人。

最后审裁结果,一审法院认定了房产公司违约,并判决由 A 房产公司补偿 B 建筑公司经济损失 196 万元。判决后,双方都没有上诉。

[解析]

分析这一案例首先需要解决的问题是谁应当对此承担法律责任?《招标投标法》第 45 条规定:中标通知书对招标人和中标人具有法律效力。中标通知书发出后,招标人改变中标结果的,或者中标人放弃中标项目的,应当依法承担法律责任。第 46 条规定:招标人和中标人应当自中标通知书发出之日起 30 日内,按照招标文件和中标人的投标文件订立书面合同。因此,如果双方最终没有签订合同,则应当有一方对此承担法律责任。

在正常的情况下,合同的内容都应当在招标文件和投标文件中体现出来。但是,在这一过程中,招标人处于主动地位,投标人只是按照招标文件的要求编制投标文件。如果投标文件不符合招标文件的要求,则应当视为废标。因此,一旦出现招标文件和投标文件都没有约定合同内容的情况,应当属于招标文件的缺陷。此时的处理原则可以适用《合同法》第 61 条和第 62 条的规定:第一,双方协议补充;第二,按照合同有关条款或者交易习惯确定;第三,适用《合同法》第 62 条的规定。就本案而言,一般情况下,承包人(B 建筑公司)应当自己完成发包的全部工作内容,承包的内容进行分包则为特殊情况;况且,我国立法并不鼓励发包人(A 房产公司)指定分包。因此,一般情况下不进行分包是交易习惯。如果 A 房产公司拒绝签订合同则应当承担法律责任。

5.3.4 废标

在招标文件中一般均规定招标方有权宣布本次招标为废标。当出现以下三种情况时,招标方才考虑废标。

(1) 所有的投标文件均不符合招标文件的要求。

(2) 所有的投标报价与概算相比,均高出招标方可接受的水平。

(3) 所有的投标人均不合格。

如果发生招标失败,招标人应认真审查招标文件及标底,做出合理修改,重新招标。

案例 5.6

某高速公路施工项目评标案例

1. 评标原则与评标方法

该工程评标工作要求遵循公平、公正、公开的原则。

评标工作由招标人依法组建的评标委员会负责。

在其评标细则中规定：

(1) 合同应授予通过符合性审查、商务及技术评审，报价合理、施工技术先进、施工方案切实可行、重信誉、守合同、能确保工程质量和合同工期的投标人。

(2) 评分时，评标委员会严格按照评标细则的规定，对影响工程质量、合同工期和投资的主要因素逐项评分后，按合同段将投标人的评标总得分由高至低顺序排列，并提出推荐意见，一个合同段应推荐不超两名的中标候选单位。

(3) 评标时采用综合评分的方法，根据评标细则的规定进行打分，满分 100 分。

各项评分分值如下：

评标价 60 分；

施工能力 11 分；

施工组织管理 12 分；

质量保证 10 分；

业绩与信誉 7 分。

(4) 在整个评标过程中，由政府监督人员负责监督，其工作内容包括：

① 监督复合标底的计算及保密工作。

② 监督评标工作是否封闭进行，有无泄漏评标情况。

③ 监督评标工作有无弄虚作假行为。

④ 监督人员对违反规定的行为应当及时进行制止和纠正，对违法行为报有关部门依法处理。

(5) 评标工作按以下程序进行：

① 投标文件符合性审查与算术性修正。

② 投标人资质复查。

③ 不平衡报价清查。

④ 投标文件的澄清。

⑤ 投标文件商务和技术的评审。

⑥ 确定复合标底和评标价。

⑦ 综合评分，提出评价意见。

⑧ 编写评标报告，推荐候选的中标单位。

2. 符合性审查与算术性修正

开标时应对投标文件进行一般符合性检查，投标人法人代表或其授权代表应准时参加由业主主持的开标会议，公证单位对开标情况进行公证。评标阶段应对投标文件的实质性内容进行符合性审查，判定是否满足招标文件要求，决定是否继续进入详评。未通过符合性审查的投标书将不能进入评分。

(1) 通过符合性审查的主要条件：

① 投标文件按照招标文件规定的格式、内容填写，字迹清晰并按招标文件的要求密封。

② 投标文件上法定代表人或其代理人的签字齐全，投标文件按要求盖章、签字。

③ 投标文件上标明的投标人与通过资格预审时无实质性变化。

④ 按照招标文件的规定提交了投标保函或投标保证金。

⑤ 按照招标文件的规定提交了授权代理人授权书。

⑥ 有分包计划的提交了分包比例和分包协议。

⑦ 按照工程量清单要求填报了单价和总价。

⑧ 同一份投标文件中，只应有一个报价。

(2) 按照招标文件规定的修正原则，对通过符合性审查的投标报价的计算差错进行算术性修正。

(3) 各投标人应接受算术修正后的报价；如不接受，业主有权宣布其投标无效。

(4) 澄清情况。

根据招标文件的规定，在评标工作中，对投标文件中需要澄清或说明的问题，投标单位发函要求予以澄清、说明或确认。要求说明、澄清或确认的问题主要包括：算术性修正、工程量清单中的计算错误、投标保函的有效性等。

① 评标过程中可以要求投标人对投标文件中不明确的内容和与招标文件的偏差进行澄清。

② 投标人须以书面形式提供澄清内容，并作为投标文件的组成部分。

③ 投标截止后，在评标过程中不接受投标人主动提出的澄清要求。

④ 在澄清过程中，评标人不应向投标人提出不符合招标文件的要求。

⑤ 澄清不得改变投标文件的实质性内容。

(5) 评标表格。

① 符合性审查表。符合性审查主要从投标书完整性、投标书密封情况、投标报价、投标书签章情况、授权代理书、投标担保、投标书格式、填报了单价和总价的工程清单、分包协议和分包比例等方面进行审查。经审查，投标人未按招标文件规定格式填写，出现两种单价的报价的，未通过符合性审查，其他所有开标时的有效标书均要通过符合性审查，具体见表5-9。

表5-9 符合性审查表

登记编号	068	069	070	88	119	213
投标人名称	投标人1	投标人2	投标人3	投标人4	投标人5	投标人6
参加开标仪式	√	√	√	√	√	√
投标书密封	√	√	√	√	√	√
投标书盖章、签字	√	√	√	√	√	√
授权代理人授权书	√	√	√	√	√	√
投标保函或保证金	√	√	√	√	√	√
投标书按格式内容填写	√	√	√	√	√	√
字迹清晰可辨	√	√	√	√	√	√
按工程量清单填报单价和总价	√	√	×	√	√	√
有分包计划的，提交了分包协议和分包比例	√	√	√	√	√	√
审查结论	通过	通过	不通过	通过	通过	通过

注：满足要求的，打"√"，否则打"×"，审查结论分"通过"和"不通过"。

② 资格复查表。资格复查主要是检查投标人的资格在资格预审之后有无发生实质性退化，从资质、在建合同项目履约情况、法人名称和法人地位的改变、投标履约能力等方面进行复查。经复查，所有通过符合性审查的标书均通过资格复查，具体见表5-10。

表 5-10　资格复查表

登记编号	068	069	070	88	119	213
投标人名称	投标人 1	投标人 2	投标人 3	投标人 4	投标人 5	投标人 6
投标人资质未发生实质性变化	√	√	√	√	√	√
在资格预审通过后，所施工的项目中未出现严重违约、被驱逐或因投标人的任何原因使合同解除	√	√	√	√	√	√
与通过资格预审的投标申请人在名称和法人地位上未发生实质性改变，或能提供此类改变的合法性证明文件	√	√	√	√	√	√
资格预审后，在建工程和新签施工合同加上本次所投的合同段的总体工作量未超出其履约能力	√	√	√	√	√	√
审查结论	通过	通过	通过	通过	通过	通过

注：满足审查项目要求的，打"√"，否则打"×"，并简要说明。审查结论分为"通过"和"不通过"。

③ 投标报价算术性修正。按招标文件规定，对通过资格复查和符合性审查的投标人进行投标报价算术性修正，算术性修正按下列原则进行。

当以数字表示的金额与文字表示的金额有差异时，以文字表示的金额为准。

当单价与数量相乘不等于合计价时，以单价计算为准。

如果单价有明显的小数点位置差错，应以标出的合计价为准，同时对单价予以修正。

当各细目的合计价累计不等于总计价时，应以各细目合计价累计数为准，修正总价。

3. 标底与评标价的评审

招标人在投标截止时确定标底，并在开标后确定复合标底。

复合标底的计算公式为：

$$复合标底＝(业主的标底值＋投标人评标价的平均值)/2$$

评标价是按照招标文件的规定，对投标价进行修正后计算出的标价。在评标过程中，应用评标价与复合标底进行比较。

投标人提出的优惠条件或技术性选择方案，均不得折算成金额计入评标价。

凡评标价高于复合标底 8% 或低于复合标底 16% 的投标人，不再进入下一阶段的详评。

评分标准：

以低于复合标底 8% 的评标价为最高得分，即 60 分。各项情况的得分详见表 5-11，介于两个百分点之间的按线性内插法确定分数，分数精确到 0.01 分。

按招标文件的规定，凡评标价高于复合标底 8% 或低于复合标底 16% 的投标文件，将不进入评比。

4. 商务标与技术标的评审

商务和技术评审是依据招标文件的规定，从商务条款、财务能力、技术能力、管理水平、投标报价及业绩等方面，对通过符合性审查的投标文件进行评审。

表 5-11 评标价计分办法

评分划分	评标价低于复合标底/(%)															
	16	15	14	13	12	11	10	9	8	7	6	5	4	3	2	1
得分	48	50	52	54	56	57	58	59	60	58	56	54	52	50	48	46
评分划分	评标价高于复合标底/(%)															
	0	1	2	3	4	5	6	7	8							
得分	44	40	36	32	28	24	20	16	12							

1) 通过商务评审的主要条件

未提出与招标文件中的合同条款相悖的要求，如：重新划分风险，增加业主责任范围，减少投标义务，提出不同的质量验收、计量办法和纠纷解决、事故处理办法，或对合同条款有重要保留等。

① 投标人的资格条件仍能满足资格预审文件的要求。

② 投标人应具有类似工程业绩及良好的信誉。

2) 通过技术评审的主要条件

① 施工总体计划合理，保证合同工期的措施切实可行。

② 机械设备齐全，配置合理，数量充足。

③ 组织机构和专业技术力量能满足施工需要。

④ 施工组织设计和方案合理可行。

⑤ 工程质量保证措施可靠。

3) 计分标准

(1) 施工能力。

施工能力总分值11分，以拟投入本工程设备及财务能力因素定分，其中施工设备占7分，财务能力占4分。

① 施工设备按下面的规定进行评分。

a. 土方机械：4分。

机械数量满足要求，评1分，否则评0~0.5分；

机械配套组合合理，评1分，否则评0~0.5分；

有备用机械，评1分，否则评0~0.5分；

新机械占30%以上，评1分，否则评0~0.5分。

b. 桥梁机械：3分。

机械数量满足要求，评1分，否则评0~0.5分；

机械配套组合合理，评1分，否则评0~0.5分；

有备用机械，评0.5分，否则评0~0.2分；

新机械占30%以上，评0.5分，否则评0~0.2分。

② 财务能力。

a. 近三年年均营业额。

7 000万元以上，评分2分；

5 000万~7 000万元之间的，评分1分；

5 000万元以下的，评分0~0.5分。

b. 1999年流动比率。

1.5以上，评分2分；

1~1.5 之间的,评分 1 分;

1 以下的,评分 0~0.5 分。

(2) 施工组织管理。

施工组织管理总分值12分,其中施工组织设计 4 分。关键工程施工技术方案 3 分。工期保证措施 1 分。管理机构设置 1 分。主要管理人员素质 3 分。

(3) 质量保证体系。

质量保证体系分值 10 分,其中质量管理体系 6 分,质量检测设备 4 分。

① 质量管理体系。

a. 质量管理职责明确,评分 1~2 分,否则 0~1 分;

b. 质量控制手段齐全,评分 1~2 分,否则 0~1 分;

c. 质量控制重点、难点分析合理,评分 1~2 分,否则 0~1 分。

② 质量检测设备。

a. 有路基压实检测设备,评分 1 分,否则 0~0.5 分;

b. 有弯沉检测设备,评分 1 分,否则 0~0.5 分;

c. 有水泥混凝土抗压强度检测设备,评分 1 分,否则 0~0.5 分;

d. 有水准仪、全站仪,评分 1 分,否则 0~0.5 分。

(4) 业绩与信誉。

业绩与信誉分值为 7 分,其中业绩占 5 分,信誉 2 分。

① 业绩。过去 5 年中成功完成高速公路 10km 或一级公路 15km 以上施工的,评分 3 分,否则 0~1.5 分;在过去 5 年中成功完成了单跨不小于 90m 且总长在 1 000m 以上的桥梁施工的,评分 2 分,否则评 0~1 分。

② 信誉。所施工工程获得过国家级奖的,每 1 项得 1 分;获省、部级奖的,每 1 项得 0.5 分;其他奖每 1 项得 0.2 分,但累计不超过 2 分。

近 5 年出现过一次省、部级以上通报批评的,每一次扣 0.8 分;所承担的工程出现过重大质量事故或安全事故的,每一次扣 0.4 分,但累计不超过 2 分。

5. 评标结果

评标委员会根据评标细则的有关规定,对通过符合性审查、资格复查及商务和技术评审的投标书进行了综合评价和打分,见表 5-12 和表 5-13。

表 5-12 评标价评分表

投标人名称	原投标价	最终修正后的评标价	经算术修正后的评标价	平均评标价 B/元	标底 A/元	复合标底 C=(A+B)/2	评标价与复合标底相比/(%)	评标价得分
投标人 1	84 515 162	72 982 610	72 982 610				−16.39	0
投标人 2	89 215 626	79 016 679	79 016 679				−9.48	58.52
投标人 3	97 663 010	97 663 010	未通过符合性审查	81 348 714	93 231 239	87 289 976		0
投标人 4	88 470 063	79 579 763	79 579 763				−8.83	59.17
投标人 5	93 025 197	86 355 536	86 355 536				−1.07	46.14
投标人 6	99 567 419	88 808 981	88 808 981				1.74	37.04

表 5-13　评分汇总表

投标人名称	评标分 (60分)	施工能力 (11分)	施工组织管理 (12分)	质量保证体系 (10分)	业绩与信誉 (7分)	合计	排序
投标人2	58.52	7.39	10.43	8.54	6.13	91.01	2
投标人4	59.17	9.9	11.21	9.39	6.86	96.53	1
投标人5	46.14	8.04	10.57	7.49	6.07	78.31	3
投标人6	37.04	4.97	8.37	7.86	5.59	63.82	4

根据评标细则规定,本工程推荐1～2个中标候选单位,提出推荐意见。

招标人根据推荐结果定标。评标结果经评标委员会审定并报招标委员会通过后,由业主编制评审报告,按照项目管理权限,报上级交通主管部门审核,并按招标文件规定的时限,向中标人发出《中标通知书》,同时通知所有投标单位,并退还未中标人的投标保函或投标保证金。

 案例 5.7

某四星级酒店项目土建工程与精装修工程评标与决标

1. 工程概况

某四星级酒店项目,占地面积 6 800m²,总建筑面积约 25 000m²,共计一幢单体建筑,地上 12 层,地下 1 层,裙房 3 层,总工期为两年半,质量要求为合格。

2. 土建工程总承包施工的招标采购

1) 招标范围

考虑到施工便利和现场管理,本次土建工程总承包施工招标范围包括:桩基工程、主体工程、屋面工程、市政工程和工程总协调。本次招标采用工程量清单计价,可以通过清单详细描述招标范围和内容,以免在今后实施过程中产生争议。

2) 资格预审情况

共计 21 家投标报名单位,其中 19 家满足基本条件,招标单位在这 19 家中进行了择优,由招标采购领导小组对报名单位进行了认真了解、审核和实地考察,在此基础上进行了客观和实事求是的评估,集体打分后得出排名前 7 位的报名单位为资格预审入围单位,参与下一阶段的投标竞价,同时报政府招投标管理机构备案。

3) 评标办法

本次招标采用两阶段评标,第一阶段评技术标,第二阶段评商务标。投标时技术标和商务标两个标书分册装订,技术标采用暗标,商务标采用明标,一律采用 A4 纸。所有评议过程均在招投标办、公证处的监督下进行。技术标通过后,方可进行第二阶段商务标的竞争。

本工程报价、标底价等均以元为单位计算,百分率、得分值或扣分值小数点后保留两位,第三位四舍五入。投标文件的封袋和明标封面均须有投标单位公章和法定代表人签名和盖章,暗标不得有任何投标单位相关信息,否则为废标。

具体操作如下。

(1) 技术标评标阶段。

技术标评标是指对施工组织设计进行评定。

每个评标小组(评标组)成员(专家组)须对各投标文件作出书面评价,同时进行评议和打分。按施工方案步骤与形象进度(2.5分)、主要施工方法(2.5分)、技术先进性与机械设备适用性(2.5分)、主要施工措施(质量、安全、文明施工、节约及其他)(2.5分)、施工现场总平面布置(2.0分)等五方面进行评分，总分12分。总分达8分者为合格，可参加评标，但其得分不计入总分评定；低于8分者为不合格，作无效标处理。

(2) 商务标的评定阶段。

① 招标人将于投标截止日期前3天公布本次投标的标底和最高限价(标底×0.97)，所有高于(不包括等于)最高限价的投标报价将不被接受，投标书亦视为无效标。

② 标准标底计算：在技术标合格且满足本评标办法"商务标的评定第①条"规定的有效投标书中，去掉一个最高投标报价及最低投标报价，其余投标报价的平均值作为标准标底。

③ 各有效标书的投标报价与标准标底相比较，浮动范围控制在+2%～-5%(包括+2%及-5%)之间为有效报价，超出此范围为无效报价。

④ 对本评标办法"商务标的评定第③条"确定的各有效标依据报价由少至多进行排名，报价最低的排名第一，以此类推，报价最高的排名最后。

4) 定标

技术标合格、商务标排名第一的为第一候选中标单位，技术标合格、商务标排名第二的为第二候选中标单位，报上级政府部门进行定标。

5) 招标效果

由于本次招标技术标为合格即可，主要由商务标决定中标单位，同时公示最高限价和采用动态标底，有效地向下牵引投标报价，竞争非常激烈，最后中标单位为一房屋建筑施工总承包一级企业(现为特级企业)，信誉良好，中标价与标底相比下浮13%，有效地节约了工程造价。

3. 室内精装修工程的招标采购

1) 招标范围

室内精装修工程工期紧，工程量大，又是细活，所以划分为三个标段。

Ⅰ标段：地下室局部(厨房、职员餐厅、办公、员工用房、管理用房等)，1～3层装修区域。

Ⅱ标段：塔楼4～8层(公共部位、客房等)。

Ⅲ标段：塔楼9～12层(公共部位、客房等)。

2) 资格预审情况

考虑到室内精装修工程划分为三个标段，三标段需要同时进场施工，齐头并进，为确保中标单位能集中所有力量抢工期，本次招标规定：同一投标单位不能同时中标两个标段，一旦前一标段中标，后边标段按无效标处理。为保证竞争，入围单位增加至9家，所有入围单位均分别对每个标段进行投标。

3) 评标办法

本评标办法同时适用于Ⅰ、Ⅱ、Ⅲ三个标段。

根据《中华人民共和国招标投标法》，国家计委等7部委联合发布的《评标委员会和评标办法暂定规定》等有关规定，遵循"公正、公平、科学、择优"的基本原则，结合本工程特点和招标文件的相关规定，制定本评标办法。经当地招标办审定，作为本工程择优选定施工承包单位的依据。

(1) 评标原则。

① 本次评标活动将依法由当地招标办实施监督。

② 评标委员会由招标人依法组建，本次评标活动由聘请的专家组成评标委员会，负责评标活动。评标委员会成员名单在中标结果确定前保密。

③ 共分Ⅰ、Ⅱ、Ⅲ三个标段，要对每个标段的技术标及商务标都分别评分。

④ 技术标评标：邀请有关专家对投标文件中的施工组织设计进行综合评定。

⑤ 商务标评标：技术标合格的有效投标书在经招标人(专家)核实了投标最终报价后，参与标准标底计算及商务标评分。

⑥ 招标人将于投标截止日期前3天公布本次投标的最高限价，所有高于(不包括等于)最高限价的投标报价将不被接受，投标书视为无效标。

⑦ 标准标底计算：在技术标合格且满足本评标办法"评标原则第⑥条"规定的有效投标书中，去掉一个最高投标报价及最低投标报价，其余投标报价的平均值作为标准标底，如去掉最高投标报价和最低

投标报价后有效投标书不足两家，则以所有投标报价的平均值作为标准标底。

（2）评标细则。

本工程采用两阶段评标，第一阶段评技术标，技术标合格后方进入第二阶段商务标的评定。投标时，各个标段的技术标和商务标分开装订。

① 技术标评标阶段。

由技术标评标专家和招标人对各有效投标书的技术标进行评审。

a. 公司的保证与保障措施必须以书面的形式放入商务标中，主要指以下几个方面：公司对本工程实施过程中的保障措施；材料订货计划——主要指能及时保证施工进度的有效措施、订货资金的落实情况；配备的人员与技术力量、资金与设备等；必须附订货计划、资金落实的保证、主要管理人员名单及其简历、拟投入本工程设备的清单、技术力量的组成等。公司的保证与保障措施没有或不符合要求的作废标处理。

b. 按质、按期完成本工程的承诺必须以书面的形式放入商务标中，该承诺至少要包括以下几个方面：对设计变更不影响工期的承诺；对非标准化生产不影响工期的承诺；对积极配合业主、监理的检查、验收、检测（包括环保、消防及卫生间防疫）的承诺；对所有材料、半成品、成品都符合环保与消防要求的承诺；对现场派设计人员的承诺。按质、按期完成本工程的承诺没有或不符合要求的作废标处理。

c. 样品与招标要求的符合程度、样品的齐全性、观感、材质、加工工艺等必须满足招标人的要求。各投标单位将样品单独固定或粘贴（及其他必要的方式）在投标样品展板上，在开标前一周送至招标人处，由招标人自行组织相关部门进行评审，合格的提供书面文件。在开标时无招标人出具的样品合格文件的作废标处理。

d. 施工组织设计的评定。

每个评标小组（评标组）成员（专家组）须对各施工组织设计文件作出书面评价，同时进行评议和打分。满分值为19分（或21分，指有厨房的标段），具体评分标准见表5-14。

表5-14　施工组织设计评分标准

编号	内　容	满　分	评分标准	
			合　格	不合格
1	与其他承包商的配合、协调方案	2	≥1.4	1.4分以下
2	质量目标的保证措施	2	≥1.4	1.4分以下
3	进度目标保证措施	3	≥2.1	2.1分以下
4	安全文明施工保证措施	1	≥0.7	0.7分以下
5	现场总平面布置（属精装修范围的）	2	≥1.4	1.4分以下
6	对材料、半成品、成品分包质量的控制措施及保护措施	3	≥2.1	2.1分以下
7	根据招标工期要求，主要材料供应计划	2	≥1.4	1.4分以下
8	灯具、卫生洁具安装的施工方案及质量保证措施	1	≥0.7	0.7分以下
9	厨房的施工方案及质量保证措施（仅指有厨房的标段）	2	≥1.4	1.4分以下
10	本工程的施工要点、难点分析及针对性措施	3	≥2.1	2.1分以下
11	得分合计	19分（或21分，指有厨房的标段）	≥13.3（或14.7分，指有厨房的标段）	13.3分以下（或14.7分以下，指有厨房的标段）

施工组织设计总分≥13.3分(或≥14.7分,指有厨房的标段)且各单项得分均为合格的施工组织设计最终得分为合格。

e. 满足 a~c 条要求且施工组织设计最终得分为合格的技术标为合格,其施工组织设计最终得分为其技术标得分,可以进入商务标评定,否则为无效标。

② 商务标评定阶段。

技术标合格的有效投标书方可进行商务标的评定阶段。

由商务标评标专家和招标人对各有效投标书中的工程报价进行评审,具体内容见表 5-15。

表 5-15 投标报价评分表

序号	报价得分(标准标底×96%为基础造价得65分,每上浮1% 扣1.0分,每下浮1%扣0.5分,扣光为止)	按得分由多至少排名
1		
2		
...		

经招标人(专家)核定,严重漏项、工程量严重漏算或少算等有抢标现象者,作为无效标处理。

4) 定标

首先,进行每个标段的评标。

将对投标单位的技术标、商务标分别进行打分评定,根据技术标、商务标得分之和,总分最高的单位为第一候选中标单位,总分第二的单位为第二候选中标单位,以此类推,排出其他名次。

其次,按中标优先顺序排出各标段中标候选名次。

分下列两个步骤。

(1) 每个投标单位只能中一个标段,若某投标单位同时中取两个及以上标段,只能按照Ⅰ—Ⅱ—Ⅲ的顺序中排在最前的一个标段。

(2) 若发生某投标单位同时中取两个及以上标段的情况,在完成上述(1)步骤后,各标段第二(或三)候选中标单位分别相应提升一个候选中标单位名次,并以此类推,若第二候选中标单位升为第一候选中标单位后也出现同时中取两个及以上标段情况,同样按(1)规定的方法处理,以此类推,重新排出每个标段的候选中标单位名次,且每个标段的第一候选中标单位只能中得一个标。

最后,将每个标段的第一、第二和第三候选中标单位报上级部门进行审批和定标。

5) 招标效果

由于本次招标采用综合计分法,技术标占有一定的权重,同时动态标准标底×96%的投标单位商务标得分最高,向下牵引投标报价的力量不如最低价中标法,但竞争也很激烈,三个标段中标价与标底相比平均下浮约8%,中标单位均为业绩良好的装饰装修企业,他们比较有经验,技术标得分相对较高,在有效节约工程造价的基础上,招到优秀的承包商,是保证工程顺利实施的根本。

本 章 小 结

本章首先介绍了工程开标的概念、程序及开标中的注意事项;其次论述了工程评标的原则及评标组织设立的条件,详细阐述了工程评标的方法、评标工作程序与内容;最后讨论了工程商谈、决标、合同的签订及废标的情况。

阅读材料

××省长江干流江岸堤防加固整治工程施工招标评标案例

××省长江干流江岸堤防加固整治工程是全国瞩目的重点工程。为保证以一流的队伍、一流的施工和一流的质量搞好此项工程，工程指挥部根据有关招投标规定，在总结过去工程招标工作经验教训的基础上，制定了一套完整的有关长江整治工程的招标评标计划，内容包括招标领导小组的组成、招标时段安排、招标程序和方式、评标委员会组成、评标原则、标底确定、评标方法、定标方法等。

截至 1999 年 4 月 2 日，需在汛期完成的应急工程招标工作已全部完成，共计 16 个标段。在招标领导小组的领导下，经过评标委员会认真、负责的工作，整个招标工作按照"公开、公平、公正"的原则进行，未发现相互串通、哄抬报价、非法获取标底信息和泄露标底等违法行为，中标的企业全部具有水利一级施工资质。此次招标评标的特点如下。

1. 独创招标标底

在全省水利工程建设招标工作中，率先采用了 A＋B 的评标标底确定方法。即在所有投标单位的报价中，去掉两个最高价和一个最低价，得出平均值，然后与招标单位的标底进行平均，得出的数值作为评标标底。所有投标单位的报价均为有效报价，所有投标单位都不可能事先知道标底，极大地保证了招标和评标过程中的公平、公正。

2. 量化评标办法

先将投标书的有关内容分为工程技术和经济两部分，再把各部分具体细化为施工方法、工艺、质量、进度、安全措施及检测方法，施工布置，管理和技术负责人配备，施工机械设备，企业资质、信誉及财务状况，投标文件和递交资料的完整性，对招标文件的响应程度，报价的准确性和合理性，工程单价的准确性和单价分析合理性，并按不同的标准设定分数。评标采用分项打分的方法，参加评标的全体成员评分，统计后按得分多少排序，推荐得分最高的前 2～3 名报招标领导小组决标。

3. 突出工程单价

在评分标准中，把经济部分的 60 分总分分解为：总报价 25 分，工程单价的准确性和单价分析的合理性 20 分，资质、信誉、财务状况和响应标书程度 15 分。通过这种方法，使报价在评分标准中的比例大大低于一般招标项目(一般不低于 50 分)；工程单价的准确性和单价分析的合理性占 20 分，采用投标单价与标底单价误差绝对值的加权平均数与标底单价的加权平均数的比值作为衡量标准。其好处在于能更准确地反映投标人的整体业务素质，使最优秀的投标人更有机会中标。

4. 引入监督机制

为使招标工作充分体现"三公"原则，防止违法、违规行为的发生，工程指挥部特地邀请了纪检、监察部门参加，从标底的编制、开标、评标到招标小组决标，进行全过程的监督检查。在开标会议上，投标人被告知可向纪检监察部门反映有关人员在招标中的违法、违规、违纪和显失公平的行为。

××大坝电站厂房二期工程土建与安装招标评标案例

××大坝电站厂房工程，由泄洪与挡水大坝、左岸电站厂房建筑物组成，均为一等工程、一级建筑物，分为泄洪坝段、左岸厂房坝段和左岸电站厂房 3 个标段。

1997 年初，业主组织设计单位和咨询专家，多次论证技术方案的可靠性，并按招标制度，首先对招标设计组织审查，招标设计通过后，即委托工程设计单位××水利委员会编制招标文件。

由于该工程技术复杂，施工难度大，而且一期工程已云集较有实力的水电施工队伍，形成良好的施工格局。根据工程特点，业主决定采用邀请招标方式。招标文件要求参加投标的施工单位至少应具备以下条件之一。

(1) 近 10 年承建过一座装机 1 000 000kW 以上的水电站或承建过一座高 100m 以上的混凝土大坝。

(2) 在近几年已通过业主资格审查，在三峡水利枢纽中已承建主体工程的施工单位。

各有关施工单位均向业主递交了厂坝二期工程投标申请书，并附有企业资质材料。

该项目于 1997 年 6 月 2 日公开开标，为了使评标工作有序进行，业主还制定了评标工作大纲，确立了评标工作的原则和依据、评标准则、组织机构及其职责。评标专家组分技术组、商务组和综合组。正式评委 41 人，其中外单位评委 26 人，占 63%；业主评委 15 人，占 37%。技术组负责对投标人的技术方案、施工组织设计提出评价意见，并提交技术评标报告。商务组负责对投标人的商务标进行全面评价，分析与招标文件的偏离程度，分析各项报价(总价、单价)的合理性，并提出商务组的评标报告。综合组在整个评标过程中承担综合性的组织工作并提供服务。

评标过程中，技术组、商务组又分为若干小组，各自对照招标文件要求，熟悉投标文件。首先提出需要澄清的问题，请投标人予以澄清；技术组对投标文件的主要技术方案和施工组织设计进行认真的评审和研究，并提出意见。商务方面，首先对有无重大偏差的计算错误进行检查，尽量不留或少留活口，对涉及费用增加的一些问题要求投标人予以承诺。最后由技术组、商务组提出专题评标报告。

评标中还制订了评标办法。确定一般规定、评分细则，规定了打分的技术报价资信等权数和打分规定。

思考与讨论

一、单项选择题

1. 在公开招标的评标程序中，初评应当完成的工作是(　　)。

A. 对投标书进行实质性评价

B. 用"综合评分法"对投标书进行科学量化比较

C. 用"评标价法"对投标书进行科学量化比较

D. 审查投标书是否为响应性投标

2. 当出现招标文件中的某项规定与工程交底会后招标单位发给每位投标人的会议记录不一致是，应以(　　)为准。

A. 招标文件中的规定

B. 现场考察时招标单位的口头解释

C. 招标单位在会议上的口头解答

D. 发给每个投标人的交底会会议记录

3. 评标过程中的邀请投标人澄清问题会，主要澄清的问题是(　　)。

A. 变更投标工期　　　　　　　　　　B. 变更投标报价

C. 投标书中含有的技术细节　　　　　D. 招标通知书的主要内容

4. 工程标底是工程项目的(　　)。

A. 招标合同价格　　　　　　　　　　B. 招标预期价格

C. 施工结算价格　　　　　　　　　　D. 工程概算总价格

5. 招标单位在评标委员会中人员不得超过三分之一，其他人员应来自(　　)。

A. 参与竞争的投标人　　　　　　　　B. 招标单位的董事会

C. 上级行政主管部门　　　　　　　　D. 省、市政府部门提供的专家名册

6. 招标人没有明确地将定标的权利授予评标委员会时，应由(　　)决定中标人。

A. 招标人　　　　　　　　　　　　　B. 评标委员会

C. 招标代理机构　　　　　　　　　D. 建设行政主管部门

7. 应以(　　)为最优投标书。

A. 投标价最低　　　　　　　　　　B. 评审标价最低

C. 评审标价最高　　　　　　　　　D. 评标得分最低

8. "评标价"是指(　　)。

A. 标底价格

B. 中标的合同价格

C. 投标书中标明的报价

D. 以价格为单位对各投标书优劣进行比较的量化值

9. 招标人在中标通知书中写明的中标合同价应是(　　)。

A. 初步设计编制的概算价　　　　　B. 施工图设计编制的预算价

C. 投标书中标明的报价　　　　　　D. 评标委员会算出的评标价

10. 建设工程施工招标的中标单位由(　　)确定。

A. 招标单位　　　B. 监理单位　　　C. 主管单位　　　D. 招标办

11. 在施工招标投标的评标过程中(　　)以分数最低的标书为最优。

A. 专家评议法　　B. 综合评分法　　C. 评标价法　　　D. A＋B 值评标法

12. 按照《工程建设施工招标投标管理办法》的规定,中标通知发出(　　)内,中标单位应与建设单位签订工程承包合同。

A. 7 天　　　　　B. 10 天　　　　　C. 20 天　　　　　D. 30 天

13. 开标会一般由(　　)主持。

A. 招标人或招标代理　　　　　　　B. 评标委员会

C. 投标人　　　　　　　　　　　　D. 中标人

14. 下列有关开标的叙述,不正确的是(　　)。

A. 开标会应邀请所有投标人的法定代表人或其委托代理人参加,并通知有关监督机构代表到场监督

B. 投标人应按照招标文件约定参加开标,招标文件无约定时,可自行决定是否参加开标

C. 投标人不参加开标,视为默认开标结果,事后可对开标结果提出异议

D. 开标会议的参加人、开标时间、开标地点等要求都必须事先在招标文件里表述清楚、准确,并在开标前做好周密的组织

15. 工程施工招标采用(　　)时,还应对施工组织设计和项目管理机构的合格响应性进行初步评审。

A. 综合评估法　　　　　　　　　　B. 栅栏评标法

C. 性价比法　　　　　　　　　　　D. 经评审的最低投标价法

16. 评标委员会由招标人代表及技术、经济专家组成,成员人数为(　　)人以上的单数,其中,招标代表不得超过 1/3,技术和经济方面的专家不得少于 2/3。

A. 9　　　　　　　B. 7　　　　　　　C. 5　　　　　　　D. 3

17. 在确定中标人的原则中,采用(　　)的,应能够满足招标文件的实质性要求,并经评审的投标价格最低。

A. 综合评估法　　　　　　　　　　B. 经评审的最低投标价法

C. 栅栏评标法   D. 最低评标价法

18. 下列文件中，（   ）是指招标人在确定中标人后向中标人发出的书面文件。

A. 中标通知书   B. 合同协议   C. 开标资料   D. 评标报告

二、多项选择题

1. 在招标程序中，中标通知书发出后，招投标双方应按照（   ）订立书面合同。

A. 招标文件

B. 双方在中标通知书发出后对招标文件所在实质性修改

C. 投标文件

D. 双方在中标通知书发出后对投标文件所作实质性修改

E. 招标人要求投标人垫资的要求

2. 根据《工程建设施工招投标管理办法》，自开标至定标的期限，小型工程不超过（   ）天，大中型工程不超过（   ）天，特殊工程可适当延长。

A. 10   B. 20   C. 30   D. 40

3. 开标时可能当场宣布投标单位所投标书为废标的情况包括（   ）。

A. 未密封递送的标书

B. 投标工期长于投标文件中要求工期的标书

C. 未按规定格式填写的标书

D. 没有投标授权人签字的标书

E. 未参加开标会议单位的标书

4. 招标人准备的开标资料包括（   ）等。

A. 投标一览表   B. 开标记录(一览)表

C. 标底文件   D. 投标文件接收登记表

E. 签收凭证

5. 招标人应按照招标文件规定的程序开标，一般开标程序是（   ）。

A. 宣布开标纪律

B. 确认投标人代表身份

C. 公布在投标截止时间前接收投标文件的情况

D. 检查投标文件的密封情况

E. 投标文件接收

6. 在评标程序中，经评标委员会评审认定后作废标处理的情况包括（   ）。

A. 已按照招标文件要求提交投标保证金的

B. 联合体投标未附联合体各方共同投标协议书的

C. 投标人不符合国家或招标文件规定的资格条件的

D. 投标人名称或组织结构与资格预审时不一致且未提供有效证明的

E. 无正当理由不按照要求对投标文件进行澄清、说明或补正的

7. 下列有关对确定中标人原则的叙述，正确的是（   ）。

A. 采用综合评估法，应能够最大限度满足招标文件中规定的各项综合评价标准

B. 采用经评审的最低投标价法的，应能够满足招标文件规定的实质性要求，并经评审的投标价格最低

C. 招标人不可以授权评标委员会直接确定中标人

D. 使用国有资金投资或国家融资的项目及其他依法必须招标的施工项目，招标人应当确定排名第一的中标候选人为中标人

E. 招标人可以授权评标委员会直接确定中标人

8. 下列有关对中标通知书的描述，正确的是（　　）。

A. 中标人确定后，招标人应当向中标人发出中标通知书，并同时将中标结果通知所有未中标的投标人

B. 中标通知书的发出时间不得超过投标有效期的时效范围

C. 中标通知书需要载明签订合同的时间和地点

D. 如果招标人授权评标委员会直接确定中标人的，应在评标报告形成后确定中标人

E. 中标通知书可以载明提交履约担保等投标人需注意或完善的事项

9. 在工程施工合同协议中，合同协议书与（　　）文件一起构成合同文件。

A. 中标通知书　　　　　　　　　B. 投标函及投标函附录

C. 设计图纸　　　　　　　　　　D. 已标价的工程量清单

E. 招标公告及投标邀请书

三、问答题

1. 什么是工程开标？试论述开标的程序。
2. 什么是评标？评标的原则有哪些？
3. 作为一名评标专家应具备什么要求？
4. 评标的方法有哪几种？各有什么特点？
5. 什么是投标文件的符合性鉴定？
6. 投标文件的实质性响应是什么？
7. 技术评审和商务评审的内容是什么？两者有何关系？
8. 招标人为什么通常在决标前要进行商谈？
9. 什么是决标？通常情况下应如何确定中标人？
10. 招标人在什么情况下可考虑所有投标为废标？

第**6**章
国际工程招标与投标

本章教学目标

1. 了解国际工程承包的性质、特点及其发展。
2. 熟悉国际工程招标投标的程序。
3. 掌握国际工程招标方式，熟悉招标公告和资格预审的内容，了解招标文件的组成。
4. 熟悉国际工程投标前的准备工作，投标报价的工作内容及报价的构成。
5. 了解标书的编制和投送及其注意事项。

 导入案例

某中亚国家地铁项目的国际承包案例

某中亚国家最大山脉南麓的首都，整座城市交通十分拥挤，大量的破旧汽车，廉价的石油制品，造成了城市空气严重的污染。该国想通过修建地下铁路以缓解交通和空气污染。

在该国和我国政府的积极推动下，我国某央企集团公司与项目所在市城乡铁路公司于 1995 年 3 月正式签署合同，该中方公司作为地铁项目机电系统的总承包商，土建部分由对方完成。

在建设过程中，对方配套资金不足，造成其所负责的土建和铺轨进度缓慢，从而影响了中方公司的安装进度，并造成不能及时支付该国港口、海关费用等相关问题，严重影响了项目的实施进度，直接导致了项目的延期。

该地铁项目历时 10 年，远远超过了合同 3 年的工期，但项目最终还是取得了成功。总结出来，中方公司取得项目的成功主要有三个关键因素。

(1) 我国政府和金融机构的大力支持。

随着我国对外承包工程行业的迅猛发展，大部分对外工程的承包变成了企业行为，政府在其中的作用削弱了。但是，这也造成了我国很多承包商在进行对外工程承包时缺乏足够的约束和监督，同时也显得势单力薄，不可避免地走一些弯路。而该地铁项目从一开始就得到了我国政府的重视，项目也是在两国领导人的关怀下达成协议的。协议签订后，我国政府专门设立了领导小组，专门负责这个项目的协调和外交工作。另外，该地铁项目是 EPC 总承包项目，这对承包商的融资能力提出了较高的要求，中方公司获得了中国银行机构的大力支持。

为了适应国际工程承包市场发包项目的大型化和日趋激烈的国际竞争，国际承包商之间乃至承包商与其他产业之间的兼并和重组不断产生，通过更大范围、更高层次上实现资源整合，以期扩大经营规模，提高竞争力。而我国企业由于国家金融政策和企业规模等原因，开展业务的融资方式单一、成本高、规模小、风险大，严重制约了业务的发展；同时，我国企业不适应发达国家市场的技术规范和运行规则，不能以新手段规避风险，导致市场和融资渠道更加狭窄。在这个形势下，我国政府和金融机构的支持尤为重要。

(2) 正确的市场选择。

从我国企业开始参与国际工程承包业务以来，进入国际承包市场的公司由小到大、由弱到强，目前已在房建、路桥、市政设施、中小水电、制造加工业等项目中表现出了较强的竞争力，并占有一定的市场份额；我国企业拥有适合发展中国家所需的产业和施工技术，具有成本优势；在海外项目的施工承包方面，我国公司在长期的管理实践中积累了经验，逐步实现了本地化经营，降低了施工管理成本。这些都是我国企业存在的比较优势。

（3）良好的内部沟通协调工作。

中方公司作为该地铁项目的主要承包商，旗下聚集了数家相当有实力的承包商，只有协调好各相关企业，才能顺利完成项目。

国际工程是指一个工程项目从咨询、融资、采购、承包、管理及培训等的各个阶段的参与者来自不止一个国家，并且按照国际上通用的工程项目管理模式进行管理的工程。国际工程包含国内和国外两个市场，既包括我国公司去海外参与投资和实施的各项工程，又包括国际组织和国外的公司到中国来投资和实施的工程。国内习惯称呼的"涉外工程"就是指国内的国际工程。

国际工程承包是一项综合性商务活动和技术经济交往，是以工程建设为对象的具有跨国经济技术特征的商务活动。这项活动通过国际的招标、投标、议标或其他协商活动，由具有法人地位的承包商与工程业主之间，按一定的价格和其他条件签订承包合同，规定各自的权利和义务，承包商按合同规定的要求提供技术、资本、劳务、管理、设备材料等，组织项目的实施，从事其他相关的经济、技术活动。在承包商按质、按量、按期完成工程项目后，经业主验收合格，根据合同规定的价格和支付方式收取报酬的国际经济合作方式。

国际工程承包作为跨越国境的行为，即一项工程的筹资、咨询、设计、招标、投标、发包、缔约、工程实施、物资采购、工程监理及竣工后的运营、维修都全部或部分地在国际范围进行。

6.1 国际工程承包市场概述

6.1.1 国际工程承包的性质和特点

1. 跨国界经营，综合性强

国际工程承包活动遍及全球各国。这项商业活动参加的公司多、涉及面广、竞争激烈。

（1）业务范围广。国际工程承包具有全球性特征，其工程性质多样，既有公共工程，又有私人工程；既有军用工程，又有民用工程。

（2）资金筹措渠道多。很多承包项目往往由国际银行、国际财团或国际性金融机构、地区性金融机构与工程项目所在国政府一道安排项目开发资金或为承包商提供贷款，支持其承揽并实施项目。

（3）咨询设计先进。项目主办单位为保证建设项目的质量、可靠性，通常聘请掌握世界同类项目最先进技术的咨询公司进行规划设计，保证项目的先进性和合理性。

（4）竞争异常激烈。国际工程承包在工程发包时，都充分考虑到使竞争机制充分发挥作用。选择承包商的原则是综合选优、优胜劣汰，尽可能利用国际承包商的技术和人才优势，保证工程建设的顺利进行。

（5）有充分的选择余地。国际工程承包的物资采购具有国际化特征，业主或承包商可在全球范围内寻求价廉物美的材料设备，以保证工程的高质量和低成本。

（6）劳动力资源充足，可供优选。由于可以在项目所在国、承包商所在国及第三国挑选劳务人员，可以挑选综合素质高的劳务人员，所以可以提高建设工程的质量。

（7）适用法律公平合理。承包工程合同条款大多数以国际法规、惯例为基础，项目实施过程中出现的问题一般都能得到比较合理的解决和处理。

（8）综合性强。国际工程承包涉及的内容多、面广且复杂，既涉及项目所在国众多的关系人和参加人，又涉及地理气候、社会政治、经济文化、社会习俗，还涉及工程、技术、经济、金融、保险、贸易、管理、法律等诸多领域，要求承包商有多方面的综合能力，或聘请相关专家，才能适应国际工程承包的需要。

2. 风险大，可变因素多

国际工程承包历来被公认为是一项"风险事业"，国际工程承包与国内工程承包相比，风险要大得多，除了一般工程中存在的风险，如恶劣的自然条件和地质条件等自然风险外，还有因承包商业务不精，缺乏经营意识，竞争水平不高或急于求成，报价时漏项，缔约时没有认真研究合同条款，匆忙投出对自己明显不利的标，从而造成人为风险；更重要的是由于国际承包工程涉及工程所在国的政治和经济形势，国际关系，通货膨胀，汇率浮动及支付能力，该国有关进口、出口、资金和劳务的政策和法律规定，外汇管制办法等，使承包商常常处于纷繁复杂和变化多端的环境中。

在国际承包活动中，由于处于典型的买方市场条件下，承包商往往不能与业主处于平等地位，苛刻的合同条件和严格的第三方担保制度使承包商几乎面临所有风险。

3. 建设周期长，环境错综复杂

一般情况下，小型工程从投标、缔约、履约至合同终止，再加上 1 年的维修期，最少也得两年左右；中等工程通常延续 3～5 年，而大型工程则长达 6～8 年；特大型工程周期在 10 年以上。

由于是国际工程承包，合同实施要涉及多个关系人，因此在一个工地上常常是众多来自不同国家的施工公司各自分包一项或若干项工程。总承包商不仅要处理好与业主、监理工程师之间的关系，而且要花很大的精力去协调各方关系人彼此之间错综复杂的关系，既要同自己选定的分包商妥善协调，更要同业主指定的分包商谨慎相处。

4. 营业额高，盈亏幅度大

国际工程承包合同金额少则数十万美元，大型、特大型国际工程，款额可高达几亿甚至十几亿、几十亿美元。投标报价时承包商稍有疏忽遗漏，或因未仔细审核合同条款而匆忙签约，或因履约时经营管理水平低，不能充分行使合法权利，均可导致巨额损失。承包商的任何举动都会产生巨额的经济后果。一项大型工程项目可以因承包商经营不善而使其倾家荡产；但若经营有方，竞争得力，也能使其获取丰厚的利润。

如同世界上任何事情都具有两重性一样，国际工程承包事业也具有双重特征。一方面，它是一项风险事业；另一方面，风险中又蕴藏着巨额利润。风险和利润总是并存的，常常是风险越大，越有赢取高额利润的机会。关键是承包商能否有效地预测风险，在充分调查研究的基础上，分析形势，采取足够的预防和弥补措施，发挥自身的优势。尤其是在当前竞争日趋激烈，形势错综复杂的情况下，更需要承包商努力提高竞争能力和经营管理水平，在逆境中求生存，困难中图发展，争取尽可能好的经济效益。

6.1.2 国际工程承包市场的发展

国际工程承包市场遍及世界各地，按地区划分，大致可分为欧洲、中东、亚太、美国、非洲和拉美等几个地区市场。国际工程承包的地区市场发展很不平衡，既受地区内各国经济发展趋势、投资规模、投资方向的影响，也受全球国际政治形势、经济形势的左右，呈现出需求量变化不定、需求内容多种多样的特点。

美国《工程新闻记录》(*Engineering News Record*，ENR)杂志评选的全球最大的225家国际工程承包商名录已经成为国际建筑市场的晴雨表。2006—2008年，国际建筑市场繁荣发展，225家最大的国际工程承包商国际市场营业额从2 244.3亿美元增长至3 824.4亿美元，年均增幅超过20%。2008年以来，繁荣发展的世界经济受金融危机的重创陷入衰退，随后又进入艰难复苏的"后国际金融危机时期"。世界经济的风云变幻同样影响着国际建筑市场的发展，从2009年仅呈微弱增长(0.35%)的态势到2010年略有下滑，降幅为0.03%。2011年，全球最大的225家国际承包商合计完成国际市场营业总额达到4 530.2亿美元，较2010年增长了18.1%。

根据对ENR近几年来发表的统计数字汇总，得到了自2003—2012年历年全球最大225家国际工程承包公司营业额的地区分布情况，如表6-1所示。

表6-1 全球最大的225家国际工程承包公司营业额市场分布　　　　单位：亿美元

年份	225家营业额总计	地区分布						
		中东	亚洲	非洲	欧洲	美国	加拿大	拉美
2003	1 398.229	164.556	260.295	126.554	466.593	227.768	47.561	98.812
2004	1 672.42	254.154	304.653	142.838	602.659	227.954	49.626	90.537
2005	1 894.1	281.6	337.8	151.4	685.8	249.742	63.073	120.8
2006	2 244.3	413.808	401.852	179.112	718.582	291.301	79.907	158.699
2007	3 097.829	628.949	553.995	285.955	964.488	369.061	82.813	212.568
2008	3 824.4	774.706	685.325	508.851	1 141.062	417.595	134.02	238.397
2009	3 837.3	775.57	731.831	568.116	1 008.066	348.782	133.834	271.124
2010	3 836.6	724.34	766.417	605.922	941.834	326.129	130.032	340.46
2011	4 530.2	830.742	1 121.947	581.49	1 014.62	367.06	202.016	411.106
2012*	5 110.5	913.181	1 388.142	568.649	1 022.629	441.064	274.928	500.161

注：2012年的数据统计的是全球最大的250家国际工程承包公司。

从表6-1总体上可以判断，2011年和2012年国际市场营业额连续两年保持两位数的增长，标志着国际建筑市场结束了金融危机爆发后徘徊滞涨的阶段。欧洲、亚洲、中东承包市场最为活跃，大致保持了世界承包国外营业额的大部分。2012 年，受社会经济形势变化的影响，不同国家和地区的建筑市场表现各异，既有重新吸引承包商目光的美国和加拿大市场，也有深陷危机、增长乏力的欧洲市场；既有再次焕发活力的东南亚市场，也有机遇与挑战并存的"金砖国家"(韩国、土耳其)市场。从长远来看，亚洲仍然是潜力巨大的工程市场。

多年来，发达国家承包商核心竞争力突出，在国际市场上具有明显优势。但随着发展中国家工程承包企业的迅速崛起，二者之间的差距持续缩小。近五年来，美国、欧洲、日本入选 225 强的企业数量呈减少趋势，而来自中国、韩国、土耳其和巴西的承包商的地位稳步上升。从表 6-2 来看，欧、美、日等发达国家的大公司仍占主导地位，垄断市场的程度很高。2011 年在 225 家国际大承包商中，欧、美、日公司占 47.1%，达 106 家；在国外总营业额 3 900.1 亿美元中，欧、美、日公司占 74%，达 2 883.641 亿美元。从发展趋势来看，尽管欧、美、日入围 225 家国际大承包商的公司数量比例并不大，但其所占市场份额的比例却相当大。

表 6-2　2012 年各国(地区)全球最大 250 家国际工程承包公司的数量及营业额

承包商国籍	公司数量	国际市场营业额/亿美元		增长率/(%)
		2012 年	2011 年	
美国	33	715.169	579.725	22.4
加拿大	3	12.37	20.116	−38.5
欧洲	58	2 549.898	2 402.906	6.1
澳大利亚	4	101.97	81.97	24.4
日本	15	210.167	188.349	11.6
中国	55	670.653	627.084	6.9
韩国	15	413.897	257.685	60.6
土耳其	38	168.043	159.019	5.7
巴西	4	118.989	95.964	24
所有其他	25	147.599	116.174	27
全部公司	250	5 108.755	4 528.989	12.8

6.2 国际工程招标与投标程序

招标是以工程业主为主体进行的活动，投标则是以承包商为主体进行的活动，由于两者是招标投标总活动中两个不可分开的侧面，因此将两者的程序合在一起，如图 6.1 所示。国际上已基本形成了相对固定的招标投标程序，从图 6.1 可以看出，国际工程招投标程序与国内工程招投标程序的差别不大。但由于国际工程涉及较多的主体，其工作内容会在招投标各个阶段有所不同。

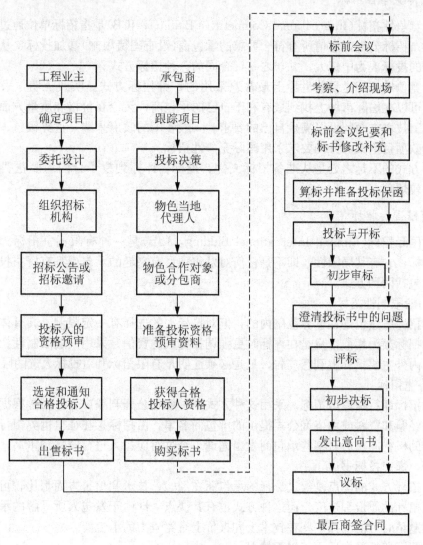

图 6.1 国际工程招标与投标程序

6.3 国际工程招标

6.3.1 国际工程招标方式

国际工程招标归纳起来有 4 种类型：国际竞争性招标、有限国际招标、两阶段招标、议标。

1. 国际竞争性招标

国际竞争性招标(International Competitive Bidding，ICB)是指招标单位通过国际性刊物公开发布招标公告，邀请所有符合要求的承包商(没有国籍限制)参加投标，从而确定最低评标价的投标人为中标人，并与之签订合同的一种招标方式。

国际竞争性招标是目前世界上最普遍采用的一种招标方式。实践证明，采用这种方式，业主可以在国际市场上找到最有利于自己的承包商，无论在价格和质量方面，还是在工期及施工技术方面都可以满足自己的要求。一般各国的政府采购，世界银行、亚洲开发银行的贷款项目绝大部分均要求采用国际竞争性招标。

这种方式的不足之处是从准备招标文件、投标、评标到授予合同均要花费很长的时间，文件较烦琐。

2. 有限国际招标

有限国际招标(Limited International Bidding，LIB)是一种有限竞争招标。较之国际竞争性招标，它有其局限性，即不是任何对发包项目有兴趣的承包商都有资格投标。有限国际招标包括两种方式。

1) 一般限制性招标

这种招标虽然也是在世界范围内的，但对投标人的选择有一定限制。其具体做法与国际竞争性招标颇为相似，只是在评标时更强调投标人的资信。采用一般限制性招标方式也必须在国内外主要报刊上刊登广告，只是必须注明是有限招标和对投标人选的限制范围。

2) 特邀招标

特邀招标即特别邀请招标。采用这种方式，一般不公开刊登广告，而是根据招标人自己积累的经验和资料或由咨询公司提供的承包商名单，由招标人在征得世界银行组织或其他项目资助机构同意后对某些承包商发出邀请。经过对应邀人进行资格预审后，再通知其提出报价，递交投标书。

这种招标方式的优点是经过选择的承包商在经验、技术和信誉方面都比较可靠，基本上能保证招标的质量和进度。但这种方式也有其缺点，即由于发包人所了解的承包商数目有限，在邀请时可能漏掉一些在技术上和报价上有竞争力的承包商。

有限国际招标通常适用于以下情况。

(1) 工程量不大，投标人数目有限或有其他不宜进行国际竞争性招标的正当理由，如对工程有特殊要求等。

(2) 某些大而复杂且专业性很强的工程项目，如石油化工项目，可能的投标者很少，准备招标的成本很高，为了节省时间，又能节省费用，还能取得较好的报价，招标可以限制在少数几家合格企业的范围内。

(3) 由于工程性质特殊，要求有专门经验的技术队伍和熟练的技工及专用技术设备，只有少数承包商能够胜任。

(4) 由于工期紧迫或保密要求等。

(5) 工程规模太大，中小型公司不能胜任，只好邀请若干家大公司投标。

3. 两阶段招标

这种方式也可称为两阶段竞争性招标。第一阶段按公开招标方式进行招标，经过开标评价之后，再邀请其中报价较低的或最有资格的3～4家承包商进行第二次报价。

在第一阶段报价、开标、评价之后，如最低报价超过标底20％，且经过减价之后仍然不能低于标底价时，可邀请其中数家商谈，再做第二阶段报价。

两阶段招标往往应用于以下情况。

（1）招标工程内容尚处于发展过程中，需在第一阶段招标中博采众长，进行评价，选出最新最优方案，然后在第二阶段中邀请中选方案的投标人进行详细的报价。

（2）对某些大型、复杂的项目，招标人在发包之前，对此项目的建造方式尚未最后确定，这时可在第一阶段招标中向投标人提出要求，就其最擅长的建造方式进行报价，或按其建造方案报价。经过评价，选出其中最佳方式或方案的投标人进行第二阶段的详细报价。

4．议标

议标也称谈判招标或指定招标，是指业主直接选定一家或几家承包商进行协商谈判，确定承包条件及标价的方式。就其本意而言，议标是一种非竞争性招标，只是在某些工程项目的造价过低，不值得组织招标，或由于其专业为某一家或几家垄断，或因工期紧迫不宜采用竞争性招标，或者招标内容是关于专业咨询、设计和指导性服务或专用设备的安装维修及标准化，或属于政府协议工程等情况下，才采用议标方式。

这种方式节约时间，可以较快地达成协议，开展工作，但无法获得有竞争力的报价。

6.3.2　招标公告与资格预审

1. 招标公告

凡是公开向国际招标的项目，均应在官方的报纸上或在有权威的报纸或刊物上刊登招标公告，有些招标公告还可寄送给有关国家驻工程所在国的大使馆。如发包的工程是由联合国的金融机构（如世界银行）资助的，招标公告除在工程所在国的报纸上刊登外，还必须登载在《联合国开发论坛》商业版、世界银行的《国际商务机会周报》等刊物上。

招标公告的目的是广泛招揽国际上有名望、信誉好且竞争力强的承包商前来投标，以加强投标的竞争性，从而使招标人有充分的挑选余地。招标公告的内容与国内招标公告的内容基本相同。

2. 资格预审

大型工程项目进行国际竞争性招标，可能会吸引许多国际承包商的极大兴趣，往往会有数十名甚至上百名承包商报名要求参加投标。一般来说，一项工程的投标人在10家以内比较适宜，最多不要超过20家。因此，对采用国际公开竞争性招标的大中型工程而言，一般都要对投标人进行资格预审。

资格预审的主要目的如下。

（1）了解潜在投标人的财务状况、技术能力及以往从事类似工程的施工经验，从而选择在财务、技术、施工经验等方面优秀的潜在投标人参加投标。

（2）淘汰不合格的潜在投标人。

（3）减少评审阶段的工作时间，减少评审费用。

（4）为不合格的潜在投标人节约购买招标文件、现场考察及投标等费用。

（5）降低将合同授予不合格投标人的风险，为业主选择一个较理想的承包商打下良好的基础。

（6）促使综合实力差但专项能力强的公司结成联营体。

作为招标机构，首先要准备资格预审文件。资格预审文件至少应包括以下内容。

（1）工程项目总体描述。使潜在投标人能够理解本工程项目的基本情况，作出是否参加投标的决策。包括以下内容。

① 工程内容介绍。详细说明工程的性质、工程数量、质量要求、开工时间、工程监督要求、竣工时间。

② 资金来源。是政府投资、私人投资，还是利用国际金融组织贷款；资金落实程度。

③ 工程项目的当地自然条件。包括当地气候、降雨量(年平均降雨量、最大降雨量、最小降雨量)发生的月份、气温、风力、冰冻期、水文地质方面的情况。

④ 工程合同的类型。是单价合同还是总价合同，或是交钥匙合同，是否允许分包工程。

（2）简要合同规定。对潜在投标人提出哪些具体要求和限制条件，对关税、当地材料和劳务的要求，外汇支付的限制等。

（3）资格预审文件说明。

① 准备申请资格预审的潜在投标人(包括联营体)必须回答资格预审文件所附的全部问题，并按资格预审提供的格式填写。

② 业主应对资格预审评审标准进行说明，对潜在投标人提供的资格预审申请文件依据以下几个方面来判断潜在投标人的资格能力：财务状况；施工经验与过去履约情况；人员情况；施工设备；诉讼史等。

（4）资格预审表格。要求潜在投标人填写的各种表格，包括：资格预审申请表；公司一般情况表；年营业额数据表；目前在建合同/工程一览表；财务状况表；联营体情况表；类似工程合同经验；类似现场条件合同经验；拟派往本工程的人员表；拟派往本工程的关键人员经验简历；拟用于本工程的施工方法和机械设备；现场组织计划；拟定分包人等。

（5）证明资料。在资格预审中可以要求承包商提供必要的证明材料，例如，公司的注册证书或营业执照、在当地的分公司或办事机构的注册登记证书、银行出具的资金和信誉证明函件、类似工程的业主过去签发的工程验收合格证书等。

6.3.3　编写招标文件

在正式招标之前，必须认真准备好招标文件。多数工程项目的招标文件是由咨询公司编制的，特别是招标文件中的技术部分，包括工程图纸和技术说明等。至于商务部分，可以由业主、招标机构和咨询公司共同商讨拟定。招标文件至少应包括以下内容。

（1）投标人须知。

（2）合同的通用条件。

（3）合同的专用条件。

（4）工程图纸。

（5）技术说明书。

（6）各种表格，如工程量及价格表等。

（7）合同协议书格式。

（8）投标书格式。

（9）投标保函格式。

（10）履约保函格式。

 案例 6.1

云南鲁布革水电站引水系统工程国际招标

1. 项目背景情况

鲁布革水电站位于云南罗平和贵州兴义交界的黄泥河下游，水电部早在 1977 年就着手进行鲁布革电站的建设，水电十四局开始修路，进行施工准备。但由于资金缺乏，准备工程进展缓慢，前后拖延 7 年之久。20 世纪 80 年代初，水电部决定利用世界银行贷款，使工程出现转机。

整个工程由三部分组成，包括首部枢纽工程；地下厂房工程；引水系统工程。贷款总额 1.454 亿美元，其中引水系统土建工程为 3 540 万美元。按照世界银行关于贷款使用的规定，要求引水系统工程必须采用国际公开竞争性招标的方式选定承包商。此外由世界银行推荐澳大利亚 SMCE 公司和挪威 AGN 公司作为咨询单位。

2. 鲁布革水电站引水系统的招标过程

中国水电部委托中国技术进出口公司组织本工程面向国际进行公开竞争性招标。水电部组建了鲁布革工程管理局承担项目业主代表和工程师（监理）的建设管理职能。从 1982 年 7 月编制招标文件开始，至工程开标，历时 17 个月。其招标程序及合同履行情况如表 6-3 所示。

表 6-3　云南鲁布革水电站引水工程国际公开招标程序

时　　间	工 作 内 容	说　　明
1982 年 9 月	刊登招标通告及编制招标文件	
1982 年 9—12 月	第一阶段资格预审	从 13 个国家 32 家公司中选定 20 家合格公司，其中包括我国公司 3 家
1983 年 2—7 月	第二阶段资格预审	与世界银行磋商第一阶段预审的结果，中外公司为组成联合投标公司进行谈判
1983 年 6 月 15 日	发售招标文件（标书）	15 家外商及 3 家国内公司购买了标书，8 家投了标
1983 年 11 月 8 日	当众开标	共 8 家公司投标，其中 1 家为废标
1983 年 11 月—1984 年 4 月	评标	确定大成（日）、前田（日）和英波吉洛公司 3 家为评标对象，最后确定日本大成公司中标，与之签订合同，合同价 8 463 万元，比标底 12 958 万元低 43%，合同工期 1 597 天
1984 年 11 月	引水工程正式开工	
1988 年 8 月 13 日	正式竣工	工程师签署了工程竣工移交证书，工程初步结算价 9 100 万元，仅为标底的 60.8%，比合同价增加 7.53%，实际工期 1 475 天

（1）招标前的准备工作。

(2) 编制招标文件。

从 1982 年 7 月至 10 月，根据鲁布革工程初步计划并参照国际施工水平，在"施工进度及计划"和工程概算的基础上编制出招标文件。鲁布革引水系统工程的标底为 14 958 万元。上述工作均由昆明水电勘测设计院和澳大利亚 SMEC 咨询组共同完成的。水电部有关总局、水电总局等对招标文件与标底进行了审查。

(3) 公开招标。

首先在国际有影响的报纸上刊登招标广告，对有参加投标意向的承包商发招标邀请，并发售资格预审文件。提交资格预审材料的共有来自 13 个国家的 32 个承包商。

1) 资格预审(1982 年 9 月—1983 年 6 月)

资格预审的主要内容是审查承包商的法人地位、财务状况、施工经验、施工方案及施工管理和质量控制方面的措施，审查承包商的人员资历和装备状况，调查承包商的商业信誉。经过评审，确定了其中 20 家承包商具备投标资格，经与世界银行磋商后，通知了各合格承包商，并通知它们在 6 月 15 日发售招标文件，每套人民币 1 000 元。结果有 15 家中外承包商购买了招标文件。

7 月中下旬，由云南省电力局咨询工程师组织一次正式情况介绍会，并分三批到鲁布革工程工地考察。承包商在编标与考察工地的过程中，提出了不少问题，简单的均以口头做了答复，涉及对招标文件解释及对标书的修订，前后用三次书面补充通知发给所有购买标书并参加工地考察和情况介绍的承包商。这三次补充通知均作为招标文件的组成部分。本次招标规定在投标截止前 28 天之内不再发补充通知。

我国的三家公司分别与外商联合参加工程的招标。由于世界银行坚持中国公司不与外商联营不能投标，我国某一公司被迫退出投标。

2) 开标

1983 年 11 月 8 日在中技公司当众开标。根据当日的官方汇率，将外币换算成人民币。各家承包商标价如表 6-4 所示。

表 6-4　鲁布革水电站引水工程国际公开招标评标折算报价

公　司	折算报价/万元	公　司	折算报价/万元
日本大成公司	8 460	中国闽昆与挪威 FHS 联合公司	12 210
日本前田公司	8 800	南斯拉夫能源公司	13 220
英波吉洛公司(意美联合)	9 280	法国 SBTP 联合公司	17 940
中国贵华与西德霍尔兹曼联合公司	12 000	西德霍克蒂夫公司	内容系技术转让，不符合投标要求，废标

根据招标文件的规定，对和中国联营的承包商标价给予 7.5% 的优惠，但仍未能改变原标价的排列顺序。

3) 评标与定标

根据世界银行贷款项目《土建工程国际竞争性招标文件》的规定，开标时对各投标人的投标书进行开封和宣读。评标分两个阶段进行。

第一阶段：初评。

对七家投标文件进行完善性审查，即审查法律手续是否齐全，各种保证书是否符合要求，对标价进行核实，以确认标价无误；同时对施工方法、进度安排、人员、施工设备、财务状况等进行综合对比。经全面审查，七家承包商都是资本雄厚、国际信誉好的企业，均可完成工程任务。

从标价看，前三家标价比较接近，而后四家承包商的标价相对较高，不具备竞争能力。

第二阶段：终评。

终评的目标是从前三家承包商，即日本大成公司、日本前田公司和英波吉洛公司中确定一家中标。但由于这三家承包商实力相当，标价接近，所以终评工作就较为复杂，难度较大。

为了进一步澄清三家承包商在各自投标文件中存在的问题，业主方分别向三家承包商电传询问，此后又分别与三家承包商举行了为时各三天的投标澄清会议。在澄清会谈期间，三家公司都认为自己有可能中标，因此竞争十分激烈。他们在工期不变、标价不变的前提下，都按照业主方的意愿，修改施工方案和施工布置；此外，还主动提出不少优惠条件，以达到夺标的目的。

① 标价的比较分析，即总价、单价比较及计日工作单价的比较。从商家实际支出考虑，把标价中的工商税扣除作为分离依据，并考虑各家现金流不同及上涨率和利息等因素，比较后相差虽然微弱，但原标序仍未变。

② 有关优惠条件的比较分析，即对施工设备赠予、软贷款、钢管分包、技术协作和转让，标后联营等问题逐项作具体分析。对此既要考虑国家的实际利益，又要符合国际招标中的惯例和世界银行所规定的有关规则。经反复分析，认为英波吉洛公司的标后贷款在评标中不予考虑。大成公司和英波吉洛公司提出的与昆水公司标后联营也不予考虑。而对大成公司和前田公司的设备赠予、技术协作和免费培训及钢管分包则应当在评标中作为考虑因素。

③ 有关财务实力的比较分析，即对三家公司的财务状况和财务指标即外币支付利息进行比较。三家承包商中大成公司的资金最雄厚。但不论哪一家公司都有足够资金承担本项工程。

④ 有关施工能力和经历的比较分析，三家承包商都是国际上较有信誉的大承包商，都有足够的能力、设备和经验来完成工程。如从水工隧洞的施工经验来比较，20 世纪 60 年代以来，英波吉洛公司共完成内径 6m 以上的水工隧洞 34 条，全长 4 万余米；前田公司是 17 条，1.8 万余米；大成公司为 6 条，6 000 多米。从投入本工程的施工设备来看，前田公司最强，在满足施工强度，应付意外情况的能力方面有优势。

⑤ 有关施工进度和方法的比较分析。日本两家公司施工方法类似，对引水隧道都采用全断面圆形开挖和全断面初砌，而英波吉洛公司的开挖按传统的方法分两阶段施工。在施工工期方面，三家均可按期完成工程项目。但前田公司主要施工设备数量多、质量好，所以对工期的保证程度与应变能力最高。而英波吉洛公司由于施工程序多，强度大，工期较为紧张，应变能力差，大成公司在施工工期方面居中。

通过有关问题的澄清和综合分析，认为英波吉洛公司标价高，所提的附加优惠条件不符合招标条件，已失去竞争优势，所以首先予以淘汰。对日本两家承包商，评审意见不一。经过有关方面反复研究讨论，为了尽快完成招标，以利于现场施工的正常进行，最后选定最低标价的日本大成公司为中标承包商。

以上评价工作，始终是有组织地进行。以经贸部与水电部组成协调小组为决策单位，下设水电总局为主的评价小组为具体工作机关，鲁布革工程管理局、昆明水电勘察设计院、水电总局有关处及澳大利亚 SMFC 咨询组都参加了这次评标工作。

1984 年 4 月 13 日评标结束，业主于 4 月 17 日正式通知世界银行。同时鲁布革工程管理局、第十四工程局分别与大成公司举行谈判，草签了设备赠予和技术合作的有关协议及劳务、当地材料、钢管分包、生活服务等有关备忘录。世界银行于 6 月 9 日回电表示对评标结果无异议。业主于 1984 年 6 月 16 日向日本大成公司发出中标通知书。至此评标工作结束。

1984 年 7 月 14 日，业主和日本大成公司签订了鲁布革电站引水系统功能工程的承包合同。1984 年 7 月 31 日，由鲁布革工程管理局向日本大成公司正式发布了开工命令。

大成公司采用总承包制，管理及技术人员仅 30 人左右，雇用我国某公司为分包单位，采用科学的项目管理方法。合同工期为 1 597 天，竣工工期为 1 475 天，提前 122 天。工程质量综合评价为优良。包括除汇率风险以外的设计变更、物价涨落、索赔及附加工程量等增加费用在内的工程初步结算为 9 100 万元，仅为标底的 60.8%，比合同价增加了 7.53%。

"鲁布革引水工程"进行国际招标和实行国际合同管理，在当时具有很大的超前性。其管理经验不但得到了世界银行的充分肯定，也为我国国际工程招投标提供了一个很好的管理和施工模式，在当时的工程界引起了很大的反响。

鲁布革工程最核心的经验是把竞争机制引入工程建设领域，实行工程招标投标。工程施工采用全过程总承包方式和科学的项目管理。严格的合同管理和工程监理制，实施费用调整、工程变更及索赔，谋求综合经济效益。

6.4 国际工程投标

6.4.1 投标前的准备工作

1. 投标前期对项目的跟踪和选择

项目的跟踪和选择是对工程项目信息进行连续不断地收集、分析、判断，并根据项目的具体情况和公司的营销策略随时进行调整，直至确定投标项目的过程。进行项目的跟踪和选择的前提是拥有广泛的信息资料。

1）广泛收集工程项目信息

收集项目信息的渠道有以下几种。

（1）国际金融机构的出版物。所有利用世界银行、亚洲开发银行等国际性金融机构贷款的项目，都要在世界银行的《开发论坛报》商业版、亚洲开发银行的《项目机会》上发表。

（2）一些公开发行的国际性刊物，如《中东经济文摘》、《非洲经济发展月刊》上也会刊登一些招标邀请公告。

（3）公司在工程所在国的公共关系。

（4）驻外使馆、有关驻外机构、商务部或公司驻外机构。

（5）国际互联网。

2）精心选择和跟踪项目

国际工程承包商需要从获得的工程项目信息中，选择符合本企业经营策略、经营能力和专业特长的项目进行跟踪，或初步决定是否准备投标。这一选择跟踪项目或初步确定投标项目的过程是一项重要的经营决策过程。通常，承包商所选择的项目要符合公司的目标和经营宗旨，符合企业自身的条件，工程可靠，还要考虑竞争是否激烈。作为一般性原则，集中优势力量承包一个大项目比利用同样资源分散承包几个小项目有利。

从项目跟踪到最后确定投标与否，还要对项目做进一步的调查研究，包括对工程项目所在国的基本情况的调查，以及对工程项目本身情况的调查。

2. 投标环境调查

投标环境是指招标工程项目所在国的政治、经济、社会、法律、自然条件等对投标和中标后履行合同有影响的各种宏观因素，主要调查以下情况。

（1）政治情况。工程项目所在国的社会制度和政治制度；政局是否稳定，有无发生政变、暴动或内战的因素；与邻国的关系如何，与我国的双边关系如何等。

（2）经济情况。工程项目所在国的经济发展情况和自然资源状况；外汇储备和国际支付能力；港口、铁路、公路及航空交通与电信联络情况等。

（3）法律方面。工程项目所在国的宪法；与承包活动有关的经济法、建筑法、合同法及经济纠纷的仲裁程序等；民法和民事诉讼法；移民法和外国人管理法等。

（4）社会情况。当地的风俗习惯；居民的宗教信仰；治安状况等。

（5）自然条件。工程所在国的地理位置和地形、地貌；气象情况；地震、洪水、台风及其他自然灾害情况等。

（6）市场情况。建筑材料、施工机械设备、燃料、动力、水等的供应情况，劳务市场状况，外汇汇率，工程所在国本国承包商企业和注册的外国承包企业的经营情况等。

有关工程项目所在国情况的调查，可通过多种途径获得，包括查阅官方出版的统计资料、学术机构发表的研究报告及当地的主要报纸等。有些资料可请我国驻外机构帮助收集，也可派专人进行实地考察，并通过代理人了解各种情况。

 案例 6.2

承包商对投标环境政治情况调查案例

某国承包商在两伊战争爆发前曾在伊拉克获得了一项工程，由于其预见到两伊之间关系可能恶化，事先在保险公司投保了战争险。两伊战争爆发后该承包商不得不撤出该国，但从保险公司得到了相应的赔偿，避免了巨额的损失。

某公司在尼泊尔的南部边界地区承建了一项大型水利工程，由于1989年尼印关系的恶化，印度封锁了尼印边界，使尼泊尔经济受到极大损失，油料供应一度中断，工程受到了极大影响。

 案例 6.3

承包商对投标环境市场情况调查案例

我国某大型承包商在马尔代夫分包某工程，考察现场时忽略了最普通的而其用量也最大的砂石料的市场调查，合同签订后才发现当地没有合格的砂料，当地都是使用斯里兰卡运来的砂料，价格大大超过了预算，这一失误成为最后导致项目严重亏损的重要原因之一。

3. 工程项目情况调查

招标工程项目本身的情况如何，是决定投标报价的微观因素，在投标之前必须尽可能详尽地了解。调查的内容主要包括以下几个方面。

（1）工程的性质、规模、发包范围。

（2）工程的技术规模和对材料性能及工人技术水平的要求。

（3）对总工期和分批竣工交付使用的要求。

（4）工程所在地的气象和水文资料。

（5）施工场地的地形、土质、地下水位、交通运输、给排水、供电、通信条件等情况。

（6）工程项目的资金来源和业主的资信情况。

（7）对购买器材和雇用工人有无限制条件（如是否规定必须采购当地某种建筑材料或雇用当地工人等）。

（8）对外国承包商和本国承包商有无差别待遇。

（9）工程价款的支付方式，外汇所占比例。

（10）业主、监理工程师的资历和工作作风等。

这些情况主要靠研究招标文件、察看现场、参加招标交底会和提请业主答疑来了解。有时也须取得代理人的协助。

4. 物色代理人

国际承包工程活动中通行代理制度，即外国承包商进入工程项目所在国，须通过合法的代理人开展业务。代理人实际上是为外国承包商提供综合服务的咨询机构，有的是个人独立的咨询工程师，有的是合伙企业或公司。其服务内容主要有以下几点。

(1) 协助外国承包商参加本地招标项目的资格预审和取得招标文件。

(2) 协助办理外国人出入境签证、居留证、工作证及汽车驾驶执照等。

(3) 为外国公司介绍本地合作对象和办理注册手续。

(4) 提供当地有关法律和规章制度方面的咨询。

(5) 提供当地市场信息和有关商业活动的知识。

(6) 协助办理建筑器材和施工机械设备等的进出口手续，如申请许可证、申报关税等。

(7) 促进与当地官方及工商界、金融界的友好关系。

代理人的活动往往对一个工程项目投标的成功与否，起着相当重要的作用。因此，对物色代理人应给以足够的重视。一个好的代理人应具备的条件有以下几点。

(1) 有丰富的业务知识和工作经验。

(2) 资信可靠，能忠实地为委托人服务，尽力维护委托人的合法利益。

(3) 交游广，活动能力强，信息灵通，甚至有强大的政治、经济界的后台。

找到合适的代理人之后，应及时签订代理合同，并颁发委托书。代理费用一般为工程标价的 2%～3%，视工程项目大小和代理业务繁简而定。通常工程项目较小或代理业务繁杂的代理费率较高；反之则较低。在特殊情况下，代理费也有低至 1% 或高达 5% 的。代理费的支付以工程中标为前提条件。不中标者不付给代理费。代理费应分期支付或在合同期满后一次支付。不论中标与否，合同期满或由于不可抗力的原因而中止合同，都应付给代理人一笔特别的酬金。只有在代理人失职或无正当理由而不履行合同的条件下，才可以不付给酬金。

5. 寻求合作对象

按世界银行的规定，凡由世界银行贷款的项目，通常要实行国际招标，但世界银行历来鼓励借款国的承包商积极参与这类项目的投标：评标时借款国(人均收入低于一定水平的发展中国家)公司报价优惠 7.5%，即借款国公司的报价可以比最低报价高 7.5% 而中标。如果外国公司与当地公司联合投标，可享受 7.5% 的优惠，这无疑大大加强了这种联合报价的竞争力；另一方面，目前世界上多数国家都奉行程度不一的保护主义，其主要做法就是要求外国公司与本国公司合作，甚至将其作为授予合同的前提。因此，国际承包商为了夺标，不得不选择与当地公司合作。在上述两种情况下，承包商必须认真挑选合作对象，否则会陷入难以自拔的境地。

选择当地合作对象时，必须进行深入细致的调查研究，着重了解当地公司的资信情况，经济状况，人力、财力及物力条件，以往工程的经历及现时的能力和未来的发展趋势，尤其要了解其履约信誉及其在该国的社会地位，分析其在关键时刻能起到什么样的作用。

6. 办理注册手续

外国承包商进入招标工程项目所在国开展业务活动,必须按该国的规定办理注册手续,取得合法地位。有的国家要求外国承包商在投标之前注册,才准许进行各项业务活动;有的国家则允许先进行投标,待中标后再办理注册手续。

公司注册通常通过当地律师协助办理,承包商必须提交规定的文件。各国对这些文件的规定大同小异,主要有以下几项。

(1) 企业章程。包括企业性质(个体、合伙或公司)、宗旨、资本、业务范围等。

(2) 外国承包商所属国家颁发的营业证书。

(3) 承包商在世界各地的分支机构清单。

(4) 企业主要成员(公司董事会)名单。

(5) 申请注册的分支机构名称和地址。

(6) 企业总管理处负责人(总经理或董事长)签署的分支机构负责人的授权证书。

(7) 招标工程项目业主与申请注册企业签订的承包合同、协议或有关证明文件。

7. 参加资格预审

多数大型工程,由于参与投标的承包商较多,且工程内容复杂,技术难度较大。为确保能挑选到理想的承包商,在正式招标之前,先进行资格预审,以便淘汰一些在技术和能力上都不合格的投标人。

凡通过资格预审选定投标候选人的项目都要求有兴趣的承包商先购买资格预审文件,并按照资格预审文件的要求如实填写。预审内容中有关财务状况、施工经验、以往工程业绩和关键人员的资格及能力等是例行的审查内容,而施工设备则应根据招标项目工程施工有关部分予以填写。此外,对调查表中所列的一些其他查询项目,特别是投标人拟派的施工人员及为实施工程而拟设立的组织机构等有关情况,应慎重对待。除了须填写的有关材料外,资格预审申请人还要提交一系列材料,如投标人概况、公司章程、营业证书、资信证明等。

投标人必须在规定期限内完成上述工作,并在规定的截止日期之前送往或寄往指定地点。

6.4.2 投标报价

报价是整个投标工作的核心。它不仅是能否中标的关键,而且对中标后能否赢利和赢利多少,也在很大程度上起着决定性的作用。在国际工程投标中,报价工作比国内工程投标复杂得多,通常既能中标又能赢利的合理标价应满足的条件是:工程项目各项费用计算比较准确,高低适中;标价与标底接近,标价与承包商自身的技术水平、设备条件、管理水平相适应;符合该承包市场价格水平现状,即能随行就市。

1. 报价的准备工作

1) 深入研究招标文件

投标人在计算投标价前,首先要清楚招标文件的要求和承包商的责任和报价范围,以避免在报价中发生任何遗漏;同时要熟悉各项技术要求,以便确定经济适用而又可能缩短工期的施工方案；还要了解工程中所需使用的特殊材料和设备，以便在计算报价前了解调查价格。对招标文件中含糊不清的地方，及时提请业主或咨询工程师给予澄清。

总之，投标人在报价前，必须对招标文件进行认真的分析研究，必须吃透标书，弄清各项条款的内容及其内涵。对招标文件的研究，重点是投标者须知、合同条款、技术规范、图纸及工程量表。另外还要弄清工程的发包方式；报价的计算基础；工程规模和工期要求；合同当事人各方的义务、责任和所享有的合法权利等。

 案例 6.4

承包商研究招标文件案例

在研究招标文件时应当及时发现那些"非常规"的限制性条款，并在投标文件编制的过程中研究相应对策，提出"反措施"。某项目的招标文件中规定不支付预付款，既然如此，承包商在编制报价时就只能按没有预付款计算标价，项目实施过程投入的周转资金的利息全部计入工程成本。投标时可以在《投标说明》中向业主声明：如果业主提供多少预付款，标价就可以降多少，供业主在评标过程中选择。如果业主有意接受，则可能会和该报价的承包商就价格和条件进行谈判。

2) 核算工程量

工程量核算的依据是技术规范、图纸和工程量清单。校核之前首先要明确工程量的计算方法。通常，工程量清单中都说明了是按什么方法计算的。其次，要对照图纸与技术规范核算工程量表中有无漏项，特别是要从数量上核算。招标文件中通常都附有工程量表，投标人应根据图纸仔细核算工程量。当发现相差较大时，投标人不能随便改动工程量，而应致函或直接找业主澄清。

通常，国际招标工程据以计算工程量的图纸，往往达不到施工图的深度，将来按图施工，实际工程量和用料标准及做法可能会与作为报价依据的工程量清单有所出入。在实践中遇到此种情况，应随时核对作出记录，根据合同中的相应条款提出索赔要求，以免遭受损失。

3) 编制施工方案与进度计划

施工方案不仅关系到工期，而且对工程的成本和报价也有密切关系。一个优良的施工方案，既要采用先进的施工方法，安排合理的工期，又要充分有效地利用机械设备，均衡地安排劳动力和器材进场，以尽可能减少临时设施和资金占用。施工方案一般包括以下内容。

(1) 施工总体部署和场地总平面布置。

(2) 施工总进度和(单位)工程进度。

(3) 主要施工方法。

(4) 主要施工机械设备数量及其配置；劳动力数量、来源及其配置。

(5) 主要材料需用量、来源及分批进场的时间安排。

(6) 自采砂石和自制构配件的生产工艺及机械设备。

(7) 大宗材料和大型设备的运输方式。

(8) 现场水、电需用量、来源及供水、供电设施。

(9) 临时设施数量和标准。

关于施工进度的表示方式，有的招标文件规定必须用网络图。如无此规定，也可用传统的横道图。

2. 计算单价

在投标报价中，要按照招标文件中工程量清单的格式填写报价，即按分项工程中每一个子项的内容填写单价和总价。业主付款，是按此单价乘以承包商完成的实际工程量进行支付的，而不管其中有多少用于人工费，多少用于材料和工程设备费，多少用于施工机械费以及间接费和利润。

按照国际工程的这种报价方式，对每一个工程项目的单价进行分解。

（1）人工费：分项工程中每一个分项工程的用工量(以工日计)×工日基础单价。

（2）材料费：分项工程中每一个分项工程的材料消耗量×材料基础单价。

（3）施工机械设备费：分项工程中每一个分项工程所需机械设备台班数×台班单价。

（4）各种管理费和其他一切间接费用：分别摊入每一分项工程的单价中。

（5）风险费和利润：根据承包商的实际情况，确定风险费和计划利润，分别计入每个分项工程的单价中。

由此可见，工程单价要从确定基础单价，确定各种管理费和间接费用、风险费及利润的摊入系数几个方面入手。

1）基础单价

（1）人工单价。是指工人每个工作日的平均工资。在国外承包工程的工人工资应按我国出国工人和当地工人分别确定。对于工期较长的工程，还应考虑工资上涨的因素。此外，如招标文件或当地法律规定，雇主须支付个人所得税、社会安全税等个人应纳税金，也应计入工资单价之中。

（2）材料、设备单价。材料、设备单价应按当地采购、国内供应和从第三国采购分别确定。承包商在材料、设备采购中，采用哪一种采购方式，要根据材料、设备的价格、质量、供货条件、技术规范中的规定和当地有关规定等情况来确定。

（3）施工机械台班单价。施工机械使用费以何种方式计入工程报价中，取决于招标文件的规定。施工机械台班单价一般采用两种方法计算。一种是单列机械费用，即把施工中各类机械的使用台班与台班单价相乘，累计得出机械使用费；另一种是根据施工机械使用的实际情况，分摊使用台班费。至于分摊的方法，则由投标人自己确定。

2）施工管理费

管理费包括工地现场管理费(约占管理费总额的25%～30%)和公司管理费(约占管理费总额的70%～75%)。其内容包括：工作人员费；生产工人辅助工资；工资附加费；业务经营费；办公费；差旅交通费；文体宣教费；固定资产使用费；国外生活设施使用费；工具用具使用费；劳动保护费；检验试验费及其他。

在对外承包工程中，我国工程承包企业的施工管理费往往高于国际上一般水平的4%～6%，这是竞争的不利因素。因此对上述各项管理费用进行初步测算后，应与国际一般水平特别是与工程所在国的水平对比，如发现自己的管理费率较高，应积极采取降低措施，以提高报价的竞争力。

3）开办费

开办费即准备工作费，这项费用通常要求单独报价，其内容视招标文件而定。一般包括：施工用水、电费；临时设施费；脚手架费用；监理工程师办公室及生活设施费；职工交通费、报表费等；现场保卫设施费；现场清理费等。

开办费约占工程总价的 10％～20％，有的甚至可达 25％。一般工程规模越大其所占比重越小，工程规模越小则所占比重越大。开办费的确定，往往涉及施工组织及施工方法等，因此必须做专门的分析研究。

4）利润率

在工程直接费、管理费等费用一定的情况下，投标竞争实际上是利润高低的竞争。利润率开高，报价增大，中标率下降；利润率降低，报价减少，中标率上升。因此，如何确定最佳利润率，则是报价取胜的关键。国外承包工程报价中利润的确定，应根据当地建筑市场竞争状况、业主状况和承包商对工程的期望程度而定。

3. 确定投标价格

前面计算出的工程单价，是包含人、材、机单价及除工程量表单列项目以外的管理费、利润、风险费等的工程分项单价，乘以工程量，再加上工程量表中单列的子项包干项目费用，即可得出工程初步总造价。由于这个工程总价可能与根据经验预测的可能中标价格有出入，组成总价的各部分费用间的比例也有可能不尽合理，还必须对其进行必要的调整。

调整投标总价应当建立在对工程的盈亏预测的基础上。在考虑报价的高低和盈亏时，应仔细研究利润这个关键因素，应当坚持"既能中标，又有利可图"的原则。

对报价决策的正确判断，来源于准确及时的信息及资料和经验的积累，还有决策人的机智和魄力。有时可能要在原报价上打一折扣，有时也可增加一定的系数，总的要求是不一定投最低标，而以争取在前三名最为有利。因为在一般情况下，国际上决策条件和国内基本相同，即在报价相近(不一定是最低)的情况下，往往是施工方案、质量、工期、技术经济实力、管理经验和企业信誉等因素综合起决定作用。

6.4.3 标书的编制与投送

1. 标书的编制

投标人在作出报价决策后，即应编制标书，也就是投标者须知中规定的投标人必须提交的全部文件。这些文件主要分为四部分。

第一部分是投标函及附件。投标函是由投标的承包商负责人签署的正式的报价函。中标后，投标函及其附件即成为合同文件的重要组成部分。

第二部分是工程量清单和单价表，按规定格式填写，核对无误即可。

第三部分是与报价有关的技术文件，包括图纸、技术说明、施工方案、主要施工机械设备清单及某些重要或特殊材料的说明书和小样等。

第四部分是投标保证。如果同时进行资格审查，则应报送的有关资料，也属于这一部分。

2. 标书的投送

全部投标文件编好之后，经校核无误，由负责人签署，按投标者须知的规定分装，然后密封，派专人在投标截止日期之前送到招标单位指定地点，并取得收据。如必须邮寄，则应充分考虑邮件在途时间，务必使标书在投标截止日期之前到达招标单位，避免因迟到而使标书作废。

在编制标书的同时，投标人应注意将有关报价的全部计算、分析资料汇编归档，妥善保存。

投标书一旦寄出或送交，便不得撤回。但在开标之前可以修改其中事项，如错误遗漏或含混不清的地方，可以信函的形式发给招标人。

3. 编制及投送标书的注意事项

编制及投送标书应注意下列事项。

（1）要防止无效标书的工作漏洞，如未密封、未加盖单位和负责人的印章、寄达日期已超过规定的截止时间、字迹涂改或辨认不清等。还应防止未附上投标保函或保函的保证时间与规定不符等。

（2）不得改变标书的格式，如原有格式不能表达投标意图时，可另附补充说明。

（3）对标书中所列工程量，经过核对确有错误时，不得随意修改，也不能按自己核对的工程量计算标价，应将核实情况另附说明或补充和更正在投标文件中另附的专用纸上。

（4）计算数字要正确无误，无论单价、合计、分部合计、总标价及其大写数字均应仔细核对。

总之，要避免由于工作上的疏漏或技术上的缺陷而导致投标书无效。

 案例 6.5

某东南亚国家供水项目投标案例

1995 年，东南亚某国申请到 1 亿美元的世界银行贷款，用于解决城市供水问题，并将其分配在四个国内城市供水项目上，某城市供水厂为其中之一。按世界银行惯例，要进行国际竞争性招标。整个招投标过程是漫长的，1996 年底各投标人向政府递交资格预审文件，1997 年 9 月通过资格预审的承包商取得投标资格，1998 年 1 月开始正式投标。世界银行规定，4 个供水项目，一家公司可投两个标，但只能中 1 个。我国某央企集团公司也参与了投标。该中方公司采取投二保一策略，选择了其中两个项目。在激烈的竞争中，中方公司始终采取一种积极地自荐态度，我驻该国使馆在竞标中也专门发函推荐，给予重要支持。1998 年 10 月中方公司经过不懈努力最终在该项目上一举中标。中标后，中方公司在经过 3 个月的艰苦谈判之后，于 1999 年 1 月，双方签署合同，工期为 42 个月。

［解析］

该供水厂项目是我国近些年来进行对外承包工程业务成功的一个典型。该厂经有关方面的验收，项目合格率达到 100%，饮用水质量达到国际卫生组织规定的标准。通过对本案例中方承包商在项目各阶段各项工作的了解，总结其成功经验主要有以下几方面。

（1）熟练运用 FIDIC 条款，熟悉施工合同条件。

世界银行贷款项目都是按照 FIDIC 合同条件执行的，每一步骤均要严格按照 FIDIC 条件来运作。在投标和谈判过程中，熟练使用 FIDIC 条款作为工具，为自身争取合理的权利，减少不必要的损失。

（2）处理好与当地代理公司的关系。

几乎所有的世行贷款项目在招标过程中都会委托当地的招标代理公司对工程的整个招标、评标、谈判过程进行管理，因此承包商一定要注意处理好与这些招标代理公司的关系。

（3）细心研究合同专用条款。

要细心研究合同专用条款,认真做好谈判工作,针对其中不合理或不利于本方的条款制定相应的修改方案和谈判方法,以便在合同谈判过程中为自己争取比较有利的合同条件。

(4) 熟悉并掌握相关技术规范。

(5) 做好世界银行贷款项目的投标报价工作等。

 案例 6.6

××水利枢纽国际工程招投标案例

××水利枢纽部分资金利用世界银行贷款。从 1988 年起,世界银行先后 15 次组团对××水利枢纽工程进行考察和评估。1993 年 5 月,该水利枢纽工程顺利通过世界银行的正式评估。1994 年 6 月,世界银行正式决定为该工程提供 10 亿美元的贷款,其中一期贷款 5.7 亿美元,二期贷款 4.3 亿美元,其中 1.1 亿美元软贷款用于移民安置。

该水利枢纽工程按照世界银行采购导则的要求,面向世界银行所有成员国进行国际竞争性招标。主体工程的土建国际合同分为 3 个标:一标是大坝工程标(Ⅰ标);二标是泄洪排沙系统标(Ⅱ标);三标是引水发电系统标(Ⅲ标)。该水利枢纽主体工程的 3 个土建招标严格按照世界银行的要求及国际咨询工程师联合会(FIDIC)推荐的招标程序进行招标。

1. 资格预审

资格预审是国际招标过程中的一个重要程序。

首先,1992 年 2 月,业主通过世界银行刊物《开发论坛》刊登了发售该水利枢纽主体工程 3 个土建国际的资格预审文件的消息。资格预审邀请函于 1992 年 7 月 22 日同时刊登在《人民日报》和《中国日报》上。

资格预审邀请函的主要内容有以下几方面。

(1) 业主将利用世行贷款合法支付土建工程施工合同项目。

(2) 介绍土建工程的分标情况及每标的工程范围、主要指标和工程量,并说明承包商可以投任何一标或所有标。

(3) 业主委托×国际招标公司在北京代售资格预审文件,发售时间自×年 7 月 27 日起,承包商递交资格预审申请书的时间为×年 10 月 24 日。

土建工程资格预审文件是根据 FIDIC 标准程序并结合工程的具体特点和要求编制而成的,主要内容如下。

(1) 引言及工程概况。介绍业主及工程背景,工程分标和工程范围,工程地理、地质条件简述,以及工程特点和特性。

(2) 业主提供的设施和服务。如对外交通和道路,物资转运、存放,施工场地,通信系统,供水和供电系统,以及当地劳务营地和医疗设施等。

(3) 合同形式和要点。

(4) 资格预审要求。即要求承包商按表格填写其主要情况。

主要包括:①承包商情况概要;②主要施工人员情况表;③已完成的类似小浪底工程和规模的工程;④正在施工或即将承建的项目;⑤主要的施工设施和设备;⑥公司的财务报表;⑦银行信用证;⑧公证书;⑨外汇要求;⑩投标者的保证书。

业主发出资格预审邀请函后,总共有 13 个国家的 45 家土建承包商购买了资格预审文件。在截止递交资格预审申请书日期前 35 天,承包商如对资格预审文件中的内容有疑问,可以向业主提出书面询问,业主在截止日前 21 天作出答复,并通知所有承包商。到截止日期 10 月 31 日时,共有 9 个国家 37 家公司递交了资格预审申请书。其中单独报送资格预审文件的有两家承包商,其他的 35 家公司组成了 9 个联营体。这些承包商或联营体分别申请投独立标或投联合标的资格预审。

其次，进行资格评审。

为了进行资格评审工作，业主成立了"资格预评审工作组"和"资格预评审委员会"。

资格评审分两个阶段进行，第一阶段由评审工作组组成三个小组：第一小组审查资格预审申请者法人地位合法性、手续完整性及签字合法性，表格填写是否完整，商业信誉及过去的施工业绩等。第二小组根据承包商提供的近两年的财务报告审查其财务状况，核查用于本工程流动资产总额是否符合要求，以及其资金来源、银行信用证、信用额度和使用期限等；第三小组为技术组，对照资格预审要求和承包商填写表格，评价承包商的施工经验、人员能力和经验、组织管理经验以及施工设备的状况等。最后，汇总法律、财务和技术资格分析报告，由"资格评审委员会"评审决定。评审时按预审文件对其资格作出分析。

评审标准分以下两类。

(1) 必须达到的标准，若达不到，申请会被拒绝(即"及格或不及格"标准)。

(2) 计分标准，用以确定申请人资格达到工程项目要求的何种程度。同时，评审标准还可进一步分为：

① 技术标准(公司经验、管理人员及施工设备)；

② 财务标准(反映申请人的财力)；

③ 与联营体有关的标准。

评分标准是用来评价申请人资格而不是用来排定名次的，实际上对申请人也只作了"预审合格"和"预审不合格"之分而未排定名次。

根据评审结果，9个联营体和一个单独投标的承包商资格预审合格。1993年1月5日业主向世行提交了预审评审报告。世行于1993年1月28—29日在华盛顿总部召开会议，批准了评审报告。

2. 招标与投标

1) 编制招标文件

招标文件(Tender Documents)是业主为招标而编制的文件。在招标文件中详细说明了业主对本项目进行招标的基本条件和要求，是投标人编制投标文件的基础和依据。而且根据国际竞争性招标的规定，招标文件除"投标者须知"以外的绝大多数内容，都将构成今后合同文件的主要内容。由于合同文件是在工程实施过程中若干年间合同双方都应该严格遵守的准则，也是发生纠纷时进行判断、裁决的标准，所以，招标文件不但决定了业主在招标期间能否选择一个优秀的承包商，而且关系到工程是否顺利实施，它更涉及业主和承包商双方巨大的经济利益。好的招标文件意味着今后的工程管理和合同管理已经成功了一半。所以，编制招标文件是竞争性招标中极为重要的工作。

××水利枢纽工程招标文件由黄委设计院和加拿大国际工程管理公司(CIPM)从1991年6月开始编制。

土建一标、二标、三标的招标文件基本结构和组成是一样的，主要包括四卷共十章。

第一卷：投标邀请书、投标须知和合同条款

第一章：投标人须知

第二章：合同条款

第I部分：一般条款

第II部分：特殊应用条款

第三章：合同特别条件

第二卷：技术规范

第四章：技术规范

第三卷：投标书格式和合同格式

第五章：投标书格式、投标担保书格式及授权书格式

第六章：工程量清单

第七章：补充资料细目表

第八章：合同协议书格式、履约担保书格式与预付款银行保函格式

第四卷：图纸和资料

第九章：招标图纸

第十章：参考资料

招标文件是严格按照世行招标采购指南的要求和格式编制的。其中对世行要求的有关内容，如投标的有效期和投标保证金，合同条款，招标文件的确切性，标准，商标的使用，支付的限制，货币规定（包括投标所用的货币、评标中货币的换算、支付所用的货币等），支付条件和方法，价格调整条款，预付款，履约保证金，运输和保险，损失赔偿和奖励条款，不可抗力，以及争端的解决等，都有详细和明确的规定。

招标文件经水利部审查后于 1993 年 1 月提交世行，并于 1993 年 2 月 4 日获世行批准。

1993 年 3 月 8 日，业主向预审合格的各承包商发出招标邀请函并开始发售标书，所有通过资格预审的承包商均购买了招标文件。投标截止日定在 1993 年 7 月 13 日。

2）现场考察与标前会议

现场考察是土建工程项目招标和投标过程中的一个重要环节。通过考察，投标人可以在报价前认真、全面、仔细地调查，了解项目所在地及其周围的政治、经济、地理、水文、地质和法律等方面的情况。这些不可能全部包括在招标文件之内，条款的规定、投标人提出的投标报价一般被认为是在审核招标文件后并在对现场全面而深入了解的基础上编制的，一旦投标，投标人就无权因现场情况不了解而提出修改标价或补偿。

标前会议是在开标日期以前就投标人对招标文件所提出问题或业主关于招标文件中的某些不当地方做修改而举行的会议。

土建工程国际标的各家投标商的代表于 1993 年 5 月 7—12 日，参加了招标单位组织的现场考察、标前会议和答疑。根据惯例，由业主准备了标前会议和答疑的会议纪要，并分发各投标商。

3）招标文件的修改

在土建国际招标过程中，业主对各投标商提出的疑问做了必要澄清，并将三次澄清通过信函分送给各投标商。此外，招标单位还通过四份补遗发出了补充合同条款及其他修改内容。这些补遗都构成了合同的一部分。根据多数投标商要求，有一份补遗通知将投标截止日期推迟到 1993 年 8 月 31 日。

4）投标和开标

根据世行招标采购指南，准备投标和送交标书之间需留出适当的时间间隔，以便使预期的投标人有足够的时间进行调查研究和准备标书。这个时间一般从邀请投标之日或发出招标文件之日算起，根据项目的具体情况及合同的规模和复杂性进行确定。对大型项目一般不应少于 90 天。鉴于××水利枢纽工程的规模和复杂性，从 1993 年 3 月 8 日开始发售标书，至原来预定的在 7 月 31 日开标，投标准备历时 149 天。后来由于投标商普遍要求推迟，所以业主决定将开标日期推至 1993 年 8 月 31 日。

所有通过资格预审的投标人都投了标。按照国际竞争性招标程序的要求，应以公开的方式进行。业主于 1993 年 8 月 31 日下午 2 点（北京时间）在北京总部举行了开标仪式，开标时各投标商代表均在场。

在投标截止日期后收到的标书，一概不予考虑。同时，一般情况下不应要求或允许任何投标人在第一个投标书开启后再进行任何变更。除非出于评标的需要，业主可以要求任何投标人对其标书进行澄清，但在开标后，不能要求或允许任何投标人修改其标书的实质性内容或价格。

3. 评标

评标是根据招标文件规定的评标准则，对所有投标商的投标书进行科学的、客观的、公正的、全面的审查、比较和筛选，评选出中标的投标商。

评标是招标采购中一个重要的、关键的环节。对业主来讲，它不但关系到能否以合适的价格选择一个优秀的、足以胜任工作而且履约能力良好的承包商，以保证工程的圆满完成，更是与随后的项目管理密切相关。因为这是双方签订合同之前的最后一个阶段，也就是双方签约之前的最后一次机会。能否发现并澄清投标人投标书中潜在的问题，能否通过签订合同协议的方式对招标文件做圆满的必要的修正，

这些都取决于评标质量的好坏。

根据世界银行的招标采购指南,评标的目的是为了能在标书评标价的基础上对各投标书进行比较,以确定业主对每份投标所需的费用。选择的原则是将合同授予评标价最低的标书,但不一定是报价最低的标书。

××水利枢纽土建工程国际招标的评标工作从1993年9月开始,至1994年元月上旬结束,历时4个多月,主要分为初评和终评两个阶段。

由于要通过评标来确定最终的中标商,所以评标对业主和投标商都异常重要。而投标商之间的竞争相对更为激烈,他们不但在投标阶段互相刺探情报,施展各种投标策略,而且在评标阶段更是千方百计,使用各种手段力图影响评标结果。因此,必须建立相应的高水平、高效率并有相当权威的评标机构和组织,制定严格的评审程序,并在绝密的情况下进行评标工作,以保证评标的公正性。

××水利枢纽土建国际标评标的机构分三个层次,其人员组成和职责如下。

1) 招标领导小组

领导小组负责:

(1) 审查评标委员会提交的评标报告。

(2) 授权与可能中标的投标商预谈判。

(3) 决定授标。

2) 评标委员会

评标委员会负责:

(1) 审查评标工作组提交的初步报告。

(2) 审批和决定投标商的短名单(即业主在初评阶段从众多投标商中筛选出来的、潜在的中标商名单。一般而言,列入短名单的投标商是随后的评审工作的重点)。

(3) 确定评标的原则、内容、日期和建议,召开澄清会。

(4) 负责向招标领导小组报告。

3) 评标工作组

评标工作组是评标委员会下设的工作机构,负责对投标书进行检查分析,内容包括以下几方面。

(1) 检查投标书是否符合招标文件规定。

(2) 校对投标书中的计算成果。

(3) 对投标商提交的补充资料明细表进行审查和评价。

(4) 整理资料和数据。

(5) 评价投标商的附加条件、保留条件和偏差。

(6) 准备要求投标商澄清的问题。

(7) 就投标商短名单提出建议。

(8) 编写向评标委员会提交的初步评价报告。

评标工作组根据评标工作的需要,具体又分成了综合、商务和技术三个小组。

评审分为初步评审和最终评审两个阶段。

1) 初步评审

即全面审阅各投标商的标书,并提出重点评审对象,确定短名单。

初步评审的主要内容有以下几方面。

(1) 投标书的符合性检验。

① 投标人是否按照招标文件的要求递交投标书。

② 对招标文件有无重大或实质性修改。

③ 有无投标保证金,是否按规定格式填写。

④ 投标书是否无完全签署,有无授权书。

⑤ 有无营业执照。

⑥ 如果是联营体,是否有符合招标文件要求的联营体协议。

⑦ 是否根据招标文件第六章和第七章的要求,填写工程量清单和补充资料细目表等。

(2) 投标书标价的算术性校验和核对,即对那些能符合招标文件的全部条款和技术规范的规定,而无重大修改和保留土建的投标书(所谓有重大修改和保留土建的投标书,是指投标人对招标文件所描述和要求的工程在价格、范围、质量和完整性,以及工期和管理施工方式等方面有了重大改变;或是业主和投标人在责任和义务等方面有了重大改变和受到了重大限制),评标工作组将对其标价进行细致的算术性校核。当数字金额与大写金额有差异时,以大写金额为准,除非评标组认为单价的小数点明显错位,在这种情况下则应以标价的总额为准。按以上程序进行调整和修改并经投标人确认的投标价格,才对投标具有约束力。如果投标人不接受经正确修改的投标价格,其投标书将不予接受并没收其投标保证金。

在以上两项工作的基础上,将符合要求的投标书按标价由低到高进行排队,从而挑选出在标底以下或接近标底的、排在最前面的数家有竞争性的投标人进入终评。

经评标委员会评议后,确定了各标的投标商短名单。Ⅰ标和Ⅱ标分别有五家投标商进入短名单,Ⅲ标进入短名单的只有三个投标商。

2) 最终评审

终评包括问题澄清、详细评审,在对中标商的初步建议和意见的基础之上,完成评标报告并报送世界银行审批。

(1) 澄清会。

对投标书中与招标文件不符或不明确的地方,以及投标商的附加和保留条件,业主将其列了出来,于 1993 年 11 月 15 日向列入短名单前三名的投标商发出书面澄清函,随后各投标商均作了书面答复。由业主于 1993 年 11 月 23—30 日在郑州举行了澄清会。

在澄清会上,投标商对所有要求澄清的问题作了澄清。大多投标商主动放弃了附加和保留条件,但某些投标商要求保留在材料价差管理费、预付款和滞留金的有关规定方面的附加条件或建议。但业主坚持要求投标商撤销这些附加条件,否则将对其他投标商造成不公正。

(2) 技术和进度评审。

对投标书的施工组织方案、所采取的主要措施、派往现场的主要管理和工作人员、提供的主要施工机械设备等进行了详细的审阅。同时,对施工方案、主要技术措施及进度的可靠性、合理性、科学性和先进性进行深入具体的分析。

(3) 确定评估价。

按照世行的授标原则,合同将授予那些评估标价最低的投标人,而不是投标标价最低的投标人。根据世行采购导则,其评估标价一般由以下因素构成:①基本标价,即经评审小组进行算术校核后并已被投标人所认可的标价;②汇率引起的差价;③现金流动不同而引起的利差;④预付款的利息;⑤投标书所规定的国内优惠;⑥扣除暂定费用和应急费,但须计入计日工费用。

(4) 评审报告。

在最终评审的基础上,评标委员会准备了评审报告,经招标领导小组审定和国家有关部门批准,确定了中标意向,并报世界银行审核确认。

4. 合同谈判和授标

根据评审报告,业主于 1994 年 2 月发出了中标意向性通知,从 1994 年 2 月 12 日—1994 年 6 月 28 日进行了合同谈判。

土建国际标的合同谈判分两步进行。第一步是预谈判,即就终评阶段的澄清会议所未能解决的一些遗留问题,再次以较为正式的方式与拟定的中标商进行澄清和协商,为正式合同谈判扫清障碍;第二步即正式合同谈判和签订合同协议书。在土建国际标的合同谈判中,除了形成合同协议书外,还签署了合同协议备忘录及一系列附件。

业主分别于 1994 年 4 月 30 日和 1994 年 6 月 8 日就Ⅰ标、Ⅲ标及Ⅱ标正式签订了合同。

5. 经验总结

通过国际竞争性招标，业主以比较低的价格引进了合格的和优秀的国际承包商。所以，从总体上来讲，××水利枢纽土建工程国际招标是非常成功的。一方面，水利部和上级有关部门的正确领导和大力支持为招标的成功奠定了坚实的基础，提供了有力的保障；另一方面，业主单位在招标过程中抓住了几个关键和重要的阶段，倾注全力，进行了广泛、深入、细致和全面的工作。

首先，由招标委员会设计院在 CIPM 专家的协助下，编制了结合中国国情并具有工程特点的详细的招标文件，为招标工作及工程管理奠定了重要的基础；随后，在评标过程中组建了由上级领导部门、设计院、CIPM 专家和监理工程师组成了精干的评标机构和工作组，开展了深入细致、一丝不苟的评标工作，选定了初步的中标对象；最后，在合同谈判阶段，业主更是呕心沥血，克服了重重困难，与承包商签订了具有重要意义的合同协议。这三个阶段，应该是国际招标采购中的最重要阶段。业主能否以合适的价格选择一个实力雄厚、经验丰富并具有良好信誉和履约能力的承包商，是否能签订一个双方权责明确，既全面又具体，既具有原则性又具有操作性的合同，关键在于这些阶段的工作。

本 章 小 结

本章首先介绍了国际工程承包的性质和特点，以及国际工程市场未来的发展趋势；介绍了国际工程招标投标的程序；阐述了国际工程招标方式，招标公告的内容，资格预审的目的及资格预审文件和招标文件的内容；比较详细地介绍了承包商在投标前需要做的充分的准备工作，包括对项目的跟踪和选择、对投标环境和投标项目的调查、在当地物色代理人及寻求合作对象、办理注册手续及参加资格预审等，在正式报价前，需要认真研究招标文件，核算工程量，编制施工方案和进度计划，在对工程的盈亏预测的基础上调整投标总价。最后，介绍了投标书的编制与投送。

 阅读材料

招标人在招标过程中可能出现的问题

1. 错误的打包分捆与采购计划

××省交通厅利用亚洲开发银行贷款修建该省两个中心城市间的高速公路，亚行项目官员是一位来自南亚某国曾经从事铁道建设工作十余年的资深工程师。

××省交通厅和中国××国际招标公司向亚行项目评估团提交了项目分包打捆计划书，该计划书中列明从 A 市到 B 市拟建的高速公路的主要建设工程包括两座特大桥、3 个特长隧洞、178km 的路基、路面及结构物的实施完成和缺陷修复。中国××国际招标公司提出的分包计划是把 A 市到 B 市的高速公路项目分为 17 个合同段（包括两个特大桥合同和 3 个特长隧洞合同）。

亚行项目官员否定了中国××国际招标公司提出的分包计划，提出了新的分包计划，即两座特大桥作为一个合同（该两桥位置相邻），3 个特长隧洞作为两个合同（其中相邻的两个隧洞为一个合同），其他路段的路基分为 5 个合同，所有路面分为两个合同，这样，从 A 市到 B 市的高速公路共分 10 个合同。

亚行官员把路基与路面分别打包的理由是可以让更多的专业化筑路队伍参加竞标，降低工程造价，把17 个合同段压缩为 10 个合同段的目的是为了提高每个合同段的合同金额，以利于吸引大公司参加投标。

招标及项目执行的结果与亚行官员的愿望是不一致的。首先，许多中小企业被排除在合格的投标商之列，降低了招标的竞争性，参加投标的大公司中标后，因其无施工实体，而层层分包给其下属企业，导致施工管理难度加大。再者，路基、路面分开招标，路基质量很难保证，因为路基、路面分属不同的承包商实施完成，当路面质量出现问题时，路面建设的承包商与路基建设的承包商相互推诿，谁都不承担责任，使业主蒙受损失。另外，项目监理工程师为了应付各种扯皮的事伤透脑筋，而无法分身抓他的主要工作，即质量控制、成本控制和进度控制。

由于错误的分包打捆导致了许多工程质量问题，且项目无法在规定的工期内完成，不得不向亚行提出延长亚行贷款的关账期。

2. 招标程序失误

1996年，中国××国际招标公司(以下简称"A公司")接受××科技发展公司的委托，对××科技发展项目下的30余个子项目进行招标采购。

1998年，A公司在业主再三催促下，把评标报告以A公司名义直接报到世界银行，世界银行随即进行了批复。在此期间，国外某公司对评标结果不服，向国内主管部门——国家机电产品进出口办公室(以下简称"国审办")投诉，国审办受理了该投诉。请A公司立即把评标结果上报国审办，A公司这时才发现评标报告未报国内有关部门审查，已直接报世界银行，违反了国内有关规定，A公司马上把评标报告补报给国审办，但未申明该报告已经报往世行。经过国审办委托的专家的重新评审，国审办认为业主必须重新评标，并建议业主修改定标决定。业主在重新召开评标委员会会议后，决定按国审办的意见修改评标报告，A公司重新拟文向世行解释修改中标单位的理由和决定，世行项目官员不愿接受更改申请，并对此事件展开了调查，历时3个月，最终认定其先前的结论正确，不愿修改其先前的批复。

业主因无法得到国审办和世行意见一致的批复，不得不取消该项目的贷款计划，但从中我们应该吸取的教训是：我们的招标程序中有关报批的程序应该是先国内，后国外。

3. 评标过程中常见的错误

××一级汽车专用公路，是利用亚洲开发银行贷款项目。根据亚行贷款规则的要求，本项目的12个标段实行了国际竞争性招标。在1996年12月招标通告刊登后，来自全国的66家一级施工企业通过资格预审，获得了参与工程投标的机会。1997年6月27日—7月29日，评标委员会对上述66家企业的144份标书进行了评审。在评审过程中发现，部分投标人报价明显偏低，如：中国第××冶金建设公司和中国××建设总公司B3标的投标报价分别为4 886万元和5 303万元，仅为业主编制的评标参考价8 932万元的54.7%和59.4%；某工程局B5标的投标报价为7 801万元，仅为业主编制的评标参考价18 459万元的53%；为防止投标人因风险难以承受，不得不放弃对投标报价的承诺。但是，由于亚行贷款采购指南中规定了"低价中标"的原则，业主单位只得将根据上述原则确定的12家中标候选人报请亚行批准。这12家中标人的中标价合计为131 544.77万元，为业主编制的评标参考价193 661.87万元的68%。其中，与评标参考价差距最大的E6标中标价仅为评标参考价的52%，差距最小的××省公路工程总公司P1标中标价为评标参考价的85%，中标人的风险较大。这给施工的顺利进行和工程质量的保证带来隐患，对业主也很不利。

对于"低价中标"问题，多次招标采购研讨会都提及该问题，许多工程业主和财政主管部门的领导也十分头疼，我国利用国际金融组织贷款项目中凡是国内企业有能力承担施工、供货的合同，都存在着不同程度的低价抢标现象，对于此类问题应按投标者的不同情形具体分析，可以采用单价分析法对实质性低于评标参考价的投标给予废标处理。对于提供明显不平衡报价的企业，要求其提高履约保证金金额等。

投标人在投标中出现的问题

1. 不是法定代表人签署文件，且文件签署人无授权书

××省国际经济技术合作公司参加亚行贷款巴基斯坦农业灌溉项目中××泵站设备成套子项目的国际投标，该公司投标人员按招标文件要求完成投标文件，由于该公司董事长(法定代表人)出国考察，不能在投标截止日期前回国，该公司总经理签署了所有文件，但在该投标人提供的英译本营业执照复印件(经公证)中明确显示该公司的法定代表人是该公司董事长。

评标结果，该公司未能通过商务审查，原因之一就是不是法定代表人签署文件，且文件签署人无授权书。

2. 投标书大部分书写语言与招标文件规定不符

××省建设机械制造厂参加亚行贷款××省高等级公路养护设备摊铺机的投标，在该次国际招标中，招标文件中规定投标的语言为英语，具体是："投标书和投标人与业主之间有关投标书的来往函电和文件均使用英文。由投标人提供的证明文件和印刷品可为其他语言，但其中有关段落应附有准确的英译文。在此，为了解释投标书，应以英译文为准。"

××省建设机械制造厂提供的投标文件使用三种语言书就，即报价表使用英文，商务资料表使用中文，技术资料表使用德文(该厂摊铺机生产技术从德国引进)，且使用中文和德文书就的投标文件部分无英文译文。

评标结果，该司未被通过商务审查，原因之一就是投标书大部分书写语言与招标文件规定不符。

3. 投标价货币符号错误

某欧洲公司参加我国××省公路收费系统、通信系统、监测系统的投标，且通过了第一阶段技术标(Technical Bid)的审查。

在第二阶段财务标(Finance Bid)的审查中，发现该投标商就同一单项报价在不同页码上出现了价格的数字相同，但货币符号却不同，即一个是美元，一个是欧元，经商务审查小组成员仔细核对，无法确认哪个为主报价，因而该投标商的投标被拒绝。

4. 发现两个主报价

中国××国际公司(以下称"A公司")参加东南亚某国污水处理厂设备成套项目(亚行项目)投标。业主出售的招标文件中明确规定，任何出现选择报价的主报价将被拒绝。A公司在仔细研究业主提供的招标文件后，发现业主提供的设备从技术参数角度来看，在我国属3年前较流行的技术，目前我国已采用更新的技术标准，尽管尚未淘汰老的技术。因此A公司按招标文件规定提供了主报价，但考虑到目前国内该项技术应用的实际情况，附上了替代方案，以及如业主采纳新方案的报价条件。

业主在评估投标文件时，拒绝了A公司的投标，理由是A公司在其投标文件中出现了两个主报价。

5. 副本制作不符合招标文件规定

一般的，招标文件中规定，副本与正本不一致时，以正本为准，但是有的投标商就不重视制作投标文件副本。事实上，评标一开始，评标工作组人员首先核对正本和副本的一致性，如正本与副本无明显差异，业主将封存正本，用副本进行评标。

对于未按招标文件规定提供投标文件副本的投标商往往其投标被拒绝。不符合招标文件规定的副本的表现形式主要集中在如下两点。

(1) 副本数量短缺。

(2) 副本与正本内容严重不一致。

6. 投标保函金额不足

对于投标保函的金额，一般在招标文件中明确规定为投标报价的2%或以上，对于大型土建工程，也可以规定某一固定数值如30万美元等。

投标商向银行申请开具保函时，应严格按照招标文件规定的数额申请开列，在评标实践中，评标委员对于那些投标保函金额不足的，哪怕只差一分钱，也会予以废标。

7. 干扰评标过程

评标应在保密的情况下进行。在公布中标人以前，凡属于对投标书的审查、澄清、评价和比较的资料，以及与授予合同的推荐意见均不得向投标人和与此过程无关的其他任何人泄露。投标人对业主投标书处理和授标施加影响的任何行为可能导致其投标书被拒绝的结果。

在评标实践中，经常会发现许多投标商在开标之后找各种各样的社会关系，并向业主的传真机上传真大量的补充说明资料，其实这样做对投标商一点也没有好处，评标的基础是国际金融组织的采购指南、国内的有关法规及招标文件。

(材料来源：http://www.cnbidding.com)

思考与讨论

一、单项选择题

1. 国际工程中最为推行的招标方式是( )。

A. 国际竞争性招标
B. 国际有限招标方式
C. 直接购买
D. 国内竞争性招标

2. 招标实施的主要包括以下几个具体步骤( )。

A. 发布招标公告
B. 投标资格预审
C. 发售招标文件
D. 开标、评标、决标

3. 在对标书详细评审中,技术评审的主要内容包括投标书的技术方案、技术措施、组织机构、进度及( )等进行分析评价。

A. 支付条件
B. 人员配备
C. 取费标准
D. 保险及优惠条件

4. 具有保密性质的工程招标一般宜采用( )方式进行。

A. 公开招标
B. 邀请招标
C. 议标
D. 评标

5. 在国际竞争性招标程序中,准备短名单之后应该进行( )工作。

A. 发邀请函
B. 估算咨询费用
C. 评价建议书
D. 制定评选方法和标准

6. ( )招标方式有利于降低工程造价,提高工程质量和缩短工期。

A. 公开招标
B. 邀请招标
C. 谈判招标
D. 两阶段招标

7. 对于邀请招标来说,投标单位的资格审查在( )时进行。

A. 签订合同
B. 递交投标文件
C. 资格预审
D. 评标

8. 下列不属于招标文件的内容有( )。

A. 投标须知
B. 工程量清单
C. 施工组织设计
D. 拟签订合同的主要条款

9. 在评标过程中,投标文件应实质上响应招标文件的所有条款条件,无显著的差异或保留。这是指( )。

A. 符合性评审
B. 技术性评审
C. 商务性评审
D. 经济性评审

二、多项选择题

国际工程招标方式主要有( )。

A. 国际竞争性招标
B. 有限国际招标
C. 公开招标
D. 两阶段招标
E. 议标

三、问答题

1. 什么是国际工程？国际工程承包有哪些性质和特点？
2. 国际工程招标的方式有哪些？各自有什么特点和适用范围？
3. 国际工程招标和投标的基本程序是什么？
4. 国际工程招标和投标的特点是什么？
5. 招标公告和资格预审的目的是什么？
6. 试结合一个国际工程项目，说明其招标文件的构成。
7. 对于一个国际工程项目，承包商在投标前需要做哪些准备工作？
8. 承包商在投标报价前需要做哪些准备工作？
9. 投标前要认真研究所有的招标文件，这是不容置疑的。为了防止严重失误而招致重大风险，你认为应当特别注意和认真研究哪些影响重大的重点内容。
10. 试说明投标报价费用的构成。

第7章
建设工程其他招投标

本章教学目标

1. 掌握勘察、设计招标、监理招标和物资、设备招标和评标的各自特点。
2. 熟悉设计公开招标投标的程序、方法。
3. 熟悉监理公开招标投标的程序、方法。
4. 熟悉物资、设备招标和非招标采购的方法。

 导入案例

2008 年奥运会主体育场——中国国家体育场"鸟巢"设计竞赛

2002 年 10 月 25 日，受北京市人民政府和第二十九届奥运会组委会授权，北京市规划委员会面向全球征集 2008 年奥运会主体育场——中国国家体育场的建筑概念设计方案。国家体育场是第一个进入建筑设计程序的北京奥运场馆设施。据北京市规划委介绍，国家体育场建筑概念设计竞赛分为两个阶段：第一阶段为资格预审；第二阶段为正式竞赛。截止到 2002 年 11 月 20 日，竞赛办公室共收到 44 家著名设计单位提供的有效资格预审文件，经过严格的资格预审，最终确定了 14 家设计单位进入正式的方案竞赛，它们分别来自中国、美国、法国、意大利、德国、澳大利亚、日本、加拿大、瑞士、墨西哥等国家和地区。

奥运会不仅吸引着世界上最伟大的运动员创造最好的成绩，而且吸引着世界上最伟大的建筑师创造最伟大的作品，包括世界建筑设计最高奖——"普利茨克奖"得主在内的全球许多最具实力的设计团队和最有才华的设计师都参与了这次竞赛。2003 年 3 月 18 日，最终参与竞赛的全球 13 家具有丰富经验的著名建筑设计公司及设计联合体，将它们理想中的中国国家体育场的壮丽构想送抵北京。13 个设计方案中，境内方案 2 个、境外方案 8 个、中外合作方案 3 个。

在随后的方案评审中，由中国工程院院士关肇邺和荷兰建筑大师库哈斯等 13 名权威人士组成的评审委员会对参赛作品进行了严格评审、反复比较、认真筛选，经过两轮无记名投票，选举出 3 个优秀方案，分别是由瑞士赫尔佐格和德梅隆设计公司与中国建筑设计研究院组成的联合体设计完成的"鸟巢"方案、由中国北京市建筑设计研究院独立设计的"浮空开启屋面"方案、由日本株式会社佐藤综合计画与中国清华大学建筑设计研究院合作设计的"天空体育场"方案。

在此基础上，评审委员会又以压倒多数票推选"鸟巢"方案为重点推荐实施方案。在讨论"鸟巢"方案时，共有 8 票赞成、2 票反对、2 票弃权、1 票作废。在国际建筑竞赛中，一个方案能获得如此多的共识，应属少见。

为征求公众意见，竞赛组织单位又将全部 13 个设计方案在北京国际会议中心公开展出。展出历时 6 天，征得观众投票 6 000 余张。其中被中外评委重点推荐的"鸟巢"方案获票 3 506 张，"浮空开启屋面"获票 3 472 张，"天空体育场"获票 3 454 张，排名前三位。"鸟巢"名列第一，表现出观众与评委在相当程度上的认同。

经决策部门认真研究，"鸟巢"最终被确定为 2008 年北京奥运会主体育场——中国国家体育场的最终实施方案。

7.1 建设工程勘察、设计招标与投标

建设工程项目的立项报告批准后，进入实施阶段的第一项工作就是勘察、设计招标。我国的设计方案招标工作起步较晚，从 20 世纪 90 年代开始，当工程施工、设备采购和工程监理招标已经逐步规范化之时，设计工作则仍沿用以往的做法。自 2000 年 1 月 1 日国家实施《招标投标法》以来，国家计委（现更名为国家发改委）、建设部（现更名为住房和城乡建设部）、水利部相继出台了不少法规，对勘察设计的招标工作也作了较明确的规定，但是尚未达到普遍开展设计招标的程度。国家计委 2001 年 7 月 27 日所发《关于进一步贯彻中华人民共和国招标投标法的通知》中强调指出："积极推进建设工程的勘察、设计、监理等服务招标，抓紧研究制定符合各类服务招标特点的招标投标规定和评标规则，规范服务招标活动。"

以招标方式委托勘察、设计任务，是为了使设计技术和成果作为有价值的技术商品进入市场，打破地区、部门的界限开展设计竞争，以降低工程造价、缩短建设周期和提高投资效益。

7.1.1 招标承包范围

为了保证设计指导思想能顺利贯彻于设计的各阶段，一般是将初步设计（技术设计）和施工图设计一起招标，不单独进行初步设计招标或施工图设计招标，而是由中标的设计单位承担初步设计和施工图设计。

勘察任务可以单独发包给具有相应资质的勘察单位实施，也可以将其包括在设计招标任务中。业主可以将勘察任务和设计任务交给具有勘察能力的设计单位承担，也可以由设计单位总承包，由设计总承包单位再去选择承担勘察任务的分包单位。这种做法比业主分别招标委托勘察和设计任务的方式更为有利。一方面，与两个独立合同分别承包相比，总承包在合同履行过程中较易管理，业主和监理工程师可以摆脱两个合同实施过程可能遇到的协调义务；另一方面，勘察工作可以直接根据设计的要求进行，满足设计对勘察资料精度、内容和进度的需要，必要时还可以进行补充勘察工作。

7.1.2 勘察设计招标的特点

勘察设计招标不同于施工招标和材料设备的采购供应招标，前者是承包者通过自己的智力劳动，将业主对项目的设想转变为可实施的蓝图；而后者则是承包者按设计要求，去完成规定的物质生产劳动。设计招标时，业主在招标文件中只是简单介绍建设项目的指标要求、投资限额和实施条件等，规定投标人分别报出建设项目的构思方案和实施计划，然后由业主通过开标、评标程序对各方案进行比选，再确定中标人。鉴于设计任务本身的特点，设计招标主要采用设计方案竞赛的方式选择承包单位。设计招标与施工及材料、设备供应招标的区别主要表现在以下几方面。

（1）勘察设计招标方式的多样性。勘察设计招标可采用公开招标、邀请招标，还可采

用设计方案竞赛等其他方式确定中标单位。

(2) 招标文件中仅提出设计依据、建设项目应达到的技术指标、项目限定的工程范围、项目所在地的基本资料、要求完成的时间等内容,而无具体的工作量要求。

(3) 投标人的投标报价不是按规定的工程量填报单价后算出总价,而是首先提出设计初步方案,论述该方案的优点和实施计划,在此基础上再进一步提出报价。

(4) 开标时,不是由业主的招标机构公布各投标书的报价高低排定标价次序,而是由各投标人分别介绍自己初步设计方案的构思和意图,而且不排标价次序。

(5) 评标决标时,业主不过分追求完成设计任务的报价额高低,更多关注于所提供方案的技术先进性、所达到的技术指标、方案的合理性及对建设项目投资效益的影响。因此,勘察设计招标评标的标准要体现勘察成果的完备性、准确性、正确性,设计成果的评标标准要注重工程设计方案的先进性、合理性、设计质量、设计进度的控制措施,以及工程项目投资效益等。

7.1.3 勘察设计招标方式

1. 勘察设计任务的委托方式

建筑工程勘察设计任务可通过招标委托或直接委托的方式委托。

1) 招标委托

建设项目应办理勘察设计招标的主要范围如下。

(1) 基础设施、公共事业等关系社会公共利益、公共安全的项目。

(2) 使用国有资金投资或者国家融资的项目。

(3) 使用国际组织或者外国政府贷款、援助资金的项目。

主要规模标准如下(符合下列标准之一的)。

(1) 勘察、设计单项合同估算价在50万元人民币以上的。

(2) 项目总投资额在3 000万元人民币以上的。

(3) 全部或者部分使用政府投资或者国家融资的项目中政府投资或者国家融资金额在100万元人民币以上的。鼓励政府投资或者国家融资金额在100万元人民币以下的项目进行招标。

2) 直接委托

对于规模较小、功能简单的项目,或者是可以不进行招标的项目,可以采用直接委托的方式进行设计任务的委托。选取一至数家具有相应资质和技术能力的勘察设计单位,进行考察和比较,最终选定一家,委托其完成勘察设计任务,双方进行合同谈判并签订设计合同。

2. 勘察设计的招标委托方式

工程勘察设计招标委托方式可分为公开招标、邀请招标、一次性招标、分阶段招标、方案竞赛招标等,下面主要介绍其中的三种。

1) 一次性招标

指对初步设计阶段、技术设计阶段(如需要)、施工图设计阶段三个阶段实行一次性招标,确定勘察设计单位。这种招标方式可有效利用设计单位对勘察设计工作的统筹安排,节省设计工期，同时也有利于降低勘察设计成本，使业主能得到较之分阶段招标更优惠的合同价。该招标方式对设计单位的综合素质要求高。

2）分阶段招标

指对上述的三个阶段分别进行招标。分阶段招标可使各阶段的勘察设计任务更加明确，可提高勘察设计的针对性，也有利于提高勘察设计的质量。

3）方案竞赛招标

对于具有城市景观的特大桥、互通立交、城市规划、大型民用建筑等，习惯上常采取设计方案竞赛方式招标。

设计竞赛招标是建设单位为获得某项规划或设计方案的使用权或所有权而组织竞赛，对参赛者提交的方案进行比较，并与优胜者签订合同的一种特殊的招标形式。设计竞赛招标通常的做法是，建设单位（或委托咨询机构代办）发布竞赛通告，使对竞赛感兴趣的单位都可以参加，也可以邀请若干家设计单位参加竞赛。设计竞赛通告或邀请函应提出竞赛的具体要求和评选条件，提供方案设计所需的技术、经济资料。参赛单位（投标人）在规定期限内向设计竞赛招标主办单位提交竞赛设计方案。主办单位聘请专家组成评审委员会，根据事先确定的评选标准，进行评价。

7.1.4 设计招标与评标的程序

1. 投标人资格审查

资格审查的内容主要包括以下几方面。

1）资质审查

资质审查主要审查申请投标单位的勘察和设计资质等级是否与拟建项目的等级相一致；不允许无资质单位或低资质单位越级承接工程设计任务。审查的内容包括资质证书的种类、级别及允许承接设计工作的范围三个方面。

（1）证书种类。工程勘察、设计资质分为工程勘察资质和工程设计资质两类。其中，工程勘察资质又分为工程勘察综合资质、工程勘察专业资质和工程勘察劳务资质3类；工程设计资质又分为工程设计综合资质、工程设计行业资质和工程设计专项资质3类。如果勘察任务合并在设计招标中，投标申请人除拥有工程设计资质外，还需有工程勘察资质，缺一不可。允许仅有工程设计资质的单位以分包的方式在总承包后将勘察任务分包给其他单位实施，但在资格审查时，应提交分包勘察工作单位的工程勘察资质证书。

（2）证书级别。工程勘察综合资质只设甲级；工程勘察专业资质根据工程性质和技术特点设立类别和级别；工程勘察劳务资质不分级别。取得工程勘察综合资质的企业，承接的工程勘察业务范围不受限制；取得工程勘察专业资质的企业，可以承接同级别相应专业的工程勘察业务；取得工程勘察劳务资质的企业，可以承接岩土工程治理、工程钻探、凿井工程勘察劳务工作。

工程设计综合资质只设甲级；工程设计行业资质和工程设计专项资质根据工程性质和技术特点设立类别和级别。取得工程设计综合资质的企业，其承接工程设计业务范围不受限制；取得工程设计行业资质的企业，可以承接同级别相应行业的工程设计业务；取得工程设计专项资质的企业，可以承接同级别相应的专项工程设计业务。

取得工程设计行业资质的企业,可以承接本行业范围内同级别的相应专项工程设计业务,不需再单独领取工程设计专项资质。

(3)证书规定允许承接任务的范围。尽管投标申请单位的资质等级与建设项目的工程等级相适应,但由于很多工程还有较强的专业性,故还需审查委托设计工程项目的性质是否在投标申请单位的资质类别范围内。

申请投标单位所持资质证书在以上三个方面有一项不合格者,都应被淘汰。

2)能力审查

能力审查包括设计人员的技术力量和主要技术设备两方面。人员的技术力量重点考虑主要设计负责人的资质能力和各专业设计人员的专业覆盖面、人员数量、中高级人员所占比例等是否能满足完成工程设计任务的需要。技术设备能力主要审查测量、制图、钻探设备的器材种类、数量、目前的使用情况等,审查其能否适应开展勘察设计工作的需要。

3)经验审查

审查该设计单位最近几年所完成的工程设计,包括工程名称、规模、标准、结构形式、质量评定等级、设计周期等内容。侧重于考虑已完成的工程设计与招标项目在规模、性质、结构形式等方面是否相适应,即有无此类工程的设计经验。

招标人对其他需要关注的问题,也可要求投标申请单位报送有关资料,作为资格审查的内容。资格审查合格的申请单位可以参加设计投标竞争;对不合格者,招标人也应及时发出书面通知。

 案例 7.1

某市科技园区概念性规划设计资格预审评审办法

1. 资格预审申请文件由招标人组建的资格评审委员会负责评审。资格评审委员会成员人数为 5 人以上的单数。

2. 评审程序:

本次资格预审采用有限数量制。资格评审委员会对资格预审申请人的资格评审将按符合性检查、必要性评审和评分三个阶段依次进行,对通过符合性检查、必要性评审的资格预审申请文件依照本章附件一(表 7-1)进行量化打分,按得分由高到低的顺序确定通过资格预审的申请人。本次限定通过资格预审的申请人不超过 4 名。

3. 资格预审申请人必须通过符合性检查,才能进行必要性评审。符合性检查通过主要条件如下,如资格预审申请人有任一条与之不符,视为资格预审不合格。

3.1 《资格预审申请文件》按时送达、密封合规、格式有效、内容齐全,并符合资格预审文件的要求。

3.2 《资格预审申请文件》上法定代表人或其授权代理人的签字、盖章齐全。

3.3 由授权代理人签字的,附有法定代表人对其的授权委托书。

3.4 以联合体形式投标的,提交了联合体各方共同签署的投标协议。

4. 依照附件二(表 7-2)的要求,招标人对通过符合性检查的资格预审申请人进行必要性评审。

5. 评分:

5.1 通过必要性评审的申请人不少于 3 名且没有超过 4 名时,申请人均通过资格预审,不再进行评分。

5.2 通过必要性评审的申请人数量超过 4 名时,评审委员会依据附件一的评分标准进行评分,按得分由高到低的顺序进行排序，得分最高的前4名的申请人通过资格预审。若评分结果出现两个或两个以上申请人得分相同的情况，由资格评审委员会成员投票决定排名次序。

6. 在资格评审过程中，招标人有权要求资格预审申请人对其递交的《资格预审申请文件》中不明确的和重要的内容进行必要的澄清和核实。如内容失实，可能导致资格预审不合格。

7. 评审结果：

7.1 提交评审报告。

评审委员会按照规定的程序对资格预审申请文件完成审查后，确定通过资格预审的申请人名单，并向招标人提交书面审查报告。

7.2 重新进行资格预审或招标。

通过必要性评审的申请人的数量不足3个的，招标人将重新组织资格预审。

8. 招标人将于2008年8月15日前告知申请人资格预审结果，并向通过资格预审的申请人发出《通过资格预审通知书》。申请人收到后，应于24小时内复函确认，并在三个工作日内持《通过资格预审通知书》、单位介绍信和经办人身份证明到指定地点购买招标文件。

9. 未取得《通过资格预审通知书》的申请人，无权参加本项目投标。

附件一 评分标准（表7-1）

表7-1 评分标准

序号	评分内容	评分标准	备注
1	概念性规划设计经验	最近三年每做过一个相关项目得8分，最高16分	
2	科技园区规划设计经验	最近三年每做过一个相关项目得8分，最高16分	
3	××市类似规划设计经验	最近三年每做过一个相关项目得8分，最高16分	
4	控规编制服务配合经验	曾参与过控规编制或服务配合，最近三年每做过一个项目得8分，最高16分	
5	项目团队人员配置情况	项目负责人是否国际知名或具有国际化视野，项目团队成员搭配是否合理、项目经验是否丰富，由资格审查委员会酌情打分，最高25分	
6	在中国大陆地区设有办事机构	在中国大陆地区设有办事机构者得6分	
7	综合印象	由资格审查委员会根据综合情况打分，满分5分	

附件二 必要性条件（表7-2）

表7-2 必要性条件

序号	评审内容	评审标准	备注
1	营业执照	具备有效证书	
2	资质等级证书	具备城市规划编制甲级资质，港澳台及国外规划设计单位应具备当地政府认可的城市规划设计注册执业资格或资质	

2. 准备招标文件

招标文件是指导设计单位进行正确投标的依据，也是对投标人提出要求的文件。招标文件一经发出后，招标人不得擅自修改。如果确需修改时，应以补充文件的形式将修改内容通知每个投标人，补充文件与招标文件具有同等的法律效力。若因修改招标文件导致投标人造成经济损失时，还应承担赔偿责任。

为了使投标人能够正确地进行投标，招标文件应包括以下几个方面的内容。

(1) 工程名称、地址、建设规模。

(2) 已批准的项目建议书或可行性研究报告。

(3) 项目说明书，包括对工程内容、工程项目的建设投资限额、设计范围和深度，图纸内容、张数和图幅、建设周期和设计进度等的要求。

(4) 城市规划管理部门确定的规划控制条件和用地红线图。

(5) 设计资料的供应内容、方式和时间。

(6) 招标文件答疑、踏勘现场的时间和地点。

(7) 投标文件编制要求及评标原则。

(8) 投标文件送达的截止时间。

(9) 拟签订合同的主要条款。

(10) 未中标方案的补偿办法。

在招标过程中，最重要的文件是对项目的设计提出明确的要求，一般称之为设计要求文件或设计大纲。设计要求文件通常由咨询机构或监理单位从技术、经济等方面考虑后具体细写，作为设计招标的指导性文件。文件内容大致包括以下几个方面。

(1) 设计文件编制的依据。

(2) 国家有关行政主管部门对规划方面的要求。

(3) 技术经济指标。

(4) 平面布局要求。

(5) 结构形式方面的要求。

(6) 结构设计方面的要求。

(7) 设备设计方面的要求。

(8) 特殊工程方面的要求。

(9) 其他有关方面的要求。

设计要求文件的编制，应兼顾以下三方面：①严格性，文字表达应清楚，不被误解；②完整性，任务要求全面，不遗漏；③灵活性，要为设计单位设计发挥创造性留有充分的自由度。

3. 组织现场考察、召开标前会议

在投标人对招标文件进行研究后，业主组织投标人对现场进行考察。使投标人了解工程现场情况，如城市道路、桥梁、大型立交等设计，一般都要求拟建项目与地区文化、环境、景观相协调，现场考察对投标人拟定设计方案具有重要意义。投标人应按规定派代表出席标前会议，招标人将对投标人的疑问进行解答，并以书面解答及补遗书澄清方式回答投标人提出的问题。

4. 开标、评标、定标

1) 开标

开标应当在招标文件确定的提交投标文件截止日期的同一时间公开进行。开标地点应当为招标文件预先确定的地点。招标人邀请所有投标人参加，并在签到簿上签名。开标由招标人主持，由监督机关和投标人代表共同监督。进行公证的，应当有公证员出席。投标文件的组成应按规定为双信封文件，如投标人未提供双信封文件或提供的双信封文件未按规定密封包装，经监督机构代表或公证人员现场核实确认后，招标人可当场宣布为废标，开标时，由投标人或者其推选的代表检查投标文件的密封情况，也可以由招标人委托的公证机构检查并公证；经确认无误后，当众拆封投标文件的第一个信封，宣读投标人名称、投标签署情况及标前页的主要内容。投标文件中的第二个信封不予拆封，并妥善保存。开标过程应当记录，并存盘备查。开标时，属于下列情况之一的，应当作为废标处理。

（1）投标文件未按要求密封。

（2）投标文件未加盖投标人公章或者未经法定代表人或者其授权代理人签字。

（3）投标文件字迹潦草、模糊，无法辨认。

（4）投标人对同一招标项目递交两份或者多份内容不同的投标文件，未书面声明哪一个有效。

（5）投标文件不符合招标文件实质性要求。

2）评标

评标由评标委员会负责。评标委员会由招标人代表和有关专家组成。评标委员会人数一般为5人以上单数，其中技术方面的专家不得少于成员总数的三分之二。

评标委员会应当按照招标文件的要求，对投标设计方案的经济、技术、功能和造型等进行比选、评价；确定符合招标文件要求的最优设计方案，并向招标人提出书面评标报告，向招标人推荐1～3个中标候选方案。

招标人根据评标委员会的书面评标报告和推荐的中标候选方案，结合投标人的技术力量和业绩确定中标方案。招标人也可以委托评标委员会直接确定中标方案。

招标人认为评标委员会推荐的所有候选方案均不能最大限度满足招标文件规定要求的，应当依法重新招标。

评标时虽然需要评审的内容很多，但应侧重于以下几个方面。

（1）设计方案的优劣。

主要评审以下内容：①设计的指导思想是否正确；②设计方案的先进性，是否反映了国内外同类建设项目的先进水平；③总体布置的合理性，场地的利用系数是否合理；④设备选型的适用性；⑤主要建筑物、构筑物的结构是否合理，造型是否美观大方，布局是否与周围环境协调；⑥"三废"治理方案是否有效；⑦其他有关问题。

（2）投入产出和经济效益的好坏。

主要涉及以下几个方面：①建设标准是否合理；②投资估算是否可能超过投资限额；③实施该方案能够获得的经济效益；④实施该方案所需要的外汇额估算等。

（3）设计进度的快慢。

投标文件中的实施方案计划是否能满足招标人的要求。尤其是某些大型复杂建设项目，业主为了缩短项目的建设周期，往往在初步设计完成后就进行施工招标，在施工阶段陆续提供施工图。此时，应重点考察设计进度能否满足业主实施建设项目总体进度计划的要求。

（4）设计资历和社会信誉。

3）定标

没有设置资格预审程序的邀请招标，在评标时应当对设计单位的资历和社会信誉进行评审，作为对各申请投标单位的比较内容之一。

　　根据《招标投标法》规定，招标人应当在中标方案确定之日起 15 日内，向中标人发出中标通知，并将中标结果通知所有未中标人。对达到招标文件规定要求的未中标方案，公开招标的，招标人应当在招标公告中明确是否给予未中标单位经济补偿及补偿金额；邀请招标的，应当给予未中标单位经济补偿，补偿金额应当在招标邀请书中明确。

　　招标人应当在中标通知书发出之日起 30 日内与中标人签订工程设计合同。确需另择设计单位承担施工图设计的，应当在招标公告或招标邀请书中明确。

　　招标人、中标人使用未中标方案的，应当征得提交方案的招标人同意并付给使用费。

7.1.5　勘察设计投标

1. 勘察设计投标程序

　　勘察设计投标一般遵循以下程序：填写资格预审调查表，购买招标文件（资格预审合格后），组织投标班子，研究招标文件，参加标前会议与现场考察，编制勘察设计投标技术文件，估算勘察、设计费用，编制报价书，办理投标保函（如果招标文件有要求的话），递交投标文件。

2. 投标文件内容

　　投标文件内容是方案设计综合说明书，方案设计内容及图纸，预计的项目建设工期，主要的施工技术要求和施工组织方案，工程投资估算和经济分析，设计工作进度计划，勘察设计报价与计算书。勘察设计投标文件由商务文件、技术文件和报价清单三部分组成。

　　商务文件大部分要按照招标文件中业主提供的格式填写。勘察设计大纲需投标人根据项目的特点编写，勘察设计大纲包括以下内容：项目概况，勘察设计工作内容、方针及计划工作量，勘察设计进度，勘察设计项目组织机构和主要人员安排，勘察设计质量保证体系，后续服务工作安排等内容。

　　技术文件主要包含对招标项目的理解，对招标项目所在地区建设条件的认识，总体设计思路，工程造价初步测算，对招标项目勘察设计的特点及关键性技术问题的对策措施，必要的图纸等内容。

3. 勘察设计投标报价

　　勘察设计投标报价需要在明确工程勘察与设计的工作内容和工作性质的基础上，通过复核（或确定）工程勘察与设计工作量和确定工程勘察与设计的计费方法，计算工程勘察设计费，最后进行投标报价决策。

　　根据招标文件工作量清单进行投标报价计算时，其报价由两部分组成：即勘察工作量报价和设计工作量报价。报价可参照 2002 年勘察设计收费标准（修订本）进行。

7.1.6　设计方案竞赛

　　目前，为了优化建设工程设计方案，提高投资效益和设计水平；为了与国际惯例接轨，借鉴国外的做法，大中型建设工程项目的设计由初步设计和施工图设计改为三个阶段，即方案设计阶段、初步设计阶段和施工图设计阶段。对城市建筑设计实行方案设计竞选制，以改变单一的招投标制和议标制，特别强调方案设计，规定方案设计应有一定的深度。对方案设计竞选者，不论入选与否，达到规定的方案设计深度的均应给予费用补偿。

凡符合下列条件之一的城市建设项目，必须实行有偿方案设计竞赛。

（1）建设部规定的特级、一级建设项目。

（2）重要地区或重要风景区的建筑项目。

（3）大于等于 4 万 m² 的住宅小区。

（4）当地建设主管部门划定范围的建设项目。

（5）建设单位要求进行设计方案竞赛的建设项目。

下面我们通过一个典型的案例来了解设计竞赛的程序和基本要求。

 案例 7.2

中国国家大剧院建筑设计方案竞赛

1998 年，在中国没有哪一个建筑方案的选择受到如此多人的关注——酝酿了 40 余年的中国国家大剧院，为了征求到一个优秀的国家大剧院方案，曾经经过了两年的国际设计竞赛。

1998 年 1 月 8 日，中央成立了国家大剧院建设领导小组和国家大剧院业主委员会。领导小组由中共中央、全国人大、国务院、北京市委及有关部委和全国政协、北京市政府等有关领导组成。业主委员会由北京市政协、文化部、建设部、北京市政府等领导同志组成。

1998 年 4 月，成立了由十一位中外权威建筑师组成的中国国家大剧院国际设计竞赛评选委员会，由清华大学教授、中国科学院和中国工程院院士吴良镛任主席，中外评委包括主席共十一位，都是世界著名建筑师、规划师或建筑学家。遵守国际建筑师协会的规定，既然要搞"国际设计竞赛"，评委会就一定要有一定比例的外国建筑师参加。

评委会发布了《中国国家大剧院建筑设计方案竞赛文件》（以下简称《文件》）及其附件，公开进行建筑设计国际招标。在《文件》前言中写道：

"中国国家大剧院是中国最高表演艺术中心。自 50 年代起，几经论证和策划，历时近四十年。在中国改革开放、经济蓬勃发展的今天，中国政府决定投资在首都北京天安门广场区段兴建国家大剧院，它将成为弘扬民族文化，反映时代精神，汇集世界现代建筑艺术与科学技术于一身，贡献人类表演艺术事业发展的宏伟巨作。为此，我们热忱邀请关心中国现代化建设，富有创新精神及丰富设计经验的国际、国内设计单位参与这一意义深远的设计方案竞赛。将国家大剧院真正建设成国际一流的艺术殿堂。中国人民将由衷地感谢你们的友谊和贡献。

本次竞赛活动在国家大剧院建设领导小组监督下按有关行政部门制定的规定进行，以保证竞赛活动的合法和公正。"

《文件》确定：国家大剧院工程总建筑面积为 12 万 m²。内容包括一个 2 500 座的歌剧院，一个 2 000 座的音乐厅，一个 1 200 座的话剧院和一个 300~500 座的小剧院及其他附属设施。竞赛将依据《国家大剧院设计任务书》和《中国国家大剧院建筑设计方案竞赛文件附件》进行。为保证方案竞赛的公正性，各参赛单位均以匿名方式报送方案，且不得在图纸及文件上出现表明身份的标记，只在正本（原图）首页背后右下角标明作者名称并用不透明纸封住。评选时不需要参赛者向评委介绍方案。

1998 年 4 月 13 日举行了竞赛文件发布会，4 月 30 日前又对参赛单位进行了答疑，解释了各种各样细致具体的问题。

规定各参赛单位须在 1998 年 7 月 13 日下午 14 时以前，将符合《文件》要求的方案提交到业主委员会指定地点。

《文件》规定：各参赛方案均须先经过规划、建筑、声学、舞台工艺、消防等方面的技术审查，提供初审咨询，再报送评委会进行评选。明确规定参加技术审查的人员不拥有评选投票权，拥有投票权的仅为由建筑专家组成的评委会十一位委员。规定："评委会委员在充分讨论的基础上，以无记名投票方式，以简单多数产生三个提名方案。"评审工作结束后，由评委会写出"评审报告"，经全体评委签字后交业主委员会。全部参赛方案在评委会评选工作结束后，由业主委员会将"评审报告"及三个提名方案向国家大剧院建设领导小组汇报，汇报前要进行公开展览。被提名方可以自愿参加汇报，介绍方案，最终由领导小组确定中选方案。文件特别提到："如条件不具备时可以缺额。"

1998年7月14日—7月23日由竞赛技术委员会对参赛方案进行规划、建筑、声学、舞台工艺、消防等方面的技术审查。

1998年7月24日—7月29日由评委会进行了严格的评选，按规定，直到评选前夕，才公布了评委的名单。8月3日由业主委员会以书面方式向各参赛单位发布评选结果。

此次竞赛原定邀请国内、国外共15～20家具有丰富的相关工程设计经验和相应设计资质的设计单位参赛。

关于评选原则，《文件》专门规定：

设计方案必须符合竞赛文件的规定，否则视为不合格作品。

充分体现作为国家最高艺术殿堂的特征，满足使用功能要求。

充分地考虑到作为中华人民共和国政治文化中心地段的特定地理环境的要求。

技术先进、经济合理、有充分的可实施性。

各项技术经济指标计算准确、合理。

在《中国国家大剧院建筑设计方案竞赛文件附件》（以下简称《附件》）"城市设计要求"条中，对于建筑风格更具体规定了必须："1.应在建筑的体量、形式、色彩等方面与天安门广场的建筑群及东侧的人民大会堂相协调。2.在建筑处理方面需突出自身的特色和文化氛围，使其成为首都北京跨世纪的标志建筑。3.建筑风格应体现时代精神和民族传统。"

《文件》还特别提到："参加本次方案竞赛者均视为承认本文件的所有条款。"这也就是说，如果你要参加竞赛，就全部承认并遵守这些条款，没有任何人可以享有特权，否则大可不必勉强。

《文件》和《附件》对于建筑风格的要求，以后被人们通俗地转述为三个"一看"，即一看是一座剧院、一看是一座中国的剧院、一看是一座天安门地区的剧院。

从1998年4月13日到7月13日，方案竞赛受到国内外建筑界、文化界、政治界和社会的广泛重视，共有36家设计单位参赛，送来方案44个，包括国外20个，国内24个(含香港特别行政区4个)。保罗·安德鲁所在的法国巴黎机场设计公司未被邀请参赛，这是可以理解的，因为按《文件》规定，本来是只准备邀请"具有丰富的相关工程设计经验"的设计单位参加的，但安德鲁只设计过机场，从来没有设计过剧院。但《文件》又规定"如有未被邀请单位自愿参加竞赛，其方案以同等条件参加评选"，所以保罗·安德鲁的方案仍以平等身份参加了评选。

竞赛历经3个月，1998年7月31日，评委会发布"国家大剧院第一轮竞赛评语"，再次强调"这是一次全国及国外建筑界广为关心的设计评选活动。演出建筑本身不仅集四种观演场厅于一身，内容繁多，且它位于中国重要的政治文化中心北京，天安门广场建筑群与长安街交汇处，北临大街，南面公共绿地，东与人民大会堂为邻。设计造型上如何与周围环境结合，而又'和而不同'，富有鲜明的个性，表现出既具有民族文化特色又有时代精神；既具备庄重典雅而又亲切宜人；既具有开放性，便于群众交往，又利于运营管理；既能选用先进的技术，又能保证建设与长时间使用的经济合理性等"，总之，综合地满足设计任务书上的基本要求，是这一设计必须满足的原则。

"评语"指出："全体评委认为送审方案图纸、说明书、模型等，一般都认真细致地做了多方面的探索，说明参赛者在短暂的时间内及繁杂的设计要求下，做了极大的努力，付出了极大的劳动。但必须说明，方案水平参差不齐。经过对其设计构想、功能组织、流线处理、技术手段与外部环境的联系及作为'艺术殿堂'建筑形象的塑造等种种因素，反复充分讨论，评委们不能不遗憾地认为，在全部竞赛方案中，还没有一个方案能较综合地、圆满地、高标准地达到设计任务书提出的要求。我们推举不出不做较大修改即可作为实施的三个提名方案。"

尽管如此，评委们仍"经过深入分析研究，多次以无记名投票方式进行预选，最后正式投票(无一方案获全票)，选出得票过半数者五个方案"。评委们声明："这些方案……均有很多需要改进提高的地方……作为设计方案深度不够，有些方案对中华民族文化传统以及与天安门广场特定地段的相互关系考虑得很不够。"

最后，评委们本着对事业负责的精神，根据中国国家大剧院建筑设计方案竞赛办法第八条规定，方案提名"如条件不具备，可以缺额"的精神，不能按照原有愿望，提出三个方案交领导小组确定中选。"建议业主委员会将上述经过投票产生的五个方案，作为参加单位，给以充裕的时间，再进行一次新的一轮设计创作(并付以酬劳)，保持原有方案的独特的优点，努力修正改进存在的缺点，以期产生为全社会所喜爱的、为世界所瞩目的新的建筑精品问世。"

评委会对这五个方案，提出了优缺点的具体评论。

1. 101方案(法国巴黎机场公司，即安德鲁的第一轮竞赛方案)：

这是一个简洁的建筑，同时照顾南北两面，设计整体性强，南北有水池环绕，并有观赏台，可以极目远眺，建筑造型很有个性。

缺点：造型过于严整，像纪念性建筑，平面以大剧场为中心，在南北主入口处，空间显得局促，且人流在大剧院四周来往，交通组织欠佳，空间单调无变化，深色石头过于沉闷压抑，难以与周围环境协调，应进行修改。

2. 106方案(英国塔瑞•法若建筑师事务所)：

这是一个浪漫与理性相结合的设计，北部大厅具有很大的通透性，使整个大厅亦成为观众表演的舞台，这一设计概念富有新意。

缺点：在建筑上，对中国民族文化毫无反映，由于建筑只向长安街一面疏散，交通入口难以出入，并且这仅是一个概念性的设计，各方面仍需要进一步做具体的后续工作，本设计未注意建筑南面与公共绿地相结合，入口不明确，全部采用玻璃，这在北京冬季寒冷、夏日炎热的季节较长的地区，能源的消耗很大。

3. 201方案(日本矶崎新建筑师事务所)：

剧场的构成灵活而有机，内部公共空间变化丰富，设计者利用柱廊、红墙等以增强与周围建筑环境的联系，在许多方面匠心独运，采用壳膜结构，有创造性。

缺点：建筑屋顶造型过于独特，难以与广场环境协调，因这一方案最大的特点在屋顶，恐难以做较大的改进。

4. 205方案(建设部建筑设计院)：

设计者企图以严整的平面，开敞的柱廊，与人民大会堂封闭的实墙面既协调又对比，利用柱廊内开放活动空间，作为市民的公共活动场所，此外，还强调了中轴线的运用等，说明作者在尝试中国传统与现代化相结合的追求。

缺点：柱廊漫长，显得单调，柱廊与屋顶曲线难以协调一致，"古琴"的含义实际上人们难以理解，建议在简化建筑词汇的同时简化建筑材料，追求整体协调。

5. 507方案(德国HPP国际建筑设计有限公司)：

平面组合分区明确，空间通透，条理清晰，结构合理，具有很强的秩序感和合理的内容空间组织。

缺点：缺乏文化演出建筑的特性，缺少人情味，未反映中国民族文化特色，与周围环境不够协调，希望能进行改进。

从以上评语，可以见到评委会始终坚持了《文件》及其《附件》对于国家大剧院的要求，特别强调其形象必须具备中国特色和时代精神，必须与环境协调，并具有剧院特色。

随后，国家大剧院领导小组决定进行第二轮设计竞赛。

根据领导小组的意见，第二轮竞赛原则上仍聘请第一轮评委继续担任评审委员，吴良镛仍任评委会主席，另增加上海、南京各一人，计国内专家8人，分别为齐康、张锦秋、何镜堂、周干峙、宣祥鎏、傅熹年、潘祖尧(中国香港)、戴复东；国外专家2人，分别为里卡杜·包费尔、阿瑟·爱里克森，加上主席仍为11人。原第一轮评委彭一刚和日本评委芦原义信未参加第二轮评委会。第二轮竞赛送选方案共14个，除上一轮遴选的5个方案外，还有由业主委员会另行邀请参赛的4个，以及曾参与上轮竞赛并志愿再次参加本轮竞赛的国外方案5个。在第二轮竞赛中，安德鲁仍提出了自己的方案。

第二次评审会于1998年11月14日至11月17日在北京召开，并于17日发布了"国家大剧院第二轮竞赛评语"，认为"第一次报告书中所阐明的下列论点：设计造型上如何与周围环境结合，而又'和而不同'，富有鲜明的个性，表现出既具有民族文化特色又有时代精神，既具备庄重典雅而又亲切宜人；既具有开放性，便于群众交往，又利于运营管理；既能选用先进技术，又能保证建设与长时间使用的经济合理性等'是正确的"，但第二次竞赛仍没有产生合格的中选方案，绝大多数评委认为，这些方案"有些虽然已达到比较高的水准，但对特定的地段条件及其他因素来讲，这些方案均不够完美，或多或少存在不同程度的问题，甚至有较严重的缺陷，对此宜提请领导小组和决策人慎重考虑"。对安德鲁第二轮参赛的方案，评委会的意见主要有"难与周围环境相谐调"、"建筑形象缺乏剧院建筑特色"。

评委会最后决定：

1. 从第一轮所遴选的5个方案中，选出两名，即1号方案(法国巴黎机场设计公司)和2号方案(日本矶崎新建筑师事务所)，英国塔瑞·法若建筑师事务所设计的5号方案以两票之差逊于上述两方案。

2. 从第一轮竞赛后业主委员会所邀请的4个国内参赛方案中，遴选出一名(但投票中出现两名票数相同，故实际选出了2名)，即6号(北京市建筑设计研究院)和8号方案(清华大学建筑设计研究院)。

3. 从参加第一轮竞赛后，自愿并自费参加第二轮竞赛的5个方案中遴选出一名，即12号方案(奥地利汉斯·豪莱建筑师事务所)。

以上共列出5个方案(若算上塔瑞·法若的，则为6个)，提请领导小组及有关方面参考。

评委们对以上方案的评语为：

1. 1号方案(法国巴黎机场公司，即安德鲁参加第二轮竞赛的方案)：基本保持了上一轮方案的设计原则；兼顾南北两个立面；建筑造型有个性、整体性强；顶部设有观景平台，可以纵目远眺。本次方案在材料选择、色彩运用、室内空间处理等方面淡化了原方案的造型过于肃穆的问题，但整体看来，仍具有严整的纪念性建筑特征。建筑独立性过强，难与周围环境相谐调。另外由于歌剧院处于正中，南北两出入口处空间仍显局促。建筑形象缺乏剧院建筑特色。

2. 2号方案(日本矶崎新建筑师事务所)：本方案基本上保持了原有方案的特点，如几个不同剧场的构成灵活而有机，内部公共空间变化丰富，外部利用柱廊、红墙以增强与周围建筑环境的联系，在许多方面匠心独运。但屋顶造型虽然做了一些调整、推敲，如屋面材料改用石板瓦等，但仍难以与周围环境相谐调。

3. 5号方案(英国塔瑞·法若建筑师事务所)：原方案北部大厅有很大的通透性，使其成为观众表演的舞台，这一设计要领富有新意。新方案入口大厅做了一定改进；主轴线上将剧场架高，以沟通北入口与南部公园的联系。设计人对中国文化的研究探讨也做了一定努力。然而该方案失去了原有设计的特色，北面大片流于商业化。

4. 6号方案(北京市建筑设计研究院)：整体方案在功能布局、空间处理上都做了新的努力。不足之处在于平面布局及北入口至公园的通道组织与上一轮其他参赛方案有雷同之处，建筑造型四面尚缺乏统一处理。

5. 8号方案(清华大学建筑设计研究院)：在利用地下空间的基础上，剧院东部开辟了大片绿化广场，试图适应观演、休闲等多功能用途。在建筑构图的探讨上，对于吸取民族文化传统作出了新的尝试。但该方案的缺点是比例、尺度、色彩欠当，消防、构架等问题的处理尚需要认真推敲。

6. 12号方案(奥地利汉斯豪莱建筑师＋海兹诺曼建筑师)：平面布局上，采用圆形大厅将三个主要演出厅有机地联系起来，空间组织灵活，外部形象力求规整，以符合地段需要。缺点是：建筑外部造型过于琐碎，尺度欠当、不统一。屋顶的处理仍应推敲。

评委会建议："基于上述所遴选方案的种种不成熟性，亟须在广泛征求意见的基础上，结合任务书研究的深入，以足够的时间进行深化和完善。"

中国国家大剧院设计竞赛是当时国内规模最大的一次建筑设计方案招标。参赛的有来自10个国家的40多个设计单位，提交了69个设计方案。方案经过了两轮竞赛、三次修改，并展出以供社会公众参观评选。在随后的方案深化设计过程中，又广泛征求了专家的意见，并进行了社会公众调查。国内建筑行业专家、剧场技术专家和表演艺术家等专业人士频繁召开座谈会进行论证，并分别组织全国人大代表、全国政协委员、北京市人大代表、北京市政协委员中代表社会各阶层各方面人士召开正式会议以广泛征集意见。在正式召开的专家会议上，与会人士大多数明确表示支持法国巴黎机场公司的设计方案。至此，在较大的专家和群众支持的基础上，法国巴黎机场公司的设计方案被最终采纳。

从以上过程可以看出，两轮竞赛的操作过程完全是公正的、公平的、透明的、严肃而认真的，并首尾一致地坚持了对方案的各种要求，坚持了评选原则。

7.2 建设工程监理招标与投标

 案例7.3

工程监理的由来

我国所说的监理，西方国家叫作为业主进行的项目管理，其性质是咨询，不是承包。简单的咨询方式是问答式，但监理咨询是管理的实质性咨询。

英国建筑师的原意是建造的师傅，帮助甲方做设计、购材料、雇工匠、组织施工，当时的建筑师，相当于总营造师。

18世纪在欧洲出现的花型建筑，其立面设计比较讲究。在总营造师中第一次发生了分离，一部分人搞设计，一部分人搞施工。后来，由于材料、力学的发展，要造桥梁，要搞更大的土木工程，因此设计人员又逐步分成建筑设计、结构设计。再往后，大型工厂逐步出现，机电开始应用，因此又出现了设备设计。这就是行业专业分工的演化。到了20世纪，参与工程建设的人员分成三方面：设计、施工和项目管理或称监理。

7.2.1 建设工程监理招标

1. 建设工程监理招标的特点

监理单位作为独立的一方，受业主委托，对工程项目建设进行管理，对于提高建设工程水平和投资效益，发挥着重要的作用。因此，作为项目业主，选择好一个高水准的监理单位来管理项目的实施是一项至关重要的工作。监理招标是为了挑选最有能力的监理公司为其提供咨询和建立服务，而土建工程招标是为了选择最有实力的承包商来完成施工任务，并获得有竞争性的合同价格，由于二者选择的目的不同，因此，有较大差异。下面我们就二者的招标任务范围、邀请范围等几方面对二者进行比较，见表7-3。

表7-3 监理招标和施工招标比较表

内容	监理招标	施工招标
任务范围	招标文件或邀请函中提出的任务范围不是已确定的合同条件,只是合同谈判的一项内容,投标人可以而且往往会对其提出改进意见	招标文件中的工作内容是正式的合同条件,双方都无权更改,只能在必要时按规定予以澄清
邀请范围	一般不发招标广告,发包人可开列短名单,且只向短名单内的监理公司发出邀请函	公开招标要发布招标广告,而不是在小范围内的直接邀请,并进行资格预审;邀请招标的范围也较宽,且要进行资格后审
标底	不编制标底	可以编制或不编制标底
选择原则	以技术方面的评审为主,选择最佳的监理公司,不应以价格最低为主要标准	以技术上达到标准为前提,将合同授予经评审价格最低的投标单位
投标书的编制要求	可以对招标文件中的任务大纲提出修改意见,提出技术性或建设性的建议	必须严格按招标文件中要求的格式和内容填写投标书,不符合规定要求即为废标
开标	可以不进行公开开标,如果公开开标不宜宣读投标报价	要进行公开开标,宣布所有投标人的报价
定标	允许并且往往需进行合同谈判,包括技术和财务两方面合同条件的谈判	定标前不得进行合同谈判

2. 建设工程监理招标的方式

监理项目的交易方式有招标方式和非招标方式。招标方式又可分为公开招标和邀请招标;非招标方式又可分为协商谈判方式和直接委托方式。

1) 招标方式

从《建筑法》颁布实施起,工程建设监理的强制性规定就已纳入了国家法律的范畴,《招标投标法》的颁布实施进一步对工程监理招标提出了要求,这是监理招标的法律依据。建设部第86号令具体划定了下列五大类范围的工程项目建设必须实行监理。

(1) 国家重点建设工程,这是指依据《国家重点建设项目管理办法》所确定的对国民经济和社会发展有重大影响的骨干项目。

(2) 大中型公用事业工程,这是指项目总投资额在3 000万元人民币以上的工程项目(包括市政工程、科技教育、文化体育、商住等社会福利事业等项目)。

(3) 成片开发的住宅小区工程。

(4) 利用外国政府或国际组织贷款、援助资金的工程项目。

(5) 国家规定必须实行监理的其他工程,包括所有涉及关系社会公共利益、公众安全项目。

对上述这些国家强制性监理的范围,原国家计划委员会第三号令《工程建设项目招标范围和规模标准》中,明确了工程监理的招标范围和规模标准,第一是监理单项合同估算价在50万元人民币以上的,第二是单项合同估算价虽低于50万元,但项目总投资额在3 000万元人民币以上的。工程项目监理只要满足这两个条件之一的就必须通过招标来选择监理单位。

采用招标方式的建设工程监理项目可以根据项目的实际情况选用公开招标方式或邀请招标方式，在一般情况下，采用公开招标方式的项目主要有以下几点。

(1) 国家和本地区的重大建设工程。

(2) 建筑面积达到一定规模的住宅建设工程。

(3) 依法必须进行招标的项目，全部使用国有资金投资或者国有资金投资占控股或者主导地位的项目。

对进行监理招标投标范围以外的建设监理项目，建设单位可采用非招标的方式确定监理单位，但均应进入地方建设工程交易管理中心监理分中心(或其他相应机构)进行交易，并办理监理合同登记。

2) 非招标方式

非招标方式的主要方式是协商谈判。

协商谈判是指招标单位选择具有与工程相应的资质等级、营业范围、监理能力的两家以上(含两家)监理单位，依据谈判文件对参加协商谈判的监理单位的标书进行协商谈判的方式。

协商谈判的建设工程项目范围有以下几点。

(1) 工程有保密性要求的。

(2) 工程专业性、技术性高，有能力承担相应任务的单位只有少数几家。

(3) 工程施工所需的技术、材料设备属专利性质，并且在专利保护期之内的。

(4) 主体工程完成后为配合发挥整体效能所追加的小型附属工程。

(5) 单位工程停建、缓建后恢复建设且原有监理合同已经中止的工程。

(6) 公开招标或者邀请招标失败，不宜再次公开招标或者邀请招标的工程。

(7) 其他特殊性工程。

3. 建设工程监理招标的程序

建设工程监理招标一般按照以下程序进行。

1) 制订监理招标计划

无论是具备自行监理招标条件的招标人还是受招标人委托的招标代理单位，一般情况下，都应事先制订一个监理招标计划，它对监理招标全过程工作起着指导性作用，也给编制招标文件提供可靠的依据。监理招标计划的主要内容应包括：工程项目监理招标范围的确定，监理标段的划分，招标方式和招标组织形式的确定，监理单位资质条件的选择，监理招标工作时间安排计划等内容。

(1) 工程项目监理招标范围的确定。

① 根据工程开发的范围确定施工监理招标范围。如可以按工程开发的分期实施、土建安装工程施工、精装饰工程施工、绿化工程等施工范围来确定，但应防止承包中的对工程的肢解，这是不允许的。

② 根据招标次数确定监理招标范围。中、小型工程项目，有条件时可以将全部监理工作委托给一个单位；对于一些大型项目、专业性强的工程项目若必须采取多次招标时，应明确每一次监理招标的工程的范围。

案例 7.4

某开发区项目仓库建筑工程监理招标范围和基本要求

1. 委托监理的范围及监理业务：

建筑工程涉及的桩基、土建、钢结构、内外装修及与建筑相关的综合管线等工程的施工监理，以及与实施工程所涉及的与周边社会关系的协调。工程实施过程中，涉及的工程规模调整及工程设计变更均属于本标段监理范围。

2. 招标方式：公开招标。

3. 报价方式：参照国家(2007)670文件。

4. 资格标准：

(1) 具有独立法人资格和房屋建筑工程监理甲级资质。

(2) 近3年具有与本工程性质及规模类似的仓库建筑工程监理业绩，且业绩优良，附证明材料。

(3) 总监理工程师具有独立承担过第(2)条所述工程总监的经历。

(4) 拟派遣到本工程的主要常驻现场专业监理人员不少于8人，且根据各阶段专业特点需要配备其他专业监理人员。

(5) 具有建筑工程质量控制与检测所需的仪器、设备和完善的质量控制体系。

---

(2) 监理标段的划分。

对于一般中小型工程不应划分成几个标段，只需进行一次招标即可。对于一些大型工程项目或者必须分期实施的工程项目，可以划分为几个标段，并确定一次进行监理招标或是分期进行监理招标。

(3) 招标方式和招标组织形式的确定。

根据《工程建设项目招标范围和规模标准规定》结合工程项目的类型、投资性质等来正确判定应该采用的招标方式，确定公开招标还是邀请招标。

(4) 监理单位资质条件的选择。

指根据该招标的工程项目的性质、类型、专业化程度等特点，按照《工程项目监理的资质等级及业务范围》的规定确定参加投标的监理单位应具备的资质条件。

(5) 监理招标工作时间安排计划。

根据确定的监理招标方式，结合工程项目勘察、设计招标工作的完成情况，在施工招标之前或之后按照规定的监理招标投标程序及国家招标投标法规定的每个程序节点的最少时间，确定监理招标工作的总时间，进行时间的控制和调整。

2) 编制招标文件

监理招标实际上是征询投标人实施监理工作的方案建议。监理招标文件由监理招标机构拟订。招标单位亦可委托招标代理单位拟订。目前，我国很多地区都颁布了监理招标文件范本，可以在编写招标文件时参考，下面就招标文件编写中的几个关键问题加以说明。

(1) 确定监理招标文件纲要与目录。

监理招标文件的纲目是招标文件的主体构架。为了指导投标人正确编制投标书，招标文件应包括投标须知、合同条件、对监理单位的要求、有关技术规定等内容，并提供必要的资料。

案例 7.5

某酒店监理招标文件纲要

第一章　投标须知

前附表

一、总则

二、招标文件

三、投标报价说明

四、投标文件编制

五、投标文件密封和递交

六、开标

七、评标、定标

八、授予合同

九、其他问题

十、综合评分表

第二章　合同文本

一、建设工程委托监理合同

二、标准条件

三、专用条件

第三章　投标文件表式

第四章　授权委托书

附件 1　关于总监驻工地现场的承诺

附件 2　评分办法

（2）确定监理招标的范围与内容。

在搜集了各类信息之后，研究确定本项目监理招标的规模、范围与内容和委托监理的任务，特别要注意项目投资决策和设计阶段的监理委托，因为该监理委托对项目投资效果起着举足轻重的作用。在监理招标时，有的工程业主往往一时难以提供委托监理任务的全部数据，可以先估计数目，并加注最终以实际完成的数据为准的说明。但是，各建设阶段的主导的数据和任务范围则仍应提出；对目前尚不能提出的任务数据，应提出原则和时间表，使投标人可准确报价和考虑风险系数，不致使投标人有模棱两可的感觉。各阶段监理工作的内容，是指监理实施过程中的"三控制、三管理、一协调"的具体工作内容在监理招标文件中要写明白。特别是本工程特殊的监理要求：如独立、平行检测，预控，方案技术经济评价及额外的监理任务，都一一写入招标文件中。做到事先提出而不致事后陆续增加监理工作的要求。

范围与内容是日常监理工作中涉及的实质性问题，双方在事先要彻底了解，不能含糊其辞。若在招标文件中不能表达清楚，或使投标人产生误解，必将在日后发生工作纠纷。

案例 7.6

某酒店监理招标文件专用合同条件中对监理范围和监理内容的说明

第一条 监理范围

(1) 按建设部要求,做好本工程的"三控、三管、一协调"。即投资控制、质量控制、进度控制,合同、安全与信息管理,工程全面组织协调。

(2) 根据双方协定对整个工程过程进行管理及进行工程的全过程监理,直至工程(包括后配套工程、景观绿化工程)竣工,交付使用、保修期内协调。

(3) 本工程监理工作内容包括(红线内)土建、安装、市政配套、绿化景观工程及保修阶段的监理协调工作。

第二条 监理工作内容

1. 施工招标阶段

(1) 参与审阅招标施工图,提出审图意见。参加各项工程招投标答疑会。

(2) 协助评审工程施工投标书,提出评估意见。向委托人提出中标建议,并协助委托人编制招标文件。

(3) 协助起草工程承包合同,完善承包合同条款(属于合同管理范畴的工作)。

(4) 协助委托人与中标单位签订工程施工合同。

2. 施工阶段

(1) 协助委托人与承建商编写开工申请报告。在签发开工令以前须核准、签证施工场地的土方平衡测量、计算值,提供给业主审核。察看工程项目建设现场,向承建商办理移交手续。根据委托人要求提交场地土方平衡报告。必须核准放样点、线,总监签字后申报规划建设局验线。规划建设局验线无误方可进入下道工序。对承包单位定位放线工作进行复核及对申请验线报告检测后签署意见,负责协调桩基施工单位向土建单位轴线桩的移交工作,并确保移交顺利。

(2) 审查施工单位各项施工准备工作,协助委托人下达开工令。审查施工单位各项施工准备工作(包括对投入的机械设备、测量、计量仪器具等的检查、校验),审查施工项目部的管理人员、技术人员、特种工作施工人员所必须持有的职业、执业证书。督促施工单位建立、健全各项管理制度和质量、安全、文明施工保证体系并监督其予以有效实施。安全生产措施应符合建筑法相应规定要求。人员配备、到岗情况与投标文件有出入时,有权拒签开工令。

(3) 提出书面报告和建议做调整、修改完善的意见,并督促其实施。有针对性地审查施工单位提交的施工组织设计、施工技术方案和施工进度计划,按照保质量、保工期和降低成本的原则,并提出审查意见。结合本工程实际、特点对施工技术方案、措施(包括特种方案、特别措施)提出明确的审核意见,和对施工进度计划作出评估。提出建议作调整、修改完善的意见,并督促其实施。必要时,监理人的专家组对方案问题和重大技术问题出面研讨解决,向委托人提供优化建议。

(4) 代表委托人组织有关单位对施工图进行设计交底及图纸会审,审查设计变更,并负责做好会议纪要。代表建设单位下达开工通知书,协调施工单位与设计单位之间的工作联系,配合委托人处理好有关工程方面的技术问题。当发生疑问时,若委托方有关责任人不在,则主动积极与设计单位联系或提出处理意见,做到不影响工期。

(5) 在审定"施工组织设计"后 15 天内,完成结合工程特点有针对性的监理细则的编写,并遵照执行。监理细则中必须合理设置控制点并相应作出质量事前控制的管理办法和规定,并确保在工程进行中得以实施。

(6) 严格控制施工进度,分阶段针对施工进度计划的实施情况,及时提出调整意见,及时纠偏。若出现工期延误的情况,督促施工单位拿出有效措施,提出意见建议,进行动态控制,及时调整工程进度,确保工程按照施工组织设计工期在工程施工承包合同所规定期限有序进行。按计划进度及实际情况不断纠偏、适时调控，对工期做到动态控制、有效控制。

(7) 审查工程使用的原材料、半成品、成品和设备的质量及其供货单位的资质，必要时按程序对材质进行抽查和复验，或按规定送验，按规定做好台账，并将符合要求的检验资料收集齐全妥善保存。尤其对"两块"等材料品质进行严格控制。

(8) 监督施工单位严格按施工图遵照现行规范、规程、标准要求施工，在实施中按规定做好各工序检测工作。监督施工单位认真按现行规范、规程、标准和设计要求施工，严格控制工程质量。确保本工程质量达到"省优"的质量目标，力争"鲁班"奖。加强预控，狠抓落实，督促施工单位认真做好各种工程通病的预防措施，做到无渗漏工程，并进行跟踪。

(9) 巡视监督、检查检验工程施工质量。负责检查工程施工工序过程中的质量，定期、不定期例行有关检查、抽查，对隐蔽工程进行验收复验签证，及时做好质量保证资料检查记录，认真编制工程质量评估报告。若发生工程质量事故，参与工程质量事故的分析及处理，并作出分析及处理报告。认真细致做好监理工作日记。

(10) 协助编制用款计划，复核已完工程量，签署工程进度款付款凭证，协助做好投资控制工作。代表委托人复核已完工作量，并对施工单位月报进行审核，在工程承包合同约定的工程价格范围内按施工合同规定的预决算定额审核、签认应付工程款并建议委托人支付。对修改、变更工程量进行成本分析、核定，按时(在一周内督促施工单位提交有关资料后)提供修改、变更的工程量的估算造价，保证工程成本的动态管理(事后对该完成的工程量必须经过核实)。经与委托人协商确定后签认增减部分造价(整个程序在两周内完成)。对进度脱期、质量不合格、与变更不符或有分歧意见的，可建议暂停支付。严格控制施工单位失实报价、漫天要价的行为，一旦发现则进行认真的估算、测算，如核实后确定施工单位存在上述行为，根据情节轻重征得委托人意见后可予以拒签，如土方量平衡估算、钢筋翻样审核、签证单估算等。协助委托人审核竣工结算。

(11) 加强合同管理，随时提醒有关各方遵守合同，积极避免索赔情况的产生。督促执行承包合同，协调建设单位与施工单位之间的争议、矛盾。协助委托人审核各承建单位有无调包、转包、分包，审查各承建单位管理人员及专业施工人员的资质证书及上岗证，确保其合格、有效。若在指定分包的情况下，协调各分包和分包与各承建单位之间的关系，以保证各项合同的正常履行。

(12) 督促施工单位做到安全生产、文明施工，配合创建安全无事故工地。代表委托人做好防止现场及红线外由本工程施工导致的安全、噪声、灰尘等污染及市政设施可能被损等的管理工作。努力制止破坏周边环境，污染路面等不文明施工行为。每个月提供签证后的施工单位的安全生产检查报告。

(13) 本工程涉及各种专业的施工，现场监理人员务必协调好不同施工单位之间的关系，保证总工期不拖延。协助委托人组织每周现场工程例会，及时整理、编写例会纪要。并每月出监理月报，报抄委托人，便于委托人掌握施工现场动态。

(14) 本工程质量目标主体省优。如不能完成质量目标，作为建设单位，我们将按照合同要求施工单位承担违约责任。同时，建设单位将按照对施工单位奖罚的比例要求监理承担连带责任。

(15) 如监理单位故意损害建设单位利益，建设单位有权为维护自己的合法利益进行处理，直至单方终止合同并追究法律责任。

(16) 督促并审核施工单位按园区有关规定整理好合同文件及施工技术资料、施工过程文件等，负责催促施工单位在工程竣工后两个月内将工程资料收集齐全并妥善归档(交我司档案馆)。督促施工单位配合做好城建档案资料。资料主要内容含：设计变更、修改单、现场签证单、工程联系单、材料质保书、产品合格证书、材料试验报告、技术复核单、隐蔽工程验收单、混凝土水泥砂浆试验报告、电阻测试单、单机联动调试报告各阶段工程进展照片等。

(17) 组织施工单位对工程进行阶段验收，做好渗水、闭水试验及竣工初验，并督促整改；核验，再整改。重点抓尾项、合同界面、设备试运转等。对工程施工质量提出评估意见，协助建设单位组织竣工验收。按竣工备案制规定搞好竣工验收。

(18) 配合建设单位搞好 ISO 9002 质量体系管理。监理在项目实施过程进行分工，专人收集、管理各种监理文书资料,按江苏省建委有关规定执行,备委托人查阅。监理必须在现场实行值班制度(包括节假日)。

(19) 负责审查施工单位的竣工资料包括竣工图纸并对竣工图纸负责(要监理方在竣工图上签章)。

(20) 协助委托人组织和参与联动调试和项目起用前的各项准备工作(包括配合施工单位出具建设部规定的"质量保证书"和"使用说明书"的有关资料并签署审核意见,和提出防止精装修损坏、因管理不善可能引起损坏等的建议、忠告)。在建设部规定的保修期间如发现有工程质量问题,应参与调查研究分析确定发生工程质量问题的原因,共同研究处理措施,并督促施工单位和有关单位实施处理。

原则上以事前控制为主,同时做好事中控制和事后控制,并做好合同、信息的管理工作。

(21) 监理人必须负责监督土建承包商将余土运至委托人指定地点,并监督各承包商不得将本工程之余土偷运出本工地。

3. 保修阶段

(1) 督促完善签署工程保修协议。

(2) 协助建设单位督促施工单位按国家有关规定和保修协议开展维修工作,保证维修工作顺利进行。

(3) 保修期间如出现工程质量问题,接通知后参与调查分析,确定发生工程质量问题的原因责任,共同研究修补措施,并负责落实修补工作。

4. 其他

(1) 本工程总监是监理人按委托人要求挑选施工管理及协调能力强、有类似工程建设工作经验丰富的技术领导人。实施中如委托人发现未能达到招标文件要求、投标文件所承诺的,有权在中途进行处理,监理人在保证不影响工程的情况下予以积极配合。

(2) 对照施工单位施工组织设计对工程的工期进行控制,包括:定期向业主通报各阶段工期完成情况、工期拖延时间和原因、挽回工期的措施等。监理人对工程的合同规定质量要求和完工时限负有责任,在委托人无责任的情况下,完工超过时限的规定扣监理人人民币5 000元/天工期违约金;工程安全、质量如有差错,扣监理人该部分工程直接损失费的30%;若安全、质量等达不到规定的目标,扣监理人不高于总监理费的违约金。

(3) 监理人对在本工程进行过程中出现的非施工单位原因造成的工程延期的情况,应迅速形成文件提交委托人,分析原因,并对工期损失作出评估。

(4) 监理人必须认真研究本工程土建安装总合同,在工程进行过程中,总合同单位可能提出的要求变更或增加委托人投资的方案,应具体分析该方案是否已经包含在招标过程或合同的各个文件之中,被认定为委托人无须增加投资、总合同单位必须做到的工作,监理人必须代表委托人坚持原则,既确保工程质量的受控,又不增加投资。

(5) 按监理大纲、细则对工程质量进行控制。协助业主的投资管理部对工程造价进行控制,包括:进度款的审批、设计变更引起造价增减的测算、现场签证费用计算,结算的初步审核等。

(6) 监理人应充分考虑本项目的工期要求、施工困难等方面的情况,如由此而增加监理人员的工作时间,其报酬不再增加。

(7) 监理人应保证年平均在现场监理人数不少于18人,建设单位对现场人数进行考察,如不能满足要求,将按实际缺少人数扣减相应的监理费用。

(3) 确定监理工作的技术要求与监理目标。

技术要求是指监理项目中比较重要特殊工程的技术要求。常规的做法是遵照图纸要求与国家规范标准。凡重要、特殊的工程技术要求,在监理招标文件中需提出所遵照的规范和技术标准,特别是新工艺、新技术的使用。有些在事先需进行试制和试验的内容,必须列出。

监理的目标在监理招标文件中应专列一段,主要是质量目标、进度目标、投资目标、安全目标、文明施工目标等。进一步则要求投标人在投标文件中提出达到这些目标的具体有效措施；对本工程项目从设计到施工提出合理化建议；工程质量检测见证取样的制度；需跟踪监理的重要部位、工序清单；独立、平行检测手段及保证措施及项目清单。

 案例 7.7

某酒店监理目标和监理技术要求

监理质量目标：必须达到省优，力争获得"鲁班奖"；施工进度满足招标单位要求；投资控制在招标单位要求的范围。

监理依据：

(1) 委托人与土建安装及其他承包方签订的施工承包合同、招标文件及其答疑文件(包括该单位投标时的承诺)。

(2) 委托人批准的监理大纲和监理细则等。监理细则必须包括的内容应符合委托人对工程目标的要求并随实际情况而调整。至少应包括以下两方面。

① 对质量、造价、项目的预控和监控随时纠偏，动态管理，弥补不足的各项监理措施及相应的人员配置，检查频次规定、表格设计及使用方法。在造价控制方面必须配备相应专业的造价工程师，对本工程造价进行严格的控制。

② 按委托人内部项目管理及配合委托人单位质量体系管理程序的各项规定，调整监理的行为、形成的措施。

(3) 完整的工程项目施工图及技术说明书和委托人批准的变更。

(4) 国家现行的建筑安装工程质量标准和验收规范。

(5) 政府有关政策、法令、监理法规和委托方上级部门的规章。

(6) 施工单位的施工组织设计及各分部分项工程的施工方案。

(4) 确定监理单位和人员的基本要求与组成。

对监理单位和人员的基本要求与组成，在监理招标文件中需加以说明。

 案例 7.8

某酒店监理招标文件中对监理单位的要求

投标单位应尽可能满足以下条件。

(1) 投标单位必须具有独立法人资格，甲级资质。

(2) 投标单位近5年内监理过两个以上酒店大楼，业绩优良。

(3) 工程驻场总监理工程师应满足的条件：高级工程师，土建及相关专业、具备监理工程师执业资格5年以上、年龄55周岁以下(包括55岁)的注册监理工程师，监理过至少一个酒店大楼，且有规模类似幕墙监理经历，业绩优良，其中有1个获得过省级以上(含省级)奖项。总监理工程师须承诺在本工程监理期间不得兼任其他工程项目。

(4) 驻场监理机构人员的专业配套要求：除专业齐备(建筑、结构、电气、暖通、给排水、弱电、装修、幕墙等所有相关专业)外，土建、机电、弱电各专业至少有一人监理过酒店。配备的工程师应有丰富经验，且中、青年相搭配，各专业监理工程师的配备、数量必须满足开展监理工作的需要。同时各专业人员必须具备相应的执业资格(工程师)。

(5) 必须提供以往类似工程幕墙(单元板)及酒店精装修专题报告。

(6) 本工程应配足土建、安装、装修及其他工程的所有检测设备(仪器)。

 案例 7.9

某高层住宅小区监理招标文件评标办法中对监理机构的评分要求

监理评分标准示例见表 7-4。

表 7-4　监理评分标准示例

驻场监理机构	30	1. 总监理工程师		不具备监理工程师(经注册)资格的废标
		业绩	10	4	监理项目获得国优：1 个得 2 分，可累加；监理项目获得省优：1 个得 1 分，可累加；本项累计总分不超过 4 分
		类似经验	4	担任过 1 项类似等级项目总监的得 2 分，每超过一个加 2 分，本项累计总分不超过 4 分
		资质	2	高工得 1 分，其余不得分；除本专业以外有其他专业注册资格，每一专业加 1 分，累计不超过 2 分
			0	向业主承诺在本工地到位的时间为 100% 的不扣分，未承诺者扣 2 分
		2. 专业人员的配备	20		
		人员数量满足程度	4	人员配备满足本项目的要求得 4 分，基本满足得 2 分，不满足不得分
		对口专业满足程度	4	满足本项目各专业要求得 4 分；基本满足得 2 分；其中一个专业不满足的扣 1 分，最多扣 3 分
		职能分工架构	2	各职能分工合理可行得 2 分，不合理不得分
		类似经验	5	监理工程师具有类似工程经历，每个工程 1 分，本项累计不超过 5 分
		各专业负责人资质	5	具备注册监理工程师的加 0.5 分，每个专业 0.5 分，总分不超过 5 分

(5) 对监理投标书提出的内容与要求。

工程监理投标书分技术标和商务标两部分。以下分别阐明其主要内容。

① 对技术标书的要求包括：技术标书的综合说明；各阶段工程监理质量、投资、进度控制的方法与实施措施；根据本工程的特点而制定的检测、监测方法；合同管理、索赔管理的方法与措施；信息管理的方法与措施；安全文明施工的监理措施；独立平行检测方法及取证措施；主要独立、平行检测项目清单；选用、配备的监测仪器、设备清单；小时旁站跟踪监理的重要部位；与业主、承包商、分包、政府部门、供应商、设计单位等工作协调的方法；资料整理归档提供的管理方法。

② 对商务标书的要求包括：担任本工程监理组总监理工程师的学历、工作简历、特长，特别是参加过监理工程的经历；参加本工程监理人员机构组成及监理组成员详细名单，特别注明职称、注册资质和监理经历；监理公司资质证明及以往参与相关工程监理的

业绩、奖励、评价及其他说明；质量管理体系认证的状况及提交相关认证书；监理报价书及编制说明(或监理成本估算)。

(6) 标书编制要求、送交时间、招标投标日程表。

包括标书规格、标书送交份数、密封要求、送交投标书时间；发放招标文件的时间、地点；投标保证金；踏勘施工现场时间、集合地点；投标单位以书面形式返回招标文件中需澄清的及踏勘施工现场后情况不明处的问题提交时间、地点；招标单位召开招标文件答疑会，对招标书中及投标单位书面返回问题进行口头解释与澄清的时间、地点；会后补发会议纪要，以书面文件为准。这些内容全部在投标须知及其附表中说明。

(7) 评标原则。

评标办法遵照国家及各地区颁布的《评标办法》等有关评标原则，结合本工程监理招标实际条件确定，在招标文件中公布，各方监督。

 案例 7.10

某住宅及商业街项目监理评标办法(节选自该工程监理招标文件)

一、评标与定标

整个评标过程必须在×区招标办及×区公证处的监督下完成。

1. 评标内容的保密

开标后，直到发出《中标通知书》或授予中标单位合同为止，整个评标过程的有关内容和资料不得向投标单位或与该过程无关人员泄露。投标单位不得对招标单位和评标小组各成员施加影响，违者取消其中标资格。

2. 投标文件的符合性鉴定

投标文件应实质上响应招标文件的要求，所谓实质性响应招标文件的要求，即投标文件应该与招标文件的所有条款、条件和规定相符，无显著差异或保留。若投标文件实质上不响应招标文件的要求，招标单位将予以拒绝，并不允许投标单位通过修正或撤销其不符合要求的差异或保留，使之成为具有响应性的投标。

3. 错误的修正

3.1 评标委员会(小组)对确定为实质上响应招标文件要求的投标文件进行校核，若有计算或累计上的算术错误，如果用数字表示的数额与文字表示的数额不一致时，以文字数额为准。

3.2 按上述修改错误的方法调整投标书中的投标报价。经招、投标单位确认同意后，调整后的报价对投标单位起约束作用。如果投标单位不接受修正后的投标报价，则其投标将被拒绝。

4. 投标文件的澄清

为有助于对投标文件的审查与评比，评标委员会(小组)可以个别要求投标单位澄清其投标文件，有关澄清的要求与答复应以书面形式进行，但不允许更改投标报价和投标文件的实质性内容。按本文件第一章第26款规定发现的算术错误不在此列。

5. 投标文件的评价与比较

5.1 评标委员会(小组)按本文件第25条确定为实质上响应招标文件要求的投标文件进行评价与比较。

5.2 评标时，各评委通过对投标单位的投标文件中的驻场监理机构、监理方案(大纲)、监理业绩、企业信誉、监理报价等进行综合评价，按照附件《工程监理招标综合评分表》的内容，采用百分制进行评分。

6. 定标原则

评标委员会(小组)成员按本文件第一章第28条的规定对各有效投标文件评出综合得分(表7-5)，综合得分最高者为中标单位。

表 7 - 5　工程监理综合评分表

工程项目名称：××住宅及商业街工程监理　　　　　　评标日期：　　年　　月　　日

类别	分数	分项内容	基础分	分项分	评 分 说 明	得分	得分	得分	得分	得分	得分
一 监理 方案	25	1. 投资控制									
		目标		1	目标明确得1分，不明确不得分						
		方法	3	1	方法合理可行得1分，基本可行得0.5分，不可行不得分						
		措施		1	措施具体，针对性强得1分，有针对性但不具体得0.5分，针对性不强和措施不具体不得分						
		2. 进度控制									
		目标		1	目标明确得1分，不明确不得分						
		方法	4	1	方法合理可行得1分，基本可行得0.5分，不可行不得分						
		措施		2	措施具体，针对性强得2分，有针对性但不具体得1分，针对性不强和措施不具体不得分						
		3. 质量控制									
		目标		1	目标明确得1分，不明确不得分						
		方法	4	1	方法合理可行得1分，基本可行得0.5分，不可行不得分						
		措施		2	措施具体，针对性强得2分，有针对性但不具体得1分，针对性不强和措施不具体不得分						
		4. 合同管理	1	1	合同管理的方法合理，有监控发生合同纠纷的具体措施得1分，无具体措施不得分						
		5. 安全管理	2	2	方法合理可行，有具体措施得2分，基本可行得1分，方法不清晰或无具体措施不得分						
		6. 组织协调	2	2	协调方法清晰合理、有具体措施得2分，基本可行得1分，方法不清晰或无具体措施不得分						
		7. 检测设备仪器	1	1	满足本项目检测需要得1分，基本满足得0.5分，不满足不得分						

续表

类别	分数	分项内容	基础分	分项分	评 分 说 明	得分	得分	得分	得分	得分	得分
一 监理方案	25	8. 针对性监控难点	3	3	针对性强、措施具体得3分,有针对性、措施不具体得2分,针对性不强、措施不具体不得分						
		9. 合理化建议	5	5	具有科学、合理、可行及具体措施的合理化建议并经评委分析论证认同的可相应加分,最多可加5分						
二 驻场监理机构	30	1. 总监理工程师			不具备监理工程师(经注册)资格的废标						
		业绩	10	4	监理项目获得国优:1个得2分,可累加;监理项目获得省优:1个得1分,可累加;本项累计总分不超过4分						
		类似经验		4	担任过1项类似等级项目总监的得2分,每超过一个加2分,本项累计总分不超过4分						
		资质		2	高工得1分,其余不得分;除本专业以外有其他专业注册资格,每一专业加1分,累计不超过2分						
				0	向业主承诺在本工地到位的时间为100%的不扣分,未承诺者扣2分						
		2. 专业人员的配备									
		人员数量满足程度	20	4	人员配备满足本项目要求得4分,基本满足得2分,不满足不得分						
		对口专业满足程度		4	满足本项目各专业要求得4分;基本满足得2分;其中一个专业不满足的扣1分,最多扣3分						
		职能分工架构		2	各职能分工合理可行得2分,不合理不得分						
		类似经验		5	监理工程师具有类似工程经历,每个工程1分,本项累计不超过5分						
		各专业负责人资质		5	具备注册监理工程师的加0.5分,每个专业0.5分,总分不超过5分						
三 监理报价	30	投标报价的比较	30	30	最低报价为第一名,次低报价为第二名,其余依此类推,第一名得30分,其余报价比第一名每增加1%,得分比第一名减少1分						

类别	分数	分项内容	基础分	分项分	评分说明	得分	得分	得分	得分	得分	得分
四 公司 业绩	5	类似项目监理业绩经验(指监理公司)	5	5	近5年完成(以竣工期为准)的类似等级(建筑面积平方米以上)项目,每项得1分,相似项目获省优每项另加0.5分,获鲁班奖每项另加1.5分。总分不超过5分						
		投标文件	0	0	投标文件不清晰、装订观感差的扣2分						
合计 得分	90										

说明:1. 以各评委评出的各有效投标文件的得分的算术平均值作为该投标单位的得分。

2. 投标单位在投标文件中的驻场监理机构人员资格、监理(含单位和总监)业绩证明(如监理合同、监理登记证)和企业信誉等方面内容必须提供相应的证明材料(可以是复印件,如所附证明材料经招标单位证实为虚假资料,不仅将取消其监理资格,而且向上级有关单位通报)。

3. 评分时90分为基础分,另外附加项得分也参加总分的累计,总得分前两名初定为候选单位,由建设单位在候选单位中选定中标单位。

4. 评分时如出现小数点,则保留小数点后两位,第三位四舍五入。

3) 发布监理招标公告或投标邀请书

采用公开招标方式的需要发布监理招标公告,采用邀请招标方式的需要向受邀单位发送投标邀请书。若监理招标中含有资格预审程序,则同时发售投标资格预审文件,若无资格预审,则招标人直接发售招标文件。监理招标公告或投标邀请书应当载明下列内容。

(1) 招标人的名称和地址。

(2) 招标项目的名称、技术标准、规模、投资情况、工期、实施地点和时间。

(3) 获取招标文件或者资格预审文件的办法、时间和地点。

(4) 招标人对投标人或者潜在投标人的资质要求。

(5) 招标人认为应当公告或者告知的其他事项。

 案例 7.11

某体育中心工程监理招标公告

1. 招标条件

本招标项目——体育中心工程已由某省发展和改革委员会以《关于体育中心项目建议书的批复》文件批准建设,项目业主为某省政府工程建设事务管理局,建设资金来自政府投资,招标人为某省政府工程建设事务管理局。项目已具备监理招标条件,现进行公开招标,欢迎有兴趣的潜在投标申请人报名。

2. 项目概况与招标范围

2.1 建设地点:略。

2.2 建设规模:19.76 万 m^2。

2.3　总投资：16亿元人民币。

2.4　招标范围：施工阶段监理。

2.5　计划工期：略。

3. 标段划分

项目标段划分一览表见表7-6。

表7-6　项目标段划分一览表

标段	工程名称	建筑面积	投资额	结构形式	层数
一标	自行车馆工程	1.86 万 m²	1.47 亿元	下部为钢筋混凝土框架-剪力墙结构，上部为钢结构屋盖	地上 3 层
二标	体育馆工程	2.68 万 m²	1.89 亿元	下部为钢筋混凝土框架-剪力墙结构，上部为钢结构屋盖	地上 3 层，地下局部一层
三标	游泳跳水馆工程	2.96 万 m²	2.57 亿元	下部为钢筋混凝土框架-剪力墙结构，上部为钢结构屋盖	地上 3 层，地下一层
四标	综合训练馆工程	1.60 万 m²	1.02 亿元	钢筋混凝土结构，屋面采用钢桁架结构体系	地上 2 层
五标	平台车库工程	1.50 万 m²	0.84 亿元	钢筋混凝土结构	

4. 投标申请人资格要求

4.1　中华人民共和国境内的独立法人资格单位。

4.2　具备中华人民共和国房屋建筑工程甲级或综合类监理资质。

4.3　通过 ISO 9000 系列质量管理体系认证。

4.4　具有大型公共建筑工程监理业绩。

4.5　拟任总监理工程师具备国家注册监理工程师执业资格(房屋建筑专业)，房屋建筑类高级技术职称，具有大型公共建筑工程监理业绩。

4.6　本次招标不接受联合体投标申请。

5. 报名须知

5.1　请投标申请人于×年×月×日至×年×月×日，每日上午9时至12时，下午3时至6时(北京时间，下同)，在某工程招标代理有限公司(地址略)持法人授权委托书、营业执照、资质证书副本、拟任总监理工程师执业资格证及注册证、职称证报名，以上均核验原件，并提供加盖公章复印件两套报名。

5.2　招标文件购买时间：×年×月×日至×年×月×日。

5.3　招标文件每套售价为800元，售后不退。

6. 发布公告的媒介(略)

7. 联系方式(略)

4）监理单位的资格预审

目前，国内工程监理招标多采用邀请招标，监理资格预审的目的是对邀请的监理单位的资质、能力是否与拟实施项目特点相适应的总体考查，而不是评定其实施该项目监理工作的建议是否可行。因此，资格预审的重点侧重于投标人的资质条件、监理经验、可用资源、社会信誉、监理能力等方面。

案例 7.12

某高层住宅小区监理招标资格预审办法(摘自该工程监理资格预审文件)

第一节 资格预审的合格条件

(1) 具有独立订立合同的能力。

(2) 企业未被处于责令停业、投标资格被取消或者财产被接管、冻结和破产状态。

(3) 企业没有因骗取中标或者严重违约及发生重大工程质量、安全生产事故等问题,被有关部门暂停投标资格并在暂停期内的。

(4) 申请人资质类别和等级:房屋建筑工程乙级及以上。

(5) 拟选派总监资质等级:具有全国注册监理工程师证书,为工民建专业。

(6) 资格预审申请书中的重要内容没有失实或者弄虚作假。

(7) 总监理无在建工程,或者虽有在建工程,但该工程合同约定范围内的全部施工任务已临近竣工阶段,并且该工程承包方已经向原发包人提出竣工验收申请,原发包人同意其参加其他工程项目的投标竞争。

(8) 投标申请人办理投标报名、资格审查事宜必须由企业法定代表人(或法定代表人委托代理人)办理,委托代理人必须为本企业在职职工。

(9) 符合法律法规规定的其他条件。

如报名单位不符合上述 9 条中的任何一条,则招标人有权拒绝报名单位参与项目的投标。

上述条款中所需的有关证书、文件等资料业绩证明材料,投标申请人必须同时提供复印件及原件核实,否则认为复印件无效,所有资料复印件必须加盖企业公章。

第二节 本项目拟采用的资格预审办法

本项目招标的资格预审采用可选条件合格则全部入围的方式确定潜在投标人,同时参与投标的单位必须满足资格预审必要合格条件的要求。

第三节 本项目的资格预审中必要合格中的可选条件的评定

1. 企业业绩

企业近三年内有类似工程业绩——类似业绩指小区建筑面积 8 万 m² 及以上和地下车库 5 000m² 及以上住宅小区。

以上业绩无数量要求。

2. 总监理工程师类似工程业绩

总监理工程师近三年内承担过类似工程业绩——类似业绩指小区建筑面积 8 万 m² 及以上和地下车库 5 000m² 及以上住宅小区。

以上业绩无数量要求。

3. 企业近三年内的经审计的财务报表(包括但不限于资产负债表、损益表、经营性现金流量表)

---

5) 组织投标人现场考察及对潜在投标人的考察

在发售招标文件之后,招标人要组织投标人察看现场并召开标书答疑会,答复招标文件及图纸的有关问题,使每个投标人都清楚他们应该做的事。

同时在这个阶段应该组织建设单位及有关部门对潜在投标人进行考察,考察内容含:投标人的办公地点、人员组成、正在监理的现场、内业资料及该业主的反映等,并做好现场记录,以备评标用。

7.2.2 建设工程监理投标

监理单位要做好投标工作，主要应做以下工作。

1. 广泛收集招标信息

监理单位应注意新闻媒介上刊登的招标信息，获得招标信息后应全面分析欲投标工程的投标环境、经济环境、自然环境，要根据所收集的资料，在尽可能了解竞争对手的基础上，进行投标成本分析，选择投标成功率较多的标投。

2. 组建投标小组

根据欲投标工程的特点组建投标小组，由若干人组成，有明确的分工，并有总负责人。

3. 仔细阅读招标文件

投标人必须仔细阅读招标文件中的每一项条款，尤其关键的是资格要求、投标人的合格条件、投标人应提供的资料、评标办法等，弄清楚招标人的意图和招标项目的主要特点及响应标书的要求。遇到疑难处，及时进行答疑，并且要以文字为据，避免犯错误。

4. 认真编制投标文件

投标文件的编写应严格按照招标文件的要求进行，凡招标文件要求提供的投标证明文件，都必须提供，凡招标文件要求填制的投标文件都必须填制。投标文件编写时必须认真编制好监理大纲，在监理大纲中既要有常规要求的通用内容，又要有针对该工程建设监理项目的监理重点、难点提出本企业的看法，甚至可以提合理化建议，这方面最能体现投标人的水平和技巧，要充分表现出企业的实力和功底。

投标报价要根据建设工程的特点，分析监理成本，并按招标文件提供的报价范围，综合考虑选择中低价位，不需要竞投最低价(除非是最低评标价中标)。

7.3 建设工程材料、设备招标与投标

案例 7.13

某房地产开发公司工程材料及设备采购管理制度

(1) 项目开工前，设计或工程管理部门应及时列出所需材料及设备清单，一般按照下列原则决定甲供、甲定乙供和乙供，并在工程施工承包合同中加以明确。

甲方能找到一级建材市场的、有进口免税计划指标的、有特殊质量要求和价格浮动幅度较大的材料和设备，应实行甲供或甲定乙供，其余实行乙供。

(2) 实行甲供或甲定乙供的材料和设备应尽量不支付采购保管费。

(3) 应按工程实际进度合理安排采购数量和具体进货时间，防止积压或造成窝工现象。

(4) 甲供材料、设备的采购必须进行广泛询价，货比三家，也可在主要设备和大宗建材采购上采用

招标方式。在质量、价格、供货时间均能满足要求的前提下，应比照下列条件择优确定供货单位。

①能够实行赊销或定金较低的供货商。

②愿意以房屋抵材料款，且接受正常楼价的供货商。

③能够到现场安装，接受验收合格后再付款的供货商。

④售后服务和信誉良好的供货商。

(5) 工程管理部门对到货的甲供材料和设备的数量、质量及规格，要当场检查验收并出具检验报告，办理验收手续，妥善保管。对不符合要求的，应及时退货并通知财务部拒绝付款。

(6)《采购合同》中必须载明：因供货商供货不及时或质量、数量等问题对工程进度、工程质量造成影响和损失的，供货商必须承担赔偿责任。

(7) 各单位必须建立、健全材料的询价、定价、签约、进货和验收保管相分离的内部牵制制度，不得促成由一人完成材料采购全过程的行为。

(8) 对于乙供材料和设备，我方必须按认定的质量及选型，在预算人员控制的价格上限范围内抽取样板，进行封样，并尽量采取我方限价的措施。同时在材料和设备进场时应要求出具检验合格证。

(9) 材料的代用应由工程管理部门书面提出，设计单位和监理单位通过，审算部门同意，领导批准。

(10) 甲供材料、设备的结算必须凭供货合同、供货厂家或商检部门的检验合格证和我方工程管理部门的验收检验证明及结算清单，经审算、财务部门审核无误后，方能办理结算。

材料设备采购是指业主或承包商通过招标等形式选择合格的供货商，购买工程项目建设所需的投入物，如机械、设备、仪器、仪表、办公设备、建筑材料等，并包括与之相关的服务，如运输、保险、安装、调试、培训和维修等。

7.3.1 工程材料、设备采购的特点

工程材料、设备采购与工程项目采购有相同之处，但也有其自身的特点，主要表现在以下几个方面。

1. 采购种类多，数量不等

工程项目所需的材料和设备种类繁多，而且每种货物的需求量不等，所以材料设备采购计划的制订至关重要。没有周密的采购计划就有可能出现材料、设备供应不及时，影响生产影响进度的被动局面。

2. 采购时间不一，采购批次多

工程项目所需的材料和设备的采购都需要根据工程进度计划适时编制货物采购计划，每种材料、设备的进场时间不同，需要分别制订相应的采购计划，控制采购过程，而且还需要根据资金情况、工程进度等确定每次的经济采购批量，分批采购。

3. 采购对象的质量可预先确定

与工程项目采购不同，材料、设备的采购方可以在确定采购前先对采购对象进行考察。做好事先的考察工作，可以让采购方对欲采购的货物质量有基本的了解。因此，采购合同签订前的考察对材料设备采购而言尤其重要。

7.3.2 材料、设备采购的方式

1. 按货物采购的公开程度进行分类

材料、设备的采购方式按货物采购的公开程度可划分为招标采购、询价采购、直接订购等方式。

1）招标采购

这种选择供货商的方式大多适用于采购工程的大型货物或永久设备、标的金额较大、市场竞争激烈的情况。招标方式可以是公开招标，也可以是邀请招标。在招标程序上与施工招标基本相同。

2）询价采购

这种方式是采用询价、报价、签订合同程序，即采购方对3家以上的供货商就采购的标的物进行询价，对其报价经过比较后选择其中一家与其签订供货合同。这种方式无需采用复杂的招标程序，又可以保证价格有一定的竞争性，一般适用于采购建筑材料或价值较小的标准规格产品。

3）直接订购

直接订购方式由于不能进行产品的质量和价格比较，因此是一种非竞争性采购方式。一般适用于以下几种情况。

（1）为了使设备或零配件标准化，向原经过招标或询价选择的供货商增加购货，以便适应现有设备。

（2）所需设备具有专卖性质，并只能从一家制造商获得。

（3）负责工艺设计的承包单位要求从指定供货商处采购关键性部件，并以此作为保证工程质量的条件。

（4）尽管询价通常是获得最合理价格的较好方法，但在特殊情况下，由于需要某些特定货物早日交货，也可直接签订合同，以免由于时间延误而增加开支。

2. 按业主的参与程度进行分类

材料、设备的采购方式按业主的参与程度可划分为：业主自行采购、委托招投标机构采购和施工承包单位采购等方式，各种方式的优缺点和使用范围如表7-7所示。

表7-7 货物的三种采购方式比较表

采购实施主体	优　点	缺　点	应用范围
业主自行采购	业主对自行采购的产品比较放心	加大了业主的工作量，业主方必须有较强的管理水平和与施工承包单位的协调能力，并要求有很强的自律能力	应用于大宗设备和贵重材料
业主指定产品，委托专门的采购部门采购	易于使设备的采购更加专业化和规范化，提高采购供应的效率	增加了货物采购承包单位，协调工作量增加	应用于大型工程、特殊专业工程及外资项目
施工承包单位采购	便于组织和协调，易于实现计划的调整和控制	对施工单位的管理和专业水平要求高	应用于小型或简单的工程

3. 按采购手段进行分类

材料、设备的采购方式按采购手段的先进性可划分为：传统采购方式和现代采购方式。

（1）传统采购方式是指依靠人力完成整个采购过程的一种采购方式，如通过报纸杂志发布采购信息，采购实体和供应商直接参与每个采购环节的具体活动等。传统采购方法适用于网络化和电子化程度较低的国家或地区。

（2）现代采购方式也称网上采购或电子采购，是指主要依靠现代科学技术的成果来完成采购过程的一种采购方式，一般通过互联网发布采购信息，网上报名，网上浏览和下载标书，网上投标等。现代采购方式适用于网络化和电子化程度比较发达的国家和地区。

7.3.3 材料、设备招标采购

材料、设备采购是建设工程施工中的重要工作之一。采购货物质量的好坏和价格的高低，对项目的投资效益影响极大。《招标投标法》规定，在中华人民共和国境内进行与工程建设有关的重要设备、材料等的采购，必须进行招标。

从实践来看，招标采购方式也是国际上公认的最具有竞争的一种货物采购方式，招标采购能根据采购人的投资定位，把适合需求的各种品牌的产品集中在一起进行比对，增大选择范围，减少为选择产品而进行的人力、物力和财力的投入，降低产品的采购价格，提高产品的性价比。由于其具有经济有效、公平竞争等相对优势，而且能给采购者带来经济和高质量的货物。因此，招标采购方式是一种十分重要而且通用的货物采购方式，得到了世界各国的普遍运用。

招标采购又分为公开招标和邀请招标。

公开招标方式，一般可以使买主以有利的价格采购到需要的设备、材料，并且可以保证所有合格的投标人都有参加投标的机会，保证采购工作公开而客观地进行。采用设备、材料采购邀请招标一般是有条件的，主要有以下几点。

（1）招标单位对拟采购的设备在世界上（或国内）的制造商的分布情况比较清楚，并且制造厂家有限，但又可以满足竞争态势的需要。

（2）已经掌握拟采购设备的供应商或制造商及其他代理商的有关情况，对他们的履约能力、资信状况等已经了解。

（3）建设项目工期较短，不允许用更多时间进行设备采购，因而采用邀请招标。

（4）还有一些不宜进行公开采购的事项，如国防工程、保密工程、军事技术等。

1. 材料、设备招标采购分标的原则

建设工程项目所需的各种物资应按实际需求时间分成几个阶段进行招标。每次招标时，可依据物资的性质只发1个合同包或分成几个合同包同时招标。划分采购标和包的原则是，有利于吸引较多的投标人参加竞争，以达到降低货物价格，保证供货时间和质量的目的。主要考虑的因素包括以下几点。

1）招标项目的规模

根据工程项目所需设备之间的关系、预计金额的大小进行适当的分标和分包。如果标和包划分得过大，一般中小供货商无力问津，有实力参与竞争的承包商过少就会引起投标

价格较高；反之，如果标分得过小，虽可以吸引较多的中小供货商，但很难吸引实力较强的供货商，尤其是外国供货商来参加投标；若包分得过细，则不可避免地会增大招标、评标的工作量。因此分标、分包要大小恰当，既要吸引更多的供货商参与投标竞争，又要便于买方挑选，并有利于合同履行过程中的管理。

2）货物性质和质量要求

工程项目建设所需的物资、材料、设备，可划分为通用产品和专用产品两大类。通用产品可有较多的供货商参与竞争，而专用产品由于对货物的性能和质量有特殊要求，则应按行业来划分。对于成套设备，为了保证零备件的标准化和机组连接性能，最好只划分为一个标，由某一供货商来承包。在既要保证质量又要降低造价的原则下，凡国内制造厂家可以达到技术要求的设备，应单列一个标进行国内招标；国内制造有困难的设备，则需进行国际招标。

3）工程进度与供货时间

按时供应质量合格的货物，是工程项目能够正常执行的物质保证。如何恰当分标，应以供货进度计划满足施工进度计划要求为原则，综合考虑资金、制造周期、运输、仓储能力等条件进行分标。既不能延误施工的需要，也不应过早提前到货。过早到货虽然对施工需要有保证，但它会影响资金的周转，以及额外支出对货物的保管与保养费用。

4）供货地点

如果工程的施工点比较分散，则所需货物的供货地点也势必分散，因此应考虑到外部供货和当地供货商的供货能力、运输条件、仓储条件等进行分标，以利于保证供应和降低成本。

5）市场供应情况

大型工程建设需要大量建筑材料和较多的设备，如果一次采购可能会因需求过大而引起价格上涨，则应合理计划，分批采购。

6）资金来源

目前由于工程项目建设投资来源多元化，应考虑资金的到位情况和周转计划，应合理分标分项采购。

 案例 7.14

浦东国际机场一期工程货物采购案例

一、案例背景

浦东国际机场一期工程于 1996 年 3 月经国务院批准项目立项，1997 年 10 月 15 日全面开工并被列入"九五"期间国家和上海市的重大交通基础设施项目。1999 年 10 月 1 日竣工通航，2000 年 8 月 31 日通过国家验收，并正式投入运营。

一期工程货物采购的资金来源主要是日本政府第四批 1997 年度 400 亿日元贷款，外加部分内配人民币资金，采购货物的项目数共约 433 项，合同总金额约 38.91 亿元人民币。其中日元贷款采购按批准的计划完成了 23 批货物计 86 包 154 项的国际竞争性招标采购工作，除日元贷款招标采购外，浦东国际机场一期工程还利用约 5 亿人民币内配资金，基本采用日贷的采购模式和以邀请招标为主的招标方式完成了国际和国内的招标采购。

浦东国际机场一期工程建设中对所需的货物通过组织大规模招标采购，创造了以较快的速度、高比例的日贷（包括内配资金）使用率、高质量的合同履约率且未发生有效投诉和违约纠纷的成功经验，而且采购到了大批品牌好、质量高、服务优的世界一流产品，在货物的采购方面保证了浦东国际机场所使用设备的高技术含量和现代化水平，也确保了工程的进度要求。

二、货物招标采购工作的组织实施

（一）组织机构

货物采购在建设项目实施过程中具有举足轻重的作用，在货物采购管理过程中必须做好采购计划的编制、采购方式的选择、用款计划的编制、招标文件计划的编制、招标文件的编制、发标与评标的组织、合同谈判签约，以及合同履行过程中货物到货的组织、仓储、现场调试验收、售后服务及与之配套的一系列付款等工作。

为此，在浦东国际机场一期工程中先后成立了浦东国际机场招标公司、设备采购等职能部门，在指挥部货物采购工作领导小组的统一部署下，各职能部门分工负责，职责明确，职任到位，同时又通力协作，顺利完成了贷款申请、招标采购准备、招标采购实施、履约及用款四个主要阶段的任务。

（二）运作模式

针对日元贷款的采购导则和主要采用国际公开招标的特点，为了提高采购工作的效率和实施效果，确保整个工程建设进度，在一期工程货物采购工作中采取了一系列积极应对措施。

组织对相关法规和采购导则的学习与学习取经。为了规范采购行为，指挥部组织了多次到用贷项目单位和招投标公司了解日贷使用的经验或赴国家有关主管部门了解关于贷款的申请、使用的程序和管理要求，通过详细的了解和系统的培训，使相关的招标采购人员及时地了解和掌握了国际竞争性招标采购的特点、JBIC的采购导则、采购特点和管理要求，并于采购工作前在指挥部内部制定了相应的采购规章、制度及流程。

针对招标书资格后审的特点，采取了大量的市场调研。根据采购导则，一期工程的货物招标均采用了资格后审的方式。针对这一特点，在每本标书编制之前，各项目负责人协同设计人员对拟采购货物采取大量的以书面或口头等调研的方式进行的市场调查，积极参加各供货商进行的产品演示和介绍，到产品使用单位了解产品或系统的使用情况。针对一些重要系统或设备，通过方方面面各种形式的调研，在每本标书编写之前，每个项目负责人都能够对拟采购货物的市场使用情况、价格行情、重要的技术指标及潜在投标人的资质资格业绩有一定的把握，而且对于一些重要的设备，在招标标书编写之前，同时拟就一份产品技术指标汇总表，作为招标书技术指标定位的参考依据。市场调研和用户调研是标书编制工作中的一个重要环节，也是整个货物招标采购工作顺利开展的重要保证，它为采购到技术先进、性能适用、价格合理、质量保证的货物奠定了坚实的技术基础。

招标书技术部分的组织编写，采取了货物主要技术指标谁设计谁负责的原则，由各建设项目的设计院根据设计意图和业主对货物的技术定位及功能定位的要求，对拟招标货物的主要技术指标进行设定。除此之外，针对一些重要设备和特种设备的主要技术指标，设备采购职能部门组织专家进行多次论证，确保招标书既符合招标的有效竞争原则又能保证采购到可靠的设备，使竞争性与可靠性有机结合。

各职能部门各负其责，对招标书及合同进行内部会审制。日贷技术招标书送国审办审查前和合同正式签署前，均要通过指挥部内部相关职能部门之间的会审。其中工程管理部门提供到货时间并负责对安装调试、试运行、验收等施工现场配合服务条款的审定，规划设计部门负责设备数量及规格型号的审定，计划部门负责商务条款的审定，法律顾问及财务监理根据各自职责负责相关条款的审定，最后，整本标书或合同报批。

采取封闭评标，确保评标质量，提高工作效率。

根据JBIC采购导则的要求和国家主管部门的规定，为了保证评标工作的公正性和公平性，避免评标工作受到外界各方面的干扰，为此，评标工作在封闭的状态下进行。另外，在初评阶段，商务和技术分开评审，避免相互影响。

通过采取一系列的措施，较好地保证了因参加评标活动人员的多样性和个人素质高低而可能受到影响的评标质量，保证了评标的公正性和公平性。同时，在招标机构的统一组织、协调下，安排好每一次评标活动，利用集中评标的好处是可使参评人员全身心评标，既提高了评标工作的效率，又缩短了评标的周期。

按照一期工程建设指挥部确立的投资多元化、管理社会化、经营市场化建立工程项目组织管理的总体构思，在分析了一期工程建设项目投资大，施工的周期短，自身物资管理的人力、物力、经验等资源有限的情况下，为了发挥一定的专业效率，一期工程到货仓储采用社会化的管理方式，改变传统的自建仓库后自营运输、收发、保管等方式，"筑巢迎凤"，建造 2.5 万 m² 仓库区，而将设备、材料从码头（空港）提货，至运抵施工现场交接于安装施工单位的运输职责和进入指挥部仓库区域的物资（备品备件、专用工具、搁置货物等）的仓储管理工作的职责全部实行合同式委托管理。

货物采购过程中资料的有序整理归档。从第一批货物采购工作开始，设备采购管理职能部门即形成了一套资料整理归档模式，在货物招标采购过程中由各项目负责人收集中英文招标书、各种过程性答疑资料、报审文件、招标过程中性能对比表、澄清单、废标单、各投标商投标书、合同及各报审文件等书面和电子文档，待合同签署后由各项目负责人及时将资料统一归口到资料专职负责人，由其对各项目进行编号整理，统一收集。

资料整理和收集的完整性保证了项目采购过程的任何环节有证可查，减少了后续工作的重复性，为后续工作提供了充分的参考依据。

（三）案例分析

货物采购并非一个单项性工作，其作为工程建设过程中的一个重要环节，其采购管理的整个过程与前期工程规划设计、后期的安装调试运行及整个建设资金的合理使用和控制都有着非常密切的关系。而且作为一系统工程，要把采购工作做好，采购方应清楚地了解所需采购货物的各种类目、性能规格、质量、数量要求等，了解国内外市场价格、供求情况、货物来源、外汇市场、支付方式及国际贸易惯例，同时还要在现有法律法规规定的框架下建立一个有效的采购工作运作机制。项目货物采购的重要性不仅体现在建设阶段，作为运行阶段非常重要的核心部分，其有效采购也是整个项目安全、有效、合理运行的重要保障之一。

2. 材料、设备招标采购的程序

设备、材料招标采购的程序与项目招标采购类似，一般如图 7.1 所示。

1）招标准备

招标准备工作主要是收集拟采购设备、材料的相关信息，这些信息包括：哪些厂家生产同类产品，货物的知识产权、技术装配、生产工艺、销售价格、付款方式，在哪些单位使用过，性能是否稳定，售后服务和配件供应是否到位，生产厂家的经营理念、生产规模、管理情况、信誉好坏等。充分利用现代网络和通信技术的优势，广泛了解相关信息，为招标采购工作打好基础。

2）编制招标文件

招标文件构成了合同的基本构架，也是评标的依据。一个高水平的招标文件，是搞好材料、设备招标采购的关键。

招标文件并没有一个完全严格不变的格式，招标企业可以根据具体情况灵活地组织招标文件的结构。但是一般情况下，货物采购的招标文件主要由投标邀请书、投标人须知、主要合同条款、合同格式、招标材料、设备需求一览表、技术要求、图纸、投标报价表和附件等内容组成。

3）发布招标信息

信息发布的通常做法是在指定的公开发行的报刊或媒体上刊登采购公告，或者将有关公告直接送达有关供应商。如果是小额货物采购，一般不必发布采购信息，可直接与供应

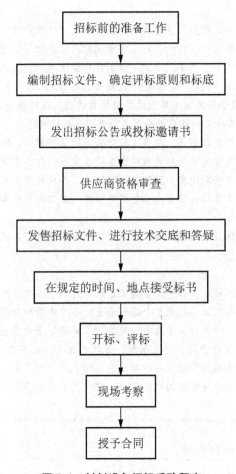

图 7.1　材料设备招标采购程序

商联系，向供应商询价。如果是国际性招标采购，则应该在国际性的刊物上刊登招标公告，或将招标公告送交有可能参加投标的国家在当地的大使馆或代表处。随着科技手段的不断更新，越来越多的政府都实行网上采购，并将采购信息发布在 Internet 上的采购信息网点。

　　4）供应商资格审查

　　材料、设备采购招标过程中的资格审查分为资格预审和资格后审。资格预审是指招标人出售招标文件或者发出投标邀请书前对潜在投标人进行的资格审查。资格预审一般适用于公开招标，以及需要公开选择潜在投标人的邀请招标。

　　对于单纯的材料、设备招标采购，较少采用资格预审的程序，大多是在评标之后进行资格审查，通常称这种做法为资格后审，它只要求投标者在投标书中出具"投标者的资格和能力的证明文件"。资格后审是指在开标后对投标人进行的资格审查，资格后审一般在评标过程中的初步评审开始时进行。在投标人作出报价之后，根据招标文件要求和投标人提交的投标文件对投标人的资格进行审查。

　　对投标人的资格审查，包括投标人资质的审查和所提供材料、设备的合格性审查两个方面。

　　（1）对投标人资质的审查。

　　投标人填报的资格证明文件应能表明其有资格参加投标和一旦投标被接受后有履行合

同的能力。如果投标人是生产厂家，则必须具有履行合同所需的财务、技术和生产能力。若投标人按合同提供的材料、设备不是自己制造或生产的，则应提供货物制造厂家或生产厂家正式授权同意提供该材料、设备的证明资料。

（2）对所提交材料、设备的合格性审查。

投标人应提交根据招标要求提供的所有材料、设备及其辅助服务的合格性证明文件，这些文件可以是手册、图纸和资料说明等。

5）开标

按照招标文件规定的时间、地点公开开标。开标大会由采购方组织，邀请上级主管部门监督，公证机关进行现场公证。投标单位派代表参加开标仪式，并对开标结果签字确认。

6）评标

评标是招标过程中最重要的环节。采购人根据国家相关的法律法规组建评标委员会，评标委员会由采购人代表以及有关技术、经济方面的专家组成，成员人数为 5 人以上的单数，其中技术、经济方面的专家不得少于成员总数的 2/3。评标办法通常随采购货物性质的不同而不同，且在招标文件中要有明确规定。货物采购的评标方法主要有以下 4 种。

（1）最低评标价法。

最低评标价法，是指在采购简单的商品、半成品、原材料及其他性能质量相同或容易进行比较的货物时，以价格作为评标的唯一因素的一种评标方法。这里所说的以价格为唯一评标因素，并不是指最低报价，而是指最低评标价。所谓最低评标价，是指成本加利润后的报价，其计算标准为"成本＋利润"。其中利润为合理利润，以成本为基数，确定合理比例的成本利润率进行计算。其计算公式为：合理利润＝成本×(1＋成本利润率)。成本的计算口径分为两种情况：如果采购的货物是从国外进口的，报价应以包括成本、保险、运费的到岸价为基础；如果采购的货物是国内生产的，报价应以出厂价为基础。出厂价应包括生产、供应货物而从国内外购买的原材料和零配件所支付的费用及各种税款，但不包括货物售出后所征收的销售性或与其类似的税款。如果提供的货物是国内投标商早已从国外进口、现在在境内的，应报仓库交货价或展示价，该价应包括进口货物时所支付的关税，但不包括销售性税款。

（2）打分法。

打分法，是指在评标时按照需要考虑的各种因素的重要程度确定其所占比例，对每个因素进行打分的一种评标方法。采用打分法应考虑的因素包括：投标价格；内陆运费、保险费及其他费用；交货期；偏离合同条款规定的付款条件；备件价格及售后服务；设备性能、质量、生产能力；技术服务和培训。采用打分法评标，应首先确定每种因素所占的分值，而且考虑的因素、分值的分配及打分标准均应在招标文件中明确规定。一般来说，分值在每个因素的分配比例为：投标价 60～70 分；零配件 10 分；技术性能、维修、运行费 10～20 分；售后服务 5 分；标准备件等 5 分。总分为 100 分。评标时以得分高低确定中标供应商。不同的采购项目，各种因素的重要程度不一定相同，因此，分值在每个因素的分配比例有所不同。采用打分法评标时，必须全面考虑各种因素，避免因遗漏相关因素而影响评标的真实效果，同时要合理确定不同技术性能的有关分值和每一性能应得的分数。

使用这种方法，应在招标文件中明确规定分值的分配及打分标准。此外，在货物采购中，如果决定对本国制造的货物实行优惠政策，则应在招标文件中说明实施的程序和方法。

（3）综合评标法。

综合评标法，是指以价格加其他因素为基础的评标方法。它以投标价为基础，将评定各要素按预定的方法换算成相应的价格，在原投标价上增加或扣减该值而形成评标价格，评标价格最低的投标书为最优。对于一些技术复杂或技术规格、性能、制作工艺要求难以统一的大型成套设备，一般采用综合评标法进行评标。采用这种方法评标时，除考虑价格因素外，一般还应考虑以下几个因素。

① 交货期。以招标文件规定的具体交货时间作为标准，当投标书提出的交货期早于或迟于规定时间一定范围之内时，则按投标价的某一百分比计算评标折算价。对于工程设备一般不给予提前交货的评标优惠，因为施工还不需要时的提前到货，不仅不会使项目法人获得提前收益，反而要增加仓储管理和设备保养费。

② 付款条件。投标单位应按照招标文件中规定的付款条件来报价。当投标单位支付要求的偏离条件在可接受范围内的情况下，按招标文件中规定的贴现率换算成评标时的净现值，调整投标报价后作为评标价格。

③ 设备性能、生产能力。投标设备应具有招标文件技术规范中规定的性能、生产能力。如果所提供设备的性能、生产能力中某些非关键性技术指标没有达到技术规范要求的基准参数，则按每种参数的某一百分比计算折算价，将其加到投标价上去。

④ 零配件和售后服务。零配件一般以设备运行两年内各类易损备件的获取途径和供应价格作为评标要素。售后服务内容一般包括安装监督、设备调试、提供备件、负责维修、人员培训等工作。如果这些费用已要求投标单位包括在投标价之内，则评标时不再考虑这些因素，反之则应将投标单位填报的备件价格、可能需购置的数量，以及售后服务价格加到投标价上去。

⑤ 从交货地到安装地的运输费用。

这部分为招标单位可能支付的额外费用，包括运费、保险费和其他费用。如运输超大件设备需要对道路加宽、桥梁加固所需支出费用等。换算为评标价格时，可按照运输部门（铁路、公路、水运）、保险公司，以及其他有关部门公布的取费标准，计算货物运抵最终目的地将要发生的费用。

（4）以寿命周期成本为基础的评标方法。

以寿命周期成本为基础的评标方法，亦称寿命周期成本法。这种方法主要适用于采购整套厂房、生产线或设备、车辆等在运行期内的各项后续费用（零配件、油料、燃料、维修等）很高的货物采购的评标。在计算寿命周期成本时，可以根据实际情况，在标书报价的基础上加上一定运行期年限的各项费用，再减去一定年限后设备的残值，即扣除这几年折旧费后的设备剩余值。在计算各项费用或残值时，都应按标书规定的贴现率折算成净现值。

如果未在招标前进行资格预审，则应对最低标价的投标商进行资格后审，经审定后认为该投标商有资格能力承担合同后，就应考虑评标。如认为不符合要求，则应对下一个评标价最低的投标进行类似审查。

按照世行的规定，最低评标价投标商的报价远高于标底时，或投标商未对招标做实质性响应或缺乏有效竞争，上述情况之一者招标人可考虑废标，但须经世行的同意。根据世行规定，合同应在投标有效期内授予最低评标价的投标商，授标时既不得要求中标人承担招标文件中没有规定的义务，也不得把修改投标内容作为授标的条件，更不允许标后压价。中标人收到中标通知后，与招标人签订合同并提交履约保证金，合同正式生效，进入实施阶段。

在评标过程中，要加强评标工作的规范性，最大限度地减少主观臆断，在科学、规范的前提下，力争社会效益的最大化。国家关于招投标有专门的法律法规，如《中华人民共和国招标投标法》、7部委局27号令《工程建设项目货物招标投标办法》和七部委12号令《评标委员会和评标办法暂行规定》等。

在进行招标采购时，要严格按照上述法律法规的规定执行。对于具体评标过程中易引起异议或歧义的问题，比如：在投标文件符合性审查时，有时会遇到两个投标人同属某个大集团公司，其中一个是总公司，另一个也属独立法人的子公司，他们能否同时参加同一项目投标？对投标文件中所提供的营业执照复印件，未见年检戳记，是否判定该投标文件无效？投标文件中有投标单位公章，而无法定代表人或法定代表人授权的代理人的签名或印章，或只是打印姓名，这种情况是否判定为废标？同一招标项目出现了同一品牌材料的两个不同代理商同时参加投标时，这两个投标人的投标文件如何处理？当投标文件中出现过低投标报价时如何处理？对于这些易引起异议或歧义的问题，最好能以企业内部文件的形式加以明确，并在招标书中强调指出，提醒投标人，以提高招标工作的权威性。

7）现场考察

在招标采购过程中，评标委员会对投标文件的评审只根据投标文件本身的内容。也就是说，投标人提交的投标文件是否客观、真实、有效，直接影响着评标结果的公平、公正。大量的事实证明，确实有个别投标人在投标过程中采用夸大事实、弄虚作假的方法影响了评标委员会对投标文件的客观评价，给采购人造成了损失。因此，采购人应在招标前掌握大量市场信息的基础上，对评标结果通过现场考察的方式进行核实，确保选出名副其实的中标人。

现场考察的目的就是对投标人的投标文件内容进行详细核实，确保设备万无一失。采购人应成立由采购人代表、技术专家等人员组成的考察组，按评标委员会推荐的中标候选人顺序进行实地考察，考察内容包括资质证件、原材料采购程序、生产工艺、质量控制、售后服务情况等。如排序第一的中标候选人通过考察，则不再对其他的中标候选人进行考察，否则，要继续对排序第二的中标候选人进行考察，依此类推。考察结束后，考察组要书写考察情况报告，并由考察组成员签字确认。

8）授予合同

采购人根据评标和考察结果，确定排序最优且通过考察的中标候选人为中标人，并向其发放中标通知书，按照招标文件的规定及中标人投标文件的承诺签订供货合同。

3. 材料、设备采购招标文件的编制

1）材料、设备招标文件的组成

招标文件是一种具有法律效力的文件，它是材料、设备采购者对所需采购的全部要求，也是投标和评标的主要依据，内容应当做到完整、准确，所提供条件应当公平、合理，符合有关规定。招标文件主要由下列部分组成。

（1）招标书，包括招标单位名称、建设工程名称及简介、招标材料、设备简要内容（材料、设备主要参数、数量、要求交货期等）、投标截止日期和地点、开标日期和地点。

（2）投标须知，包括对招标文件的说明及对投标者和投标文件的基本要求，评标、定标的基本原则等内容。

（3）招标材料、设备清单和技术要求及图纸。

（4）主要合同条款应当依据合同法的规定，包括价格及付款方式、交货条件、质量验收标准及违约罚款等内容，条款要详细、严谨，防止事后发生纠纷。

（5）投标书格式、投标设备数量及价目表格式。

（6）其他需要说明的事项。

2）材料、设备招标文件的内容

根据财政部编制的《世界银行贷款项目国内竞争性招标采购指南》的规定，设备、材料采购招标文件的内容包括以下内容。

（1）投标人须知。

（2）投标使用的各种格式，如保证金格式。

（3）合同格式。

（4）通用和专用条款。

（5）技术规格（规范）。

（6）货物清单。

（7）图纸。

（8）附件。

3）编制材料、设备采购招标文件时应遵循的规定

（1）招标文件应清楚地说明拟购买的货物及其技术规格、交货地点、交货时间，维修保修的要求，技术服务和培训的要求，付款、运输、保险、仲裁的条件和条款及可能的验收方法与标准，还应明确规定在评标时要考虑的除价格以外的其他能够量化的因素，以及评价这些因素的方法。

（2）对原招标文件的任何补充、澄清、勘误或内容改变，都必须在投标截止日期前送给所有招标文件购买者，并留给足够的时间使其能够采取适当的行动。

（3）技术规格（规范）应明确定义。不能用某一制造厂家的技术规格（规范）作为招标文件的技术规格（规范）。如确需引用，应加上"实质上等同的产品均可"这样的词句。如果兼容性的要求是有利的，技术规格（规范）应清楚地说明与已有的设施或设备兼容的要求。技术规格（规范）方面应允许接受在实质上特性相似、在性能与质量上至少与规定要求相等的货物。在技术标准方面也应说明在保证产品质量和运用等同或优于招标文件中规定的标准与规则的前提下，那些可替代的设备、材料或工艺也可以接受。

（4）关于投标有效期和保证金。投标有效期应使项目执行单位有足够的时间来完成评标及授予合同的工作。提交投标保证金的最后期限应是投标截止时间，其有效期应持续到投标有效期或延长期结束后30天。

（5）货物和设备合同通常不需要价格调整条款。在物价剧烈变动时期，对受价格剧烈波动影响的货物合同可以有价格调整条款。价格调整可以采用事先规定的公式进行，也可以以证据为依据调整。所采用的价格调整方法、计算公式和基础数据应在招标文件内明确规定。

（6）履约保证金的金额应在招标文件内加以规定，其有效期应至少持续到预计的交货或接受货物日期保证期后30天。

（7）报价应以指定交货地为基础，价格应包括成本、保险费和运费。如为进口货物和设备，还要考虑关税和进口税。

（8）招标文件中应有适当金额的违约赔偿条款，违约损失赔偿的比率和总金额应在招标文件中明确规定。

（9）招标文件中应明确规定属于不可抗力的事件。

（10）解释合同条款时使用中华人民共和国的法律，争端可以在中国法院或按照中国仲裁程序解决。

（11）在投标截止日期前，投标人可以对其已经投出的标书文件进行修改或撤回，但须以书面文件确认其修改或撤回。若在投标有效期内撤回其标书，则投标保证金将被没收。

4. 评标

材料、设备供货评标的特点是，不仅要看报价的高低，还要考虑招标人在货物运抵现场过程中可能要支付的其他费用，以及设备在评审预定的寿命期内可能投入的运营、管理费用的多少。如果投标人的设备报价较低，但运营费用很高，则仍不符合以最合理价格采购的要求。

材料、设备招标采购评标的主要方法有以下四种。

设备、材料招标采购评标可采用综合评标价法、全寿命费用评标价法、最低投标价法或百分评定法。

1）综合评标价法

综合评标价法是指以设备投标价为基础，将评定各要素按预定的方法换算成相应的价格，在原投标价上增加或扣减该值而形成评标价格。评标价格最低的投标书为最优。采购机组、车辆等大型设备时，较多采用这种方法。评标时，除投标价格以外，还需考察的因素和折算的主要方法，一般包括以下几个方面。

（1）运输费用。这部分是招标单位可能支付的额外费用，包括运费、保险费和其他费用，如运输超大件设备需要对道路加宽、桥梁加固所需支出的费用等。换算为评标价格时，可按照运输部门(铁路、公路、水运)、保险公司及其他有关部门公布的收费标准，计算货物运抵最终目的地将要发生的费用。

（2）交货期。以招标文件规定的具体交货时间作为标准。当投标书中提出的交货期早于规定时间时，一般不给予评标优惠，因为施工还不需要时的提前到货，不仅不会使项目法人获得提前收益，反而要增加仓储管理费和设备保养费。如果迟于规定的交货日期，但推迟的时间尚在可以接受的范围之内，则交货日期每延迟一个月，按投标价的某一百分比（一般为2%）计算折算价，将其加到投标价中去。

（3）付款条件。投标人应按招标文件中规定的付款条件来报价，对不符合规定的投标，可视为非响应性投标而予以拒绝。但在订购大型设备的招标中，如果投标人在投标致函内提出，当采用不同的付款条件(如增加预付款或前期阶段支付款)可降低报价的方案供招标单位选择时，这一付款要求在评标时也应予以考虑。当支付要求的偏离条件在可接受范围内，应将偏离要求而给项目法人增加的费用(资金利息等)，按招标文件中规定的贴现率换算成评标时的净现值，加到投标致函中提出的更改报价中后，作为评标价格。

（4）零配件和售后服务。零配件以设备运行两年内各类易损备件的获取途径和价格作为评标要素，售后服务内容一般包括安装监督、设备调试、提供备件、负责维修、人员培训等工作，如果这些费用已要求投标人包括在投标价之内，则评标时不再考虑这些因素；若要求投标人在投标价之外单报这些费用，则应将其加到报价上。如果招标文件中没有做出上述任何一种规定，评标时应按投标书技术规范附件中由投标人填报的备件名称、数量计算可能需购置的总价格，以及由招标单位自行安排的售后服务价格，然后将其加到投标价上去。

（5）设备性能、生产能力。投标设备应具有招标文件技术规范中规定的生产效率。如果所提供设备的性能、生产能力等某些技术指标没有达到技术规范要求的基准参数，则每种参数比基准参数降低1％时，应以投标设备实际生产效率单位成本为基础计算，在投标价上增加若干金额。

（6）技术服务和培训。投标人在标书中应报出设备安装、调试等方面的技术服务费用，以及有关培训费。如果这些费用未包括在总报价内，评标时应将其加到报价中作为评标价来考虑。

将以上各项评审价格加到投标价上去后，累计金额即为该标书的评标价。

2）全寿命费用评标价法

在采购生产线、成套设备、车辆等运行期内各种后续费用（零配件、油料及燃料、维修等）很高的货物时，可采用以设备的寿命周期成本为基础的评标价法。评标时应首先确定一个统一的设备运行期，然后再根据各标书的实际情况，在标书报价上加上一定年限运行期间所发生的各项费用，再减去一定年限运行期后的设备残值（扣除这几年折旧费后的设备剩余值）。在计算各项费用或残值时，都应按招标文件中规定的贴现率折算成现值。

这种方法是在综合评标价法的基础上，进一步加上运行期内的费用。这些以贴现值计算的费用包括以下三部分。

（1）估算寿命期内所需的燃料费。

（2）估算寿命期内所需的零配件及维修费用。零配件费用可按投标人在技术规范的答复中提供的担保数字，或过去已用过可做参考的类似设备实际消耗数据为基础，并以运行时间来计算。

（3）估算寿命期末的残值。

3）最低投标价法

采购简单商品、半成品、原材料，以及其他性能质量相同或容易进行比较的货物时，价格可以作为评标时考虑的唯一因素，以此作为选择中标单位的尺度。

国内生产的货物，报价应为出厂价。出厂价包括为生产所提供的货物购买的原材料和零配件所支付的费用，以及各种税款，但不包括货物售出后所征收的销售税及其他类似税款。如果所提供的货物是投标人早已从国外进口，目前已在国内的，则应报仓库交货价或展示价，该价格应包括进口货物时所交付的进口关税，但不包括销售税。

4）百分评定法

这一方法是按照预先确定的评分标准，分别对各设备投标书的报价和各种服务进行评审打分，得分最高者中标。

（1）评审记分内容。主要包括：投标价格；运输费、保险费和其他费用的合理性；投标书中所报的交货期限；偏离招标文件规定的付款条件影响；备件价格和售后服务；设备的性能、质量、生产能力；技术服务和培训；其他有关内容。

（2）评审要素的分值分配。评审要素确定后，应依据采购标的物的性质、特点及各要素对总投资的影响程度划分权重和记分标准，既不能等同对待，也不应一概而论。

百分评定法的好处是简便易行，评标考虑要素较为全面，可以将难以用金额表示的某些要素量化后加以比较。缺点是各评标委员独自给分，对评标人的水平和知识面要求高，否则主观随意性大。投标人提供的设备型号各异，难以合理确定不同技术性能的相关分值差异。

 案例 7.15

某住宅小区电梯供货与安装招标评标办法

一、评标机构

本工程评标委员会依法组建，评标委员会负责对投标文件进行评审。本工程将严格依据本评标办法进行评审，确定中标单位。

二、评标方式

本次投标文件由商务标与技术标两部分组成。其中商务标和技术标皆为"明"标。

三、评标原则

1. 依据《中华人民共和国招标投标法》和有关规定，评标应遵循下述原则：

（1）公平、公正、科学、择优；

（2）质量好、信誉高、价格合理、工期适当、施工方案经济合理、技术可行。

2. 不正当竞争：投标人不许串通投标，不许排挤其他投标人的公平竞争，不得损害招标人或其他投标人的合法权益，如有违反者，按《中华人民共和国招标投标法》的有关规定处理。

3. 对所有投标人的投标文件评定采用相同的程序和标准。

四、评标说明

1. 本工程评标所依据的投标报价等均以元为单位计算。百分率、得分值或扣分值保留到小数点后两位，第三位四舍五入。最终按各评标专家评分后的算术平均值为各投标单位的最终得分。

2. 评标小组人员按"评标评分细则"各自独立打分，除定量分外，不可采用集体统一打分。打分原始记录要保存备查。

3. 商务标、技术标综合部分及技术标(施工组织设计)分开装订。

五、定标

1. 本工程采用综合计分评标办法。综合计分评标办法是指以投标价格、施工组织设计或者施工方案等多个因素为评价指标，并将各指标量化计分，按总分排列顺序，确定中标候选人的方法。

2. 首先进行技术标评比，技术标满分30分(具体分值划分按原规定)，经评比得分超过21分(含21分)者技术标合格，进入商务标评比；得分不到21分者技术标不合格，判为无效标，不进入商务标的评比。

3. 技术标合格，商务标与技术标相加总分最高者中标。

六、具体评比办法

（一）商务标：满分70分

报价最低者得满分70分，其余与报价最低相比，每高1%，扣0.5分，不足1%的，按照插入法计算，扣完为止。

（二）技术标：满分30分

1. 工期(满分2分)：投标单位的自报总工期等于建设单位的要求工期者，得2分，其余不得分。招标人保留更改投标工期的权利。

2. 企业业绩(0~1分)。

3. 售后服务(满分 6 分)。

3.1 维保费用(满分 2 分):指免费全包维修保养期结束后半包保养维修期间的维保费用,半包保养维修期间(前 3 年)平均维保费用最低报价得 1 分,每上浮 1‰,扣除 0.1 分(插入法),扣完为止;半包保养维修期间(后 7 年)平均维保费用最低报价得 1 分,每上浮 1‰,扣除 0.1 分(插入法),扣完为止。

3.2 主要备品配件(满分 2 分),各投标人应将标的物中常用易损的主要备品配件开列清单,列出市场价格及其在市场价格上的上下浮率,并报出供应周期。

3.2.1 下浮率绝对值最大者得 1.5 分,其次得 1 分,再次得 0.5 分,其余不得分;若技术标专家认为所列清单不够详尽,倒扣 0.5~1 分;若未进行报价,倒扣 1.5 分。

3.2.2 对主要备品配件供应周期按时间长短打分(单位:小时),最短者得 0.5 分,其余不得分。技术标专家判定主要备品配件的供应周期明显不合理者,不得分。

3.3 维修服务(满分 2 分)。

3.3.1 在苏州设分公司和售后维修中心者,得 1 分。

3.3.2 维修服务网点的响应时间长短:

在 2 小时以内,得 1 分;

在 4 小时以内,得 0.5 分;

在 6 小时以内,得 0.25 分;

在 6 小时以外,得 0 分。

3.3.3 上述售后服务均需提供书面承诺书。

4. 主机自控系统(主机控制微机板及其芯片或采用 PLC 系统控制):原产地进口 3.5 分,其他 0~1 分。

5. 主机控制的其他机械部件及电气部件:原产地进口 3.5 分,其他 0~1 分。

6. 门机自控系统(门机控制微机板及其芯片为进口或采用 PLC 系统控制):原产地进口 2 分,其他 0~1 分。

7. 对招标文件中规定的电梯技术要求的改进(0~2 分):任何改进,均需填写技术改进的明细表,说明改进的内容、对设备性能的影响。并须于开标前得到业主同意,否则视为严重偏离。

8. 对招标文件中规定的电梯技术要求的其他偏离(0~6 分)。

8.1 任何偏离,均需填写技术要求偏离表,说明偏离的内容、原因、对设备性能的影响。

8.2 完全满足招标文件的要求,不扣分,对其中某一功能的偏离,视重要程度相应扣分,直到—6 分为止,偏离项达 2 项及以上的按废标处理。

8.3 合资产品必须使用外方母公司的商标,否则视为严重偏离。

9. 施工组织设计(0~10 分),具体见表 7-8。

表 7-8 施工组织设计考核表

考核内容	考核标准	分值
施工组织设计(10 分)	施工方案方法明确合理	0~2 分
	进度计划合理、明确无误	0~2 分
	安装质量控制,有完整的计划指导	0~2 分
	现场安装力量的计划安排合理有序	0~2 分
	服从施工总包管理并有明确的与施工总包配合的方案	0~1 分
	有完整的确保安全文明施工的安全作业指导文件,并有切实可行的文明施工方法和组织形式	0~1 分

本 章 小 结

本章分三个部分，首先介绍了勘察设计招投标的特点，勘察设计招标和勘察设计竞赛的基本概念，勘察设计招标和评标的程序和方法，设计投标的注意事项等。然后介绍了监理招标的特点、程序和方法，并对监理投标的注意事项进行了介绍。最后介绍了材料设备采购的特点、方法，并重点介绍了材料设备招标采购的程序和评标方法。

 阅读材料

项目全过程服务：监理企业未来转型之路

我国建立工程监理制度的最初构想是对建设工程实施全过程、全方位的监理，即从项目决策阶段的可行性研究开始，到设计阶段、施工招标阶段、施工阶段和工程保修阶段都实行监理。但由于工程监理的产生和发展基础，首先以施工阶段质量、进度和造价控制为主，人员的配备、工作内容等方面都较强地体现了施工阶段的监理。因此，从实际出发，《建筑法》明确将工程监理定位为代表建设单位，对施工单位在施工质量、建设工期和建设资金使用等方面实施监督。将工程监理定位在施工阶段，在实际工作中特别称为"施工监理"，但这并不表明除施工阶段其他阶段可以不实施监督、管理或咨询。为了比较准确界定，将工程监理企业在建设工程的招标、勘察、设计、设备采购、保修等阶段的服务称为其他咨询服务或项目管理，这样既与法律法规相衔接，也便于社会各方能够接受。

工程监理企业在从事施工监理这一基本业务时，一般称为监理单位。监理单位与同属工程咨询业或建筑服务业范畴的设计单位、造价咨询单位、招标代理单位等一样，向业主提供的是专业服务，但监理单位提供的是一种特殊的专业服务，准确地说是提供管理服务。监理单位及其监理工程师依靠他们对工程管理的丰富经验和"勤奋而谨慎"的专业精神，在业主委托和授权后，依据施工合同对工程实施过程进行质量控制、进度控制和造价控制，协助或者代表业主对工程进行监督管理，监理服务的核心是合同管理，监理服务的基本手段是组织协调与信息管理，而工程技术只是提供监理服务的基础。

我国工程建设长期遵循严格划分阶段的建设程序管理，工程实施阶段主要实行"设计-招标-施工"（DBB）模式。在DBB模式下，工程项目管理实行"三方管理模式"，即在政府有关部门的监督下，由业主、承包商和监理单位三方参与的项目管理模式。这也是主要的国际惯例之一。国际工程管理的内容主要是咨询顾问的运作，我国各行业的施工合同都表明了以监理工程师为中心的格局，建设法规也明确了监理工程师的法律地位。这是工程监理企业生存和发展的基本条件和保障。

多年来，流行于国际工程咨询业最响亮的口号是"扩展业务边界"，其含义十分广泛，不仅意味着工程咨询业要不断开拓新的技术和经济服务领域，而且在业务思想和方法上要从以技术为中心向体制和社会文化延伸。在这样的形势下，工程监理企业已经不可能只关注基本业务的市场份额，而是应当积极开展多方面的业务，对工程进行全过程"勘察-设计-采购-建造-经营"介入，根据实施各种总承包模式的需求，积极形成自身优势，提供优质的管理服务，以此提高竞争水平和盈利水平。

1. 监理企业必须切实提升项目实施组织能力

根据我国现行工程建设程序，决策阶段之后的实施工作，需要严格按照勘察、设计、施工准备、施工、试生产、竣工验收等环节逐步进行，这个过程中有许多行政许可事项和法律规定事项需要业主（建设单位）亲自办理，而按照市场准入制，各个不同的阶段一般要求不同的单位来实施。我国推行工程总承包和项目管理，首先遇到的问题是要将原先分离的工程建设阶段进行聚合。原先不同建设阶段的工作由不同单位来完成，现在要集合几个建设阶段的工作由一个单位来完成，采用诸如设计-建造（DB）模式，设计-采购-建造(EPC)模式等,相比之下显然更有效率。当我国承包商真正走向更大范围和深度的承包的时候,工程监理企业也就不得不走向更全面的项目管理服务,而不能再固守和停留在施工监理层面上。一个工程监理企业能够向业主同时提供不同建设阶段各方面的服务,必然会减少一些参与主体界面及各主体相互之间的协调工作,从而更好地实现项目的价值。毫无疑问,这是一个更高层面的竞争和发展!

一个工程监理企业应该发展成能够提供全面、全过程专业服务的企业。当一个建设工程项目确立之后,工程监理企业按照项目管理合同约定,在工程设计阶段,负责完成合同约定的工程初步设计(或基础工程设计)等工作;在工程实施阶段,为业主提供招标代理、设计管理、采购管理、施工管理和试运行(竣工验收)等服务,代表业主对工程进行质量、安全、进度、费用、合同、信息等管理和控制,并承担合同约定的相应管理责任和经济责任。这是未来成为国际性工程咨询公司的发展模式。因此,工程监理企业要切实提升自己的全过程组织工程实施的能力。只有首先具备程序管理能力,才有向全面的优质服务发展的基础条件。

2. 监理企业必须有效提升合同管理能力

我国在工程建设领域早已建立起项目法人责任制(业主制)、招标投标制、工程监理制和合同管理制,这四项基本制度构筑了建筑市场的硬件,其中的招标制和监理制成为保证业主目标最重要的制度。招标保证经济,监理保证效率,这是工程实施的两个基本原则。招投标过程的实质是签订合同的过程,其目的也是签订一份"好"的合同!有言在先,先说后干,而不是干了再说。仅就工程监理基本业务而言,施工合同和委托监理合同一道形成监理工作的直接依据,施工招标与施工监理于是可比拟为工程施工项目实施的"立法环节"与"执法环节"。在现实情况下,工程监理企业要提供优质管理服务,特别需要注意与招标代理及造价咨询的"无缝连接"。

业主和监理单位面对的是"有经验的承包商"。他们技术上过硬,管理能力强,熟悉承包方式及合同条件,了解工程实施的各种环境。承包商在建筑市场上的工程承包运作分为两大过程:一是对业主的招标作出反应,也就是投标,这是获得合同的过程;二是中标及签订合同后在业主委托的监理工程师监督下的施工过程,这是履行合同的过程。但对于业主而言,这两个过程却可能不是同一个管理服务主体。从这个意义上说,政府应当积极推动具有招标代理资质的工程监理企业在同一个工程上承担施工招标代理和施工监理的服务,监理企业应当主动介入施工招标过程。监理单位和监理工程师具有丰富的工程管理和合同管理经验,也需要依据合同进行工程监理,而监理工程师还需要按照合同约定对合同进行解释及处理合同争议,只有他们才能真正协助业主签订一份好的合同。事实上,在起初设计工程监理服务的时候,监理单位是要求提供施工准备阶段即施工招标的服务的。

在施工合同履行过程中,如果出现应当由业主承担责任的事件,例如业主供应材料迟缓造成承包商停工待料,业主应给予费用补偿。当承包商提出施工索赔时,监理工程师要按照施工合同的约定来决定索赔是否成立,并且决定索赔额是多少,这对监理工程师的公正性、公平性是一个严峻的考验。然而,在实际工作中,承包商常常对本应索赔的事件要求做一般签证处理,这时有相当一些监理工程师只是签字"情况属实",没有依据合同判断是否属于承包商的合同责任或风险,也没有对业主应当给予多少补偿给出明确意见。这种情况的发生,正是业主不满意监理的一个重要原因,也是监理必须提高合同管理服务水平、规范监理操作的地方。在国际工程上,工程师正逐步成为业主的代表或者业主方人员,客观上只能要求自己承担决定"索赔是否成立"的责任,而应将决定"予以索赔多少"的工作交由独立的造价工程师来承担。实际工作中,已经有越来越多的业主委托造价咨询单位实行施工全过程的造价跟踪与控制,这样监理单位与造价咨询单位又出现了新的合作要求。作一个假设,如果工程监理失去造价控制的能力和授权,只承担质量和进度控制,合同管理将是一句空话,工程监理将失去生存和发展的空间。

3. 监理企业必须全面提升造价管理能力

在当前,工程监理企业要真正提供优质管理服务,除了要切实提高计量计价业务水平外,还需要重视提高对合同计价体系的认识和工程财务管理水平。合同计价体系是指在合同中关于造价的确定和控制,应该包括完整的约定,是一整套关于计价与结算的系统。其中计价的内容应当包括合同价款的构成、计价依据、计价程序、计价方法、合同类型、风险分担,价款支付的内容应包括预付款支付、中间支付、竣工支付，以及清单项目支付、总价项目支付、零星项目支付，价款调整应包括变更、调价、索赔、合同终止时的价款确定，此外还应该有关于保险、担保等约定。在招标承包制下，所有这些内容都应当通过招标文件的报价要求、工程量清单、技术规范、合同条件等得到具体体现，其中工程量清单又必须与图纸、合同条件和技术规范密切结合。全球建筑市场主流理念是以合同为计价体系的形态，而非在定标后进行合同谈判，也不是在合同之外另有工程价款结算的规定或规则。在市场经济条件下，工程造价的确定与实现，要求体现市场竞争性及合同法定化，招标投标制和合同管理制已经为实现这一造价控制目标提供了制度保障。一般认为，我国主要属于"成文法"国家，合同依据国家法律、行政法规来签订。因为国家在诸多方面都颁布有法律、法规、规章和有一定约束力的规范性文件，许多合同中常写"按国家和地方有关规定办理"，合同条件简捷、简单，尤其是计价结算类条款严重缺失，许多人持有"国家有规定，合同干什么要那么啰唆"的想法，留下了"合同没有约定的，由双方协商解决"的巨大空间。监理单位和监理工程师迫切要求建立起"通过招标投标确定合同价款，依据施工合同进行工程结算"的思想观念。

监理作为管理服务，应当深知"计划是依据"的重要性。以与工程财务或工程结算资金有关的计划为例，无论是作为国际惯例典型代表的 FIDIC 施工合同条件，还是我国对监理工程师执业资格考核，都对工程资金使用计划提出了要求，既为业主保证工程支付而筹措资金所需要，也为提高项目管理水准进行造价偏差分析所需要。随着建筑市场的进一步发展，工程实施的方式不仅是工程建设阶段走向聚合，也开始与不同的融资方式相组合，形成各种工程发承包模式，再加上大力推行代建制的形势，工程资金使用计划将越显得重要。因而，全面的计划管理能力是工程监理企业进一步发展的十分重要的能力。

4. 监理企业必须尽快提升设计管理能力

我国的工程建设主要采用 DBB 模式。世界各国的设计施工分割各有不同，但我国是最彻底的，要求承包商严格按图施工。这种分工，相当程度上阻碍了建筑业企业的技术进步，难以形成实质性的总承包能力，可喜的是这种情况正在逐步得到改变。对于设计缺陷，承包商都要承担一定的责任和义务，工程监理企业对此也应当自觉做同样要求，尤其是担负工程量清单编制任务，面对设计深度不足以准确描述清单项目时，更应该主动提出设计的不足之处，要求业主转告设计单位予以解决。工程监理只有做到这些，才能向提供优质管理服务迈进一大步。工程监理企业应当积极地提升自己的设计管理能力，这样才能胜任为实行 DB 模式的工程提供良好的管理服务。至于承担代建制任务的工程监理企业，更是需要具有足够的能力完成从设计开始的全过程项目管理能力。

当一个企业依法同时具有工程监理、工程造价咨询、招标代理等多项资质的时候，应当积极探索在同一个建设工程上提供全面的专业服务。工程监理企业必须夯实基础，苦练内功，加速人才培养，在项目实施组织管理、合同管理、造价管理、设计管理等能力上尽快适应发展要求，全面提升自己的业务范围和服务水准，形成全面提供工程项目管理服务的能力，真正实现工程监理企业的转型发展。

（来源：建筑时报）

思考与讨论

一、单项选择题

1. 工程监理是监理单位代表（　　）实施监督的一种行为。

A. 建设单位　　　　B. 设计单位　　　　C. 施工单位　　　　D. 国家

2. 在设备采购评标中，采购标准规格的产品，由于其性能质量相同，可把价格作为唯一尺度，将合同授予（　　）的投标人。

A. 报价适中　　　　B. 报价合理　　　　C. 报价最低　　　　D. 报价最高

二、问答题

1. 什么是设计竞赛? 设计竞赛有什么特点?

2. 监理招标的方式有哪些? 其各自有什么特点?

3. 勘察设计招标的程序是什么?

4. 试通过查阅资料, 结合一个工程项目, 说明设计招标文件的基本内容和评标方法。

5. 对于一个工程项目的监理投标, 监理单位在投标时需要做哪些工作?

6. 材料、设备采购的特点是什么?

7. 试说明材料、设备招标采购的程序。

8. 试通过查阅资料, 结合具体项目, 说明材料、设备招标采购的评标方法的应用。

第 **8** 章
建设工程合同

 **本章教学目标**

1. 熟悉建设工程合同的概念、特征、分类、作用及建设工程中主要的合同关系。
2. 掌握建设工程施工合同的概念、类型、订立的条件、原则和程序。
3. 熟悉 2013 版《建设工程施工合同(示范文本)》的主要内容。
4. 熟悉建设工程勘察设计合同、委托监理合同的概念、特征、主要内容及其订立的程序。
5. 熟悉合同相关方对建设工程勘察设计合同、委托监理合同的管理。
6. 了解建设工程有关的其他合同,物资采购合同、加工合同、劳务合同的特点及主要内容。

导入案例

建设工程合同案例

某建设单位准备兴建沿街门面,与某建筑工程公司签订了建筑工程承包合同。之后,承包人将各种设备、材料运抵工地开始施工,实施过程中,得知该工程不符合城市建设规划,未领取施工规划许可证,必须立即停止施工。最后,城市规划管理部门对建设单位作出了行政处罚,处以罚款 2 万元,并勒令停止施工,拆除已修建部分。承包人因此而蒙受损失,向法院提起诉讼,要求发包人给予赔偿。

本案双方当事人之间所订的合同属于典型的建设工程合同,归属于施工合同的类别,所以评判双方当事人的权责应依有关建设工程合同的规定。

本案中引起当事人争议并导致损失产生的原因是工程开工前未办理规划许可证,从而导致工程为非法工程,当事人基于此而订立的合同无合法基础,为无效合同。依据《中华人民共和国建筑法》的规定,规划许可证应由建设单位,即发包人办理,所以,本案中的过错在于发包方,建设单位应当赔偿给承包人造成的先期投入、设备、材料运送费等损失。

工程建设是由多个不同利益主体参与的活动,这些主体相互之间是由合同构建起来的法律关系。建设工程合同种类繁多,其中工程施工合同是最有代表性、最普遍,也是最复杂的合同类型。除了施工合同之外,主要的合同还有勘察设计合同、委托监理合同、物资采购合同、加工合同、劳务合同等。

8.1 建设工程合同概述

8.1.1 建设工程合同的基本概念

1. 建设工程合同的概念

我国《合同法》规定，建设工程合同是承包人进行工程建设，发包人支付价款的合同，即承包人按照发包人的要求完成工程建设，交付竣工工程，发包人给付报酬的合同。进行工程建设的行为包括勘察、设计、施工等。对建设工程实行监理的，发包人也应当与监理人订立委托监理合同。

2. 建设工程合同的特征

1) 合同主体的严格性

建设工程合同主体一般只能是法人。发包人一般只能是经过批准进行工程项目建设的法人，必须有国家批准的建设项目，落实投资计划，并且应当具备相应的协调能力；承包人则必须具备法人资格，而且应当具备相应的从事勘察设计、施工、监理等资质。无营业执照或无承包资质的单位不能作为建设工程合同的主体，资质等级低的单位不能越级承包建设工程。

2) 合同标的的特殊性

建设工程合同的标的是各类建筑产品，其通常与大地相连，建筑形态多种多样，即便采用同一张图纸施工的建筑产品往往也是各不相同的（如价格、位置等）。建筑产品的单件性及固定性等自身的特性，决定了建筑工程合同标的的特殊性，相互之间具有不可替代性。

3) 合同履行期限的长期性

由于结构复杂、体积大、建筑材料类型多、工作量大、投资巨大，使得建设工程的生产周期与一般工业产品的生产相比较长，这就导致了建设工程合同履行期限较长。而且，因为投资巨大，建设工程合同的订立和履行一般都需要较长的准备期。同时，在合同履行过程中，还可能因为不可抗力、工程变更、材料供应不及时等原因而导致合同期限的延长。所有这些情况，都决定了建设工程合同的履行期限具有长期性。

4) 投资和程序上的严格性

由于工程建设对国家的经济发展、人民的工作和生活有着重大的影响。因此，国家对工程建设在投资和程序上有严格的管理制度。订立建设工程合同也必须以国家批准的投资计划为前提。即使是国家投资以外的、以其他方式筹集的投资也要受到当年贷款规模和批准限额的限制，并经过严格的审批程序。建设工程合同的订立和履行还必须遵守国家关于基本建设程序的规定。

3. 建设工程合同的种类

建设工程合同可从不同的角度进行分类。

1）按承发包的范围分类

按承发包的范围，建设工程合同可分为建设工程总承包合同、建设工程承包合同、分包合同。

2）按承包的内容分类

按承包的内容来划分，建设工程合同可分为建设工程勘察合同、建设工程设计合同和建设工程施工合同等。

3）按计价方式分类

发包人与承包商所签订的合同，按计价方式不同，可分为总价合同、单价合同和成本加酬金合同三大类。建设工程勘察、设计合同和设备加工采购合同一般为总价合同；建设工程委托监理合同大多为成本加酬金合同；而建设工程施工合同则根据招标准备情况和工程项目特点不同，可选择其适用的一种合同。

（1）总价合同。

总价合同有时也称为约定总价合同，或称包干合同。一般要求投标人按照招标文件要求报一个总价，在这个价格下完成合同规定的全部项目，即发包人支付给承包商的施工工程款项在承包合同中是一个规定的金额。

总价合同一般又分为固定总价合同、可调总价合同和固定工程量总价合同三种方式。对于各种总价合同，在投标时，投标人必须报出各子项工程价格，在合同执行过程中，对很小的分部工程，在完工后一次性支付；对较大的分部工程则按施工过程分阶段支付，或按完成的工程量百分比支付。

总价合同一般适用于两类工程。

一类是房屋建筑工程项目。在这类工程中，招标时要求全面而详细地准备好设计图纸，一般要求做到施工详图，还应准备详细的规范和说明，以便投标人能详细地计算工程量；工程技术不太复杂，风险不太大，工期不太长，一般在一年左右；同时要给予承包商各种方便。

这类工程对发包人来说，由于设计花费时间长，有时和施工期相同，因而开工期晚，开工后的变更容易带来索赔，而且在设计过程中也难以吸收承包商的建议，但对控制投资和工期比较方便，总的风险较小。

对承包商来说，由于总价固定，如果在订合同时不能争取到一些合理的承诺（如物价波动、地基条件恶劣时如何处理等），则风险比较大，投标时应考虑足够的风险费，但承包商对整个工程的组织管理有着很大的控制权，因而可以通过高效率的组织实施工程和节约成本来获取更多的利润。

另一类是设计-建造或 EPC 交钥匙项目。

这时发包人可以将设计与建造工作一并总包给一个承包商，此承包商则承担着更大的责任与风险。

（2）单价合同。

单价合同是指承包商按工程量报价单内分项工作内容填报单价，以实际完成工程量乘以所报单价计算结算款的合同。承包商所报单价应为计算各种摊销费用以后的综合单价，而非直接费单价。合同履行过程中如无特殊情况，一般不得变更单价。单价合同的执行原则是：工程量清单中分项开列的工程量在合同实施过程中允许有上下浮动变化，但该项工作内容的单价不变，结算支付时以实际完成的工程量为依据。因此，按投标书报价单中预计工程量乘以所报单价计算的合同价格，并不一定就是承包商保质保量按期完成合同中规定的任务后所获得的全部款项，可能比它多，也可能比它少。

通常，当准备发包的工程项目的内容和设计指标一时不能十分确定，或工程量可能出入较大时，则采用单价合同形式为宜。单价合同大多用于工期长、技术复杂、实施过程中发生各种不可预见因素较多的大型工程项目，或者发包人为了缩短项目的建设周期，初步设计完成后就进行施工招标的工程。单价合同的工程量清单内所列的工程量为估计工程量，而非准确的工程量。

常用的单价合同有近似工程量单价合同、纯单价合同、单价与子项包干混合式合同三种。

(3) 成本加酬金合同。

成本加酬金合同是指发包人向承包商支付实际工程成本中的直接费(一般包括人工、材料及机械设备费)，并按事先协议好的某一种方式支付管理费及利润的一种合同方式。对于工程内容及其技术经济指标尚未完全确定而又急于上马的工程，如旧建筑物维修、翻新的工程、抢险、救灾工程，或完全崭新的工程及施工风险很大的工程可采用这种合同。其缺点是发包人对工程总造价不易控制，而承包商在施工中也不注意精打细算。有的形式是按照一定比例提取管理费及利润的，往往成本越高，管理费及利润也越高。

按照酬金的计算方式不同，成本加酬金合同又可分为成本加固定百分比酬金合同、成本加固定酬金合同、成本加浮动酬金合同、目标成本加奖惩合同等。

8.1.2 合同在建筑工程中的作用

合同在现代建筑工程中发挥着越来越重要的作用，其主要体现在以下几个方面。

1. 合同确定了工程实施和工程管理的主要目标，是合同双方在工程中进行各种经济行为的依据

合同在工程实施前签订，它确定了工程所要达到的目标，以及和目标相关的所有主要的和细节的问题。合同确定的工程目标主要有三个方面。

(1) 工期。包括工程的总工期、工程开始、工程结束的具体日期及工程中的一些主要活动的持续时间。它们由合同协议书、总工期计划、双方一致同意的详细进度计划确定。

(2) 工程质量、工程规模和范围。详细而具体的质量、技术和功能等方面的要求。例如建筑面积、建筑材料、设计、施工等质量标准和技术规范等。它们由合同条件、图纸、规范、工程量表等定义。

(3) 价格。包括工程总价格，各分项工程的单价和总价等。它们由中标函、合同协议书或工程量报价单等定义。这是承包商按合同要求完成工程所应得的报酬。

以上是工程施工和管理的目标和依据。

2. 合同规定了双方在合同实施过程中的经济责任、利益和权力

签订合同，则双方处于一个统一体中，共同完成项目任务，双方的总目标是一致的。但从另一个角度看，合同双方的利益又是不一致的。

(1) 承包商的目标是尽可能多地取得工程利润，增加收益，降低成本。

(2) 发包人的目标是以尽可能少的费用完成尽可能多的、质量尽可能高的工程。

由于利益的不一致，导致工程过程中的利益冲突，造成在工程实施和管理中双方行为的不一致、不协调和矛盾。合同双方常常都从各自利益出发考虑和分析问题，采用一些策略、手段和措施达到自己的目的。但合同双方的权利和义务是互为条件的，这一切又必然影响和损害对方利益，妨碍工程顺利实施。

合同是调节这种关系的主要手段。双方可以利用合同保护自己的权益，限制和制约对方。

3. 合同是工程项目组织的纽带

合同将工程所涉及的生产、材料和设备供应、运输、各专业设计和施工的分工协作关系联系起来，协调并统一项目各参加者的行为。一个参加单位与项目的关系，它在项目中承担的角色，它的任务和责任，就是由与它相关的合同定义的。

4. 合同是工程过程中双方的最高行为准则

工程过程中的一切活动都是为了履行合同，都必须按合同办事，双方的行为主要靠合同来约束，所以，工程管理以合同为核心。

由于社会化大生产和专业化分工，一个工程必须有几个、十几个，甚至几十个参加单位。在工程实施中，由于合同一方违约，不能履行合同责任，不仅会造成自己的损失，而且会殃及合同伙伴和其他工程参与者，甚至会造成整个工程的中断。如果没有合同和合同的法律约束力，就不能保证工程的各参加者在工程的各个方面、工程实施的各个环节上都按时、按质、按量地完成自己的义务，就不会有正常的施工秩序，就不可能顺利实现工程总目标。

5. 合同是工程过程中双方解决争执的依据

由于双方经济利益的不一致，在工程过程中争执是难免的。合同和争执有不解之缘。合同争执是经济利益冲突的表现，它常常起因于双方对合同理解的不一致、合同实施环境的变化、有一方未履行或未正确地履行合同等。

合同对争执的解决有以下两个决定性作用。

（1）争执的判定以合同作为法律依据，即以合同条文判定争执的性质，谁对争执负责，应负什么样的责任等。

（2）争执的解决方法和解决程序由合同规定。

8.1.3 建设工程中的主要合同关系

工程建设是一个极为复杂的社会生产过程，它分别经历可行性研究、勘察设计、工程施工和运行等阶段；有土建、水电、机械设备、通信等专业设计和施工活动；需要各种材料、设备、资金和劳动力的供应。由于社会化大生产和专业化分工，一个工程必须有几个、十几个，甚至几十个、成百上千个参加单位，它们之间形成各式各样的经济关系。工程中维系这种关系的纽带就是合同。工程项目的建设过程实质上又是一系列经济合同的签订和履行过程。

在一个工程中，相关的合同可能有几份、几十份，甚至几百份、上千份，形成了一个复杂的合同网络。在这个网络中，发包人和承包商是两个最主要的节点。

1. 发包人的主要合同关系

发包人作为工程或服务的买方，是工程的所有者，它可以是政府部门、企事业单位、几个企业的组合、政府与企业的组合（例如合资项目、BOT 项目等）、私人投资者等。

发包人根据对工程的需求，确定工程项目的整体目标。这个目标是所有相关工程合同的核心。通常要实现工程总目标，发包人会将工程的勘察设计、施工、设备和材料供应等工作委托出去，从而形成了如下合同关系。

（1）咨询（监理）合同。指发包人与咨询（监理）公司签订的合同。咨询（监理）公司负责工程的可行性研究、设计监理、招标和施工阶段监理等某一项或几项工作。

（2）勘察设计合同。指发包人与勘察设计单位签订的合同。勘察设计单位负责工程的地质勘查和技术设计工作。

（3）供应合同。指当由发包人负责提供工程材料和设备时，发包人与有关材料和设备供应商签订供应（采购）合同。

（4）工程施工合同。指发包人与工程承包商签订的工程施工合同。一个或几个承包商分别承包土建、机电安装、装饰等工程施工。

（5）贷款合同。指发包人与金融机构签订的合同，后者向发包人提供资金保证。按照资金来源的不同，可能有贷款合同、合资合同或 BOT 合同等。

按照工程承包方式和范围的不同，发包人可能将工程分专业、分阶段委托，将材料和设备供应分别委托，也可能将上述几个阶段合并委托，如把土建和安装委托给一个承包商，把整个设备供应委托给一个设备供应企业。发包人还可以将整个工程的设计、供应、施工甚至管理等工作委托给一个总承包商负责。

2. 承包商的主要合同关系

承包商是工程施工的具体实施者，是工程承包合同的执行者。承包商要完成承包合同的责任，包括由工程量表所确定的工程范围的施工、竣工和保修，为完成这些工程任务提供劳动力、施工设备、材料，有时也包括技术设计。对于承包商而言，它同样可以将许多专业工作委托出去，从而形成了如下合同关系。

（1）分包合同。对于一些大的工程项目，承包商通常要与其他承包商合作才能顺利完成总承包的合同责任。承包商可以将其承接到的工程中的某些分项工程或工作分包给其他承包商来完成，因而要与其签订分包合同。

承包商在承包合同下可能订立许多分包合同，而分包商仅完成总承包商分包给自己的工程任务，向总承包商负责，与发包人无合同关系。总承包商仍就整个工程责任向发包人负责，并负责工程的管理和所属各分包商工作之间的协调。

（2）供应合同。承包商通常与材料、设备供应商签订供应合同，来为工程提供相关的材料和设备。

（3）运输合同。这是承包商为解决材料和设备的运输委托而与运输单位签订的合同。

（4）加工合同。指承包商将建筑构配件、特殊构件的加工任务委托给加工承揽单位而签订的合同。

（5）租赁合同。在建设工程中，承包商需要许多施工设备、运输设备、周转材料，当有些设备、周转材料在现场的使用率较低，或自己购置需要大量资金投入而自己又不具备这个经济实力时，可以采用租赁方式，与租赁单位签订租赁合同。

（6）劳务供应合同。建筑产品往往需要花费大量的人力、物力和财力。承包商不可能全部采用固定工来完成该项工程，为了满足工程的临时需要，往往要与劳务供应商签订劳务供应合同，由劳务供应商向工程提供劳务。

（7）保修合同。承包商按施工合同要求对工程进行保险，与保险公司签订保修合同。

承包商的这些合同都与工程承包合同相关，都是为了履行承包合同而签订的。

3. 建设工程的合同体系

按照上述的分析和项目任务的结构分解，就可以得到不同层次、不同种类的合同，它们共同构成了如图 8.1 所示的合同体系。

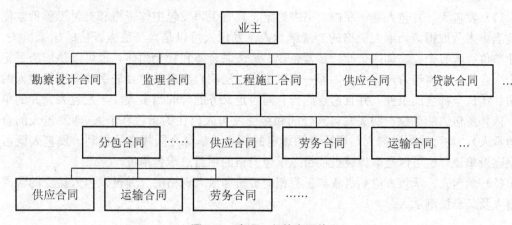

图 8.1 建设工程的合同体系

在该合同体系中，这些合同都是为了完成发包人的工程项目目标而签订和实施的。由于这些合同之间存在着复杂的内部联系，因而构成了工程的合同网络。其中，建设工程施工合同是最有代表性、最普遍，也是最复杂的合同类型。它在建设工程合同体系中处于主导地位，是整个建设工程项目合同管理的重点。无论是发包人、监理工程师或承包商都将它作为合同管理的主要对象。

8.2 建设工程施工合同

8.2.1 建设工程施工合同概述

1. 建设工程施工合同的概念

建设工程施工合同即建筑安装工程承包合同，是发包人与承包人之间为完成商定的建设工程项目，明确双方权利和义务的协议。依据施工合同，承包人应完成一定的建筑、安装工程任务，发包人应提供必要的施工条件并支付工程价款。

施工合同是建设工程合同的一种，它与其他建设工程合同一样，是一种劳务合同，在订立时也应遵循自愿、公平、诚实信用等原则。

建设工程施工合同是建筑工程合同中最重要，也是最复杂的合同。在整个建筑工程合同体系中，它起主干合同的作用，是工程建设质量控制、进度控制、投资控制的主要依据。通过合同关系，可以确定建设市场主体之间的相互权利义务关系，对规范建筑市场有重要作用。

2. 建设工程施工合同的当事人

施工合同的当事人是发包人和承包人，双方是平等的民事主体。承、发包双方签订施工合同，必须具备相应的资质条件和履行施工合同的能力。对合同范围内的工程实施建设时，发包人必须具备组织协调能力；承包人必须具备有关部门核定的资质等级并持有营业执照等证明文件。

(1) 发包人。发包人是指在协议书中约定、具有工程发包主体资格和支付工程价款能力的当事人及取得该当事人资格的合法继承人。发包人可以是具备法人资格的国家机关、事业单位、国有企业、集体企业、私营企业、经济联合体和社会团体，也可以是依法登记的个人合伙、个体经营户或个人，即一切以协议、法院判决或其他合法手续取得发包人的资格，承认全部合同条件，并且愿意履行合同规定义务的合同当事人。与发包人合并的单位、兼并发包人的单位、购买发包人合同和接受发包人出让的单位和个人(即发包人的合法继承人)，均可成为发包人，履行合同规定的义务，享有合同规定的权利。发包人既可以是建设单位，也可以是取得建设项目总承包资格的项目总承包单位。

(2) 承包人。承包人应是具备与工程相应资质和法人资格的、并被发包人接受的合同当事人及其合法继承人。

3. 建设工程施工合同的类型

1) 根据合同所包括的工程或工作范围分类

建设工程施工合同按合同所包括的工程或工作范围可分为以下几点。

(1) 施工总承包。即承包商承担一个工程的全部施工任务，包括土建、水电安装、设备安装等。

(2) 专业承包。即单位工程施工承包和特殊专业工程施工承包。单位工程施工承包是最常见的工程承包合同，包括土木工程施工合同、电气与机械工程承包合同等。在工程发包中，发包人可以将专业性很强的单位工程分别委托给不同的承包商，这些承包商之间为平行关系，如管道工程、土方工程、桩基础工程等。但在我国不允许将一个工程肢解成分项工程分别承包。

(3) 分包。承包商将施工承包合同范围内的一些工程或工作委托给另外的承包商来完成，他们之间签订分包合同。分包合同是施工承包合同的分合同。

2) 根据合同计价方式分类

建设工程施工合同按合同的计价方式可以分为：固定价格合同、可调价格合同、成本加酬金合同三种类型。

(1) 固定价格合同。固定价格合同是指在约定的风险范围内价款不再调整的合同。这种合同的价款并非绝对不可调整，而是约定范围内的风险由承包人承担。双方应当在专用条件内约定合同价款包括的风险费用、承担风险的范围及风险范围以外的合同价款调整方法。

(2) 可调价格合同。可调价格合同是指合同价格可以调整，合同双方应当在专用条件内约定合同价款的调整方法。

通常，可调价格合同中合同价款的调整范围包括：国家法律、法规和政策变化影响合同价款；工程造价管理部门公布的价格调整；一周内非承包人原因停水、停电、停气造成停工累计超过 8 小时；双方约定的其他调整因素等。

承包人应当在价款可以调整的情况发生后 14 天内，将调整原因、金额以书面形式通知工程师，工程师确认后作为追加合同价款，与工程款同期支付。工程师收到承包人通知后 14 天内不作答复也不提出修改意见，视为该项调整已经被批准。

(3) 成本加酬金合同。成本加酬金合同是由发包人向承包人支付工程项目的实际成本，并按事先约定的某一种方式支付酬金的合同类型。合同价款包括成本和酬金两部分，合同双方在专用条件中约定成本构成和酬金的计算方法。

3) 根据合同的性质分类

根据合同标的的性质，建设工程合同有以下几种类型。

(1) 建筑安装工程施工承包合同。

(2) 装饰工程施工承包合同。

(3) 劳务合同和技术服务合同。

(4) 材料或设备供应合同。

4. 建设工程施工合同的订立

1) 订立施工合同的条件

(1) 初步设计已经批准。

(2) 工程项目已经列入年度建设计划。

(3) 有能够满足施工需要的设计文件和有关技术资料。

(4) 建设资金和主要建筑材料设备来源已经落实。

(5) 招投标工程中标通知书已经下达。

2) 订立施工合同应当遵守的原则

(1) 遵守国家法律、行政法规和国家计划原则。订立施工合同，必须遵守国家法律、行政法规，也应遵守国家的建设计划和其他计划(如贷款计划等)。建设工程施工对经济发展、社会生活有着多方面的影响，国家有许多强制性的管理规定，施工合同当事人必须遵守。

(2) 平等、自愿、公平的原则。签订施工合同当事人双方，都具有平等的法律地位，任何一方都不得强迫对方接受不平等的合同条件。当事人有权决定是否订立施工合同和施工合同的内容，合同内容应当是双方当事人真实意思的体现。合同内容应当是公平的，不能损害任何一方的利益，对于显失公平的施工合同，当事人一方有权申请人民法院或仲裁机构予以变更或撤销。

(3) 诚实信用原则。诚实信用原则要求在订立施工合同时要诚实，不得有欺诈行为，合同当事人应当如实将自身及工程的实际情况介绍给对方。在履行合同期间，施工合同当事人要守信用，严格履行合同。

3) 订立施工合同的程序

通常，施工合同的订立方式有两种：直接发包和招标发包。对于必须进行招标的建设工程项目，都应通过招标方式确定承包人。中标通知书发出后，中标人应当与建设单位及时签订合同。依据《招标投标法》规定，中标通知书发出 30 天内，中标人应与建设单位依据招标文件、投标书等签订工程承发包合同(施工合同)。签订合同的承包人必须是中标人，投标书中确定的合同条款在签订时不得更改，合同价应与中标价相一致。如果中标人拒绝与建设单位签订合同，则建设单位可没收其投标保证金，建设行政主管部门或其授权机构还可给予一定的行政处罚。

 案例 8.1

某市机场工程项目施工合同订立案例

某城市拟新建机场，有关部门组织成立了建设项目法人，在项目建议书、可行性研究报告、设计任务书等经上级管理部门审核后，报国家计委、国务院审批并向国务院计划管理部门申请国家重大建设工程立项。审批过程中，项目法人以公开招标方式与三家中标的施工单位签订《建设工程总承包合同》，约定由该三家施工单位共同为机场工程承包商，承包形式为一次包干，估算工程总造价18亿元。但合同签订后，国务院计划管理部门公布该工程为国家重大建设工程项目，批准的投资计划中主体工程部分仅为15亿元。因此，该计划下达后，委托方(项目法人)要求施工单位修改合同，降低包干造价，施工单位不同意，委托方诉至法院，要求解除合同。法院认为，双方所签合同标的系重大建设工程项目，合同签订前未经国务院有关部门审批，未取得必要批准文件，并违背国家批准的投资计划，故认定合同无效，委托人(项目法人)负主要责任，赔偿施工单位损失若干。

[解析]

本案机场建设项目属2亿元以上大型建设项目，并被列入国家重大建设工程，应经国务院有关部门审批，并按国家批准的投资计划订立合同，不得任意扩大投资规模。本案合同双方在审批过程中签订建筑合同，签订时并未取得有审批权限主管部门的批准文件，缺乏合同成立的前提条件，合同金额也超出国家批准的投资的有关规定，扩大了固定资产投资规模，违反了国家计划，故法院认定合同无效，过错方承担赔偿责任。

 案例 8.2

建设工程施工合同订立案例

某承包人和发包人签订了场地平整工程合同，规定工程按当地现行预算定额结算。在履行合同过程中，因发包人未解决好征地问题，使承包人8台推土机无法进入场地，窝工90天，从而导致承包人不能按期交工。经发包人和承包人口头交涉，在征得承包人同意的基础上按承包人实际完成的工程量变更合同，并商定按另一标准结算。工程完工结算时因为窝工问题和结算定额发生争议。承包人起诉，要求发包人承担全部窝工责任并坚持按第一次合同规定的定额结算，而发包人在答辩中则要求承包人承担延期交工责任。法院经审理判决第1个合同有效，第2个口头交涉的合同无效，工程结算定额应当依双方第1次签订的合同为准。

[解析]

本案的关键在于如何确定工程结算定额的依据，即当事人所订立的两份合同哪个有效。依据规定，建设工程合同订立的有效要件之一是书面形式，而且合同的签订、变更或解除，都必须采取书面形式。

本案中的第1个合同是有效的书面合同，而第2个合同是因口头交涉而产生的口头合同，并未经书面认定，属无效合同。所以，法院判决第1个合同为有效合同。

 案例 8.3

建设工程合同订立案例

甲印刷厂和乙造纸厂签订合建 7 000m² 房屋协议，约定由甲提供厂内土地，乙厂出资金，建成房屋各得一半。甲、乙于协议签订后与丙建筑工程公司签订了建设工程承包合同，合同中约定，甲厂向丙提供"三材"指标和建房用地，乙厂拨款 100 万元作为建筑资金，丙公司承建，工期为两年，包工包料。合同订立后，丙公司按甲指定的地点进行施工，但因甲、乙均没有经有关部门批准建房，甲的上级主管部门责令甲厂内的合建房屋工程停工。丙建筑公司诉至法院，要求甲、乙赔偿其施工期间的损失。

受诉法院认为，两被告未经有关部门批准建房项目，而私自与原告订立建设工程承包合同，并付诸施工，违反了国家对基本建设项目的管理和签订建筑安装工程承包合同的有关规定，故原、被告签订的合同无效。

[解析]

本案中，被告未经批准建设房屋，不具有发包人的资格；建设工程项目也未经批准，不能订立建设工程合同。故原、被告签订的合同无效。

8.2.2 2013 版《建设工程施工合同(示范文本)》简介

为了指导建设工程施工合同当事人的签约行为，维护合同当事人的合法权益，依据《中华人民共和国合同法》、《中华人民共和国建筑法》、《中华人民共和国招标投标法》及相关法律法规，住房和城乡建设部、国家工商行政管理总局对 99 版《建设工程施工合同(示范文本)》进行了修订，制定了 2013 版《建设工程施工合同(示范文本)》，并于 2013 年 7 月 1 日起正式实施，99 版《建设工程施工合同(示范文本)》即行废止。

《建设工程施工合同(示范文本)》(以下简称《示范文本》)为非强制性使用文本，适用于房屋建筑工程、土木工程、线路管道和设备安装工程、装修工程等建设工程的施工承发包活动，合同当事人可结合建设工程具体情况，根据《示范文本》订立合同，并按照法律法规规定和合同约定承担相应的法律责任及合同权利义务。

《示范文本》是由合同协议书、通用合同条款、专用合同条款三部分组成，并附有 11 个附件。

1) 合同协议书

合同协议书是《示范文本》中的总纲性文件。虽然其文字量并不大，但它集中约定了合同当事人基本的合同权利义务，规定了组成合同的文件及合同当事人对履行合同义务的承诺，合同当事人要在这份文件上签字盖章，因此具有很强的法律效力。

《示范文本》合同协议书共计 13 条，主要包括：工程概况、合同工期、质量标准、签约合同价和合同价格形式、项目经理、合同文件构成、承诺及合同生效条件等重要内容。

2) 通用合同条款

通用合同条款是合同当事人根据《中华人民共和国建筑法》、《中华人民共和国合同法》等法律法规的规定，就工程建设的实施及相关事项，对合同当事人的权利义务作出的原则性约定。通用合同条款共计20条，是一般土木工程所共同具有的共性条款，具有规范性、可靠性、完备性和适用性的特点，该部分可适用于任何工程项目，并可作为招标文件的组成部分而予以直接采用。

3) 专用合同条款

考虑到建设工程的内容各不相同，工期、造价也随之变动，承包人、发包人各自的能力、施工现场的环境和条件也各不相同，通用合同条款不能完全适用于各个具体工程，因此，配之以专用合同条款，其可以对通用合同条款原则性约定进行细化、完善、补充、修改或另行约定。专用合同条款的编号应与相应的通用合同条款的编号一致；合同当事人可以通过对专用合同条款的修改，满足具体建设工程的特殊要求，避免直接修改通用合同条款。

4) 附件

《示范文本》的附件，是对施工合同当事人权利义务的进一步明确，并且使得施工合同当事人的有关工作一目了然，便于执行和管理。其包括11个附件：《承包人承揽工程项目一览表》《发包方供应材料设备一览表》《工程质量保修书》《主要建设工程文件目录》《承包人用于本工程施工的机械设备表》《承包人主要施工管理人员表》《分包人主要施工管理人员表》《履约担保格式》《预付款担保格式》《支付担保格式》《暂估价一览表》。

8.2.3　2013版《建设工程施工合同(示范文本)》主要内容

1. 合同文件及优先解释顺序

组成合同的各项文件应互相解释，互为说明。除专用合同条款另有约定外，解释合同文件的优先顺序如下。

(1) 合同协议书。

(2) 中标通知书(如果有)。

(3) 投标函及其附录(如果有)。

(4) 专用合同条款及其附件。

(5) 通用合同条款。

(6) 技术标准和要求。

(7) 图纸。

(8) 已标价工程量清单或预算书。

(9) 其他合同文件。

合同履行中，发包人与承包人有关工程的洽商、变更等书面协议或文件视为本合同文件的构成部分。

 案例 8.4

合同文件优先解释案例

某建设工程，在施工招标文件中，按照工期定额计算，工期为550天，中标人投标书中写明的工期也是550天。但在施工合同中，开工日期为1997年12月15日，竣工日期为1999年7月20日，日历天数为 581 天。请问：如果您是总监理工程师，监理的工期目标应该为多少天？为什么？

监理工期目标应为 581 天。因为，我国施工合同文件组成部分包括：施工合同协议书和投标书，不包括招标文件，但现在投标书与施工合同协议书之间存在工期矛盾，根据合同文件解释的优先顺序，合同协议书比投标书具有优先权，所以监理的工期目标应定为 581 天。

案例 8.5

施工合同案例

在某国际工程中，经过澄清会议，发包人选定一个承包商，并向他发出函件，表示"有意向"接受该承包商的报价，并"建议"承包商"考虑"材料的订货；如果承包商"希望"，则可以进入施工现场进行前期工作。而结果由于发包人放弃了该开发计划，工程被取消，工程承包合同无法签订，发包人又指令承包商恢复现场状况。而承包商为施工准备已投入了许多费用。承包商就现场临时设施的搭设和拆除、材料订货及取消订货损失向发包人提出索赔。但最终发包人以前述的信件作为一个"意向书"，而不是一个肯定的"承诺"（合同）为由反驳了承包商的索赔要求。

案例 8.6

对合同条款的理解不同而导致的损失

在我国的某水电工程中，承包商为国外某公司，我国某承包公司分包了隧道工程。分包合同规定：在隧道挖掘中，在设计挖方尺寸基础上，超挖不得超过 40cm，在 40cm 以内的超挖工作量由总包负责，超过 40cm 的超挖由分包负责。由于地质条件复杂，工期要求紧，分包商在施工中出现许多局部超挖超过 40cm 的情况，总包拒付超挖超过 40cm 部分的工程款。分包就此向总包提出索赔，因为分包商一直认为合同所规定的"40cm 以内"，是指平均的概念，即只要总超挖量在 40cm 之内，则不是分包的责任，总包应付款。而且分包商强调，这是我国水电工程中的惯例解释。

[解析]

当然，如果总包和分包都是中国的公司，这个惯例解释常常是可以被认可的。但在本合同中，没有"平均"两字，在解释中就不能加上这两字。如果局部超挖达到 50cm，则按本合同字面解释，40~50cm 范围的挖方工作量确实属于"超过 40cm"的超挖，应由分包负责。既然字面解释已经准确，则不必再引用惯例解释。结果承包商损失了数百万元。

案例 8.7

施工合同案例

在我国某工程中采用固定总价合同，合同条件规定，承包商若发现施工图中的任何错误和异常应通知发包人代表。在技术规范中规定，从安全的要求出发，消防用水管道必须与电缆分开铺设；而在图纸上，将消防用水管道和电缆放到了一个管道沟中。承包商按图报价并施工，该项工程完成后，工程师拒绝验收，指令承包商按规范要求施工，重新铺设管道沟，并拒绝给承包商任何补偿，其理由是：①两种管道放一个沟中极不安全，违反工程规范。在工程中，一般规范（即本工程的说明）是优先于图纸的。②即使施工图上注明两管放在一个管道沟中，这是一个设计错误，但作为一个有经验的承包商是应该能够发现这个常识性的错误的。而且合同中规定，承包商若发现施工图中任何错误和异常，应及时通知发包人代表。承包商没有遵守合同规定。

[解析]

当然，工程师这种处理是比较苛刻，而且存在推卸责任的行为，因为：①不管怎么说设计责任应由发包人承担，图纸错误应由发包人负责。②施工中，工程师一直在"监理"，他应当能够发现承包商施工中出现的问题，应及时发出指令纠正。③在本原则使用时应该注意到承包商承担这个责任的合理性和可能性。例如必须考虑承包商投标时有无合理的做标期。如果做标期太短，则这个责任就不应该由承包商负担。在国外工程中也有不少这样处理的案例。所以对招标文件中发现的问题、错误、不一致，特别是施工图与规范之间的不一致，在投标前应向发包人澄清，以获得正确的解释，否则承包商可能处于不利的地位。

2. 双方的一般权利和义务

1）发包人的义务

发包人按专用条款约定的内容和时间分阶段或一次完成以下工作。

（1）办理法律规定由其办理的许可、批准或备案，包括但不限于建设用地规划许可证、建设工程规划许可证、建设工程施工许可证、施工所需临时用水、临时用电、中断道路交通、临时占用土地等许可和批准。发包人应协助承包人办理法律规定的有关施工证件和批件。

（2）提供施工现场和施工条件，将施工所需用水、电力、通信线路等接至专用条款约定的地点，保证施工期间的需要。开通施工场地与城乡公共道路的通道，以及专用条款约定的施工场地内的主要道路，满足施工运输需要，保证施工期间的畅通。

（3）在移交施工现场前向承包人提供施工现场及工程施工所必需的毗邻区域内供水、排水、供电、供气、供热、通信、广播电视等地下管线资料，气象和水文观测资料，地质勘查资料，相邻建筑物、构筑物和地下工程等有关基础资料，并对所提供资料的真实性、准确性和完整性负责。

 案例 8.8

施工合同案例

在某工程中，承包商按发包人提供的地质勘查报告做了施工方案，并投标报价。开标后发包人向承包商发出了中标函。由于该承包商以前曾在本地区进行过相关工程的施工，按照以前的经验，他觉得发包人提供的地质报告不准确，实际地质条件可能复杂得多。所以在中标后做详细的施工组织设计时，他修改了挖掘方案，为此增加了不少设备和材料费用。结果现场开挖完全证实了承包商的判断，承包商向发包人提出了两种方案费用差别的索赔。但被发包人否决，发包人的理由是：按合同规定，施工方案是承包商应负的责任，他应保证施工方案的可用性、安全、稳定和效率。承包商变换施工方案是从他自己的责任角度出发的，不能给予赔偿。

[解析]

实质上，承包商的这种预见性为发包人节约了大量的工期和费用。如果承包商不采取变更措施，施工中出现新的与招标文件不一样的地质条件，此时再变换方案，发包人要承担工期延误及与其相关的费用赔偿、原方案费用和新方案的费用，低效率损失等。

理由是地质条件是一个有经验的承包商无法预见的。但由于承包商行为不当，使自己处于一个非常不利的地位。如果要取得本索赔的成功，承包商在变更施工方案前应到现场挖一下，做一个简单的勘察，拿出地质条件复杂的证据，向发包人提交报告，并建议作为不可预见的地质情况变更施工方案，则发包人必须慎重地考虑这个问题，并作出答复。无论发包人同意或不同意变更方案，承包商的索赔地位都十分有利。

（4）协调处理施工现场周围地下管线和邻近建筑物、构筑物、古树名木的保护工作，并承担相关费用。

（5）收到承包人要求提供资金来源证明的书面通知后 28 天内，向承包人提供能够按照合同约定支付合同价款的相应资金来源证明。

（6）按照专用合同条款约定的期限、数量和内容向承包人免费提供图纸，并组织承包人、监理人和设计人进行图纸会审和设计交底。

（7）在至迟不得晚于开工日期前 7 天通过监理人向承包人提供测量基准点、基准线和水准点及其书面资料并对其真实性、准确性和完整性负责。

（8）按合同约定向承包人及时支付合同价款。

（9）按合同约定及时组织竣工验收。

（10）与承包人、由发包人直接发包的专业工程的承包人签订施工现场统一管理协议，明确各方的权利义务。

2）承包人的义务

（1）办理法律规定应由承包人办理的许可和批准，并将办理结果书面报送发包人留存。

（2）按法律规定和合同约定完成工程，并在保修期内承担保修义务。

（3）按法律规定和合同约定采取施工安全和环境保护措施，办理工伤保险，确保工程及人员、材料、设备和设施的安全。

（4）按合同约定的工作内容和施工进度要求，编制施工组织设计和施工措施计划，并对所有施工作业和施工方法的完备性和安全可靠性负责。

（5）在进行合同约定的各项工作时，不得侵害发包人与他人使用公用道路、水源、市政管网等公共设施的权利，避免对邻近的公共设施产生干扰。

（6）将发包人按合同约定支付的各项价款专用于合同工程，且应及时支付其雇用人员工资，并及时向分包人支付合同价款。

（7）按照法律规定和合同约定编制竣工资料，完成竣工资料立卷及归档，并按专用合同条款约定的竣工资料的套数、内容、时间等要求移交发包人。

（8）对基于发包人提交的基础资料所作出的解释和推断负责，但因基础资料存在错误、遗漏导致承包人解释或推断失实的，由发包人承担责任。

 案例 8.9

施工合同案例

在某房地产开发项目中，发包人提供了地质勘查报告，证明地下土质很好。承包商做施工方案，用挖方的余土作通往住宅区道路基础的填方。由于基础开挖施工时正值雨季，开挖后土方潮湿，且易碎，不符合道路填筑要求。承包商不得不将余土外运，另外取土作为道路填方材料。对此承包商提出索赔要求。工程师否定了该索赔要求，理由是，填方的取土作为承包商的施工方案，它因受到气候条件的影响而改变，不能提出索赔要求。

[解析]

在本案例中即使没有下雨，由于发包人提供的地质报告有误，地下土质过差不能用于填方，承包商也不能因为另外取土而提出索赔要求。因为：①合同规定承包商对发包人提供的水文地质资料的理解负责。而地下土质可用于填方，这是承包商对地质报告的理解，应由他自己负责。②取土填方作为承包商的施工方案，也应由他负责。

(9) 自发包人向承包人移交施工现场之日起，承包人应负责照管工程及工程相关的材料、工程设备，直到颁发工程接收证书之日止。在承包人负责照管期间，因承包人原因造成工程、材料、工程设备损坏的，由承包人负责修复或更换，并承担由此增加的费用和(或)延误的工期。

(10) 根据专用合同条款中约定履约担保的方式、金额及期限，向发包人提供履约担保。

(11) 应履行的其他义务。

3) 项目经理及其职权

(1) 项目经理应为合同当事人所确认的人选，经承包人授权后代表承包人负责履行合同。承包人应向发包人提交项目经理与承包人之间的劳动合同，以及承包人为项目经理缴纳社会保险的有效证明。

(2) 项目经理应常驻施工现场，且每月在施工现场时间不得少于专用合同条款约定的天数。承包人需要更换项目经理的，应提前14天书面通知发包人和监理人，并征得发包人书面同意。通知中应当载明继任项目经理的注册执业资格、管理经验等资料，继任项目经理继续履行约定的职责。发包人有权书面通知承包人更换其认为不称职的项目经理。

(3) 项目经理按合同约定组织工程实施。在紧急情况下为确保施工安全和人员安全，在无法与发包人代表和总监理工程师及时取得联系时，项目经理有权采取必要的措施保证与工程有关的人身、财产和工程的安全，但应在48小时内向发包人代表和总监理工程师提交书面报告。

4) 监理人

(1) 工程实行监理的，发包人和承包人应在专用合同条款中明确监理人的监理内容及监理权限等事项。监理人应当根据发包人授权及法律规定，代表发包人对工程施工相关事项进行检查、查验、审核、验收，并签发相关指示，但监理人无权修改合同，且无权减轻或免除合同约定的承包人的任何责任与义务。

(2) 监理人应按照发包人的授权发出监理指示。监理人的指示应采用书面形式，并经其授权的监理人员签字。紧急情况下，为了保证施工人员的安全或避免工程受损，监理人员可以口头形式发出指示，该指示与书面形式的指示具有同等法律效力，但必须在发出口头指示后24小时内补发书面监理指示，补发的书面监理指示应与口头指示一致。

监理人发出的指示应送达承包人项目经理或经项目经理授权接收的人员。因监理人未能按合同约定发出指示、指示延误或发出了错误指示而导致承包人费用增加和(或)工期延误的，由发包人承担相应责任。

承包人对监理人发出的指示有疑问的，应向监理人提出书面异议，监理人应在48小时内对该指示予以确认、更改或撤销，监理人逾期未回复的，承包人有权拒绝执行上述指示。

（3）合同当事人进行商定或确定时，总监理工程师应当会同合同当事人尽量通过协商达成一致，不能达成一致的，由总监理工程师按照合同约定审慎作出公正的确定。合同当事人对总监理工程师的确定没有异议的，按照总监理工程师的确定执行。任何一方合同当事人有异议，按照争议处理。争议解决前，合同当事人暂按总监理工程师的确定执行；争议解决后，争议解决的结果与总监理工程师的确定不一致的，按照争议解决的结果执行，由此造成的损失由责任人承担。

3. 施工合同的质量控制条款

1）工程质量

（1）工程质量必须符合现行国家有关工程施工质量验收规范和标准的要求。因发包人原因造成工程质量未达到合同约定标准的，由发包人承担由此增加的费用和（或）延误的工期，并支付承包人合理的利润。因承包人原因造成工程质量未达到合同约定标准的，发包人有权要求承包人修理或返工、改建直至工程质量达到合同约定的标准为止，并由承包人承担由此增加的费用和（或）延误的工期。

（2）质量保证措施。

① 承包人的质量管理。

承包人应按约定向发包人和监理人提交工程质量保证体系及措施文件，建立完善的质量检查制度，并提交相应的工程质量文件。对于发包人和监理人违反法律规定和合同约定的错误指示，承包人有权拒绝实施。承包人应对施工人员进行质量教育和技术培训，定期考核施工人员的劳动技能，严格执行施工规范和操作规程。

承包人应按照法律规定和发包人的要求，对材料、工程设备及工程的所有部位及其施工工艺进行全过程的质量检查和检验，并做详细记录，编制工程质量报表，报送监理人审查。此外，承包人还应按照法律规定和发包人的要求，进行施工现场取样试验、工程复核测量和设备性能检测，提供试验样品、提交试验报告和测量成果及其他工作。

② 监理人的质量检查和检验。

监理人按照法律规定和发包人授权对工程的所有部位及其施工工艺、材料和工程设备进行检查和检验。承包人应为监理人的检查和检验提供方便，监理人为此进行的检查和检验，不免除或减轻承包人按照合同约定应当承担的责任。

监理人的检查和检验不应影响施工正常进行。监理人的检查和检验影响施工正常进行的，且经检查检验不合格的，影响正常施工的费用由承包人承担，工期不予顺延；经检查检验合格的，由此增加的费用和（或）延误的工期由发包人承担。

 案例 8.10

建设工程施工合同案例

某建设单位欲建一办公楼，遂与某施工单位签订建设工程合同。合同规定工期为 288 天。工程开工后，为迎接上级检查，早日投入使用，建设单位便派专人检查监督施工进度，检查人员曾多次要求施工单位加快进度，缩短工期，均被施工单位以质量无法保证为由拒绝。为使工程尽早完工，建设单位所派检查人员遂以施工单位名义要求材料供应商提前送货至施工现场，结果造成材料堆积过多，管理困难，部分材料损坏。施工单位遂起诉建设单位，要求其承担损失赔偿责任。建设单位以检查作业进度，督促施工进度为由抗辩，法院判决建设单位抗辩不成立，应依法承担赔偿责任。

[解析]

本案涉及发包方如何行使检查监督权的问题。建设工程施工合同通用条款中一般都包含这样的规定：发包人在不妨碍承包人正常作业的情况下，可以随时对作业进度、质量进行检查。建设单位派专人检查工程施工进度的行为本身是行使检查权的表现。但是，检查人员的检查行为，已超出了法律规定的对施工进度和质量进行检查的范围，且以施工单位名义促使材料供应商提早供货，在客观上妨碍了施工的正常作业，因而构成权利滥用行为，理应承担损害赔偿责任。

(3) 隐蔽工程检查。

① 承包人应当对工程隐蔽部位进行自检。经自检确认具备覆盖条件的，承包人应在共同检查前48小时书面通知监理人检查。监理人应按时到场并对隐蔽工程及其施工工艺、材料和工程设备进行检查。经监理人检查确认质量符合隐蔽要求，并在验收记录上签字后，承包人才能进行覆盖。经监理人检查质量不合格的，承包人应在监理人指示的时间内完成修复，并由监理人重新检查，由此增加的费用和(或)延误的工期由承包人承担。

除专用合同条款另有约定外，监理人不能按时进行检查的，应在检查前24小时向承包人提交书面延期要求，但延期不能超过48小时，由此导致工期延误的，工期应予以顺延。监理人未按时进行检查，也未提出延期要求的，视为隐蔽工程检查合格，承包人可自行完成覆盖工作，并做相应记录报送监理人，监理人应签字确认。

② 重新检查。承包人覆盖工程隐蔽部位后，发包人或监理人对质量有疑问的，可要求承包人对已覆盖的部位进行钻孔探测或揭开重新检查，承包人应遵照执行，并在检查后重新覆盖恢复原状。经检查证明工程质量符合合同要求的，由发包人承担由此增加的费用和(或)延误的工期，并支付承包人合理的利润；经检查证明工程质量不符合合同要求的，由此增加的费用和(或)延误的工期由承包人承担。

③ 承包人私自覆盖。承包人未通知监理人到场检查，私自将工程隐蔽部位覆盖的，监理人有权指示承包人钻孔探测或揭开检查，无论工程隐蔽部位质量是否合格，由此增加的费用和(或)延误的工期均由承包人承担。

 案例 8.11

建设工程施工合同案例

某建筑公司负责修建某高校学生宿舍楼一幢，双方签订建设工程合同。由于宿舍楼设有地下室，属隐蔽工程，因而在建设工程合同中，双方约定了对隐蔽工程(地下层)的验收检查条款。规定地下室的验收检查工作由双方共同负责，检查费用由校方负担。地下室竣工后，建筑公司通知校方检查验收，校方则答复：因校内事务繁多由建筑公司自己检查出具检查记录即可。其后15日，校方又聘请专业人员对地下室质量进行检查，发现未达到合同规定标准，遂要求建筑公司负担此次检查费用，并返工地下室工程。建筑公司则认为，合同约定的检查费用由校方负担，本方不应负担此项费用，但对返工重修地下室的要求予以认可。校方多次要求公司付款未果，诉至法院。

[解析]

本案争议的焦点在于隐蔽工程(地下室)隐蔽后，发包方事后检查的费用由哪方负担的问题。按法律规定，承包方的隐蔽工程竣工后，应通知发包方检查，发包方未及时检查，承包方可以顺延工程日期，并有权要求赔偿停工、窝工等损失。在本案中，对于校方不履行检查义务的行为，建筑公司有权停工待查，停工造成的损失应当由校方承担。但建筑公司未这样做，反而自行检查，并出具检查记录交与校方后，继续进行施工。对此，双方均有过错，至于校方的事后检查费用，则应视检查结果而定，如果检查结果是地下室质量未达到标准，因这一后果是承包方所致，检查费用应由承包方承担；如果检查质量符合标准，重复检查的结果是校方未履行义务所致，则检查费用应由校方承担。

2）材料与设备

（1）发包人供应材料与工程设备。

发包人自行供应材料、工程设备的，应在签订合同时在专用合同条款的附件《发包人供应材料设备一览表》中明确材料、工程设备的品种、规格、型号、数量、单价、质量等级和送达地点。

承包人应提前30天通过监理人以书面形式通知发包人供应材料与工程设备进场。承包人修订施工进度计划时，需同时提交经修订后的发包人供应材料与工程设备的进场计划。发包人应按约定向承包人提供材料、工程设备及其产品合格证明及出厂证明，并对其质量负责。发包人应提前24小时以书面形式通知承包人、监理人材料和工程设备到货时间，承包人负责材料和工程设备的清点、检验和接收。

发包人提供的材料和工程设备的规格、数量或质量不符合合同约定的，或因发包人原因导致交货日期延误或交货地点变更等情况的，按照发包人违约办理。

（2）承包人采购材料与工程设备。

承包人负责采购材料、工程设备的，应按照设计和有关标准要求采购，并提供产品合格证明及出厂证明，对材料、工程设备质量负责。合同约定由承包人采购的材料、工程设备，发包人不得指定生产厂家或供应商。

承包人应在材料和工程设备到货前24小时通知监理人检验。承包人进行永久设备、材料的制造和生产的，应符合相关质量标准，并向监理人提交材料的样本及有关资料，并应在使用该材料或工程设备之前获得监理人同意。承包人采购的材料和工程设备不符合设计或有关标准要求时，承包人应在监理人要求的合理期限内将不符合设计或有关标准要求的材料、工程设备运出施工现场，并重新采购符合要求的材料、工程设备，由此增加的费用和（或）延误的工期，由承包人承担。

（3）材料与工程设备的保管与使用。

① 发包人供应材料与工程设备的保管与使用。

发包人供应的材料和工程设备，承包人清点后由承包人妥善保管，保管费用由发包人承担，但已标价工程量清单或预算书已经列支或专用合同条款另有约定除外。因承包人原因发生丢失毁损的，由承包人负责赔偿；发包人未通知承包人清点的，承包人不负责材料和工程设备的保管，由此导致丢失毁损的由发包人负责。

发包人供应的材料和工程设备使用前，由承包人负责检验，检验费用由发包人承担，不合格的不得使用。

② 承包人采购材料与工程设备的保管与使用。

承包人采购的材料和工程设备由承包人妥善保管，保管费用由承包人承担。法律规定材料和工程设备使用前必须进行检验或试验的，承包人应按监理人的要求进行检验或试验，检验或试验费用由承包人承担，不合格的不得使用。

发包人或监理人发现承包人使用不符合设计或有关标准要求的材料和工程设备时，有权要求承包人进行修复、拆除或重新采购，由此增加的费用和(或)延误的工期，由承包人承担。

(4) 施工设备和临时设施。

① 承包人提供的施工设备和临时设施。

承包人应按合同进度计划的要求，及时配置施工设备和修建临时设施。进入施工场地的承包人设备需经监理人核查后才能投入使用。承包人更换合同约定的承包人设备的，应报监理人批准。除专用合同条款另有约定外，承包人应自行承担修建临时设施的费用，需要临时占地的，应由发包人办理申请手续并承担相应费用。

② 发包人提供的施工设备和临时设施在专用合同条款中约定。

③ 承包人使用的施工设备不能满足合同进度计划和(或)质量要求时，监理人有权要求承包人增加或更换施工设备，承包人应及时增加或更换，由此增加的费用和(或)延误的工期由承包人承担。

3) 试验与检验

(1) 试验设备与试验人员。

承包人根据合同约定或监理人指示进行的现场材料试验，应由承包人提供试验场所、试验人员、试验设备及其他必要的试验条件。监理人在必要时可以使用承包人提供的试验场所、试验设备及其他试验条件，进行以工程质量检查为目的的材料复核试验，承包人应予以协助。承包人配置的试验设备要符合相应试验规程的要求并经过具有资质的检测单位检测，且在正式使用该试验设备前，需要经过监理人与承包人共同校定。承包人应向监理人提交试验人员的名单及其岗位、资格等证明资料，试验人员必须能够熟练进行相应的检测试验，承包人对试验人员的试验程序和试验结果的正确性负责。

(2) 取样、试验和检验。

① 试验属于自检性质的，承包人可以单独取样，单独进行试验。试验属于监理人抽检性质的，可由监理人取样，也可由承包人的试验人员在监理人的监督下取样，监理人可以单独进行试验，也可由承包人与监理人共同进行。承包人对由监理人单独进行的试验结果有异议的，可以申请重新共同进行试验。

② 监理人对承包人的试验和检验结果有异议的，或为查清承包人试验和检验成果的可靠性要求承包人重新试验和检验的，可由监理人与承包人共同进行。重新试验和检验的结果证明该项材料、工程设备或工程的质量不符合合同要求的，由此增加的费用和(或)延误的工期由承包人承担；重新试验和检验结果证明该项材料、工程设备和工程符合合同要求的，由此增加的费用和(或)延误的工期由发包人承担。

(3) 现场工艺试验。

承包人应按合同约定或监理人指示进行现场工艺试验。对大型的现场工艺试验，监理人认为必要时，承包人应根据监理人提出的工艺试验要求，编制工艺试验措施计划，报送监理人审查。

4) 验收和工程试车

(1) 分部分项工程验收。

除专用合同条款另有约定外，分部分项工程经承包人自检合格并具备验收条件的，承包人应提前 48 小时通知监理人进行验收。监理人不能按时进行验收的，应在验收前 24 小时向承包人提交书面延期要求，但延期不能超过 48 小时。监理人未按时进行验收，也未提出延期要求的，承包人有权自行验收，监理人应认可验收结果。分部分项工程未经验收的，不得进入下一道工序施工。

分部分项工程的验收资料应当作为竣工资料的组成部分。

（2）竣工验收。

工程具备以下条件的，承包人可以申请竣工验收。

① 除发包人同意的甩项工作和缺陷修补工作外，合同范围内的全部工程及有关工作，包括合同要求的试验、试运行及检验均已完成，并符合合同要求。

② 已按合同约定编制了甩项工作和缺陷修补工作清单及相应的施工计划。

③ 已按合同约定的内容和份数备齐竣工资料。

工程未经验收或验收不合格，发包人擅自使用的，应在转移占有工程后 7 天内向承包人颁发工程接收证书；发包人无正当理由逾期不颁发工程接收证书的，自转移占有后第 15 天起视为已颁发工程接收证书。

除专用合同条款另有约定外，发包人不按照本项约定组织竣工验收、颁发工程接收证书的，每逾期 1 天，应以签约合同价为基数，按照中国人民银行发布的同期同类贷款基准利率支付违约金。

 案例 8.12

建设工程施工合同案例

2002 年 2 月 24 日，甲建筑公司与乙厂就乙厂技术改造工程签订建设工程合同。合同约定：甲公司承担乙厂某技术改造工程项目，承包方式按预算定额包工包料，竣工后办理工程结算。合同签订后，甲方按合同约定完成该工程项目，并于 2002 年 11 月 14 日竣工。在实施过程中，乙厂于 2002 年 9 月被丙公司兼并，由丙公司承担乙厂的全部债权债务，承接乙厂的各项工程合同、借款合同及各种协议。甲公司在工程竣工后多次催促丙公司对工程进行验收并支付所欠工程款。丙公司对此一直置之不理，既不验收已竣工工程，也不付工程款。甲公司无奈将丙公司诉至法院。

［解析］

建设工程合同中规定：建设工程竣工后，发包人应当根据施工图纸及说明书、国家颁发的施工验收规范和质量检验标准进行验收。验收合格的，发包人应当按照约定支付价款，并接收该建设工程。建设工程竣工经验收合格后，方可交付使用；未经验收或者验收不合格的，不得交付使用。此案签订建设工程承包合同的是甲公司与乙厂，但乙厂在被丙公司兼并后，丙公司承担了乙厂的全部债权债务并承接了乙厂的各项工程合同，当然应当履行原甲公司与乙厂签订的建设工程承包合同，对已完工的工程项目进行验收，验收合格无质量争议的，应当按照合同规定向甲公司支付工程款，接收该工程项目，办理交接手续。

（3）拒绝接收全部或部分工程。

对于竣工验收不合格的工程，承包人完成整改后，应当重新进行竣工验收，经重新组织验收仍不合格的且无法采取措施补救的，则发包人可以拒绝接收不合格工程，因不合格工程导致其他工程不能正常使用的，承包人应采取措施确保相关工程的正常使用，由此增加的费用和（或）延误的工期由承包人承担。

（4）移交、接收全部与部分工程。

除专用合同条款另有约定外，合同当事人应当在颁发工程接收证书后 7 天内完成工程的移交。发包人无正当理由不接收工程的，发包人自颁发工程接收证书次日起，承担工程照管、成品保护、保管等与工程有关的各项费用。承包人无正当理由不移交工程的，承包人应承担工程照管、成品保护、保管等与工程有关的各项费用。

（5）提前交付单位工程的验收。

① 发包人需要在工程竣工前使用单位工程的，或承包人提出提前交付已经竣工的单位工程且经发包人同意的，可进行单位工程验收。验收合格后，由监理人向承包人出具经发包人签认的单位工程接收证书。已签发单位工程接收证书的单位工程由发包人负责照管。单位工程的验收成果和结论作为整体工程竣工验收申请报告的附件。

② 发包人要求在工程竣工前交付单位工程，由此导致承包人费用增加和（或）工期延误的，由发包人承担由此增加的费用和（或）延误的工期，并支付承包人合理的利润。

5）工程保修

（1）在工程移交发包人后，承包人应履行保修义务。缺陷责任期届满，承包人仍应按合同约定的工程各部位保修年限承担保修义务。

（2）工程保修期从工程竣工验收合格之日起算，具体分部分项工程的保修期由合同当事人在专用合同条款中约定，但不得低于法定最低保修年限。在工程保修期内，承包人应当根据有关法律规定及合同约定承担保修责任。

发包人未经竣工验收擅自使用工程的，保修期自转移占有之日起算。

 案例 8.13

建设工程施工合同案例

A 建设单位与 B 建筑公司签订施工合同，修建某住宅工程。工程完工后，经验收质量合格。工程使用 3 年后，发现楼房屋顶漏水，建设单位要求建筑公司负责无偿修理，并赔偿损失，建筑公司则以施工合同中并未规定质量保证期限，且工程已经验收合格为由，拒绝无偿修理要求。建设单位起诉至法院。法院判决施工合同有效，认为合同中虽然并没有约定工程质量保证期限，但依据《建设工程质量管理办法》的规定，屋面防水工程保修期限为 5 年，因此，工程使用 3 年出现的质量问题，应由施工单位承担无偿修理并赔偿损失的责任。

[解析]

本案争议的施工合同虽欠缺质量保证期条款，但并不影响双方当事人对施工合同主要义务的履行，故该合同有效。由于合同中没有质量保证期的约定，故应当依照法律、法规的规定或者其他规章确定工程质量保证期。法院依照《建设工程质量管理办法》的有关规定对欠缺条款进行补充，无疑是正确的。依据该办法规定，出现的质量问题属保修期内，故认定建筑公司应承担无偿修理和赔偿损失责任。

4．施工合同的进度控制条款

1）施工组织设计提交和修改

除专用合同条款另有约定外，承包人应在合同签订后 14 天内，但至迟不得晚于开工通知载明的开工日期前 7 天，向发包人和监理人提交详细的施工组织设计。发包人和监理人应在监理人收到施工组织设计后 7 天内确认或提出修改意见。对发包人和监理人提出的合理意见和要求，承包人应自费修改完善。根据工程实际情况需要修改施工组织设计的，承包人应向发包人和监理人提交修改后的施工组织设计。

2）施工进度计划

（1）承包人应提交详细的施工进度计划，施工进度计划经发包人批准后实施。施工进度计划是控制工程进度的依据，发包人和监理人有权按照施工进度计划检查工程进度情况。

（2）施工进度计划不符合合同要求或与工程的实际进度不一致的，承包人应向监理人提交修订的施工进度计划，并附具有关措施和相关资料，由监理人报送发包人。除专用合同条款另有约定外，发包人和监理人应在收到修订的施工进度计划后7天内完成审核和批准或提出修改意见。

3）开工

监理人应在计划开工日期7天前向承包人发出开工通知，工期自开工通知中载明的开工日期起算。除专用合同条款另有约定外，因发包人原因造成监理人未能在计划开工日期之日起90天内发出开工通知的，承包人有权提出价格调整要求，或者解除合同。发包人应当承担由此增加的费用和（或）延误的工期。

4）工期延误

（1）因发包人原因导致工期延误。

在合同履行过程中，因下列情况导致工期延误和（或）费用增加的，由发包人承担由此延误的工期和（或）增加的费用。

① 发包人未能按合同约定提供图纸或所提供图纸不符合合同约定的。

② 发包人未能按合同约定提供施工现场、施工条件、基础资料、许可、批准等开工条件的。

③ 发包人提供的测量基准点、基准线和水准点及其书面资料存在错误或疏漏的。

④ 发包人未能在计划开工日期之日起7天内同意下达开工通知的。

⑤ 发包人未能按合同约定日期支付工程预付款、进度款的。

⑥ 监理人未按合同约定发出指示、批准等文件的。

⑦ 因发包人原因导致工期延误的其他情形。

因发包人原因未按计划开工日期开工的，发包人应按实际开工日期顺延竣工日期。

（2）因承包人原因导致工期延误。

因承包人原因造成工期延误的，可以在专用合同条款中约定逾期竣工违约金的计算方法和逾期竣工违约金的上限。承包人支付逾期竣工违约金后，不免除承包人继续完成工程及修补缺陷的义务。

5）不利物质条件和异常恶劣的气候条件

（1）不利物质条件是指有经验的承包人在施工现场遇到的不可预见的自然物质条件、非自然的物质障碍和污染物，包括地表以下物质条件和水文条件及专用合同条款约定的其他情形，但不包括气候条件。承包人遇到不利物质条件时，应采取克服不利物质条件的合理措施继续施工，并及时通知发包人和监理人。通知应载明不利物质条件的内容及承包人认为不可预见的理由。监理人经发包人同意后应当及时发出指示，指示构成变更的，按变更约定执行。承包人因采取合理措施而增加的费用和（或）延误的工期由发包人承担。

（2）异常恶劣的气候条件是指在施工过程中遇到的，有经验的承包人在签订合同时不可预见的，对合同履行造成实质性影响的，但尚未构成不可抗力事件的恶劣气候条件。合同当事人可以在专用合同条款中约定异常恶劣的气候条件的具体情形。

承包人应采取克服异常恶劣的气候条件的合理措施继续施工，并及时通知发包人和监理人。监理人经发包人同意后应当及时发出指示，指示构成变更的，按变更约定办理。承包人因采取合理措施而增加的费用和(或)延误的工期由发包人承担。

6) 暂停施工

(1) 发包人原因引起的暂停施工。

因发包人原因引起暂停施工的，监理人经发包人同意后，应及时下达暂停施工指示。情况紧急且监理人未及时下达暂停施工指示的，承包人可先暂停施工，并及时通知监理人。监理人应在接到通知后 24 小时内发出指示，逾期未发出指示，视为同意承包人暂停施工。

因发包人原因引起的暂停施工，发包人应承担由此增加的费用和(或)延误的工期。

(2) 承包人原因引起的暂停施工。

因承包人原因引起的暂停施工，承包人应承担由此增加的费用和(或)延误的工期。

(3) 指示暂停施工。

监理人认为有必要时，并经发包人批准后，可向承包人作出暂停施工的指示，承包人应按监理人指示暂停施工。

(4) 紧急情况下的暂停施工。

因紧急情况需暂停施工，且监理人未及时下达暂停施工指示的，承包人可先暂停施工，并及时通知监理人。监理人应在接到通知后 24 小时内发出指示。监理人不同意承包人暂停施工的，应说明理由，承包人对监理人的答复有异议，按照争议处理。

(5) 暂停施工后的复工。

暂停施工后，发包人和承包人应采取有效措施积极消除暂停施工的影响。在工程复工前，监理人会同发包人和承包人确定因暂停施工造成的损失，并确定工程复工条件。当工程具备复工条件时，监理人应经发包人批准后向承包人发出复工通知，承包人应按照复工通知要求复工。

承包人无故拖延和拒绝复工的，承包人承担由此增加的费用和(或)延误的工期；因发包人原因无法按时复工的，由发包人承担由此延误的工期和(或)增加的费用。

(6) 暂停施工期间的工程照管。

暂停施工期间，承包人应负责妥善照管工程并提供安全保障，由此增加的费用由责任方承担。

(7) 暂停施工的措施。

暂停施工期间，发包人和承包人均应采取必要的措施确保工程质量及安全，防止因暂停施工扩大损失。

5. 施工合同的造价控制条款

1) 价格调整

(1) 市场价格波动引起的调整。

除专用合同条款另有约定外，市场价格波动超过合同当事人约定的范围，合同价格应当调整。合同当事人可以在专用合同条款中约定选择以下一种方式对合同价格进行调整。

第1种方式：采用价格指数进行价格调整。

因人工、材料和设备等价格波动影响合同价格时，根据专用合同条款中约定的数据，按以下公式计算差额并调整合同价格：

$$\Delta P = P_0\left[A + \left(B_1 \times \frac{F_{t1}}{F_{01}} + B_2 \times \frac{F_{t2}}{F_{02}} + B_3 \times \frac{F_{t3}}{F_{03}} + \cdots + B_n \times \frac{F_{tn}}{F_{0n}}\right) - 1\right]$$

式中：ΔP——需调整的价格差额。

P_0——约定的付款证书中承包人应得到的已完成工程量的金额。此项金额应不包括价格调整、不计质量保证金的扣留和支付、预付款的支付和扣回。约定的变更及其他金额已按现行价格计价的，也不计在内。

A——定值权重（即不调部分的权重）。

$B_1, B_2, B_3, \cdots, B_n$——各可调因子的变值权重（即可调部分的权重），为各可调因子在签约合同价中所占的比例。

$F_{t1}, F_{t2}, F_{t3}, \cdots, F_{tn}$——各可调因子的现行价格指数，指约定的付款证书相关周期最后一天的前42天的各可调因子的价格指数。

$F_{01}, F_{02}, F_{03}, \cdots, F_{0n}$——各可调因子的基本价格指数，指基准日期的各可调因子的价格指数。

以上价格调整公式中的各可调因子、定值和变值权重，以及基本价格指数及其来源在投标函附录价格指数和权重表中约定，非招标订立的合同，由合同当事人在专用合同条款中约定。价格指数应首先采用工程造价管理机构发布的价格指数，无前述价格指数时，可采用工程造价管理机构发布的价格代替。在计算调整差额时无现行价格指数的，合同当事人同意暂用前次价格指数计算。实际价格指数有调整的，合同当事人进行相应调整。

因承包人原因未按期竣工的，对合同约定的竣工日期后继续施工的工程，在使用价格调整公式时，应采用计划竣工日期与实际竣工日期的两个价格指数中较低的一个作为现行价格指数。

第2种方式：采用造价信息进行价格调整。

合同履行期间，因人工、材料、工程设备和机械台班价格波动影响合同价格时，人工、机械使用费按照国家或省、自治区、直辖市建设行政管理部门、行业建设管理部门或其授权的工程造价管理机构发布的人工、机械使用费系数进行调整；需要进行价格调整的材料，其单价和采购数量应由发包人审批，发包人确认需调整的材料单价及数量，作为调整合同价格的依据。

① 人工单价发生变化且符合省级或行业建设主管部门发布的人工费调整规定，合同当事人应按省级或行业建设主管部门或其授权的工程造价管理机构发布的人工费等文件调整合同价格，但承包人对人工费或人工单价的报价高于发布价格的除外。

② 材料、工程设备价格变化的价款调整按照发包人提供的基准价格，按以下风险范围规定执行。

a. 承包人在已标价工程量清单或预算书中载明材料单价低于基准价格的：除专用合同条款另有约定外，合同履行期间材料单价涨幅以基准价格为基础超过5%时，或材料单价跌幅以在已标价工程量清单或预算书中载明材料单价为基础超过5%时，其超过部分据实调整。

b. 承包人在已标价工程量清单或预算书中载明材料单价高于基准价格的：除专用合

同条款另有约定外，合同履行期间材料单价跌幅以基准价格为基础超过 5% 时，或材料单价涨幅以在已标价工程量清单或预算书中载明材料单价为基础超过 5% 时，其超过部分据实调整。

　　c. 承包人在已标价工程量清单或预算书中载明材料单价等于基准价格的：除专用合同条款另有约定外，合同履行期间材料单价涨跌幅以基准价格为基础超过 ±5% 时，其超过部分据实调整。

　　d. 承包人应在采购材料前将采购数量和新的材料单价报发包人核对，发包人确认用于工程时，发包人应确认采购材料的数量和单价。未经发包人事先核对，承包人自行采购材料的，发包人有权不予调整合同价格。发包人同意的，可以调整合同价格。

　　前述基准价格是指由发包人在招标文件或专用合同条款中给定的材料、工程设备的价格，该价格原则上应当按照省级或行业建设主管部门或其授权的工程造价管理机构发布的信息价编制。

　　③ 施工机械台班单价或施工机械使用费发生变化超过省级或行业建设主管部门或其授权的工程造价管理机构规定的范围时，按规定调整合同价格。

　　第 3 种方式：专用合同条款约定的其他方式。

　　(2) 法律变化引起的调整。

　　基准日期后，法律变化导致承包人在合同履行过程中所需要的费用增加时，由发包人承担由此增加的费用；减少时，应从合同价格中予以扣减。基准日期后，因法律变化造成工期延误时，工期应予以顺延。

　　因法律变化引起的合同价格和工期调整，合同当事人无法达成一致的，按争议处理。

　　因承包人原因造成工期延误，在工期延误期间出现法律变化的，由此增加的费用和(或)延误的工期由承包人承担。

　　2) 合同价格、计量与支付

　　(1) 合同价格形式。

　　① 单价合同。单价合同是指合同当事人约定以工程量清单及其综合单价进行合同价格计算、调整和确认的建设工程施工合同，在约定的范围内合同单价不作调整。合同当事人应在专用合同条款中约定综合单价包含的风险范围和风险费用的计算方法，并约定风险范围以外的合同价格的调整方法，其中因市场价格波动引起的调整按相关约定执行。

　　② 总价合同。总价合同是指合同当事人约定以施工图、已标价工程量清单或预算书及有关条件进行合同价格计算、调整和确认的建设工程施工合同，在约定的范围内合同总价不做调整。合同当事人应在专用合同条款中约定总价包含的风险范围和风险费用的计算方法，并约定风险范围以外的合同价格的调整方法，其中因市场价格波动引起的调整、因法律变化引起的调整按相关约定执行。

　　③ 其他价格形式。合同当事人可在专用合同条款中约定其他合同价格形式。

　　(2) 预付款。

　　① 预付款的支付。

　　预付款的支付按照专用合同条款约定执行，但至迟应在开工通知载明的开工日期 7 天前支付。预付款应当用于材料、工程设备、施工设备的采购及修建临时工程、组织施工队伍进场等。除专用合同条款另有约定外，预付款在进度付款中同比例扣回。在颁发工程接收证书前，提前解除合同的，尚未扣完的预付款应与合同价款一并结算。

发包人逾期支付预付款超过 7 天的，承包人有权向发包人发出要求预付的催告通知，发包人收到通知后 7 天内仍未支付的，承包人有权暂停施工，并按发包人违约执行。

② 预付款担保。

发包人要求承包人提供预付款担保的，承包人应在发包人支付预付款 7 天前提供预付款担保。在预付款完全扣回之前，承包人应保证预付款担保持续有效。

发包人在工程款中逐期扣回预付款后，预付款担保额度应相应减少，但剩余的预付款担保金额不得低于未被扣回的预付款金额。

（3）计量。

① 工程量计量按照合同约定的工程量计算规则、图纸及变更指示等进行计量。除专用合同条款另有约定外，工程量的计量按月进行。

② 合同的计量。

承包人应于每月 25 日向监理人报送上月 20 日至当月 19 日已完成的工程量报告，并附具进度付款申请单、已完成工程量报表和有关资料。监理人应在收到承包人提交的工程量报告后 7 天内完成对承包人提交的工程量报表的审核并报送发包人，以确定当月实际完成的工程量。监理人对工程量有异议的，有权要求承包人进行共同复核或抽样复测。承包人应协助监理人进行复核或抽样复测，并按监理人要求提供补充计量资料。承包人未按监理人要求参加复核或抽样复测的，监理人复核或修正的工程量视为承包人实际完成的工程量。

监理人未在收到承包人提交的工程量报表后的 7 天内完成审核的，承包人报送的工程量报告中的工程量视为承包人实际完成的工程量，据此计算工程价款。

（4）工程进度款支付。

① 除专用合同条款另有约定外，付款周期应与计量周期保持一致，进度付款申请单应包括：截至本次付款周期已完成工作对应的金额；截至上次付款周期已实际支付的金额；应增加和扣减的变更金额；应支付的预付款和扣减的返还预付款；应扣减的质量保证金；应增加和扣减的索赔金额；对已签发的进度款支付证书中出现错误的修正，应在本次进度付款中支付或扣除的金额；根据合同约定应增加和扣减的其他金额。

② 进度款审核和支付。

a. 除专用合同条款另有约定外，监理人应在收到承包人进度付款申请单及相关资料后 7 天内完成审查并报送发包人，发包人应在收到后 7 天内完成审批并签发进度款支付证书。

发包人和监理人对承包人的进度付款申请单有异议的，有权要求承包人修正和提供补充资料，承包人应提交修正后的进度付款申请单。监理人应在收到承包人修正后的进度付款申请单及相关资料后 7 天内完成审查并报送发包人，发包人应在收到监理人报送的进度付款申请单及相关资料后 7 天内，向承包人签发无异议部分的临时进度款支付证书。存在争议的部分，按照争议解决的约定处理。

b. 除专用合同条款另有约定外，发包人应在进度款支付证书或临时进度款支付证书签发后 14 天内完成支付，发包人逾期支付进度款的，应按照中国人民银行发布的同期同类贷款基准利率支付违约金。

c. 发包人签发进度款支付证书或临时进度款支付证书，不表明发包人已同意、批准或接受了承包人完成的相应部分的工作。

（5）支付账户。

发包人应将合同价款支付至合同协议书中约定的承包人账户。

3）竣工结算

（1）竣工结算申请。

除专用合同条款另有约定外，承包人应在工程竣工验收合格后28天内向发包人和监理人提交竣工结算申请单，并提交完整的结算资料，有关竣工结算申请单的资料清单和份数等要求由合同当事人在专用合同条款中约定。

除专用合同条款另有约定外，竣工结算申请单应包括：竣工结算合同价格；发包人已支付承包人的款项；应扣留的质量保证金；发包人应支付承包人的合同价款。

（2）竣工结算审核。

① 除专用合同条款另有约定外，监理人应在收到竣工结算申请单后14天内完成核查并报送发包人。发包人应在收到监理人提交的经审核的竣工结算申请单后14天内完成审批，并由监理人向承包人签发经发包人签认的竣工付款证书。监理人或发包人对竣工结算申请单有异议的，有权要求承包人进行修正和提供补充资料，承包人应提交修正后的竣工结算申请单。

② 除专用合同条款另有约定外，发包人应在签发竣工付款证书后的14天内，完成对承包人的竣工付款。发包人逾期支付的，按照中国人民银行发布的同期同类贷款基准利率支付违约金；逾期支付超过56天的，按照中国人民银行发布的同期同类贷款基准利率的两倍支付违约金。

③ 承包人对发包人签认的竣工付款证书有异议的，对于有异议部分应在收到发包人签认的竣工付款证书后7天内提出异议，并由合同当事人按照专用合同条款约定的方式和程序进行复核，或按照争议处理。对于无异议部分，发包人应签发临时竣工付款证书，并完成付款。

（3）甩项竣工协议。

发包人要求甩项竣工的，合同当事人应签订甩项竣工协议。在甩项竣工协议中应明确，对已完合格工程进行结算，并支付相应合同价款。

（4）最终结清。

① 最终结清申请单。

除专用合同条款另有约定外，承包人应在缺陷责任期终止证书颁发后7天内，按专用合同条款约定的份数向发包人提交最终结清申请单，并提供相关证明材料。发包人对最终结清申请单内容有异议的，有权要求承包人进行修正和提供补充资料，承包人应向发包人提交修正后的最终结清申请单。

② 最终结清证书和支付。

除专用合同条款另有约定外，发包人应在收到承包人提交的最终结清申请单后14天内完成审批并向承包人颁发最终结清证书，发包人应在颁发最终结清证书后7天内完成支付。发包人逾期支付的，按照中国人民银行发布的同期同类贷款基准利率支付违约金；逾期支付超过56天的，按照中国人民银行发布的同期同类贷款基准利率的两倍支付违约金。

承包人对发包人颁发的最终结清证书有异议的，按争议办理。

4）质量保证金

① 承包人提供质量保证金的方式。

承包人提供质量保证金的方式有以下三种。

a. 质量保证金保函。

b. 相应比例的工程款。

c. 双方约定的其他方式。

除专用合同条款另有约定外，质量保证金原则上采用上述第一种方式。

② 质量保证金扣留的方式。

质量保证金的扣留的方式有以下三种。

a. 在支付工程进度款时逐次扣留，在此情形下，质量保证金的计算基数不包括预付款的支付、扣回及价格调整的金额。

b. 工程竣工结算时一次性扣留质量保证金。

c. 双方约定的其他扣留方式。

除专用合同条款另有约定外，质量保证金的扣留原则上采用上述第一种方式。

发包人累计扣留的质量保证金不得超过结算合同价格的5%，如承包人在发包人签发竣工付款证书后28天内提交质量保证金保函，发包人应同时退还扣留的作为质量保证金的工程价款。

6. 施工合同的安全文明施工与环境保护条款

1）安全文明施工

（1）安全生产要求。

合同履行期间，合同当事人均应当遵守国家和工程所在地有关安全生产的要求，合同当事人有特别要求的，应在专用合同条款中明确。承包人有权拒绝发包人及监理人强令承包人违章作业、冒险施工的任何指示。在施工过程中，如遇到突发的地质变动、事先未知的地下施工障碍等影响施工安全的紧急情况，承包人应及时报告监理人和发包人，发包人应当及时下令停工并报政府有关行政管理部门采取应急措施。

（2）安全生产保证措施。

承包人应当按照有关规定编制安全技术措施或者专项施工方案，建立安全生产责任制度、治安保卫制度及安全生产教育培训制度，并按安全生产法律规定及合同约定履行安全职责，如实编制工程安全生产的有关记录，接受发包人、监理人及政府安全监督部门的检查与监督。

（3）特别安全生产事项。

承包人应按照法律规定进行施工，开工前做好安全技术交底工作，施工过程中做好各项安全防护措施。承包人为实施合同而雇用的特殊工种的人员应受过专门的培训，并已取得政府有关管理机构颁发的上岗证书。

承包人在动力设备、输电线路、地下管道、密封防振车间、易燃易爆地段及临街交通要道附近施工时，施工开始前应向发包人和监理人提出安全防护措施，经发包人认可后实施。

实施爆破作业，在放射、毒害性环境中施工（含储存、运输、使用）及使用毒害性、腐蚀性物品施工时，承包人应在施工前7天以书面通知发包人和监理人，并报送相应的安全防护措施，经发包人认可后实施。

需单独编制危险性较大分部分项专项工程施工方案的，及要求进行专家论证的超过一定规模的危险性较大的分部分项工程，承包人应及时编制和组织论证。

（4）治安保卫。

除专用合同条款另有约定外，发包人应与当地公安部门协商，在现场建立治安管理机构或联防组织，统一管理施工场地的治安保卫事项，履行合同工程的治安保卫职责。

除专用合同条款另有约定外，发包人和承包人应在工程开工后7天内共同编制施工场地治安管理计划，并制定应对突发治安事件的紧急预案。在工程施工过程中，发生暴乱、爆炸等恐怖事件，以及群殴、械斗等群体性突发治安事件的，发包人和承包人应立即向当地政府报告。发包人和承包人应积极协助当地有关部门采取措施平息事态，防止事态扩大，尽量避免人员伤亡和财产损失。

（5）文明施工。

承包人在工程施工期间，应当采取措施保持施工现场平整，物料堆放整齐。工程所在地有关政府行政管理部门有特殊要求的，按照其要求执行。合同当事人对文明施工有其他要求的，可以在专用合同条款中明确。

在工程移交之前，承包人应当从施工现场清除承包人的全部工程设备、多余材料、垃圾和各种临时工程，并保持施工现场清洁整齐。经发包人书面同意，承包人可在发包人指定的地点保留承包人履行保修期内的各项义务所需要的材料、施工设备和临时工程。

（6）紧急情况处理。

在工程实施期间或保修期内发生危及工程安全的事件，监理人通知承包人进行抢救，承包人声明无能力或不愿立即执行的，发包人有权雇用其他人员进行抢救。此类抢救按合同约定属于承包人义务的，由此增加的费用和（或）延误的工期由承包人承担。

（7）安全生产责任。

① 发包人的安全责任。

发包人应负责赔偿以下各种情况造成的损失。

a. 工程或工程的任何部分对土地的占用所造成的第三者财产损失。

b. 由于发包人原因在施工场地及其毗邻地带造成的第三者人身伤亡和财产损失。

c. 由于发包人原因对承包人、监理人造成的人员人身伤亡和财产损失。

d. 由于发包人原因造成的发包人自身人员的人身伤害及财产损失。

② 承包人的安全责任。

由于承包人原因在施工场地内及其毗邻地带造成的发包人、监理人及第三者人员伤亡和财产损失，由承包人负责赔偿。

2）职业健康

（1）劳动保护。

承包人应按照法律规定安排现场施工人员的劳动和休息时间，保障劳动者的休息时间，并支付合理的报酬和费用。承包人应依法为其履行合同所雇用的人员办理必要的证件、许可、保险和注册等，承包人应督促其分包人为分包人所雇用的人员办理必要的证件、许可、保险和注册等。

承包人应按照法律规定保障现场施工人员的劳动安全，并提供劳动保护，并应按国家有关劳动保护的规定，采取有效的防止粉尘、降低噪声、控制有害气体和保障高温、高寒、高空作业安全等劳动保护措施。承包人雇佣人员在施工中受到伤害的，承包人应立即采取有效措施进行抢救和治疗。

承包人应按法律规定安排工作时间，保证其雇佣人员享有休息和休假的权利。因工程施工的特殊需要占用休假日或延长工作时间的，应不超过法律规定的限度，并按法律规定给予补休或付酬。

（2）生活条件。

承包人应为其履行合同所雇用的人员提供必要的膳宿条件和生活环境；承包人应采取有效措施预防传染病，保证施工人员的健康，并定期对施工现场、施工人员生活基地和工程进行防疫和卫生的专业检查和处理，在远离城镇的施工场地，还应配备必要的伤病防治和急救的医务人员与医疗设施。

3）环境保护

承包人应在施工组织设计中列明环境保护的具体措施。在合同履行期间，承包人应采取合理措施保护施工现场环境。对施工作业过程中可能引起的大气、水、噪声及固体废物污染采取具体可行的防范措施。承包人应当承担因其原因引起的环境污染侵权损害赔偿责任，因上述环境污染引起纠纷而导致暂停施工的，由此增加的费用和（或）延误的工期由承包人承担。

7. 施工合同的变更管理条款

1）变更的范围

除专用合同条款另有约定外，合同履行过程中发生以下情形的，应按照本条约定进行变更。

（1）增加或减少合同中任何工作，或追加额外的工作。

（2）取消合同中任何工作，但转由他人实施的工作除外。

（3）改变合同中任何工作的质量标准或其他特性。

（4）改变工程的基线、标高、位置和尺寸。

（5）改变工程的时间安排或实施顺序。

2）变更权

发包人和监理人均可以提出变更。变更指示均通过监理人发出，监理人发出变更指示前应征得发包人同意。承包人收到经发包人签认的变更指示后，方可实施变更。未经许可，承包人不得擅自对工程的任何部分进行变更。

涉及设计变更的，应由设计人提供变更后的图纸和说明。如变更超过原设计标准或批准的建设规模时，发包人应及时办理规划、设计变更等审批手续。

3）变更程序

（1）发包人提出变更。

发包人提出变更的，应通过监理人向承包人发出变更指示，变更指示应说明计划变更的工程范围和变更的内容。

（2）监理人提出变更建议。

监理人提出变更建议的，需要向发包人以书面形式提出变更计划，说明计划变更工程范围和变更的内容、理由，以及实施该变更对合同价格和工期的影响。发包人同意变更的，由监理人向承包人发出变更指示。发包人不同意变更的，监理人无权擅自发出变更指示。

（3）变更执行。

承包人收到监理人下达的变更指示后，应当立即或根据进度计划的需要予以执行。

4）变更估价

（1）变更估价原则。

除专用合同条款另有约定外，变更估价按照本款约定处理。

① 已标价工程量清单或预算书有相同项目的，按照相同项目单价认定。

② 已标价工程量清单或预算书中无相同项目，但有类似项目的，参照类似项目的单价认定。

③ 变更导致实际完成的变更工程量与已标价工程量清单或预算书中列明的该项目工程量的变化幅度超过15％的，或已标价工程量清单或预算书中无相同项目及类似项目单价的，按照合理的成本与利润构成的原则确定变更工作的单价。

 案例 8.14

工程变更案例

某工程合同总价格 1 000 万元，由于工程变更使最终合同价达到 1 500 万元，则变更增加了 500 万元，超过了 15％。这里增加的 500 万元是按照原合同单价计算的。调整仅针对超过 15％ 的部分，即：1 500－1 000(1＋15％)＝350(万元)，仅调整管理费中的固定费用。一般由于工作量的增加，固定费用分摊会减少；反之由于工作量的减少，固定费用的分摊会增加。所以当有效合同额增加时，应扣除部分管理费。经合同报价分析，350 万元增加的工程款中含固定费用约 62 万元，经合同双方磋商，扣减一定的数额。

 案例 8.15

工程变更索赔

某分项工程量为 400m³ 混凝土，合同单价为 200 元/m³，报价中的管理费 30 元/m³。合同规定，工作量超过 25％ 即可调整单价。现实际工作量为 600m³，则：调整后单价中管理费＝30 元/m³×400m³/600m³＝20 元/m³，则调整后单价应为：200＋(20－30)＝190(元/m³)，在工程量增加 25％ 范围以内用原价，即 200×400×(1＋25％)＝100 000(元)，超过部分采用新价格：190×(600－400×1.25)＝19 000(元)，则该分项工程实际总价格为：100 000＋19 000＝119 000(元)。

（2）变更估价程序。

承包人应在收到变更指示后 14 天内，向监理人提交变更估价申请。监理人应在收到承包人提交的变更估价申请后 7 天内审查完毕并报送发包人，监理人对变更估价申请有异议，通知承包人修改后重新提交。发包人应在承包人提交变更估价申请后 14 天内审批完毕。

因变更引起的价格调整应计入当期的进度款中支付。

5）变更引起的工期调整

因变更引起工期变化的，合同当事人均可要求调整合同工期，由合同当事人参考工程所在地的工期定额标准确定增减工期天数。

6）暂估价

暂估价专业分包工程、服务、材料和工程设备的明细由合同当事人在专用合同条款中约定。

7）暂列金额

暂列金额应按照发包人的要求使用，发包人的要求应通过监理人发出。合同当事人可以在专用合同条款中协商确定有关事项。

8）计日工

需要采用计日工方式的，经发包人同意后，由监理人通知承包人以计日工计价方式实施相应的工作，其价款按列入已标价工程量清单或预算书中的计日工计价项目及其单价进行计算；已标价工程量清单或预算书中无相应的计日工单价的，按照合理的成本与利润构成的原则确定变更工作的单价。

8. 施工合同的其他约定

1）违约

（1）发包人违约。

① 发包人违约的情形。

a. 因发包人原因未能在计划开工日期前7天内下达开工通知的。

b. 因发包人原因未能按合同约定支付合同价款的。

c. 发包人自行实施被取消的工作或转由他人实施的。

d. 发包人提供的材料、工程设备的规格、数量或质量不符合合同约定，或因发包人原因导致交货日期延误或交货地点变更等情况的。

e. 因发包人违反合同约定造成暂停施工的。

f. 发包人无正当理由没有在约定期限内发出复工指示，导致承包人无法复工的。

g. 发包人明确表示或者以其行为表明不履行合同主要义务的。

h. 发包人未能按照合同约定履行其他义务的。

因发包人原因未能按合同约定支付合同价款的，或发包人提供的材料、工程设备的规格、数量或质量不符合合同约定，或因发包人原因导致交货日期延误或交货地点变更等情况的，承包人可向发包人发出通知，要求发包人采取有效措施纠正违约行为。发包人收到承包人通知后28天内仍不纠正违约行为的，承包人有权暂停相应部位工程施工，并通知监理人。

② 发包人违约的责任。

发包人应承担因其违约给承包人增加的费用和（或）延误的工期，并支付承包人合理的利润。此外，合同当事人可在专用合同条款中另行约定发包人违约责任的承担方式和计算方法。

③ 因发包人违约解除合同。

除专用合同条款另有约定外，承包人按发包人违约的情形约定暂停施工满28天后，发包人仍不纠正其违约行为并致使合同目的不能实现的，或发包人明确表示或者以其行为表明不履行合同主要义务的，承包人有权解除合同，发包人应承担由此增加的费用，并支付承包人合理的利润。

承包人应妥善做好已完工程和与工程有关的已购材料、工程设备的保护和移交工作，并将施工设备和人员撤出施工现场，发包人应为承包人撤出提供必要条件。

（2）承包人违约。

① 承包人违约的情形。

a. 承包人违反合同约定进行转包或违法分包的。

b. 承包人违反合同约定采购和使用不合格的材料和工程设备的。

c. 因承包人原因导致工程质量不符合合同要求的。

d. 承包人未经批准，私自将已按照合同约定进入施工现场的材料或设备撤离施工现场的。

e. 承包人未能按施工进度计划及时完成合同约定的工作，造成工期延误的。

f. 承包人在缺陷责任期及保修期内，未能在合理期限对工程缺陷进行修复，或拒绝按发包人要求进行修复的。

g. 承包人明确表示或者以其行为表明不履行合同主要义务的。

h. 承包人未能按照合同约定履行其他义务的。

除非承包人明确表示或者以其行为表明不履行合同主要义务，否则监理人可向承包人发出整改通知，要求其在指定的期限内改正。

② 承包人违约的责任。

承包人应承担因其违约行为而增加的费用和（或）延误的工期。此外，合同当事人可在专用合同条款中另行约定承包人违约责任的承担方式和计算方法。

③ 因承包人违约解除合同。

除专用合同条款另有约定外，承包人明确表示或者以其行为表明不履行合同主要义务的，或监理人发出整改通知后，承包人在指定的合理期限内仍不纠正违约行为并致使合同目的不能实现的，发包人有权解除合同。合同解除后，因继续完成工程的需要，发包人有权使用承包人在施工现场的材料、设备、临时工程、承包人文件和由承包人或以其名义编制的其他文件。发包人继续使用的行为不免除或减轻承包人应承担的违约责任。

④ 采购合同权益转让。

因承包人违约解除合同的，发包人有权要求承包人将其为实施合同而签订的材料和设备的采购合同的权益转让给发包人，承包人应在收到解除合同通知后 14 天内，协助发包人与采购合同的供应商达成相关的转让协议。

（3）第三人造成的违约。

在履行合同过程中，一方当事人因第三人的原因造成违约的，应当向对方当事人承担违约责任。

2）不可抗力

（1）不可抗力的确认。

不可抗力是指合同当事人在签订合同时不可预见，在合同履行过程中不可避免且不能克服的自然灾害和社会性突发事件，如地震、海啸、瘟疫、骚乱、戒严、暴动、战争和专用合同条款中约定的其他情形。

不可抗力发生后，发包人和承包人应收集证明不可抗力发生及不可抗力造成损失的证据，并及时认真统计所造成的损失。合同当事人对是否属于不可抗力或其损失的意见不一致的，由总监理工程师按照合同约定审慎作出公正的确定。发生争议时，按争议处理。

(2) 不可抗力的通知。

合同一方当事人遇到不可抗力事件，使其履行合同义务受到阻碍时，应立即通知合同另一方当事人和监理人，书面说明不可抗力和受阻碍的详细情况，并提供必要的证明。

不可抗力持续发生的，合同一方当事人应及时向合同另一方当事人和监理人提交中间报告，说明不可抗力和履行合同受阻的情况，并于不可抗力事件结束后 28 天内提交最终报告及有关资料。

(3) 不可抗力后果的承担。

不可抗力导致的人员伤亡、财产损失、费用增加和(或)工期延误等后果，由合同当事人按以下原则承担。

① 永久工程、已运至施工现场的材料和工程设备的损坏，以及因工程损坏造成的第三人人员伤亡和财产损失由发包人承担。

② 承包人施工设备的损坏由承包人承担。

③ 发包人和承包人承担各自人员伤亡和财产的损失。

④ 因不可抗力影响承包人履行合同约定的义务，已经引起或将引起工期延误的，应当顺延工期，由此导致承包人停工的费用损失由发包人和承包人合理分担，停工期间必须支付的工人工资由发包人承担。

⑤ 因不可抗力引起或将引起工期延误，发包人要求赶工的，由此增加的赶工费用由发包人承担。

⑥ 承包人在停工期间按照发包人要求照管、清理和修复工程的费用由发包人承担。

不可抗力发生后，合同当事人均应采取措施尽量避免和减少损失的扩大，任何一方当事人没有采取有效措施导致损失扩大的，应对扩大的损失承担责任。

因合同一方迟延履行合同义务，在迟延履行期间遭遇不可抗力的，不免除其违约责任。

(4) 因不可抗力解除合同。

因不可抗力导致合同无法履行连续超过 84 天或累计超过 140 天的，发包人和承包人均有权解除合同。

3) 争议解决

(1) 和解。

合同当事人可以就争议自行和解，自行和解达成协议的经双方签字并盖章后作为合同补充文件，双方均应遵照执行。

(2) 调解。

合同当事人可以就争议请求建设行政主管部门、行业协会或其他第三方进行调解，调解达成协议的，经双方签字并盖章后作为合同补充文件，双方均应遵照执行。

(3) 争议评审。

合同当事人在专用合同条款中约定采取争议评审方式解决争议以及评审规则，并按下列约定执行。

① 争议评审小组的确定。

合同当事人可以共同选择一名或三名争议评审员，组成争议评审小组。除专用合同条款另有约定外，合同当事人应当自合同签订后 28 天内，或者争议发生后 14 天内，选定争议评审员。

选择一名争议评审员的，由合同当事人共同确定；选择三名争议评审员的，各自选定一名，第三名成员为首席争议评审员，由合同当事人共同确定或由合同当事人委托已选定的争议评审员共同确定，或由专用合同条款约定的评审机构指定第三名首席争议评审员。

除专用合同条款另有约定外，评审员报酬由发包人和承包人各承担一半。

② 争议评审小组的决定。

合同当事人可在任何时间将与合同有关的任何争议共同提请争议评审小组进行评审。争议评审小组应秉持客观、公正原则，充分听取合同当事人的意见，依据相关法律、规范、标准、案例经验及商业惯例等，自收到争议评审申请报告后 14 天内作出书面决定，并说明理由。

③ 争议评审小组决定的效力。

争议评审小组作出的书面决定经合同当事人签字确认后，对双方具有约束力，双方应遵照执行。

任何一方当事人不接受争议评审小组决定或不履行争议评审小组决定的，双方可选择采用其他争议解决方式。

(4) 仲裁或诉讼。

因合同及合同有关事项产生的争议，合同当事人可以在专用合同条款中约定以下一种方式解决争议。

① 向约定的仲裁委员会申请仲裁。

② 向有管辖权的人民法院起诉。

 **案例 8.16**

某综合建筑楼工程施工合同案例

A 公司为修建一座综合楼，经过一系列的招标、投标，最后选定 B 公司作为承包方，并于 2000 年 8 月 10 日签订了一份合同。合同约定，B 公司于 10 月 10 日开始施工，施工前一个月内，A 公司提供技术资料和设计图纸，并且在正式开工前一个月将工程的用电、用水等前期问题解决；工程造价 800 万元，A 公司先行支付 200 万元的前期资金，余款在工程验收合格后由 A 公司一次性付清；B 公司在 2001 年 12 月 20 日前交楼；工程保修期为 3 年。

合同签订后，A 公司依约将有关图纸、资料交给了 B 公司，用水问题也得到了解决，但直至 11 月 20 日，A 公司仍未能解决工地用电问题，导致 B 公司被迫停工，给 B 公司造成了近 5 万元的损失。2001 年 12 月，工程的主要建筑基本完工。由于开工前延误工期，为了尽早交楼，B 公司经 A 公司同意，将工程的室内工程转包给 C 公司，C 公司又将该工程中门窗安装工程分包给了 D 公司。A 公司在工程验收时发现，该室内装修工程质量和门窗安装质量均没有达到合同约定的标准，因此 A 公司要求扣除 B 公司工程款 50 万元，双方遂发生纠纷，A 公司以 B 公司违约向人民法院提起诉讼。

[解析]

(1)《合同法》第二百八十三条规定："发包人未按约定的时间和要求提供原材料、设备、场地、技术资料的，承包人可以顺延工程日期，并有权要求赔偿停工、窝工等损失。"本案中，A 公司本应按照合同的约定，在 2000 年 10 月 10 日前一个月解决好前期准备工作，但作为发包方的 A 公司没有按照合同的约定提供用电条件，致使 B 公司停工，并因此造成 B 公司损失近 5 万元，对该损失，A 公司应当承担赔偿责任。

(2)《合同法》第二百七十二条第二款规定："总承包人或者勘察、设计、施工承包人经发包人同意，可以将自己承包的部分工作交由第三人完成。第三人就其完成的工作成果与总承包人或者勘察、设计、施工承包人向发包人承担连带责任。承包人不得将其承包的全部建设工程转包给第三人或者将其承包的全部建设工程肢解以后以分包的名义分别转包给第三人。"本案中，B公司将部分工程分包给C公司，该分包行为经过了发包人A公司的同意，为有效行为。就其转包的工程，C公司应当与总承包人B公司一起向发包人A公司承担连带责任。

（3）《合同法》第二百七十二条第三款规定："禁止承包人将工程分包给不具备相应资质条件的单位。禁止分包单位将其分包的工程再分包。建设工程主体结构的施工必须由承包人自行完成。"本案中，C公司再分包时，没有经过A公司的同意，该分包行为为无效。

（4）根据《合同法》第二百八十一条规定："因施工人的原因致使建设工程质量不符合约定的，发包人有权要求施工人在合理期限内无偿修理或者返工、改建。经过修理或者返工、改建后，造成逾期交付的，施工人应当承担违约责任。"B公司和C公司交付的工程质量不合格，A公司有权要求其采取上述措施予以修复，因修复造成工程逾期的，B公司应当承担违约责任。

8.3 建设工程勘察设计合同

8.3.1 建设工程勘察设计合同概述

建设工程勘察设计合同简称勘察设计合同，是指建设单位或项目管理部门和勘察、设计单位为完成商定的勘察、设计任务，明确相互权利、义务关系的协议。建设单位或项目管理部门是发包人，勘察、设计单位是承包人。根据勘察、设计合同，承包人完成发包人委托的勘察、设计任务，发包人接受符合约定要求的勘察、设计成果，并支付报酬。

1. 勘察设计合同的特征

（1）勘察设计合同的发包人应当是法人或自然人，承包人必须具有法人资格。作为发包人的建设单位或项目管理部门必须是具体落实国家批准的建设项目计划的企事业单位或社会组织；作为承包人的勘察、设计单位应是持有建设行政主管部门颁发的工程勘察设计资质证书、工程勘察设计收费资格证书和工商行政管理部门核发的企业法人营业执照的单位。

（2）建设工程勘察设计合同的签订必须以《中华人民共和国合同法》、《中华人民共和国建筑法》、《建设工程勘察设计市场管理规定》、国家和地方有关建设工程勘察设计管理法规和规章及建设工程批准文件为基础。

（3）勘察、设计合同属于建设工程合同，应具有建设工程合同的基本特征。

2. 建设工程勘察设计合同的内容

建设工程勘察设计合同一般包括以下内容。

（1）合同依据。

（2）发包人的义务。

（3）勘察人、设计人的义务。

（4）发包人的权利。

(5) 勘察人、设计人的权利。

(6) 发包人的责任。

(7) 勘察人、设计人的责任。

(8) 合同的生效、变更与终止。

(9) 勘察、设计取费。

(10) 争议的解决及其他。

3.《建设工程勘察合同(示范文本)》简介

建设部与国家工商行政管理局于 2000 年 3 月颁布了《建设工程勘察合同(示范文本)》，该文本有两种格式，一种格式主要适用于岩土工程勘察、水文地质勘察(含凿井)、工程测量、工程物探等，而另一种格式主要适用于岩土工程设计、治理、监测等。

1) 建设工程勘察合同的组成

合同主要内容包括：当事人双方确认的勘察工程概况(包括工程名称、建设地点、规模、特征、工程勘察任务委托文号日期、工程勘察内容与技术要求、承接方式、预计勘察工作量等)；合同签订、生效时间；双方愿意履行约定的各项权利义务的承诺。

勘察合同除"合同"外，还包括在实施过程中经发包人与勘察人协商一致签订的补充协议及其他约定事项。补充协议与勘察合同具有同等效力。

2) 建设工程勘察合同构成要素

(1) 勘察合同主体。

发包人和勘察人构成了合同的"主体"。两者在合同中具有平等的法律地位。发包人和勘察人经协商一致签订勘察合同，在履行合同过程中双方都依法享有权利和义务。

由于勘察合同是双方当事人协商一致后签订的，因此，无论是发包人还是勘察人，未经双方的书面同意，均不得将所签订合同中议定的权利和义务转让给第三方，而单方面变更合同主体。

(2) 勘察合同客体。

勘察合同客体是一种行为，即勘察人针对具体建设工程的勘察任务所进行的勘察活动。它是勘察合同当事人的权利和义务所指向的对象，在法律关系中，当事人之间的权利义务总是围绕着勘察活动而展开。

(3) 勘察合同内容。

① 针对工程勘察任务，当事人双方有关基础资料、勘察成果方面的权利和义务。

② 费用支付及其他。

工程勘察收费根据建设项目投资额的不同，分别实行政府指导价和市场调节价。建设项目总投资估算额 500 万元以上的工程勘察和工程设计收费实行政府指导价；建设项目总投资估算额 500 万元以下的工程勘察和工程设计收费实行市场调节价。

实行政府指导价的工程勘察收费，其基准价根据 2002 年国家发展计划委员会与原建设部共同发布的《工程勘察收费标准》计算，除另有规定外，浮动幅度为上下 20%。发包人和勘察人应当根据建设项目的实际情况在规定的浮动范围内协商确定收费额。实行市场调节价的，由发包人和勘察人协商确定收费额。

工程勘察费应当体现优质优价的原则。实行政府指导价的，凡在工程勘察中采用新技术、新工艺、新设备、新材料，有利于提高建设项目的经济效益、环境效益和社会效益的，发包人和勘察人可以在上浮 25% 的幅度内协商确定收费额。

4.《建设工程设计合同（示范文本）》简介

建设部与国家工商行政管理局于 2000 年 3 月颁布了《建设工程设计合同（示范文本）》，该文本有两种格式，一种格式适用于民用建筑工程设计，而另一种格式适用于专业建设工程设计。

1）建设工程设计合同的组成

建设工程设计合同主要包括以下几方面。

（1）设计依据。包括发包人给设计人的委托书或设计中标文件、发包人提供的基础资料、设计人采用的主要技术标准。

（2）合同文件优先次序。构成合同的文件可视为能互相说明的，如果合同文件存在歧义或不一致，则根据如下优先次序来判断：合同书、中标函、发包人要求及委托书、投标书。

（3）当事人双方确认的设计工程概况。工程名称、规模、阶段、投资及设计内容等。

（4）合同签订、生效时间。

（5）双方愿意履行约定的各项权利义务的承诺。

2）建设工程设计合同主要构成要素

（1）建设工程设计合同的主体。

发包人和设计人构成了合同的"主体"。发包人和设计人在合同中具有平等的法律地位。发包人和设计人经协商一致签订设计合同，在履行合同过程中双方都依法享有权利和义务。

由于设计合同是双方当事人协商一致后签订的，因此，无论是发包人还是设计人，未经双方的书面同意，均不得将所签订合同中议定的权利和义务转让给第三方，而单方面变更合同主体。

（2）建设工程设计合同的客体。

设计合同客体是一种行为，即设计人针对具体建设工程的设计任务所进行的设计活动。它是设计合同当事人的权利和义务所指向的对象，在法律关系中，当事人之间的权利义务总是围绕着设计活动而展开。

（3）建设工程设计合同的内容。

① 针对工程设计任务，当事人双方有关基础资料、设计成果方面的权利和义务。

② 取费及其他。

工程设计收费根据建设项目投资额的不同，分别实行政府指导价和市场调节价。建设项目总投资估算额 500 万元以上的工程设计收费实行政府指导价；建设项目总投资估算额 500 万元以下的工程设计收费实行市场调节价。

实行政府指导价的工程设计收费，其基准价根据 2002 年国家发展计划委员会与原建设部共同发布的《工程设计收费标准》计算，除另有规定外，浮动幅度为上下 20%。发包人和设计人应当根据建设项目的实际情况在规定的浮动范围内协商确定收费额。实行市场调节价的，由发包人和设计人协商确定收费额。

工程设计费应当体现优质优价的原则。实行政府指导价的，凡在工程设计中采用新技术、新工艺、新设备、新材料，有利于提高建设项目的经济效益、环境效益和社会效益的，发包人和设计人可以在上浮 25% 的幅度内协商确定收费额。

8.3.2　建设工程勘察设计合同的订立

建设单位可通过招标或设计方案竞赛的方式确定勘察设计单位，要遵循工程建设的基本建设程序，并与勘察设计单位签订勘察设计合同。

（1）承包人审查工程项目的批准文件。

承包人在接受委托勘察或设计任务前，必须对发包人所委托的工程项目批准文件进行全面审查。这些文件是工程项目实施的前提条件。

拟委托勘察设计的工程项目必须具有上级机关批准的设计任务书和建设规划管理部门批准的用地范围许可文件。勘察合同须由建设单位、勘察设计单位或有关单位提出委托，经双方协商同意后签订。设计合同的签订，除双方协商确定外，还必须具有上级部门批准的设计任务书。勘察设计合同应当采用书面形式，并参照国家推荐使用的示范文本。参照文本的条款，明确约定双方的权利义务。对文本条款以外的其他事项，当事人认为需要约定的，也应采用书面形式。对可能发生的问题，要约定解决办法和处理原则。双方协商同意的合同修改文件、补充协议均为合同文件的组成部分。

（2）发包人提出勘察、设计的要求。

发包人提出勘察、设计的要求，主要包括勘察设计的期限、进度、质量等方面的要求。勘察工作有效期限以发包人下达的开工通知书或合同规定的时间为准，如遇特殊情况（设计变更、工作量变化、不可抗力影响及勘察人原因造成的停、窝工等）时，工期相应顺延。

（3）承包人确定收费标准和进度。

承包人根据发包人的勘察、设计要求和资料，研究并确定收费标准和金额，提出付费方法和进度。

（4）合同双方当事人就合同的各项条款协商并取得一致意见。

8.3.3　发包人对勘察、设计合同的管理

1. 发包人的权利和义务

勘察、设计合同明确规定发包人应按期为承包人提供各种依据、资料和文件，并对其质量和准确性负责。现实中，发包人应注意不要由于自身处于相对有利的合同地位而忽视应承担的义务。

如果发包人因故要求修改设计，则通常设计文件的提交时间应由双方另行商定，发包人还应按承包人实际返工修改的工作量增付设计费。

当承包人不能按期、按质、按量完成勘察设计任务时，发包人有权向其提出索赔。

随着工程咨询业的发展，工程咨询服务的专业化水平越来越高。发包人也可以委托具有相应资质等级的建设监理单位对勘察设计合同进行专业化的监督和管理。

2. 设计阶段监理工作的职责范围

设计阶段的监理，一般指从建设项目已经取得立项批准文件及必需的有关批文后，从

编制设计任务书开始，直到完成施工图设计的全过程监理。上述阶段应由委托监理合同确定。设计阶段监理的内容包括以下几个方面。

(1) 根据设计任务书等有关批示和资料编制"设计要求文件"或"方案竞赛文件"，采用招标方式的，项目监理人应编制"招标文件"。

(2) 组织设计方案竞赛、招投标，并参与评选设计方案或评标。

(3) 协助选择勘察、设计单位，或提出评标意见及中标单位候选名单。

(4) 起草勘察、设计合同条款及协议书。

(5) 监督勘察、设计合同的履行情况。

(6) 审查勘察、设计阶段的方案和勘察设计结果。

(7) 向建设单位提出支付合同价款的意见。

(8) 审查项目概算、预算。

3. 发包人对勘察、设计合同管理的重要依据

(1) 建设项目设计阶段委托监理合同。

(2) 批准的可行性研究报告及设计任务书。

(3) 建设工程勘察、设计合同。

(4) 经批准的选址报告及规划部门批文。

(5) 工程地质、水文地质资料及地形图。

(6) 其他资料。

8.3.4 承包人(勘察、设计单位)对合同的管理

1. 建立专门的合同管理机构

建设工程勘察、设计单位应当设立专门的合同管理机构，对合同实施的各个步骤进行监督、控制，不断完善建设工程勘察、设计合同自身管理机构。

2. 承包人对合同的管理

1) 合同订立时的管理

承包人设立专门的合同管理机构对建设工程勘察、设计合同的订立全面负责，实施监督、控制。特别是在合同订立前要深入了解发包人的资信、经营作风及订立合同应当具备的相应条件。规范合同双方当事人权利、义务的条款要全面、明确。

2) 合同履行时的管理

合同开始履行，即表示合同双方当事人的权利义务开始享有与承担。为保证勘察、设计合同能够正确、全面地履行，专门的合同管理机构需要经常检查合同履行情况，发现问题及时协商解决，避免不必要的损失。

3) 建立健全合同管理档案

合同订立的基础资料，以及合同履行中形成的所有资料，承包人要有专人负责，随时注意收集和保存，及时归档。健全的合同档案是解决合同争议和索赔的重要依据。

8.3.5 国家有关行政部门对建设工程勘察、设计合同的管理

除承包人、发包人自身对建设工程勘察、设计合同的管理外，政府有关部门，如工商行政管理部门、金融机构、公证机关等依据职权划分，应当加强对建设工程勘察、设计合同的监督管理。

(1) 国家有关行政管理部门的主要职能如下。

① 贯彻国家和地方有关法律、法规和规章。

② 制定和推荐使用建设工程勘察、设计合同文本。

③ 审查和鉴证建设工程勘察、设计合同，监督合同履行，调解合同争议，依法查处违法行为。

④ 指导勘察设计单位的合同管理工作，培训勘察设计单位的合同管理人员，总结交流经验，表彰先进的合同管理单位。

(2) 签订勘察设计合同的双方应当将合同文本送所在地省级建设行政主管部门或其授权机构备案，也可到工商行政管理部门办理合同鉴证。

(3) 在签订、履行合同的过程中，有违反法律、法规，扰乱建设市场秩序行为的，建设行政主管部门和工商行政管理部门要依照各自的职责，依法给予行政处罚。构成犯罪的，提请司法机关追究其刑事责任。

 **案例 8.17**

建设工程勘察设计合同案例

甲建设单位与乙勘察设计单位签订一份《工程建设设计合同》，甲委托乙完成工程设计，约定设计期限为支付定金后 30 天，设计费按国家有关标准计算。另约定，如甲要求乙增加工作内容，其费用增加10%，合同中没有对基础资料的提供进行约定。履行合同后，由于没有相关的设计基础资料，乙自行收集了相关资料，于第 60 天交付设计文件。乙认为收集基础资料增加了工作内容，要求甲按增加后的数额支付设计费。甲认为合同中没有约定自己提供资料，不同意乙的要求，并要求乙承担逾期交付设计图纸的违约责任。乙起诉至法院，法院认为，合同中未对基础资料的提供和期限予以约定，乙方逾期交付设计图纸，属乙方过错，构成违约；另按国家规定，勘察、设计单位不能任意提高勘察设计费，有关增加设计费的条款认定无效，因此，甲按国家规定标准计算付给乙设计费；乙按合同约定向甲支付逾期违约金。

[解析]

本案的设计合同缺乏一个主要条款，即基础资料的提供。按照有关规定，设计合同中应明确约定由委托方提供基础资料，并对提供时间、进度和可靠性负责。本案因缺少该约定，虽工作量增加，设计时间延长，乙方却无法向甲方追偿由此造成损失的依据，其责任应自行承担。增加设计费的要求违背国家有关规定不能成立，故法院判决乙方按规定收取费用并承担违约责任。

 案例 8.18

建设工程勘察设计合同案例

某工厂要建造住宅楼三栋，总面积为 14 868.04m²；建造锅炉房一座，面积为 355m²，工程采用大

包干形式，实行施工图预算加系数方式，结算为中国建设银行审定为准。

该工厂负责提供施工图纸，它与某勘察设计事务所签订了一份设计合同，由勘察设计事务所负责住宅楼和锅炉房的施工图纸的设计工作。合同规定：该工厂应向勘察设计事务所提供基础资料，但该工厂在向勘察设计事务所提供有关资料时未说明住宅楼要增加特殊的防震设施。勘察设计事务所遂按照该工厂提供的基础资料和设计要求，在合同规定的期限内提交了工程设计施工图，该工厂对施工图进行检查后将其交付某建筑公司，由该建筑公司负责按施工图作业。

三栋住宅楼和锅炉房均按期交工，该工厂、勘察设计事务所双方会同市质量监督站检验合格后，该工厂接收住宅楼和锅炉房，并按照合同约定向建筑公司支付了工程款，而与勘察设计事务所的勘察设计费也已按合同的约定结算。

半年后，该工厂所处地区发生轻微地震，震感明显，导致建筑物发生摇晃。地震过后，该工厂发现其住宅楼和锅炉房均出现不同程度的损坏，住宅楼内暖气管与七楼圈梁互相挤压变形，出现严重的漏气现象，锅炉房内管道发生弯曲，锅炉主体倾斜。

该工厂认为是建筑公司施工质量不合格所致，遂要求建筑公司无偿进行修理、返工或重建，并承担违约责任。建筑公司则认为该工程已经该工厂、建筑公司双方会同市质量监督站检测合格，通过验收，该工厂正式签字接收，现在出现的问题与建筑公司的施工质量无关，建筑公司没有义务对此承担违约责任。

该工厂遂向人民法院起诉建筑公司。受诉人民法院经审理查明，这次工程事故的起因是由于勘察设计事务所提供的施工图中没有特殊的防震设施。设计图将暖气管穿过圈梁，影响了结构安全和抗震要求。该工厂遂请求法院追加勘察设计事务所为第三人，指出由于勘察设计事务所提供的施工图质量不合格，造成施工中的缺陷，要求勘察设计事务所对此次工程事故承担主要责任，对其提供的施工图进行修改设计或返工，增加防震设施。

勘察设计事务所则称自己完全按照该工厂提供的基础资料设计施工图，该工厂当时并未提出在建筑物内增加特殊的防震设施。若该工厂要求对施工图进行修改或返工，或增加防震设施，则应增加设计费用。

[解析]

本案涉及勘察设计合同发包人的违约责任。在工程勘察、设计合同中，发包人应当按照合同约定向勘察人、设计人提供开展勘察、设计工作所需要的基础资料、技术要求，并对提供的时间、进度和资料的可靠性负责。

发包人向勘察人、设计人提供有关的技术资料的，发包人应当对该技术资料的质量和准确性负责。发包人变更勘察、设计项目、规模、条件，需要重新进行勘察、设计的，应当及时通知勘察人、设计人，勘察人、设计人在接到通知后，应当返工或者修改设计，并有权顺延工期。发包人应当按照勘察人、设计人实际消耗的工作量返工相应增加支付勘察费、设计费。

勘察人、设计人在工作中发现发包人提供的技术资料不准确的，勘察人、设计人应当通知发包人修改技术资料，在合理期限内提供准确的技术资料。如果该技术资料有严重错误致使勘察、设计工作无法正常进行的，在发包人重新提供技术资料前，勘察人、设计人有权停工、顺延工期，停工的损失应当由发包人承担。发包人重新提供的，技术资料有重大修改，需要勘察人、设计人返工、修改设计的，勘察人、设计人应当按照新的技术资料进行勘察、设计工作，发包人应当按照勘察人、设计人实际消耗的工作量相应增加支付勘察费、设计费。

发包人未能按照合同约定提供勘察、设计工作所需工作条件的，勘察人、设计人应当通知发包人在合理期限内提供，如果发包人未提供必要的工作条件致使勘察、设计工作无法正常进行的，勘察人、设计人有权停工、顺延工期，并要求发包人承担勘察人、设计人停工期间的损失。

本案例中，勘察设计事务所根据该工厂提供的基础资料设计施工图，并按合同约定的时间将其交付给该工厂，经该工厂检查后予以接收，因此，勘察设计事务所是按期完成了工作并交付了设计成果。对于因地震而造成的工程质量事故，并非勘察设计事务所设计成果的失误所致。因为该工厂并未对勘察设计事务所提出增加防震设施的特殊设计要求，而勘察设计事务所的设计施工图在正常情况下是完全合格的，它不能对其本身并不包括的内容所造成的损害承担违约责任。因而勘察设计事务所对此并不承担勘察设计成果失误的责任。

《合同法》第二百八十五条规定：“因发包人变更计划，提供的资料不准确，或者未按照期限提供必需的勘察、设计工作条件而造成勘察、设计的返工、停工或者修改设计，发包人应当按照勘察人、设计人实际消耗的工作量增付费用。”若该工厂提出由勘察设计事务所对施工图进行修改设计或返工，增加防震设施，则属原勘察设计合同之外的内容，该工厂应按照勘察设计事务所实际消耗的工作量增付费用。

8.4 建设工程委托监理合同

8.4.1 建设工程委托监理合同概述

1. 建设工程委托监理合同的概念

建设工程委托监理合同简称监理合同，它是委托合同的一种，是指工程建设单位聘请监理单位对工程建设实施监督管理，明确双方权利、义务的协议。建设单位称为委托人，监理单位称为受托人。

2. 建设工程委托监理合同的特征

（1）监理合同的当事人双方应当是具有民事权利和民事行为能力、取得法人资格的企事业单位、其他社会组织，个人在法律允许范围内也可以成为合同当事人。委托人必须是具有国家批准的工程项目建设文件，落实投资计划的企事业单位、其他社会组织和个人。受托人必须是依法成立的具有法人资格的监理单位，监理单位所承担的工程监理业务应与其资质等级相适应。

（2）监理合同的标的是服务。工程建设实施阶段所签订的其他合同，如勘察设计合同、施工承包合同、物资采购合同、加工承揽合同的标的物是产生新的物质或信息成果。而监理合同的标的是服务，即监理工程师凭借自己的知识、经验、技能等受建设单位委托为其所签订的其他合同的履行实施监督和管理。因此，《合同法》将监理合同划入委托合同的范畴。《合同法》规定，建设工程实施监理的，发包人应当与监理人采用书面形式订立委托监理合同。发包人与监理人的权利和义务及法律责任，应当依照委托合同及其他有关法律、行政法规的规定。

3. 建设工程委托监理合同的一般条款

监理合同是委托任务履行过程中当事人双方的行为准则，因此，其内容要全面、用词要严谨。监理合同一般包括以下几方面内容。

（1）合同所涉及的词语定义和遵循的法规。

（2）监理人的义务。

（3）委托人的义务。

（4）监理人的权利。

(5) 委托人的权利。

(6) 监理人的责任。

(7) 委托人的责任。

(8) 合同的生效、变更与终止。

(9) 监理报酬。

(10) 争议的解决及其他。

4.《建设工程委托监理合同(示范文本)》简介

目前,在我国签订建设工程委托监理合同一般采用《建设工程委托监理合同(示范文本)》(GF—2000—0202),主要由"建设工程委托监理合同""标准条件"和"专用条件"三部分组成。

1)"建设工程委托监理合同"(简称"合同")

它是一个总的协议,是纲领性文件。其主要内容是当事人双方确认的委托监理工程的概况(工程名称、地点、规模及总投资);合同签订、生效时间;双方愿意履行约定的各项义务的承诺,以及合同文件的组成。

监理合同除"合同"外还包括以下几点。

(1) 监理投标书或中标通知书。

(2) 监理委托合同标准条件。

(3) 监理委托合同专用条件。

(4) 在实施过程中双方共同签署的补充与修正文件。

"合同"是一份标准的格式文件,经当事人双方在有限的空格内填写具体规定的内容并签字盖章后,即发生法律效力。

2) 标准条件

标准条件内容涵盖了合同中所用词语定义,适用范围和法规,签约双方的责任、权利和义务,合同生效、变更、终止,监理报酬,争议解决及其他一些需要明确的内容。它是监理合同的通用文本,适用于各类建设工程监理委托,是所有签约工程都应遵守的基本条件。

3) 专用条件

由于标准条件适用于所有的建设工程监理委托,因此,其中的某些条款规定得比较笼统,需要在签订具体工程项目的委托监理合同时,就地域特点、专业特点和委托监理项目的特点,对标准条件中的某些条款进行补充、修改。

8.4.2 建设工程委托监理合同的订立

对于招标工程,发包人应将合同的主要条款包括在招标文件内,作为要约邀请。监理单位在获得发包人的招标或与发包人草签协议后,应立即对工程所需费用进行预算,提出一个报价。同时,对招标文件中的合同文本进行分析、审查,为合同的谈判和签订提供决策依据。

1. 合同谈判

无论是直接委托还是通过招标选定监理单位,发包人和监理人都要对监理合同的主要条款和应负责任进行谈判,如发包人对工程的工期、质量的具体要求等。在使用《示范文本》时,要依据《合同条件》结合《协议条款》逐条加以谈判,对《合同条件》的哪些条款要进行修改、哪些条款不采用、补充哪些条款等都要提出具体的要求或建议。

谈判的顺序通常是先谈工作计划、人员配备、发包人的投入等问题，这些问题谈完后再进行价格谈判。

在谈判时，双方应本着诚实信用、公平等原则，内容要具体，责任要明确，对谈判内容双方应达成一致意见，要有准确的文字记录。

2. 合同签订

经过谈判，双方就监理合同的各项条款达成一致，即可正式签订合同文件。签订的合同文件参照《建设工程委托监理合同(示范文本)》。

8.4.3　建设工程委托监理合同的管理

建设监理委托合同的订立只是监理工作的开端，合同双方，特别是受托人一方必须实施有效管理，监理合同才能得以顺利履行。在监理合同履行过程中应注意以下方面。

1. 监理人应当完成的工作

工程建设监理包括工程监理的正常工作、附加工作和额外工作。

1) 工程监理的正常工作

工程监理的正常工作是指双方在专用条件中约定，委托人委托的监理工作范围和内容，大体上包括以下几方面的内容。

(1) 工程技术咨询服务，如进行可行性研究、各种方案的成本效益分析等。

(2) 协助委托人选择承包人，组织设计、施工、设备采购招标等。

(3) 进行设计监理，如审查工程设计概算、预算、验收设计文件等。

(4) 进行施工监理，包括质量控制、投资控制、进度控制等。

2) 工程监理的附加工作和额外工作

监理工作进行当中会经常发生订立合同时未能或不能合理预见而需要监理人完成的工作，这些工作即所谓的"附加工作"和"额外工作"。需要注意的是，这部分工作一旦发生，也是监理人必须完成的。对于这些工作的懈怠会导致监理人法律意义上的"失职"，从而可能承担相应的法律责任，因此在监理合同履行过程中要谨慎对待。

工程监理的附加工作是指委托人委托监理范围以外，通过双方书面协议另外增加的工作或由于委托人或承包人的原因，使监理工作受到阻碍或延误，因增加工作量或持续时间而增加的工作。如由于委托人或承包人的原因，承包合同不能按期竣工而必须延长的监理工作时间等。

工程监理的额外工作是指正常工作和附加工作以外或非监理人自己的原因而暂停或终止监理业务，其善后工作及恢复监理业务的工作。如合同履行过程中，发生不可抗力事件，承包人的施工被迫中断，监理工程师应确认灾害发生前承包人已经完成工程的部分、指示承包人采取应急措施等，以及灾害消失后恢复施工前必要的监理准备工作。

2. 双方的义务

1) 委托人的义务

(1) 委托人在监理人开展监理业务之前应向监理人支付预付款。

(2) 委托人应当负责工程建设的所有外部关系的协调，为监理工作提供外部条件。根据需要，如将部分或全部协调工作委托监理人承担，则应在专用条件中明确委托的工作和相应的报酬。

(3) 委托人应当在双方约定的时间内免费向监理人提供与工程有关的、为监理工作所需要的工程资料。

(4) 委托人应当在专用条款约定的时间内就监理人书面提交并要求作出决定的一切事宜作出书面决定。

(5) 委托人应当再授权一名熟悉工程情况、能在规定时间内作出决定的常驻代表（在专用条款中约定），负责与监理人联系。

(6) 委托人应当将授予监理人的监理权利，以及监理人主要成员的职能分工、监理权限及时书面通知已选定的承包人，并在与第三人签订的合同中予以明确。

(7) 委托人应在不影响监理人开展监理工作的时间内提供如下资料：与本工程合作的原材料、构配件、设备等生产厂家名录；提供与本工程有关的协作单位、配合单位的名录。

(8) 委托人应免费向监理人提供办公用房、通信设施。监理人员工地住房及合同专用条件中约定的设施，对监理人自备的设施给予合理的经济补偿。

(9) 根据情况需要，如果双方约定，由委托人免费向监理人提供其他人员，应在监理合同专用条件中予以明确。

2) 监理人的义务

(1) 监理人按合同约定派出监理工作需要的监理机构及监理人员。监理人应向委托人报送委派的总监理工程师及监理机构主要成员名单、监理规划，完成监理合同专用条件中约定的监理工程范围内的监理业务。在履行合同期间，应按合同约定定期向委托人报告监理工作。

(2) 监理人在履行本合同的义务期间，应认真、勤奋地工作，为委托人提供与其水平相适应的咨询意见，公正地维护各方面的合法权益。

(3) 监理人使用委托人提供的设施和物品属于委托人的财产。在监理工作完成或中止时，应将其设施和剩余物品按合同约定时间和方式移交给委托人。

(4) 在合同期内或合同终止后，未征得有关方同意，监理人不得泄露与本工程、本合同业务有关的保密资料。

3. 双方的责任

1) 委托人的责任

(1) 委托人应当履行委托监理合同约定的义务，如有违反，则应当承担违约责任，赔偿监理人的经济损失。

(2) 监理人处理委托业务时，因非监理人原因的事由而受到损失的，可以向委托人要求补偿损失。

(3) 委托人向监理人提出赔偿要求不能成立时，委托人应当补偿由该索赔所引起的监理人的各种费用支出。

2) 监理人的责任

(1) 监理人的责任期即委托监理合同的有效期。在监理过程中，如果因工程建设进度的推迟或延误而超过书面约定的日期，双方应进一步约定相应延长的合同期。

（2）监理人在责任期内，应当履行约定的义务。如果监理人过失而造成了委托人的经济损失，应当向委托人赔偿。累计赔偿总额（除另有约定外）不应超过监理报酬总额（除去税金）。

（3）监理人对承包人违反合同规定的质量要求和完工（交图、交货）时限，不承担责任。因不可抗力导致委托监理合同不能全部完成或部分履行，监理人不承担责任。但因监理人未尽其自身的义务而引起委托人的损失，应向委托人承担赔偿责任。

（4）监理人向委托人提出的赔偿要求不能成立时，监理人应当补偿由于该索赔所导致委托人的各种费用支出。

4. 监理报酬的计算和支付

监理报酬由正常工作的报酬、附加工作报酬和额外工作报酬三部分组成。

1）正常工作的报酬

正常工作的报酬包括监理人在工程项目监理中所需的全部成本，再加上合理的利润和税金。而监理成本包括直接成本和间接成本。

（1）直接成本。

直接成本具体包括以下几个方面。

① 监理人员和监理辅助人员的工资，包括津贴、附加工资、奖金等。

② 用于该项工程监理人员的其他专项开支，包括差旅费、补助费、书报费等。

③ 监理期间使用与监理工作相关的计算机和其他仪器、机械的费用。

④ 所需的其他外部协作费用。

（2）间接成本。

间接成本是指全部业务经营开支和非工程项目的特定开支，具体包括以下几点。

① 管理人员、行政人员、后勤服务人员的工资。

② 经营业务费，包括为招揽业务而支出的广告费等。

③ 办公费包括文具、纸张、账表、报刊、文印费用等。

④ 交通费、差旅费、办公设施费。

⑤ 固定资产及常用工器具、设备的使用费。

⑥ 业务培训费、图书资料购置费。

⑦ 其他行政活动经费。

国家物价局、建设部颁发的价费字 479 号文《关于发布工程建设监理费有关规定的通知》规定了四种监理费的计算方法。

① 按照监理工程概预算的百分比计收。

② 按照参与监理工作的年度平均人数计算。

③ 不宜按①②两项办法计收的，由委托人和监理人按商定的其他方法计收。

④ 中外合资、合作、外商投资的建设工程，由双方参照国际标准协商确定。

第①种方法简便、科学，适用范围广，一般新建、改建、扩建的工程都适用这种方法；第②种方法主要适用于单工种或临时性，或不宜按第①种方法计算报酬的情况。

2）附加工作和额外工作报酬

附加工作和额外工作报酬按实际增加工作的天数计算。双方应另行签订补充协议，具体商定报酬额或报酬的计算方法。

3）报酬的支付

监理报酬的支付方式可以由双方根据工程的具体情况协商确定。一般采取首期支付一定百分比酬金，以后每月（季）等额支付，工程完工并竣工验收后结算尾款的支付方式。

如果委托人在规定的支付期限内未支付监理报酬，自规定之日起，还应向监理人支付滞纳金。滞纳金从规定支付期限最后一日起计算。

支付监理报酬所采取的货币币种、汇率由合同专用条款约定。

如果委托人对监理人提交的支付通知中的报酬或部分报酬提出异议，应当在收到支付通知书24小时内向监理人发出表示异议的通知，但委托人不得拖延其他无异议报酬项目的支付。

5. 监理合同的生效、变更与终止

监理合同自签订之日起生效。如果合同履行过程中双方商定延期，则完成时间相应顺延，合同有效期就是合同生效起始日至合同完成的时间。

委托监理合同常常会发生变更，例如改变监理工作服务范围、工作深度、工作进程等。当事人一方要求变更或解除合同时，应当在42日前通知对方，因解除合同使一方遭受损失的，除依法可以免除责任的之外，应由责任方负责赔偿。变更或解除合同的通知或协议必须采用书面形式，协议未达成之前，原合同仍然有效。

由于委托人或第三方的原因使监理工作受到阻碍或延误，以致增加了工作量或工作时间，则增加的工作应视为附加工作，并应得到附加工作报酬。

监理人由于非自己的原因而暂停或终止执行监理业务，其善后工作及恢复执行监理业务的工作，应当视为额外工作，有权得到额外的报酬。

监理人向委托人办理完竣工验收或移交手续，承包人和委托人已签订工程保修责任书，监理人收到监理报酬尾款，本合同即终止。

监理人在应当获得监理报酬之日起30日内仍未收到支付单据，而委托人又未对监理人提出任何书面解释时，或暂停执行监理业务时限超过6个月的，监理人可以向委托人发出终止合同的通知，发出通知后14日内仍未得到委托人答复的，可进一步发出终止合同的通知，如果第二份通知发出后42日内仍未得到委托人答复，可终止合同或自行暂停执行全部或部分监理业务。委托人应承担违约责任。

当委托人认为监理人无正当理由而又未履行监理义务时，可向监理人发出指明其未履行监理义务的通知。若委托人发出通知后21日内未收到答复，可在第一个通知发出后35日内发出终止委托监理合同的通知，合同即行终止。监理人承担违约责任。

合同协议的终止并不影响各方应有的权利和应当承担的责任。

 案例 8.19

委托监理合同案例

某建设单位与工程监理公司签订办公楼监理委托合同。在监理职责条款中约定："监理公司负责工程设计阶段和施工阶段的监理业务。……建设单位应于监理业务结束之日起5日内支付最后20%的监理费用。"工程竣工1周后，监理公司要求建设单位支付剩余20%的监理费，建设单位以双方有口头约定，监理公司的监理职责应履行至工程保修期满为由，拒绝支付，监理公司索款未果，诉至法院。法院判决双方口头商定的监理职责延至保修期满的内容不构成委托监理合同的内容，建设单位到期未支付剩余监理费，构成违约，应承担违约责任。应支付监理公司剩余20%监理费及延期付款利息。

[解析]

本案建设单位的办公楼工程属于需要实行监理的建设工程，理应与监理人签订委托监理合同。本案争议焦点在于确定监理公司的监理义务范围，依书面合同约定，监理范围包括工程设计阶段和施工阶段，而未包括工程的保修阶段，双方只是口头约定还应包括保修阶段。依据规定，委托监理合同应以书面形式订立，口头形式约定的监理合同不成立。因此，该委托监理合同关于监理义务的约定，只能包括工程设计和施工两个阶段，不应包括保修阶段，也就是说，监理公司已完全履行了合同义务，建设单位逾期支付监理费用，属违约行为，故判决其承担违约责任，支付监理费及利息。

 案例 8.20

委托监理合同案例

某建设监理公司承担了一项工程建设项目的施工全过程的监理任务。施工过程中由于建设单位直接原因、施工单位直接原因以及不可抗力原因，致使施工网络计划中各项工作的持续时间受到影响，从而使网络计划工期由计划工期(合同工期)84天变为实际工期95天。建设单位和施工单位由此发生了争议：施工单位要求建设单位顺延工期22天，建设单位只同意顺延工期11天。为此，双方要求监理单位从中进行公正调解。

[解析]

(1) 监理工程师应掌握这样的原则：由于非施工单位原因引起的工期延误，建设单位应给予顺延工期。

(2) 确定工期延误的天数应考虑受影响的工作是否位于网络计划的关键线路上；如果由于非施工单位造成的各项工作的延误并未改变原网络计划的关键线路，则监理工程师应认可的工期顺延时间，可按位于关键线路上属于非施工单位原因导致的工期延误之和求得。

(3) 监理工程师不能用实际工期天数与原网络计划的工程计划工期之差确定顺延工期天数，因为这其中包含了因施工单位自身原因造成的工作持续时间的延长和缩短。

 案例 8.21

委托监理合同案例

某工程建设项目建设单位委托一家监理公司进行施工过程的监理。施工过程中，建设单位要求监理单位向设计单位书面行文，解决图纸中出现的一些"错、漏、碰、缺"问题。监理单位考虑到为不影响工期，同时也是发包人要求，就向设计单位发了函，请设计单位予以解决。不久，设计单位将函件退回，理由是：监理单位不监理设计，与设计单位无合同关系。对于只进行施工阶段监理的监理单位，在监理工作中，应如何处理此类问题？

[解析]

(1) 根据我国有关文件及2014年3月1日开始施行的《建设工程监理规范》(GB 50319—2013)中规定，监理工程师遇到设计图纸中存在的问题，应通过建设单位向设计单位提出书面意见和建议。这种处理方法符合《建筑法》中第三十二条的规定：工程监理人员发现工程设计不符合工程建设质量标准或者合同约定的质量要求的，应当报告建设单位要求设计单位改正。

(2) 要严格按合同办事。监理单位与建设单位签订的监理委托合同，是处理各方关系的基础。建设单位要求监理单位向设计单位发函的做法是不对的。监理单位应婉言拒绝，并向建设单位说明不能向设计单位发函的理由。不能简单地考虑工程进度和照顾与发包人处理好关系，一定要按监理合同和有关文件及《建设工程监理规范》办事。

 案例 8.22

委托监理合同案例

建设单位委托一家监理公司对某单层工业厂房施工全过程进行监理。在监理合同谈判时，按国家及地方有关监理取费文件规定：本工程的监理费应为 30 万元。建设单位提出只要求监理单位进行工程质量控制，而工程造价与工程进度控制等工作由建设单位自行监督管理，故监理费要打 6 折，即为 18 万元，监理单位提出了不同意见，如何确定该工程的监理费？

[解析]

(1) 监理单位应在合同谈判中宣传国家监理政策文件的有关规定，说明建设单位应委托监理单位进行工程质量、工程造价、工程进度的三项控制工作，即"三控"。这既是我国监理制的基本要求，同时对建设单位提高经济效益和社会效益也是十分有益的。

(2) 向建设单位说明应按国家工商管理局和建设部联合发布的［1992］价费字 479 号文件规定取费，只委托工程质量监理并采取监理费打折的做法是不妥当的。

(3) 本案中签订监理合同时，监理费实际按应取费的 80% 计取，即监理合同中监理费为 24 万元，且只进行工程质量的监理工作。

 **案例 8.23**

委托监理合同案例

某项目工程建设单位与甲监理公司签订了施工阶段的监理合同，该合同明确规定：监理单位应对工程质量、工程造价、工程进度进行控制。建设单位在室内精装修招标前，与乙审计事务所签订了审查工程预结（决）算的审计服务合同。与丙装修中标单位签订的精装修合同中写明监理单位为甲监理公司。但在另一条款中又规定：精装修工程预付款、工程款及工程结算必须经乙审计事务所审查签字同意后方可付款。在精装修施工中，建设单位要求甲监理公司对乙审计单位的审计工作予以配合，监理单位提出了不同看法。

[解析]

《建筑法》、国务院《建设工程质量管理条例》，原国家计委、原建设部印发的《工程建设监理规定》(737 号文)及建设部发布的一系列有关监理工作的文件早已明确规定：监理单位是我国工程项目三方(建设单位、承建单位、监理单位)管理体制中的一方，监理单位具有独立、公正性，并按照"守法、诚信、公正、科学"的准则开展监理工作。监理工作最核心的工作内容就是进行"三控"(工程质量控制、工程投资控制、工程进度控制)。《工程建设监理规定》(737 号文)第二十五条规定：总监理工程师在授权范围内发布有关指令，签认所监理工程项目的有关款项的支付凭证。国务院《建设工程质量管理条例》第三十七条规定："未经总监理工程师签字，建设单位不拨付工程款，不进行竣工验收。"根据以上规定，本案例精装修合同中约定必须由审计单位签字方可付款的规定是不妥当的，是与监理法规关于总监理工程师签字方可付款的规定相抵触的。

 案例 8.24

委托监理合同案例

某工程项目建设单位与一家监理公司签订了施工阶段的监理合同。在监理工作中，建设单位向监理公司提出如下意见和要求。

(1) 每天对监理人员上下班进行考勤，按缺勤多少，扣发监理费，缺勤1天扣发2天监理费；监理人员因故不能到现场，必须向建设单位工地代表请假。

(2) 要求监理工程师对设计图纸进行审查，并在图纸上签名，加盖监理机构公章，否则施工单位不得进行施工。

总监理工程师根据监理合同及有关规定，对建设单位的上述意见，明确表示不予接受。建设单位驻工地代表则解释说：监理人员是我们花钱雇来的，应该服从我们的安排。双方为此发生争议。

[解析]

(1) 监理公司与建设单位签订的是施工阶段的监理合同，显然审查设计图纸并进行签章不是监理合同的服务范围，总监理工程师不接受建设单位的要求是正确的。

(2) 建设单位要求对监理人员上下班进行考勤，并提出请假的要求是不妥的。根据有关规定：监理单位是具有法人资格的单位，是独立、公正的一方，不是隶属于建设单位的下属单位。建设单位与监理单位是委托与被委托的合同关系，是平等主体的关系。建设单位对监理单位的监督、管理和要求，应严格执行双方签订的监理合同；监理公司同样应按监理合同的要求做好监理工作。

(3) 建设单位通过监理合同完全可以对监理单位进行制约；监理单位是独立的一方，应相信他们会加强自身建设，加强劳动纪律的管理。监理人员应该自觉地遵守劳动纪律、坚守岗位、遵守监理人员职业道德、履行合同义务、做好本职工作。由此可见，建设单位对监理人员进行考勤的要求和做法是完全没有必要的。

8.5 工程建设有关的其他合同

8.5.1 建设工程物资采购合同

1. 建设工程物资采购合同概述

1) 建设工程物资采购合同的概念

建设工程物资采购合同，是指具有平等主体的自然人、法人、其他组织之间为实现建设工程物资买卖，设立、变更、终止相互权利义务关系的协议。按照协议，出卖人(简称卖方)转移建设工程物资的所有权于买受人(简称买方)，买方接受该项建设工程物资并支付价款。

2) 建设工程物资采购合同的特征

(1) 建设工程物资采购合同应依据施工合同订立。施工合同中确立了关于物资采购的协商条款，即由发包人供应材料和设备，还是由承包人供应材料和设备；根据施工合同的内容来确定所需物资的数量及质量要求等。

（2）建设工程物资采购合同以转移财物和支付价款为基本内容。

（3）建设工程物资采购合同的标的品种繁多，供货条件复杂。建设工程物资采购合同的标的是建筑材料和设备，它包括钢材、木材、水泥及其他辅助材料以及机电成套设备等。其特点在于品种、质量、数量和价格差异较大。因此，在合同中必须对各种所需物资逐一明确，以确保工程施工的需要。

（4）建设工程物资采购合同应实际履行。由于物资采购合同是根据施工合同订立的，物资采购合同的履行直接影响到施工合同的履行，因此，建设工程物资采购合同一旦订立，卖方义务一般不能解除，不允许卖方以支付违约金和赔偿金的方式代替合同的履行，除非合同的延迟履行对买方成为不必要。

（5）建设工程物资采购合同采用书面形式。

2. 材料采购合同的订立和履行

1）材料采购合同的订立方式

材料采购合同的订立可采用以下几种方式。

（1）公开招标。即由招标单位通过新闻媒介公开发布招标广告，以邀请不特定的法人或组织投标，按照法定程序在所有符合条件的材料供应商、建材厂家或建材经营公司中择优选择中标单位的一种方式。大宗材料采购通常采用公开招标方式。

（2）邀请招标。即招标人以投标邀请书的方式邀请特定的法人或组织投标，只有接到投标邀请书的法人或组织才能参加投标。一般，邀请招标必须向 3 家以上的潜在投标人发出邀请。

（3）询价、报价、签订合同。物资买方向若干建材厂商或建材经营公司发出询价函，要求他们在规定的期限内作出报价，在收到厂商的报价后，经过比较，选定报价合理的厂商或公司并与其签订合同。

（4）直接订购。由材料买方直接向材料生产厂商或材料经营公司采购，双方商谈价格，签订合同。

2）材料采购合同的履行

材料采购合同订立后，应依据《合同法》的规定予以全面、实际地履行。

（1）按约定的标的履行。

卖方交付的货物必须与合同规定的名称、品种、规格、型号相一致，除非买方同意，不允许以其他货物代替合同中规定的货物，也不允许以支付违约金或赔偿金的方式代替履行合同。

（2）按合同规定的期限、地点交付货物。

交付货物的日期应在合同规定的交付期限内，实际交付日期早于或迟于合同规定的交付日期，即视为同意延期交货。提前交付，买方可拒绝接收；逾期交付的，应当承担逾期交付的责任。

交付的地点应在合同指定的地点。合同双方当事人应当约定交付标的物的地点。

（3）按合同规定的数量和质量交付货物。

对于交付货物的数量应当当场检验，清点账目后，由双方当事人签字。对质量的检验，外在质量可当场检验，对内在质量，需做物理或化学试验的，试验的结果为验收的依据。卖方在交货时，应将产品合格证随同产品交买方据以验收。

（4）买方的义务。

买方在验收材料后，应按合同规定履行支付义务，否则承担法律责任。

（5）违约责任。

① 卖方的违约责任。卖方不能交货的，应向买方支付违约金；卖方所交货物与合同规定不符的，应根据情况由卖方包换、包退、包赔由此造成的买方的损失；卖方承担不能按合同规定期限交货的责任或提前交货的责任。

② 买方的违约责任。买方中途退货，应向卖方偿付违约金；逾期付款，应按中国人民银行关于延期付款的规定向卖方偿付逾期付款违约金。

3. 设备采购合同的订立和履行

1）建设工程中设备的供应方式

建设工程中设备供应方式主要有以下三种。

（1）委托承包。由设备成套公司根据发包单位提供的成套设备清单进行承包供应，并收取一定的成套业务费。其费率由双方根据设备供应的时间、供应的难度，以及需要进行技术咨询和开展现场服务的范围等情况商定。

（2）按设备包干。根据发包单位提出的设备清单及双方核定的设备预算总价，由设备成套公司承包供应。

（3）招标投标。发包单位对需要的成套设备进行招标，设备成套公司参加投标，按照中标结果承包供应。

2）设备采购合同的内容

设备采购合同通常采用标准合同格式，其内容可分为三部分。

（1）约首。即合同的开头部分，包括项目名称、合同号、签约日期、签约地点、双方当事人名称或姓名和地址等条款。

（2）正文。即合同的主要内容，包括合同文件、合同范围和条件、货物及数量、合同金额、付款条件、交货地点和时间、验收方法、现场服务及保修内容及合同生效等条款。

（3）约尾。即合同的结尾部分，规定本合同生效条件，具体包括双方的名称、签字盖章及签字时间、地点等。

3）设备采购合同的履行

（1）交付货物。卖方应按合同规定，按时、按质、按量地履行供货义务，并做好现场服务工作，及时解决有关设备的技术质量、缺损件等问题。

（2）验收交货。买方对卖方交货应及时进行验收，依据合同规定，对设备的质量及数量进行核实检验，如有异议，应及时与卖方协商解决。

（3）结算。买方对卖方交付的货物检验没有发现问题，应按合同的规定及时付款；如果发现问题，在卖方及时处理达到合同要求后，也应及时履行付款义务。

（4）违约责任。在合同履行过程中，任何一方都不应借故延迟履约或拒绝履行合同义务，否则，应追究违约当事人的法律责任。

8.5.2　加工合同

在建设工程中加工合同是很常见的。加工合同的标的，通常被称为定作物，包括建筑构件或建筑施工用的物品。加工合同的委托方，通常被称为定作方，该方需要定作物；另一方被称为承揽方，该方完成定作物的加工。

1. 加工合同的材料供应方式

加工定作物所需的材料，主要有两种供应方式。

（1）由定作方提供原材料，即来料加工，承揽方仅完成加工工作。

（2）由承揽方提供材料，定作方仅需提出所需定作物的数量、质量要求，双方商定价格，由承揽方全面负责材料供应和加工工作。

在实际工作中，通常对不同的材料采用不同的供应方式。

2. 加工合同的主要内容

（1）定作物的名称或项目。

（2）定作物的数量、质量、包装和加工方法。

（3）检查监督方式。

（4）原材料的提供，以及规格、质量和数量。

（5）加工价款或酬金。

（6）履行的期限、地点和方式。

（7）成品的验收标准和方法。

（8）结算方式、开户银行、账号。

（9）违约责任。

（10）双方商定的其他条款，如交货地点和方式等。

3. 加工合同双方的责任

（1）用定作方原材料的加工合同。合同中应当明确规定原材料的消耗定额，定作方应按合同规定的时间、数量、质量和规格提供原材料；承揽方按合同规定及时检测，对不符合要求的材料，应立即通知定作方调换或补充。承揽方对定作方提供的材料不得擅自更换。

（2）用承揽方原材料的加工合同。承揽方必须依照合同规定选用原材料，并接受定作方的检验。承揽方如隐瞒原材料缺陷，或使用不符合合同规定的原材料而影响定作物的质量，定作方有权要求重作、修理、减少价款或退货。

（3）定作方提供的技术资料必须合理。承揽方在按照定作方的要求进行工作期间，如果发现定作方提供的图纸或技术要求不合理，应当及时通知定作方。定作方应当在规定时间内答复，提出修改意见。承揽方在规定的时间内未得到答复，有权停止工作，并通知定作方，由此造成的损失由定作方承担。

（4）质量标准和技术要求。承揽方依据合同规定的质量标准和技术要求，用自己的设备、技术和人力完成工作。未经定作方同意，不得擅自变更，更不得转让给第三方加工承揽。

（5）检查与验收。在加工期间，定作方可以进行必要的检查，但不得妨碍承揽方的正常工作。双方对质量问题发生争议时，可由法定质量监督机关检验并提供质量检验证明。

定作方应按合同规定的期限验收。验收前，承揽方应向定作方提交必需的技术资料和有关质量证明，在合同中应明确规定质量保证期限。在保证期限内发生的非定作方使用、保管不当等原因造成的质量问题，应由承揽方负责修复、退换。

（6）价款与定金。凡是国家或主管部门有规定的，按规定执行；没有规定的，可由当事人双方协商确定。定作方可向承揽方交付定金，定金数额由双方协商确定。定作方不履行合同，则无权要求返还定金；承揽方不履行合同，应当双倍返还定金。

8.5.3 劳务合同

1. 劳务合同的内容

主要包括签约双方的单位名称、地点、代表姓名，劳务工种、人数、年龄、工资、人员条件、服务对象、服务地点，合同期限，双方职责，合同生效及终止日期，劳保、卫生保健，保险，劳务人员权利，仲裁等条款。

2. 劳务内容和规模

劳务内容主要包括：劳务种类、规模及技术要求，具体专业、工种、人数、派遣日期和工作期限，各工种的具体工作任务，工长、工程师、技术员的要求和人数。

在合同后应附上施工细则、进度计划表等文件。合同中应明确规定，派遣方是否需派出行政管理人员，以及他们的人数、职责、权限和发包人代表的联系制度等。

3. 发包人的义务

（1）负责办理劳务人员出入工程项目所在国国境的手续及居住证和工作许可证等。

（2）办理劳务人员携带工具和个人生活用品出入工程项目所在国国境的报关、免税手续，并做好劳务人员入境到工地和开工之前的一切必要的准备工作，如支付动员费、预付费，准备好住房、办公室及所需的家具、工具、劳保用品，办理各种保险。

（3）在工程中，负责向劳务人员提供与其工作有关的计划、图纸，提供准确的工程技术指导。

4. 派遣方的义务

（1）在合同规定的派遣时间前一个月，或按合同规定的时间向发包人提交所有派出人员的名单、出生日期、工种、护照号码及其他资料，负责劳务人员离开自己国境和途中过境应办的一切手续。如不能按期派出，必须承担发包人蒙受的损失。

（2）负责教育劳务人员遵守工程项目所在国或第三国的法律、法令，尊重其宗教和风俗习惯，保证派出人员不在工程项目所在国进行任何政治活动。

（3）负责教育劳务人员严格执行发包人提出的工程技术要求，并接受其施工指导，按时、按质、按量完成商定的任务；派遣方应定期向发包人提交工作报告，并作出必要的建议。

5. 费用和支付

合同中必须明确规定各项费用的范围、标准、承担者、支付期限、支付方法、手续及派遣方的收款银行、账号等。对于动员、交通、住宿、膳食、工资、加班、医疗、预付款等有关费用要有专门的规定。

6. 节假日

劳务人员是同时享受两国法定节日，还是只享受某一国法定节日，应由双方协商，并在合同中规定。

7. 病、事假和休假

通常劳务人员工作期满 11 个月（或 1 年），可以享受带薪回国休假 1 个月。休假的具体时间应经双方协商决定。休假的往返交通费和出入境手续费应由发包人支付。病假的规定在国际上不尽相同。有些合同规定，派遣方劳务人员每年在现场可享受带薪病假 15 天、30 天或 60 天不等。

8. 人身伤残

一般规定，如遇到意外不幸或工伤事故，发包人在头 3 个月照付技术服务费，以后每月支付技术服务费的 1/3～1/2，直至能重新工作。如因此造成派出人员部分或全部失去工作能力，发包人应支付一笔抚恤金。

9. 人员更换

在合同履行期间，由于各种原因引起派遣人员更换，所发生的费用由谁承担，应针对不同情况作出具体规定。

10. 涉外事宜

派遣方劳务人员因工作需要同当地政府部门交涉事宜。可由双方一起或单独出面，但由此发生的费用应由发包人负担；与工程无关的事宜，由派遣方交涉并承担费用。

劳务合同条款要依据劳务的性质、种类、特点、工作条件确定，不可一概而论。

本 章 小 结

本章首先介绍了建设工程合同的概念、特征、分类、作用及建设工程中主要的合同关系；其次，比较详细地介绍了建设工程施工合同的概念、类型、订立的条件、原则和程序，详细介绍了 2013 版《建设工程施工合同（示范文本）》的主要内容；介绍了建设工程勘察设计合同、委托监理合同的概念、特征、主要内容、订立的程序；并阐述了合同相关方对建设工程勘察设计合同、委托监理合同的管理；最后介绍了建设工程有关的其他合同，物资采购合同、加工合同、劳务合同的特点及主要内容。

 阅读材料

工程转包合同纠纷案例一

2000 年 6 月 29 日，润发公司与××办事处签订土方工程合同，约定由润发公司承包重庆市时代广场约 7 万 m³ 土方挖运工程，工程总造价 380 万元。当日，润发公司又与金浦公司签订土方工程合同，将其承包的上述工程项目转包给金浦公司施工，工程总价为 360 万元，开工日期为 2000 年 7 月 11 日，工期为 50 天。合同签订后，金浦公司在 2000 年 7 月 4 日与他人签订渣土回填合同。2000 年 7 月 11 日，金浦公司如期进场施工,因润发公司准备不足,延至 7 月 14 日开工,由润发公司代表确认误工损失 3 万元。在施工过程中,因润发公司的原因,渣土处置证被扣,由润发公司代表确认误工损失 1 万元。润发公司于 7 月 25 日书面通知金浦公司,以金浦公司违约为由终止土方工程合同。

[解析]

在本案的处理中,有两种观点:一是,在金浦公司履行其与润发公司签订的土方工程合同过程中,由于润发公司的原因导致金浦公司误工,金浦公司并无过错,润发公司无权擅自解除合同,而且润发公司应赔偿金浦公司的误工损失。二是,润发公司把其承接的土方工程整体转包给金浦公司,是违反法律的禁止性规定的行为,应依法确认润发公司与金浦公司所签土方工程合同无效。

本案涉及建设工程转包合同的效力认定问题。转包是指施工单位以营利为目的,将承包的工程转让给其他的施工单位,不对工程承担任何法律责任的行为。转包时,转让人退出承包关系,受让人成为承包合同的另一方当事人。转让人对受让人的履行行为不承担责任。由于法律对建设工程的承包人有严格的资质要求,一些不具备资质条件的人就不得从承包人手中转包。《合同法》第二百七十二条明确规定:"承包人不得将其承包的全部建设工程转包给第三人或者将其承包的全部建设工程肢解后以分包的名义转包给第三人……禁止分包单位将其承包的工程再分包。"

本案中,润发公司与××办事处签订土方挖运工程合同后,尚未动工,当日又与金浦公司签订合同,将其承包的全部工程交给金浦公司完成,系建设工程转包行为。因此,润发公司与金浦公司签订的转包合同因违反法律的禁止性规定而无效。在签订合同中,润发公司存在过错,应对合同无效承担缔约过失责任,对金浦公司因此而受到的损失给予赔偿。同时,润发公司还应向××办事处承担违约责任。

工程转包合同纠纷案例二

19××年 10 月,××省水电站经有关部门批准,与甲建筑公司签订了××水库拦水大坝的建设合同。合同规定:由水电站提供坝址水文地质资料,甲建筑公司设计施工,并包工包料,工程总造价为 800 万元,竣工日期为 19××年 8 月;开工时,水电站预付 10% 的工程款。合同约定承包方必须严格按照发包方提供的水文地质资料设计,运用自己的设备和技术力量组织施工。工程开工后,甲建筑公司将部分建设工程转包给了乙工程队,水电站现场代表发现后未予以制止。拦水大坝于 19××年 7 月 10 日竣工,水电站和甲建筑公司代表于 8 月 1 日对工程进行初步验收后做了决算。8 月上旬,该地区普降暴雨,拦水大坝被洪水冲垮。事故发生后,双方会同工程质量检查专家进行了分析,发现事故发生地段是由乙工程队施工建设的,此外,拦水大坝的设计也存在失误。水电站据此向法院提起诉讼,要求甲建筑公司赔偿全部损失。后经法院审查,水电站提供的水文地质资料部分不够准确,是导致失误的原因之一,而乙施工队也不具备施工资格。

[解析]

本案中,甲建筑公司擅自将应由自己独立完成的部分建设工程转包给没有施工资格的乙工程队,违背了合同的约定及法律规定,应当承担违约责任。发包人水电站对承包人履约行为的监督也存在失误。

思考与讨论

一、单项选择题

1. 发包人供应的材料设备使用前,由(　　)负责检验或试验。

A. 发包人　　　　　B. 承包人　　　　　C. 工程师　　　　　D. 政府有关机构

2. 发包人按合同约定提供材料设备,负责保管和支付保管费用的分别是(　　)。

A. 承包人和材料供应商　　　　　　　　B. 监理方和发包人

C. 监理方和材料供应商　　　　　　　　D. 承包人和发包人

3. 关于施工合同条款中发包人责任和义务的说法，错误的是（　　）。

A. 提供具备条件的现场和施工用地，以及水、电、通信线路在内的施工条件

B. 提供有关水文地质勘探资料和地下管线资料，并对承包人关于资料的提问做书面答复

C. 办理施工许可证及其施工所需证件、批件和临时用地等的申请批准手续

D. 协调处理施工场地周围地下管线和邻近建筑物、构筑物的保护工作，承担相关费用

4. 下列文件中能作为建设工程监理合同文件的是（　　）。

A. 监理招标文件　　　　　　　　　　　B. 工程图纸

C. 规范　　　　　　　　　　　　　　　D. 中标通知

5. 某施工承包工程，承包人于2004年5月10日送交验收报告，发包人组织验收后提出修改意见，承包人按发包人要求修改后于7月10日再次送交工程验收报告，发包人于7月20日组织验收，7月30日给予认可，则该工程实际竣工日期为（　　）。

A. 2004年5月10日　　　　　　　　　B. 2004年7月10日

C. 2004年7月20日　　　　　　　　　D. 2004年7月30日

6. 工程具备隐蔽条件或达到专用条款约定的中间验收部位，承包人进行自检，并在隐蔽或中间验收前最晚（　　）小时书面形式通知工程师验收。

A. 12　　　　　　B. 24　　　　　　C. 36　　　　　　D. 48

二、多项选择题

1. 在建设工程监理合同中，属于监理人义务的是（　　）。

A. 完成监理范围内的监理业务

B. 审批工程施工组织设计和技术方案

C. 选择工程总承包人

D. 按合同约定定期向委托人报告监理工作

E. 公正维护各方面的合法权益

2. 施工承包合同中，承包人一般应承担的义务包括（　　）。

A. 安全施工，负责施工人员及业主人员的安全和健康

B. 按合同规定组织工程的竣工验收

C. 接受发包人、工程师或其他代表的指令

D. 按合同约定向发包人提供施工场地办公和生活的房屋及设施

E. 负责对分包的管理，但不对分包人的行为负责

3. 按照我国相关规定，监理工程师具有的权利包括（　　）。

A. 选择工程总承包人的认可权

B. 实际竣工日期的签认权

C. 要求设计单位改正设计错误的权利

D. 工程结算的否决权

E. 征得委托人的同意，有权发布停工令

三、问答题

1. 简述建设工程合同的种类及特征。

2. 试述合同在建筑工程中的作用。

3. 建设工程合同中主要包括哪些合同关系？

4. 简述建设工程施工合同的概念和特征。

5. 试述建设工程施工合同订立的条件和程序。

6. 简述《建设工程施工合同(示范文本)》的组成及解释顺序。

7. 工程分包与工程转包有何区别？施工合同对工程分包有何规定？

8. 在施工合同中对发包人和承包人原因影响的工期延误有何规定？

9. 不可抗力所造成的损失应如何分担？

10. 什么情况下可以解除施工合同？

11. 简述工程师的产生及职权。

12. 何谓建设工程勘察设计合同？简述其特征及一般内容。

13. 分别简述勘察合同、设计合同的组成及构成要素。

14. 发包人与承包人应如何做好对勘察设计合同的管理工作？

15. 简述监理合同的定义、特征及一般条款。

16. 监理合同中双方的义务及责任是什么？

17. 监理人应当完成的工作有哪些？

18. 简述建设工程物资采购合同的概念及特征。

19. 分别阐述材料采购合同、设备采购合同的订立方式。

20. 如何履行材料采购合同？如何履行设备采购合同？

21. 简述加工合同的主要内容及双方的责任。

22. 简述劳务合同的主要内容。

第**9**章
建设工程索赔管理

 导入案例

TL 公司利用索赔取得高利润

在我国一项总造价数亿美元的房屋建造工程项目中，某国 TL 公司以最低价击败众多竞争对手而中标。作为总包，他又将工程分包给中国的一些建筑公司。中标时，许多专家估计，由于报价低，该工程最多只能保本。而最终工程结束时，该公司取得 10% 的工程报价的利润。它的主要手段有：①利用分包商的弱点。承担分包任务的中国公司缺乏国际工程经验。TL 公司利用这些弱点在分包合同上做文章，甚至违反国际惯例，加上许多不合理的、苛刻的、单方面的约束性条款。在向我国分包公司下达任务或提出要求时，常常故意不出具书面文件，而我国分包公司却轻易接受并完成工程任务。但到结账、追究责任时，我国分包商因拿不出书面证据而失去索赔机会，受到损失。②竭力扩大索赔收益，并避免受罚。工程设计细微修改、物价上涨或影响工程进度的任何事件都是 TL 公司向我国发包人提出经济索赔或工期索赔的理由。只要有机可乘，他们就大幅度加价索赔。仅一年中，TL 公司就向我国发包人提出的索赔要求达 6 000 万美元。而整个工程比原计划拖延了 17 个月，TL 公司灵活巧妙地运用各种手段，居然避免受罚。反过来，TL 公司对分包商处处克扣，如分包商未能在分包合同规定工期内完成任务，TL 公司就对他们实行重罚，毫不手软。这听起来令人生气，但又没办法。这是双方管理水平的较量，而不是靠道德来维持。不提高管理水平，这样的事总是难免的。

9.1 工程索赔的基本理论

在市场经济条件下，建筑市场中工程索赔是一种正常的现象。工程索赔在国际工程市场上是合同当事人保护自身正当权益、弥补工程损失、提高经济效益的重要和有效的手段。许多国际工程项目，承包人通过成功的索赔能使工程收入增加额达到工程造价的 10%～20%，有些工程的索赔额甚至超过了合同额本身。"中标靠低标，盈利靠索赔"便是许多国际承包人的经验总结。索赔管理以其本身花费较小、经济效果明显而受到承包人的高度重视。因此，应当加强对索赔理论和方法的研究，认真对待和搞好工程索赔。

9.1.1　索赔的基本概念

1. 索赔的定义

在 FIDIC 合同中，承包商根据合同有关文件，对于他有权得到的竣工时间延长期限和任何追加付款，承包商可以向工程师发出通知，说明引起"Claim"的事件或情况，"Claim"被我国学者翻译成"索赔"。

索赔，是指当事人在合同实施过程中，根据法律、合同约定或惯例，对不由自己承担责任的情况造成的损失，要求合同中对方给予补偿的行为。索赔是双向的，发包人可以向承包商索赔，承包商也可以向发包人索赔。但较常见的和处理与解决起来都比较困难的索赔，是承包商向发包人的索赔，这种索赔也是工程师进行合同管理的一个重点。

应当强调指出的是，对于任何索赔只能是承包商要求发包人对其所蒙受的实际经济或工期损失，给予补偿的合法请求，而不具有对发包人进行任何惩罚的性质。但实际上，承包商可能有夸大损失的行为，因此索赔必须要有确凿的证据。

2. 索赔成立的条件

索赔是承包商在合同实施过程中根据合同文件及法律规定，对于不是因自己原因引起的实际损失，包括施工时间上(工期)的损失和费用的增加，依据有效证据向工程师提出，要求发包人对损失进行补偿。因此，承包商要使索赔要求成立，索赔必须符合如下条件。

(1) 与合同对比，事件或情况引起了承包商施工工期的延长和施工费用的增加。

(2) 造成上述施工费用增加或施工工期延长的原因，按照合同约定和相关法律，不属于承包商应该承担的责任。

(3) 事件或情况引起承包商损失的证据确凿。

(4) 索赔是按照合同约定的程序和要求提出的。

9.1.2　索赔的分类

索赔，从不同角度、按不同的方法或者不同的标准，可以有很多种分类，下面介绍几种常用的分类方式。

1. 按索赔依据分类

索赔按其依据的理由，可以分为合同内的索赔、合同外的索赔和道义索赔。

(1) 合同内的索赔。是指合同中有明确的条款规定，承包商的损失应由发包人承担，承包商依据该规定提出的索赔。此类索赔，是施工合同中最常见的索赔，也是工程师进行合同管理应该处理的索赔。例如，合同履行过程中，出现了属于发包人应承担责任的事件，则该事件给承包商造成的损失，承包商提出索赔要求，发包人应该给予补偿。

(2) 合同外的索赔。是指对于造成索赔的事件或情况，在合同没有明确的条款规定应该由发包人承担责任，一般必须依据合同所遵循的法律才能解决的索赔。这类索赔已经不是工程师可以处理的索赔了，一般都是当事人亲自出面解决。

(3) 道义索赔。是指事件或情况引起承包商的损失，然而引起索赔的责任不属于发包人应该承担的，承包商希望发包人从道义上对损失给予补偿而提出的索赔。这种索赔，也不是工程师所能处理的，一般都是发包人亲自解决。

2. 按索赔处理方式分类

根据对索赔的处理方式，索赔可以分为单项索赔和一揽子索赔。

（1）单项索赔。是指在施工合同履行过程中，对于引起索赔的事件或情况出现后，承包商按照合同要求提出索赔，工程师也按照约定进行处理的索赔。单项索赔是工程师处理索赔的常见方式。对于承包商提出的索赔，工程师应该按照合同约定程序立即进行处理，因为，如果拖得越久，事件的证据有可能渐渐淹没，而不利于事件的正确解决。

（2）一揽子索赔。是指对于以前提出的多项未曾解决的单项索赔集中起来，提出一份总补偿要求的索赔。这种索赔，通常是承包商在工程竣工前提出，双方进行最终谈判，以一个一揽子的方案进行解决。这种索赔，由于很多事情已经间隔很久，证据可能湮灭，处理起来障碍重重，施工合同管理者要尽量避免此类索赔的出现。

3. 按索赔要求分类

索赔要求达到的目的，不是延长工期就是补偿费用，所以，根据索赔的要求，索赔可以分为工期索赔和费用索赔。

（1）工期索赔。是指承包商提出要求发包人延长合同工期的索赔。

（2）费用索赔。是指承包商提出要求发包人补偿经济损失的索赔。

9.1.3 索赔的原因

1. 施工条件变化

在工程施工中，施工现场条件变化对工期和造价的影响很大。由于不利的自然条件及人为障碍，经常导致设计变更、工期延长和工程成本大幅度增加。若发生了招标文件中对现场条件的描述失误，或有经验的承包商难以合理预见的现场条件，如在挖方工程中，承包方发现地下古代建筑遗迹物或文物，遇到高腐蚀性水或毒气等，导致承包方必须花费更多的时间和费用，在这些情况下，承包方可提出索赔要求。

 案例 9.1

业主提供的地质勘查不准确而引起的索赔

在某工程中，承包商按业主提供的地质勘查报告做了施工方案，并投标报价。开标后业主向承包商发出了中标函。由于该承包商以前曾在本地区进行过相关工程的施工，按照以前的经验，他觉得业主提供的地质报告不准确，实际地质条件可能复杂得多。所以在中标后做详细的施工组织设计时，他修改了挖掘方案，为此增加了不少设备和材料费用。结果现场开挖完全证实了承包商的判断，承包商向业主提出了两种方案费用差别的索赔。但被业主否决，业主的理由是：按合同规定，施工方案是承包商应负的责任，他应保证施工方案的可用性、安全、稳定和效率。承包商变换施工方案是从他自己的责任角度出发的，不能给予赔偿。

[解析]

实质上，承包商的这种预见性为业主节约了大量的工期和费用。如果承包商不采取变更措施，施工中出现新的与招标文件不一样的地质条件，此时再变换方案，业主要承担工期延误及与其相关的费用赔偿、原方案费用和新方案的费用，低效率损失等。

地质条件是一个有经验的承包商无法预见的。但由于承包商行为不当，使自己处于一个非常不利的地位。如果要取得本索赔的成功，承包商在变更施工方案前到现场挖一下，做一个简单的勘察，拿出地质条件复杂的证据，向业主提交报告，并建议作为不可预见的地质情况变更施工方案，则业主必须慎重地考虑这个问题，并作出答复。这样无论业主同意或不同意变更方案，承包商的索赔地位都十分有利。

2. 发包人违约

发包人未按工程承包合同规定的时间和要求向承包商提供施工场地、创造施工条件、提供材料、设备；发包人未按规定向承包商支付工程款；监理工程师未按规定时间提供施工图纸、指示或批复，提供数据不正确、下达错误指令等，导致承包商的工程成本增加和(或)工期的增加，承包商可以提出索赔。

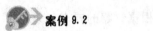 **案例 9.2**

工程索赔案例

某高层住宅楼工程，开工初期，由于发包人提供的地下管网坐标资料不准确，于是经双方协商，由承包人经过多次重新测算得出准确资料，花费 5 周时间。在此期间，整个工程几乎陷于停工状态，于是承包人直接向发包人提出 5 周的工期索赔。

3. 合同缺陷

指合同本身存在的(合同签订时没有预料到的)不能再做修改或补充的问题。如合同条款中有错误、用语含糊、不够准确等，难以分清甲乙双方的责任和权益；合同条款中存在遗漏；合同条款之间存在矛盾，按惯例要由监理工程师做出解释。但是，若此指示使承包商的施工成本和工期增加时，则属于发包人方面的责任，承包商有权提出索赔要求。

4. 国家政策、法规变更索赔

通常指直接影响到工程造价导致承包商成本增加，国家或地方的任何法律法规、法令、政令或其他法律、规章发生变更，承包商可以提出索赔。

5. 物价上涨索赔

由于物价上涨的因素，带来人工费、材料费，甚至机械费的增加，导致工程成本大幅度上升，也会引起承包商提出索赔要求。

6. 变更指令

由于发包人和监理工程师原因造成的临时停工或施工中断，特别是根据发包人和监理工程师的不合理指令造成了工效的大幅度降低，从而导致费用支出增加，承包商可提出索赔。

案例 9.3

工程索赔案例

在某工程中，合同规定某种材料须从国外某地购得，由海运至工地，一切费用由承包商承担。现由于发包人指令加速工程施工，经发包人同意，该材料改海运为空运。对此，承包商提出费用索赔：原合同报价中的海运价格为 2.61 美元/kg，现空运价格为 13.54 美元/kg，该批材料共重 28.366kg，则：费用索赔＝28.366kg×(13.54－2.61)美元/kg＝310.04 美元。

[解析]

在实际工程中，由于加速施工的实际费用支出的计算和核实都很困难，容易产生矛盾和争执。为了简化起见，合同双方最好在变更协议中核定赶工费赔偿总额(包括赶工奖励)，由承包商包干使用。

7. 工程变更

在施工过程中，监理工程师发现设计、质量标准或施工顺序等问题时，往往指令增加新工作，改换建筑材料，暂停施工或加速施工等。这些变更指令会使承包商的施工费用增加，承包商就此提出索赔要求。

8. 其他干扰事件

由于发包人承担的风险而导致承包商的费用损失增大时，承包商可据此提出索赔。如战争、暴动、自然灾害等，即使是有经验的承包商也无法预见，无法保护自己和使工程免遭损失等属于发包人应承担的风险，以及由于其他第三方的问题而引起的对工程的不利影响。

9.1.4 工程索赔证据

合同一方向另一方提出的索赔要求，都应该提出一份具有说服力的证据资料作为索赔的依据。索赔证据是当事人用来支持其索赔成立或和索赔有关的证明文件和资料，也是索赔能否成功的关键因素。由于索赔的具体事由不同，所需的论证资料也有所不同。索赔证据一般包括以下几点。

(1) 合同、设计文件，包括工程合同及附件、招标文件、中标通知书、投标书、标准和技术规范、图纸、工程量清单、工程报价单或预算书、有关技术资料和要求等。

(2) 经工程师批准的承包人施工进度计划、施工方案、施工组织设计和具体的现场实施情况记录。

(3) 施工日志及工长工作日志、备忘录等。

(4) 工程有关施工部位的照片及录像等。保存完整的工程照片和录像能有效地显示工程进度。

(5) 工程各项往来信件、电话记录、指令、信函、通知、答复等。

(6) 工程各项会议纪要、协议及其他各种签约、定期与发包人雇员的谈话资料等。

(7) 气象报告和资料。如有关天气的温度、风力、雨雪的资料等。

(8) 施工现场记录。

(9) 工程各项经发包人或工程师签认的签证。如承包人要求预付通知，工程量核实确认单。

（10）工程结算资料和有关财务报告。

（11）各种检查验收报告和技术鉴定报告。

（12）其他，包括分包合同、官方的物价指数、汇率变化表，以及国家、省、市有关影响工程造价、工期的文件、规定等。

9.2 索赔的程序

索赔是双向的，不仅承包人可以向发包人索赔，发包人同样也可以向承包人索赔。由于实际中发包人向承包人索赔发生的频率相对较低，而且在索赔处理中，发包人始终处于主动和有利的地位，他可以直接从应付工程款中扣抵或没收履约保函、扣留保留金，甚至留置承包商的材料设备作为抵押等来实现自己的索赔要求，不存在"索"，因此在工程实践中，大量发生的、处理比较困难的是承包人向发包人的索赔，这也是索赔管理的主要对象和重点内容。

9.2.1 承包人的索赔

一般认为，只要因非承包人自身责任造成工程工期延长或成本增加，都有可能向发包人提出索赔。我国施工合同通用条款约定，发包人未能按合同约定履行自己的各项义务或发生错误及应由发包人承担责任的其他情况，造成工期延误和(或)承包商不能及时得到合同价款及承包商的其他经济损失，承包商可按下列程序以书面形式向发包人索赔。

（1）索赔事件发生后 28 天内，向监理人发出索赔意向通知，并说明发生索赔事件的事由。

（2）发出索赔意向通知后 28 天内，向监理人提出延长工期和(或)补偿经济损失的索赔报告及有关资料。

（3）监理人在收到承包商送交的索赔报告和有关资料后 14 天内，完成审查并报送发包人。监理人对索赔报告存在异议的，有权要求承包人提交全部原始记录副本。

（4）发包人应在监理人收到索赔报告或有关索赔的进一步证明材料后的 28 天内，由监理人向承包人出具经发包人签认的索赔处理结果。发包人逾期答复的，则视为认可承包人的索赔要求。

（5）当该索赔事件持续进行时，承包商应当阶段性向工程师发出索赔意向，在索赔事件终了后的 28 天内，向工程师送交索赔的有关资料和最终索赔报告。索赔答复程序与(3)、(4)条规定相同。

由上述规定，可以看出，一般的索赔处理程序大致可以分为以下几个步骤。

1. 提出索赔要求

索赔事件或情况发生后，承包商应在索赔事件或情况发生后的 28 天内向监理人递交索赔意向通知，声明将对此提出索赔要求。

该意向通知，是承包商向监理人表示的索赔愿望和要求。索赔意向的提出是索赔工作程序中的第一步，其关键是抓住索赔机会，及时提出索赔意向。承包商必须按照合同约定的时间提出，我国施工合同示范文本中规定的时间是 28 天。承包商必须在索赔事件出现后的 28 天内向监理人递交索赔意向通知，否则监理人有权拒绝承包商的索赔要求。

一般情况下，索赔意向通知的内容很简单，只要写明引起索赔的事件，以及根据相应的合同条款提出索赔要求。索赔意向书的内容应包括：①事件发生的时间及其情况的简单描述；②索赔依据的合同条款及理由；③提供后续资料的安排，包括及时记录和提供事件的发展动态；④对工程成本和工期产生不利影响的严重程度。而具体的工期损失或者费用损失的计算，以及有关证据资料，是随索赔报告一起提交的。

2. 递交索赔报告

我国施工合同规定，承包人应在发出索赔意向通知书后 28 天内，向监理人正式递交索赔报告；索赔报告应详细说明索赔理由以及要求追加的付款金额和（或）延长的工期，并附必要的记录和证明材料。

一般工期索赔和费用索赔，承包商要分别提出索赔要求，即如果某事件既引起工期损失又引起费用损失，承包商应提交两份索赔报告。

如果索赔事件的影响持续存在，28 天内还不能计算出实际的损失时，承包商应按照合同约定的时间间隔，定期陆续提交索赔意向，在事件影响结束后的 28 天内，递交最终的索赔报告。

FIDIC 施工合同中，持续影响的时间间隔，合同约定为一个月，但我国施工合同中没有规定时间间隔，一般做法是采用 FIDIC 中的规定。

3. 对承包人索赔的处理

我国施工合同规定，监理人应在收到索赔报告后 14 天内完成审查并报送发包人。监理人对索赔报告存在异议的，有权要求承包人提交全部原始记录副本。

监理人进行索赔处理前，首先对索赔报告应进行审查。审查内容包括：事态调查、原因分析、资料分析、实际损失计算等。事态调查，就是对引起索赔的事件进行细致调查，掌握证据，了解事态的前因后果和发展经过，这样才能判断承包商提出索赔的可信度有多高。原因分析，就是在事态调查的基础上，分析事件发生的原因，事件的责任应该由谁承担。如果是共同责任，责任应该怎样划分，各承担多少比例。资料分析，就是要分析承包商提交的证明资料的真实性、时效性和完整性。资料是重要的证据，只有真实、完整同时又是符合时间要求的资料，才能成为解决问题的证据。当然，在上述调查分析的基础上，最重要的是实际损失计算。一般情况下，承包商计算的损失总是从其利益出发，可能多于实际的损失，而索赔的本质是补偿实际损失。

其次，监理人应就补偿数额与承包商进行协商。监理人审查后，初步确定的补偿数额往往可能不同于承包商索赔的数额，甚至相差的数额可能很大。因为，承包商和监理人对责任划分的界限可能不一致、计算损失的依据与方法可能也不相同，因此，双方必须就补偿的数额大小进行协商。监理人与承包商进行协商的过程，实际上是双方进行妥协的过程。因为，一般情况下，双方在不是作出原则性的让步条件下，各自退让一点，让问题最终快速解决，对双方都有利。监理人在同承包商进行协商的同时，也要就自己处理事件的态度及同承包商协商的情况，同发包人进行协商。

我国施工合同规定，发包人应在监理人收到索赔报告或有关索赔的进一步证明材料后的 28 天内，由监理人向承包人出具经发包人签认的索赔处理结果。发包人逾期答复的，则视为认可承包人的索赔要求。承包人接受索赔处理结果的，索赔款项在当期进度款中进行支付；承包人不接受索赔处理结果的，则按合同纠纷处理。

9.2.2 发包人的索赔

根据我国建设工程施工合同的规定，因承包人原因不能按照协议书约定的竣工日期或监理人同意顺延的工期竣工，或因承包人原因工程质量达不到协议书约定的质量标准，或承包人不愿履行合同义务或不按合同约定履行义务或发生错误而给发包人造成损失时，发包人也应按合同约定的索赔时限要求，向承包人提出索赔。

9.3 索赔管理

9.3.1 工期索赔

工程工期是施工合同中的重要条款之一，涉及业主和承包人多方面的权利和义务关系。工程工期是业主和承包人经常发生争议的问题之一，工期索赔在整个索赔中占据了很高的比例，是承包人索赔的重要内容之一。

工程延误是指工程实施过程中任何一项或多项工作实际完成日期迟于计划规定的完成日期，从而可能导致整个合同工期的延长。工程延误对合同双方一般都会造成损失。业主因工程不能及时交付使用、投入生产，就不能按计划实现投资效果，失去盈利机会，损失市场利润；承包人因工期延误导致增加工程成本，如现场工人工资开支、机械停滞费用、现场和企业管理费等，生产效率降低，企业信誉受到影响，最终还可能导致合同规定的误期损害赔偿费处罚。因此，工程延误的后果是形式上的时间损失，实质上的经济损失，无论是业主还是承包人，都不愿意无缘无故地承担由工程延误给自己造成的经济损失。

1. 工程延误的分类与处理原则

1）工程延误的分类

（1）因业主及工程师自身原因或合同变更原因引起的延误。

① 业主拖延交付合格的施工现场。

在工程项目前期准备阶段，由于业主没有及时完成征地、拆迁、安置等方面的有关前期工作，或未能及时取得有关部门批准的施工执照或准建手续等，造成施工现场交付时间推迟，承包人不能及时进驻现场施工，从而导致工程拖期。

 案例 9.4

工程索赔案例

上海市某工程施工中发生有关拆迁的工期索赔。由于施工现场××路一侧的旧有配电房直接阻挡了承包人的施工，使承包人的导墙和地下连续墙施工停工10天，承包人提出10天的工期索赔。但业主认为该导墙施工不在关键线路上而加以拒绝。承包人在对工程网络计划分析后，证明由于拖延10天使该导墙施工从原来的非关键线路变成了关键线路。最后业主同意了3天的工期顺延。

② 业主拖延交付图纸。

业主未能按合同规定的时间和数量向承包人提供施工图纸，尤其是目前国内较多的边设计边施工的项目，从而引起工期索赔。

 案例 9.5

工程索赔案例

某工程屋顶梁的配筋图未能及时交付承包人，原定于1993年5月20日交付的图纸一直拖延至6月底，由于图纸交付延误，导致钢筋订货发生困难(订货半个月后交付钢筋)。因此，原定于6月中旬开始施工的屋顶梁钢筋绑扎拖至8月初，再加上该地区8月份遇到恶劣的气候条件，因气候原因导致工程延误1周。最后承包人向业主提出8周的工期索赔。

③ 业主或工程师拖延审批图纸、施工方案、计划等。
④ 业主拖延支付预付款或工程款。
⑤ 业主提供的设计数据或工程数据延误，如有关放线的资料不准确。
⑥ 业主指定的分包商违约造成延误。

 案例 9.6

工程索赔案例

某工程因业主指定分包商分包的地下连续墙施工出现质量问题，结构倾斜，基坑平面尺寸减小，影响了总包商的正常施工，因而总包商向业主提出了工期索赔。

⑦ 业主未能及时提供合同规定的材料或设备。

 案例 9.7

工程索赔案例

某工程由业主负责供应商品混凝土，但由于供应商产品供不应求，不能及时供应业主要求的商品混凝土，导致承包人楼板浇筑不能按原计划执行，因此承包人向业主提出了2周的工期索赔要求。

⑧ 业主拖延关键线路上工序的验收时间，造成承包人下道工序施工延误。监理人对合格工程要求拆除或剥露部分工程予以检查，造成工程进度被打乱，影响后续工程的开展。
⑨ 业主或工程师发布指令延误，或发布的指令打乱了承包人的施工计划。由于业主或工程师原因暂停施工导致的延误。业主对工程质量的要求超出原合同的约定。
⑩ 业主设计变更或要求修改图纸，业主要求增加额外工程，导致工程量增加、工程变更或工程量增加引起施工程序的变动。业主的其他变更指令导致工期延长等。

（2）因承包人原因引起的延误。

由承包商引起的延误一般是由于其内部计划不周、组织协调不力、指挥管理不当等原因引起的。

① 施工组织不当，如出现窝工或停工待料现象。

② 质量不符合合同要求而造成的返工。

③ 资源配置不足，如劳动力不足、机械设备不足或不配套、技术力量薄弱、管理水平低、缺乏流动资金等造成的延误。

④ 开工延误。

⑤ 劳动生产率低。

⑥ 承包人雇用的分包人或供应商引起的延误等。

显然，上述延误难以得到业主的谅解，也不可能得到业主或工程师给予延长工期的补偿。承包人若想避免或减少工程延误的罚款及由此产生的损失，只有通过加强内部管理或增加投入，或采取加速施工的措施。

（3）不可控因素导致的延误。

① 人力不可抗拒的自然灾害导致的延误。如有记录可查的特殊反常的恶劣天气、不可抗力引起的工程损坏和修复。

 案例 9.8

工程索赔案例

某工程施工中，由于持续下雨，雨量是过去 20 年平均值的 2 倍，致使承包人的施工延误了 34 天，承包人要求工程师予以顺延工期。监理工程师认为延误时间中的一半(17 天)是一个有经验的承包人无法预料的，另外的 17 天为承包人应承担的正常气候所影响，即同意延长工期 17 天。

② 特殊风险如战争、叛乱、革命、核装置污染等造成的延误。

③ 不利的自然条件或客观障碍引起的延误等。如现场发现化石、古钱币或文物。

 案例 9.9

工程索赔案例

鲁布革 C1 合同引水系统 C2 区遇到了相当大的 F203 断层及许多大小溶洞，导致施工难度增大，生产效率降低，工期拖延了 4.5 个月。承包人提出了工期索赔。为了不影响工程按期投产，工程师只批准该单位工程延期 3 个月，其余 1.5 个月承包人必须通过加速施工赶上。

 案例 9.10

工程索赔案例

某土方工程施工中，发现地下有一现场勘察中未曾发现的供水管道，于是采取将该管道改线的办法，导致工程量增加，工期延长，为此承包人提出 4 个月的工期索赔。

④ 施工现场中其他承包人的干扰。

⑤ 合同文件中某些内容的错误或互相矛盾。

⑥ 罢工及其他经济风险引起的延误。如政府抵制或禁运而造成工程延误。

 案例 9.11

工程索赔案例

某项施工合同在履行过程中，承包人因下述 3 项原因提出工期索赔 20 天：①由于设计变更，承包人等待图纸全部停工 7 天；②在同一范围内承包人的工人在两个高程上同时作业，工程师考虑施工安全而下令暂停上部工程施工而延误工期 5 天；③因下雨影响填筑工程质量，工程师下令工程全部停工 8 天，等填筑材料含水量降到符合要求后再进行作业。问工程师应批准承包人展延工期多少天？

[解析]

① 由于设计变更，承包人等待图纸的 7 天停工不属于承包人的责任，应给予工期补偿。

② 考虑到现场施工人员安全而下达的暂时停工令，责任在承包人施工组织不合理，不应批准工期延展。

③ 因下雨影响填筑工程的施工质量，要根据当时的降雨记录来划分责任归属。如果雨量和持续时间超过构成异常恶劣的气候影响或不可抗力标准，则应按有经验的承包人不可能合理预见到的异常恶劣自然条件的条款，批准展延 8 天工期。如果没有超过合同内约定的标准，尽管工程师下达了暂停施工令，但责任原因属于承包人应承担的风险，即承包人报送工程师批准的施工进度计划中，他不是按一年 365 天组织施工，而是除了节假日外还应充分估计到不利于施工的天数而进行的施工组织。因此在这种情况下，不应批准该部分展延工期的要求。

2）工程延误的一般处理原则

工程延期的影响因素可以归纳为两大类：第一类是合同双方均无过错的原因或因素而引起的延误，主要指不可抗力事件和恶劣气候条件等；第二类是由于业主或工程师原因造成的延误。

一般来说，根据工程惯例对于第一类原因造成的工程延误，承包人只能要求延长工期，很难或不能要求业主赔偿损失；而对于第二类原因，假如业主的延误已影响了关键线路上的工作，承包人既可要求延长工期，又可要求相应的费用赔偿；如果业主的延误仅影响非关键线路上的工作，且延误后的工作仍属非关键线路，而承包人能证明因此（如劳动窝工、机械停滞费用等）引起了损失或额外开支，则承包人不能要求延长工期，但完全有可能要求费用赔偿。

2. 工期索赔的计算方法

计算工期的索赔补偿数额，在实际工程中一般有网络分析法、比例类推法、直接法和工时分析法。

1）网络分析法

网络分析法，是通过分析干扰事件发生前后的进度计划的网络图，对比两种情况的关键线路变化，计算工期的索赔值。这是一种科学的分析方法，适合于各种干扰事件引起的索赔计算。如果事件引起关键线路上的工作延误，则总的延误时间都是要批准的顺延工期；如果事件引起延误的工作不在关键线路上，当该工作由于延误从非关键工作变成了关键工作，从变成关键工作时刻起以后的延误时间都是应该顺延的工期；如果该工作延误以后仍然不在关键线路上，则不存在工期索赔的补偿。

 案例 9.12

工期索赔案例

某工程项目的施工招标文件标明工期为 15 个月，承包商的投标所报工期为 13 个月。承包商在开工前编制并经总监理工程师认可的施工进度计划如图 9.1 所示(图中英文字母代表工作，数字代表完成工作的时间，单位为月)。

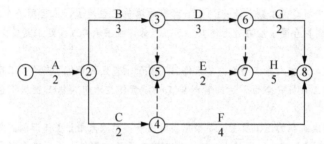

图 9.1　进度计划网络图

施工过程中发生了下列 4 个事件，致使承包商完成该项目的施工实际用了 15 个月。

事件 1：A、C 两项工作为土方工程，工程量均为 16 万 m^3，实际工程量与估计的工程量相等。施工按计划进行 4 个月后，总监理工程师以设计变更通知发布新增土方工程 N 的指示。该工作的性质和施工难度与 A、C 工作相同，工程量为 32 万 m^3。N 工作在 B、C 完成后开始施工，且为 H 和 G 的紧前工作。承包商按计划用 4 个月完成，3 项土方工程租用 1 台机械开挖。

事件 2：F 工作因设计变更等待新图纸延误 1 个月。

事件 3：G 工作由于连续降雨累计 1 个月导致实际施工 3 个月完成，其中 0.5 个月的日降雨量超过当地 30 年气象资料记载的最大强度。

事件 4：H 工作由于分包商施工的工程质量不合格造成返工，实际 5.5 个月完成。

由于以上事件，承包商提出工期索赔要求：顺延工期 6.5 个月。理由是：完成 N 工作 4 个月；变更设计图纸延误 1 个月；连续降雨属于不利的条件和障碍影响 1 个月；监理工程师未能很好地控制分包商的施工质量应补偿工期 0.5 个月。

问题：根据总监理工程师认可的施工进度计划，总监理工程师批准承包商的索赔工期是多少？说明理由。

[解析]

首先，要注意分清责任。

(1) N 工作是业主应承担的责任，因为是新增加的施工任务，属于可以顺延工期的情况(设计变更或工程量增加)，且 N 工作量是 A、C 的一倍，完成时间也是 A、C 的一倍。

(2) F 工作延误 1 个月是属于业主责任，属于顺延工期的情况(未能按约定提供图纸)。

(3) 一般大雨超过当地 30 年的记录，应该算不可抗力，所以 G 工作的 0.5 个月，应为业主承担的风险。

(4) 分包商的施工质量不合格需要返工，分包商完成工作是属于由第三人代为履行的情况，合同的主体没有改变，仍然是业主和承包商，分包商的责任就是承包商的责任。

其次，要注意这些事件对工期影响的量化程度。因为 N 工作必须在 B、C 完成之后开始，同时要在 H、G 开始之前结束，那么 N 工作对整个进度计划的影响是怎样的呢？进度计划中，明显的 A、B、D 和

H组成关键线路，从 B 到 H 之间最长的线路是 D 要 3 个月施工时间，N 可以和 D 同时施工。因此，现在的关键线路变为 A、B、N 和 H，如果一切正常，工期应为 14 个月。

最后，看补偿情况。从上述两项分析可以看出：F 延误 1 个月，虽然是应该补偿的情况，但不在关键线路上，而且延长 1 个月后，还不是关键线路，因此这 1 个月不应该补偿；G 的 0.5 个月同 F 工作一样，也不补偿；H 工作延误的 0.5 个月，是属于承包商责任的，当然不补偿。综合起来，现在的关键线路长变成 14 个月，而原来的关键线路长是 13 个月，增加的 1 个月是属于合同约定应顺延的情况，所以总监理工程师应给承包商批准的顺延工期为 1 个月。

2）比例类推法

网络分析法虽然科学，然而在实际工程中，还有一种简单的比例类推法，可以分析干扰事件仅仅影响某些单项工程或分部分项工程的情况，该法以某项经济指标作为比较对象，根据经济指标的比例计算工期索赔值。比例类推法可分为以下两种情况。

（1）按造价进行比例类推。

若施工中出现了很多大小不等的工期索赔事由，较难准确地单独计算且又麻烦时，可经双方协商，采用造价比较法确定工期补偿天数。其公式如下：

工期索赔值＝（受干扰部分工程的合同价/合同总价）×受干扰部分工期拖延时间

案例 9.13

工期索赔案例

某工程项目施工中，业主改变原木窗为钢塑窗，使该单项工程延期 60 天，该单项工程合同价为 80 万元，而整个工程合同总价为 800 万元，则承包商提出的工期索赔额为：

$$\Delta T=\frac{80}{800}\times60=6(天)$$

案例 9.14

比例计算法的应用

在某工程施工中，发包人推迟办公楼工程基础设计图纸的批准，使该单项工程延期 10 周。该单项工程合同价为 80 万美元，而整个工程合同总价为 400 万美元。则承包商提出工期索赔为：总工期索赔＝受干扰部分的工程合同价×该部分工程受干扰工期拖延量/整个工程合同总价＝80 万美元×10 周/400 万美元＝2 周。

（2）按工程量进行比例类推。

当计算出某一分部分项工程的工期延长后，还要把局部工期转变为整体工期，这可以用局部工程的工作量占整个工程工作量的比例来折算。

案例 9.15

比例计算法的应用

某工程基础施工中，出现了不利的地质障碍，发包人指令承包人进行处理，土方工程量由原来的

2 760m³ 增至 3 280m³，原定工期为 45 天。因此承包人可提出工期索赔值为：

$$工期索赔值 = 原工期 \times \frac{额外或新增工程量}{原工程量} = 45 \times \frac{3\,280 - 2\,760}{2\,760} = 8.48(天) \approx 8.5\ 天$$

若本例中合同规定 10% 范围内的工程量增加为承包人应承担的风险，则工期索赔值为：

$$工期索赔值 = \frac{3\,280 - 2\,760 \times (1 + 10\%)}{2\,760} \times 45 = 4(天)$$

比例类推法简单、方便、易于被人们理解和接受，但不尽科学、合理，有时不符合工程实际情况，且对有些情况(如业主变更施工次序等)不适用，甚至会得出错误的结果，在实际工作中应予以注意，正确掌握其适用范围。

3）直接法

有时干扰事件直接发生在关键线路上或一次性地发生在一个项目上，造成总工期的延误，这时可通过查看施工日志、变更指令等资料，直接将这些资料中记载的延误时间作为工期索赔值。如承包人按工程师的书面工程变更指令，完成变更工程所用的实际工时即为工期索赔值。

 案例 9.16

工期索赔案例

某高层住宅楼工程，开工初期，由于业主提供的地下管网坐标资料不准确，于是经双方协商，由承包人经过多次重新测算得出准确资料，花费 5 周时间。在此期间，整个工程几乎陷入停工状态，于是承包人直接向业主提出 5 周的工期索赔。

4）工时分析法

某一工种的分项工程项目延误事件发生后，按实际施工的程序统计出所用的工时总量，然后按延误期间承担该分项工程工种的全部人员投入来计算要延长的工期。

9.3.2 费用索赔

费用索赔，常常伴随着工期索赔一起出现，当然也有与工期索赔无关的费用索赔，不管什么样的费用索赔，工程师一方面要分清业主与承包商应承担的责任，按责补偿；另一方面还要注意补偿费用计算是否正确和合理。

1. 费用索赔的特点

费用索赔是工程索赔的重要组成部分，是承包人进行索赔的主要目标。与工期索赔相比，费用索赔有以下一些特点。

（1）费用索赔的成功与否及其大小事关承包人的盈亏，也影响业主工程项目的建设成本，因而费用索赔常常是最困难，也是双方分歧最大的索赔。特别是对于发生亏损或接近亏损的承包人和财务状况不佳的业主，情况更是如此。

（2）索赔费用的计算比索赔资格或权利的确认更为复杂。索赔费用的计算不仅要依据合同条款与合同规定的计算原则和方法，而且还可能要依据承包人投标时采用的计算基础和方法，以及承包人的历史资料等。索赔费用的计算没有统一的合同双方共同认可的计算方法，因此索赔费用的确定及认可是费用索赔中一项极困难的工作。

（3）在工程实践中，常常是许多干扰事件交织在一起，承包人成本的增加或工期延长的发生时间及其原因也常常相互交织在一起，很难清楚、准确地划分开，尤其是对于一揽子综合索赔。对于像生产率降低损失及工程延误引起的承包人利润和总部管理费损失等费用的确定，很难准确地计算出来，双方往往有很大的分歧。

2. 费用索赔的费用构成

1）可索赔费用的分类

（1）按可索赔费用的性质划分。

在工程实践中，承包人的费用索赔包括额外工作索赔和损失索赔。额外工作索赔费用包括额外工作实际成本及其相应利润。对于额外工作索赔，业主一般以原合同中的适用价格为基础，或者以双方商定的价格或工程师确定的合理价格为基础给予补偿。实际上，进行合同变更、追加额外工作，可索赔费用的计算相当于一项工作的重新报价。损失索赔包括实际损失索赔和可得利益索赔。实际损失是指承包人多支出的额外成本；可得利益是指如果业主不违反合同，承包人本应取得的、但因业主违约而丧失了的利益。

计算额外工作索赔和损失索赔的主要区别是：前者的计算基础是价格，后者的计算基础是成本。

（2）按可索赔费用的构成划分。

可索赔费用按项目构成可分为直接费和间接费。其中直接费包括人工费、材料费、机械设备费、分包费；间接费包括现场和公司总部管理费、保险费、利息及保函手续费等项目。可索赔费用计算的基本方法是按上述费用构成项目分别分析、计算，最后汇总求出总的索赔费用。

按照工程惯例，承包人对索赔事项的发生原因负有责任的有关费用；承包人对索赔事项未采取减轻措施，因而扩大的损失费用；承包人进行索赔工作的准备费用；索赔金额在索赔处理期间的利息、仲裁费用、诉讼费用等是不能索赔的，因而不应将这些费用包含在索赔费用中。

2）常见索赔事件的费用构成

索赔费用的主要组成部分，同建设工程施工合同价的组成部分相似。按照我国现行规定，建筑安装工程合同价一般包括直接费、间接费、计划利润和税金。从原则上说，凡是承包人有索赔权的工程成本的增加，都可以列入索赔的费用。但是，对于不同原因引起的索赔，可索赔费用的具体内容则有所不同。索赔方应根据索赔事件的性质，分析其具体的费用构成内容。

索赔费用主要包括的项目如下。

（1）人工费。

人工费主要包括生产工人的工资、津贴、加班费、奖金等。对于索赔费用中的人工费部分来说，主要是指完成合同之外的额外工作所花费的人工费用；由于非承包人责任的工效降低所增加的人工费用；超过法定工作时间的加班费用；法定的人工费增长及非承包人责任造成的工程延误导致的人员窝工；相应增加的人身保险和各种社会保险支出等。

例如，出现人工费索赔时，可能有新增加工作量的人工费、停工损失费和工作效率降低的损失费。新增工作量的人工费要按照计日工费计算，费用中包含工人的福利、教育、保险、税收及工人为单位创造的利润等；停工损失费，只应该包含工人的工资，如为单位创造的利润就不应该包括在内；而工作效率降低的损失费，只计算降低的比例就可以了。

（2）材料费。

可索赔的材料费主要包括以下费用。

① 由于索赔事项导致材料实际用量超过计划用量而增加的材料费。

② 由于客观原因导致的材料价格大幅度上涨。

③ 由于非承包人责任工程延误导致的材料价格上涨。

④ 由于非承包人原因致使材料运杂费、采购与保管费用的上涨。

⑤ 由于非承包人原因致使额外低值易耗品使用等。

（3）机械设备使用费。

可索赔的机械设备费主要包括以下费用。

① 由于完成额外工作增加的机械设备使用费。

② 非承包人责任致使的工效降低而增加的机械设备闲置、折旧和修理费分摊、租赁费用。

③ 由于业主或工程师原因造成的机械设备停工的窝工费。机械设备台班窝工费的计算，如系租赁设备，一般按实际台班租金加上每台班分摊的机械调进调出费计算；如系承包人自有设备，一般按台班折旧费计算，而不能按全部台班费计算，因台班费中包括了设备使用费。

④ 非承包人原因增加的设备保险费、运费及进口关税等。

例如设备费，包括设备机械台班费和机械闲置的损失费，而机械闲置要分两种情况，一是承包商自己的机械设备，闲置时的损失费应该计算其设备的折旧费；二是承包商租赁的机械设备，闲置时应该计算设备的租赁费。

（4）现场管理费。

现场管理费是某单个合同发生的用于现场管理的总费用，一般包括现场管理人员的费用、办公费、通信费、差旅费、固定资产使用费、工具用具使用费、保险费、工程排污费、供热供水及照明费等。它一般约占工程总成本的 $5\%\sim10\%$。索赔费用中的现场管理费是指承包人完成额外工程、索赔事项工作及工期延长、延误期间的工地管理费。在确定分析索赔费用时，有时把现场管理费具体又分为可变部分和固定部分。所谓可变部分是指在延期过程中可以调到其他工程部位(或其他工程项目)上去的那部分人员和设施；所谓固定部分是指施工期间不易调动的那部分人员或设施。

（5）总部管理费。

总部管理费是承包人企业总部发生的为整个企业的经营运作提供支持和服务所发生的管理费用，一般包括总部管理人员费用、企业经营活动费用、差旅交通费、办公费、通信费、固定资产折旧费、修理费、职工教育培训费用、保险费、税金等，它一般约占企业总营业额的 $3\%\sim10\%$。索赔费用中的总部管理费主要指的是工程延误期间所增加的管理费。

（6）利息。

利息又称融资成本或资金成本，是企业取得和使用资金所付出的代价。融资成本主要有两种：额外贷款的利息支出和使用自有资金引起的机会损失。只要因业主违约(如业主拖延或拒绝支付各种工程款、预付款或拖延退还扣留的保留金)或其他合法索赔事项直接引起了额外贷款，承包人就有权向业主就相关的利息支出提出索赔。

(7) 分包商费用。

索赔费用中的分包费用是指分包商的索赔款项，一般也包括人工费、材料费、施工机械设备使用费等。因业主或工程师原因造成分包商的额外损失，分包商首先应向承包人提出索赔要求和索赔报告，然后以承包人的名义向业主提出分包工程增加费及相应管理费用索赔。

(8) 利润。

对于不同性质的索赔，取得利润索赔的成功率是不同的。在以下几种情况下，承包人一般可以提出利润索赔。

① 因设计变更等引起的工程量增加。

② 施工条件变化导致的索赔。

③ 施工范围变更导致的索赔。

④ 合同延期导致机会利润损失。

⑤ 由于业主的原因终止或放弃合同带来的预期利润损失等。

(9) 相应保函费、保险费、银行手续费及其他额外费用的增加等。

3. 费用索赔的计算原则

费用索赔都以赔(补)偿实际损失为原则。在费用索赔计算中，它体现在以下两个方面。

(1) 实际损失，即为干扰事件对承包商工程成本和费用的实际影响。这个实际影响可作为费用索赔值。所以索赔对业主不具有任何惩罚性质。实际损失包括以下两个方面。

① 直接损失，即承包商财产的直接减少。在实际工程中，常常表现为成本的增加和实际费用的超支。

② 间接损失，即可能获得的利益的减少，例如由于业主拖欠工程款，使承包商失去这笔款的存款利息收入。

(2) 所有干扰事件直接引起的实际损失，以及这些损失的计算，都应有详细的具体的证明。在索赔报告中必须出具这些证据。没有证据，索赔要求是不能成立的。

实际损失及这些损失的计算证据通常有：各种费用支出的账单，工资表(工资单)，现场用工、用料、用机的证明，财务报表，工程成本核算资料等。

4. 索赔费用的计算方法

索赔值的计算没有统一、共同认可的标准方法，但计算方法的选择却对最终索赔金额影响很大，估算方法选用不合理时容易被对方驳回，这就要求索赔人员具备丰富的工程估价经验和索赔经验。

对于索赔事件的费用计算，一般是先计算与索赔事件有关的直接费，如人工费、材料费、机械费、分包费等，然后计算应分摊在此事件上的管理费、利润等间接费。每一项费用的具体计算方法基本上与工程项目报价计算相似。

1) 总费用法

(1) 基本思路。

这是一种最简单的计算方法。它的基本思路是把固定总价合同转化为成本加酬金合同，以承包商的额外成本为基点加上管理费和利润等附加费作为索赔值。

例如，某工程原合同报价如下：

总成本(直接费 + 工地管理费)	3 800 000 元
公司管理费(总成本×10%)	380 000 元
利润 =(总成本 + 公司管理费)×7%	292 600 元
合同价	4 472 600 元

在实际工程中，由于完全非承包商原因造成实际总成本增加至 4 200 000 元。现用总费用法计算索赔值如下：

总成本增加量(4 200 000－ 3 800 000)	400 000 元
总部管理费(总成本增量×10%)	40 000 元
利润(仍为 7%)	30 800 元
利息支付(按实际时间和利率计算)	4 000 元
索赔值	474 800 元

(2) 使用条件。

这种计算方法用得较少，且不容易被对方、调解人和仲裁人认可，因为它的使用有以下几个条件。

① 合同实施过程中的总费用核算是准确的；工程成本核算符合普遍认可的会计原则；成本分摊方法、分摊基础选择合理；实际总成本与报价总成本所包括的内容一致。

② 承包商的报价是合理的，反映实际情况。如果报价计算不合理，则按这种方法计算的索赔值也不合理。

③ 费用损失的责任，或干扰事件的责任完全在于业主或其他人，承包商在工程中无任何过失，而且没有发生承包商风险范围的损失。这通常不大可能。

④ 合同争执的性质不适用其他计算方法。例如由于业主原因造成工程性质发生根本变化，面目全非，原合同报价已完全不适用。这种计算方法常用于对索赔值的估算。有时，业主和承包商签订协议，或在合同中规定，对于一些特殊的干扰事件，例如特殊的附加工程、业主要求加速施工、承包商向业主提供特殊服务等，可采用成本加酬金的方法计算赔(补)偿值。

2) 修正总费用法

修正总费用法与总费用法的原理相同，是对总费用法的改进，即在总费用计算的基础上，去掉一些不合理的因素，使其更合理。修正的内容如下。

(1) 将计算索赔款的时段局限于受到外界影响的时间，而不是整个施工期。

(2) 只计算受影响时段内的某项工作所受影响的损失，而不是计算该时段内所有施工工作所受损失。

(3) 与该项工作无关的费用不列入总费用中。

(4) 对承包人投标报价费用重新进行核算。按受影响时段内该项工作的实际单价进行核算，乘以实际完成的该项工作的工作量，得到调整后的报价费用。

按修正后的总费用计算索赔金额的公式如下：

索赔金额 = 某项工作调整后的实际总费用－该项工作的报价费用(含变更款)

修正总费用法与总费用法相比，有了实质性的改进，已能够相当准确地反映出实际增加的费用。

3）分项法

分项法是按每个（或每类）干扰事件，以及这事件所影响的各个费用项目分别计算索赔值的方法。它的特点有以下几点。

（1）它比总费用法复杂，处理起来困难。

（2）它反映实际情况，比较合理、科学。

（3）它为索赔报告的进一步分析评价、审核，双方责任的划分、双方谈判和最终解决提供方便。

（4）应用面广，人们在逻辑上容易接受。

所以，通常承包工程的费用索赔计算都采用分项法。但对具体的干扰事件和具体费用项目，分项法的计算方法又是千差万别。如在某工程中，承包商提出一揽子索赔见表9-1。

表9-1 分项法计算示例

序号	索赔项目	金额/元	序号	索赔项目	金额/元
1	工程延误	256 000	5	利息支出	8 000
2	工程中断	166 000	6	利润＝(1＋2＋3＋4)×15％	69 600
3	工程加速	16 000	7	索赔总额	541 600
4	附加工程	26 000			

表9-1中每一项费用又有详细的计算方法、计算基础和证据等，如因工程延误引起的费用损失计算见表9-2。

表9-2 工程延误的索赔额计算示例

序号	索赔项目	金额/元	序号	索赔项目	金额/元
1	机械设备停滞费	95 000	4	总部管理费分摊	16 000
2	现场管理费	84 000	5	保函手续费、保险费增加	6 000
3	分包商索赔	4 500	6	合计	256 000

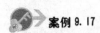 案例9.17

费用索赔案例

国内某工程基础施工中，发现有地下障碍物，业主要求承包人凿除，共计98m³。承包人提出索赔值计算如下（单位：元）。

凿除地下障碍物直接费单价：

（1）人工费　　　　$35×3.0＝105(元/m^3)$

（2）机械租赁费　　$60×1.5＝90(元/m^3)$

（3）其他材料费　　$10 元/m^3$

3项合计 $205 元/m^3$

（1）定额提高费5.84％　　　　　11.97

(2) 施工管理费 11%　　　　　　　23.87

(3) 小计　　　　　　　　　　　　240.84

(4) 临时设施费　(3)×2.5%　　　6.02

(5) 劳保支出　(3)×2.66%　　　6.42

(6) (3)、(4)、(5)小计　　　　253.28

(7) 技术装备费 (6)×3%　　　　7.6

(8) 计划利润 4%　　　　　　　10.13

(9) 增加施工管理费 (2)×40%　　9.55

(10) 人工补差　2.435×7.65　　18.63

(11) 材料差价 205×6.93%　　　14.21

(12) 施工流动津贴 2.435×2.5　6.10

(13) 税金 3.41%　　　　　　　10.89

(14) 合计　　　　　　　　　　330.39

索赔总额＝330.39×98 ＝ 32 378(元)

上述费用索赔计算基本上属于一份报价单,也可以在直接费的基础上加上双方认可的由综合管理费率计算出的综合管理费和利润及税金。

 **案例 9.18**

费用索赔案例

某国际承包工程是由一条公路和跨越公路的人行天桥构成。合同总价为 400 万美元,合同工期为 20个月。施工过程中由于图纸出现错误,工程师指示一部分工程暂停 1.5 个月,承包人只能等待图纸修改后再继续施工。后来又由于原有的高压线需等待电力部门迁移后才能施工,造成工程延误 2 个月。另外又因增加额外工程 12 万美元(已得到支付),经工程师批准延期 1.5 个月。承包人对此 3 项延误除要求延期外,还提出了费用索赔。承包人的费用索赔计算如下。

(1) 因图纸错误的延误,造成 3 台设备停工损失 1.5 个月。

汽车吊　45 美元/台班×2 台班/日×37 工作日＝3 330 美元

空压机　30 美元/台班×2 台班/日×37 工作日＝2 220 美元

其他辅助设备　10 美元/台班×2 台班/日×37 工作日＝740 美元

小计:6 290 美元

现场管理费(12%)　　754.8 美元

公司管理费分摊(7%)　440.3 美元

利润(5%)　　　　　　314.5 美元

合计:7 799.6 美元

(2) 高压线迁移损失 2 个月的管理费和利润。

每月管理费 ＝ 4 000 000 美元×12%/20 月＝24 000 美元/月

现场管理费增加　　24 000 美元×2＝48 000 美元

公司管理费和利润　48 000 美元×(7%＋5%)＝5 760 美元

合计:53 760 美元

(3) 新增额外工程使工期延长 1.5 个月,要求补偿现场管理费。

现场管理费增加　　24 000 美元×1.5＝36 000 美元

承包人费用索赔汇总如表 9-3 所示。

表9-3 承包人的费用索赔汇总

序号	索赔事件	金额/美元	序号	索赔事件	金额/美元
1	图纸错误延误	7 799.6	3	额外工程使工期延长	36 000
2	高压线迁移延误	53 760	4	索赔总额	97 559.6

经过工程师和计量人员的检查和核实,工程师原则上同意该3项费用索赔成立,但对承包人的费用计算有分歧。工程师的计算和分析介绍如下。

(1) 图纸错误造成工程延误,有工程师暂停施工的指令,承包人仅计算受到影响的设备停工损失(而非全部设备)是正确的,但工程师认为不能按台班费计算,而应按租赁费或折旧率计算,故该项费用核减为5 200美元(具体计算过程省略)。

(2) 因高压线迁移而导致的延误损失中,工程师认为每月管理费的计算是错误的,不能按总标价计算,应按直接成本计算,即

扣除利润后总价　　　　　　4 000 000美元/(1+5%)=3 809 524美元
扣除公司管理费后的总成本　3 809 524美元/(1+7%)=3 560 303美元
扣除现场管理费后的直接成本 3 560 303/(1+12%)=3 178 842美元
每月现场管理费　　　　　　3 178 842美元×12%/20月=19 073美元/月
2个月延误损失现场管理费　 19 073美元×2=38 146美元

工程师认为,尽管由于业主或其他方面的原因造成了工程延误,但承包人采取了有力措施使工程仍在原定的工期内完成,因此承包人仍有权获得现场管理费的补偿,但不能获得利润和公司管理费的补偿。所以,工程师同意补偿现场管理费损失38 146美元。

(3) 对于新增额外工程,工程师认为虽然是在批准延期的1.5个月内完成,但新增工程量与原合同中相应工程量和工期相比为(120 000/4 000 000)×20月=0.6月,也就是说新增额外工程与原合同相比应在0.6个月内即可完成。而新增工程量已按工程量表中的单价付款,按标书的计算方法,这个单价中已包括了现场管理费、公司管理费和利润,亦即0.6个月中的上述3项费用已经支付给承包人,承包人只能获得其余0.9个月的附加费用,即

每月现场管理费　　19 073(美元)
现场管理费补偿　　0.9×19 073=17 165.7(美元)
公司管理费补偿　　17 165.7×7%=1 201.6(美元)
利润　　　　　　　(17 165.7+1 201.6)×5%=918.4(美元)
合计：　　　　　　19 285.7美元

经过工程师审核,总共应付给承包人62 631.7美元,比承包商的计算减少34 927.9美元。考虑到工程师计算的合理性,承包人也同意了工程师计算的结果,并为自己获得60 000多美元的补偿感到基本满意。这是一桩比较成功的索赔。

本 章 小 结

本章首先介绍了工程索赔的基本理论,包括索赔的基本概念和分类、索赔的原因、索赔的证据;其次,从承包人和发包人两方分别介绍了工程索赔的程序;从索赔管理的角度,详细介绍了工期索赔和费用索赔的分类与处理原则,结合大量的案例介绍了工期索赔和费用索赔的具体计算方法和注意事项。

阅读材料

某建筑幕墙工程的索赔问题

某幕墙公司通过招投标直接向建设单位承包了某多层普通旅游宾馆的建筑幕墙工程。合同约定实行固定单价合同。工程所用材料除了石材和夹层玻璃由建设单位直接采购运到现场外，其他材料均由承包人自行采购。合同约定工期120个日历天。合同履行过程中发生下列事件。

1. 建设单位直接采购的夹层玻璃到场后，经现场验收发现夹层玻璃采用湿法加工，质量不符合幕墙工程的要求，经协商决定退货。幕墙公司因此不能按计划制作玻璃板块，使这一关键线路上的工作延误了15天。

2. 工程施工过程中，建设单位要求对石材幕墙进行设计变更。施工单位按建设单位提出的设计修改图进行施工。设计变更造成工程量增加及停工、返工损失，施工单位在施工完成15天后才向建设单位提出变更工程价款报告。建设单位对变更价款不予认可，而按照其掌握的资料单方决定变更价款，并书面通知了施工单位。

3. 建设单位因宾馆使用功能调整，又将部分明框玻璃幕墙改为点支承玻璃幕墙。施工单位在变更确定后第10天，向建设单位提出了工程变更价款报告，但建设单位未予确认也未提出协商意见。施工单位在提出报告20天后，就进行施工。在工程结算时，建设单位对变更价款不予认可。

4. 由于在施工过程中，铝合金型材涨价幅度较大，施工单位提出按市场价格调整综合单价。

问题：

(1) 幕墙公司可否向建设单位提出工期补偿和赔偿停工、窝工损失？为什么？

(2) 施工单位的做法是否正确？为什么？

(3) 建设单位的做法是否正确？为什么？

(4) 幕墙公司的要求是否合理？为什么？

[解析]

(1) 可以。因为玻璃板块制作是在关键线路上的工作，直接影响到总工期，建设单位未及时供应原材料造成工期延误和停工、窝工损失，根据《合同法》规定，应给予工期和费用补偿。

(2) 正确。因为按照《建设工程价款结算暂行办法》规定，工程设计变更确定后14天内，如承包人未提出变更工程价款报告，则发包人可根据所掌握的资料决定是否调整合同价款和调整的具体金额。

(3) 不正确。因为按照《建设工程价款结算暂行办法》规定，自变更工程价款报告送达之日起14天内，建设单位未确认也未提出协商意见时，视为变更工程价款报告已被确认。所以，幕墙公司可以按照变更价款报告中的价格进行结算。

(4) 不合理。因为本工程为固定单价合同，合同中的综合单价应包含风险因素，一般的材料价格调整，不应调整综合单价。

思考与讨论

一、单项选择题

1. 建设工程中的反索赔是相对索赔而言，反索赔的提出者（　　）。

A. 仅限发包方　　　　　　　　B. 仅限承包方

C. 发包方和承包方均可　　　　D. 仅限监理方

2. 按照索赔事件的性质，因货币贬值、汇率变化、物价变化等原因引起的索赔属于（ ）。

A. 不可预见的外部条件索赔　　　　B. 不可抗力事件引起的索赔

C. 不可预见的外部障碍索赔　　　　D. 其他索赔

3. 下列引起索赔的起因中，属于特殊风险因素的是（ ）。

A. 战争　　　B. 海啸　　　C. 洪水　　　D. 地震

4. 施工过程中，工程师下令暂停全部或部分工程，而暂停的起因不是由承包商引起，承包商向业主提出工期和费用索赔，则（ ）。

A. 工期和费用索赔均不能成立

B. 工期索赔成立，费用索赔不能成立

C. 工期索赔不能成立，费用索赔成立

D. 工期和费用索赔均能成立

5. 关于建设工程索赔成立条件的说法，正确的是（ ）。

A. 导致索赔的事件必须是对方的过错，索赔才能成立

B. 只要对方存在过错，不管是否造成损失，索赔都能成立

C. 只要索赔事件的事实存在，在合同有效期内任何时候提出索赔都能成立

D. 不按照合同规定的程序提交索赔报告，索赔不能成立

6. 某工程基础施工中出现了意外情况，导致了工程量由原来的 2 800m³ 增加到 3 500 m³，原定工期是 40 天，则承包商可以提出的工期索赔是（ ）。

A. 5 天　　　B. 6 天　　　C. 8 天　　　D. 10 天

7. 某工程项目总价值 1 000 万元，合同工期为 18 个月，现承包人因建设条件发生变化需增加额外工程费用 50 万元，则承包方提出工期索赔为（ ）个月。

A. 1.5　　　B. 0.9　　　C. 1.2　　　D. 3.6

二、多项选择题

1. 按索赔依据分类，可分为（ ）。

A. 合同内的索赔　　　　B. 合同外的索赔

C. 道义索赔　　　　　　D. 一揽子索赔

E. 费用索赔

2. 遇到（ ）情况时，承包商可以向业主要求既延长工期，又索赔费用。

A. 难以预料的地质条件变化

B. 由于监理工程师原因造成临时停工

C. 特殊恶劣气候，造成施工停顿

D. 业主供应的设备和材料推迟到货

E. 设计变更

3. 下列各项资料，可作为索赔依据的有（ ）。

A. 工程各项会议纪要　　　　B. 中标通知书

C. 工程建设惯例　　　　　　D. 监理工程师的书面意见

E. 法律法规

4. 下列各个事件中，可以计入利润的索赔事件有（ ）。

A. 工程范围变更　　　　　　　　B. 技术性错误

C. 工程暂停导致工期延长　　　　D. 设计缺陷

E. 业主未及时提供现场

三、问答题

1. 工程延误有哪些分类？工程延误的一般处理原则是什么？

2. 工期索赔的合同依据有哪些？

3. 试举例说明工期索赔的分析流程。

4. 工期索赔有哪些方法？如何具体应用？

5. 举例说明费用索赔的原因有哪些？

6. 分析费用索赔的项目构成。

7. 费用索赔有哪些计算方法？各有哪些优缺点？

8. 在施工索赔中，能作为索赔依据使用的有哪些证据？

9. 索赔程序是什么？

四、案例分析题

1. 案例背景：

某大型工程，由于技术难度大，对施工单位的施工设备和同类工程施工经验要求比较高，而且对工期的要求比较紧迫。业主在对有关单位和在建工程考察的基础上，邀请了3家国有一级施工企业投标，通过正规的开标评标后，择优选择了其中一家作为中标单位，并与其签订了工程施工承包合同，承包工作范围包括土建、机电安装和装修工程。该工程共15层，采用框架结构，开工日期为2002年4月1日，合同工期为18个月。

在施工过程，发生了如下几项事件。

事件1：2002年4月，在基础开挖过程中，个别部位实际土质与甲方提供的地质资料不符，造成施工费用增加2.5万元，相应工序持续时间增加了4天。

事件2：2002年5月，施工单位为保证施工质量，扩大基础地面，开挖量增加导致费用增加3.0万元，相应工序持续时间增加了3天。

事件3：2002年8月，进入雨期施工，恰逢20天大雨(特大暴雨)，造成停工损失2.5万元，工期增加了4天。

事件4：2003年2月，在主体砌筑工程中，因施工图设计有误，实际工程量增加导致费用增加3.8万元，相应工序持续时间增加了2天。

上述事件中，除第3项外，其他工序均未发生在关键线路上，并对总工期无影响。针对事件1、事件2、事件3、事件4，施工单位及时提出如下索赔要求。

(1) 增加合同工期13天。

(2) 增加费用11.8万元。

问题：

施工单位对施工过程中发生的事件1、事件2、事件3、事件4可否索赔？为什么？

2. 案例背景：

某工程下部为钢筋混凝土基础，上面安装设备。发包人分别与土建、安装单位签订了基础、设备安装工程施工合同。两个承包人都编制了相互协调的进度计划，进度计划已得到批准。基础施工完毕，设备安装单位按计划将材料及设备运进现场，准备施工。经检测发现有近1/6的设备预埋螺栓位置偏移过大，无法安装设备，必须返工处理。安装工作因基础返工而受到影响，安装单位提出索赔要求。

问题：

(1) 安装单位的损失应由谁负责？为什么？

(2) 安装单位提出索赔要求，监理工程师应如何处理？

(3) 监理工程师应如何处理该工程的质量问题？

3. 案例背景：

某项工程建设项目，发包人与承包人按《建设工程施工合同文本》签订了工程施工合同，工程未进行投保。在工程施工过程中，遭受暴风雨不可抗力的袭击，造成了相应的损失。承包人及时向监理工程师提出了索赔要求，并附索赔有关的资料和证据。索赔报告的基本要求如下。

(1) 遭暴风雨袭击是因非承包人原因造成的损失，故应由发包人承担赔偿责任。

(2) 给已建分部工程造成损坏，损失计18万元，应由发包人承担修复的经济责任，承包人不承担修复的经济责任。承包单位人员因此灾害数人受伤，处理伤员医疗费用和补偿金总计3万元，发包人应给予赔偿。

(3) 承包人进入现场时，施工机械、设备受到损坏，造成损失8万元，由于现场停工造成台班费损失4.2万元，发包人应负担赔偿和修复的经济责任。工人窝工费3.8万元，发包人应予以支付。

(4) 因暴风雨造成现场停工8天，要求合同工期顺延8天。

(5) 由于工程破坏，清理现场需费用2.45万元，发包人应予以支付。

问题：

(1) 监理工程师接到承包人提交的索赔申请后，应进行哪些工作(请详细分条列出)？

(2) 不可抗力发生风险承担的原则是什么？对承包人提出的要求如何处理(请逐条回答)？

五、讨论分析题

(1) 工程概况。

某工程是为某港口修建一石砌码头，估计需要10万t石块。某承包人中标后承担了该项工程的施工。在招标文件中业主提供了一份地质勘探报告，指出施工所需的石块可以在离港口工地35km的A地采石场开采。业主指定石块的运输由当地一国有运输公司作为分包人承包。按业主认可的施工计划，港口工地每天施工需要500t石块，则现场开采能力和运输能力都为每天500t。运输价格按分包人报价(加上管理费等)在合同中规定。设备台班费、劳动力等报价在合同中列出。进口货物关税由承包人承担。合同中外汇部分的通货膨胀率为每月0.8%。

(2) 合同实施过程。

工程初期一直按计划施工。但当在A采石场开采石块达6万t时，A采石场石块资源已枯竭。经业主同意，承包人又开辟离港口105km的另一采石场B继续开采。由于运距加大，而承担运输任务的分包人运输能力不足，每天实际开采400t，而仅运输200t石块，造成工期拖延。

(3) 任务。

学生分为2个组，分别作为业主和承包人，经过一轮索赔谈判后再交换角色。索赔一方(承包人)任务如下。

① 索赔机会分析。

② 索赔理由提出。

③ 干扰事件的影响分析和计算索赔值。

④ 索赔证据列举。

索赔另一方(业主)在讨论中就索赔方的上述任务提出反驳。

在讨论中注意如下几种情况。

① 出现运输能力不足导致工程窝工现象后，承包人未请示业主，亦未采取措施。

② 承包人请示业主，要求雇用另外一个运输公司，但为业主否定。

③ 承包人要另雇一个运输公司，业主也同意，但当地已无其他运输公司。

共同讨论：

如何通过完善合同条文及如何在工程实施过程中采取措施，避免自己(承包人或业主)损失或保护自身的正当权益。

参 考 文 献

[1] 柯洪. 全国造价工程师执业资格培训教材：工程造价计价与控制[M]. 北京：中国计划出版社，2009.

[2] 刘燕. 工程招投标与合同管理[M]. 北京：人民交通出版社，2007.

[3] 刘钦. 工程招投标与合同管理[M]. 北京：高等教育出版社，2008.

[4] 张志勇. 工程招投标与合同管理[M]. 北京：高等教育出版社，2009.

[5] 杨平. 工程合同管理[M]. 北京：人民交通出版社，2007.

[6] 宋春岩，付庆向. 建设工程招投标与合同管理[M]. 北京：北京大学出版社，2008.

[7] 住房和城乡建设部，国家质量监督检验总局. 建设工程工程量清单计价规范(GB 50500—2013)[S]. 北京：中国计划出版社，2013.

[8] 高群. 建设工程招投标与合同管理[M]. 北京：机械工业出版社，2007.

[9] 张云清. 工程项目招投标与合同管理[M]. 北京：北京理工大学出版社，2009.

[10] 雷胜强. 简明建设工程招标投标工作手册[M]. 北京：中国建筑工业出版社，2005.

[11] 何伯森. 国际工程承包[M]. 北京：中国建筑工业出版社，2007.

[12] 吴芳，胡季英. 工程项目采购管理[M]. 北京：中国建筑工业出版社，2008.

[13] 刘伊生. 建设工程招投标与合同管理[M]. 北京：北京交通大学出版社，2002.

[14] 刘伊生. 建设项目管理[M]. 北京：清华大学出版社，2004.

[15] 成虎. 建筑工程合同管理与索赔[M]. 南京：东南大学出版社，2005.

[16] 方俊，胡向真. 工程合同管理[M]. 北京：北京大学出版社，2007.

[17] 汤礼智. 国际工程承包总论[M]. 北京：中国建筑工业出版社，2004.

[18] 宋彩萍. 工程施工项目投标报价实战策略与技巧[M]. 北京：科学出版社，2004.

[19] 李春亭，李燕. 工程招投标与合同管理[M]. 北京：中国建筑工业出版社，2004.

[20] 曹玉书. 中国招标投标年鉴[M]. 北京：中央文献出版社，2006.

[21] 郭明瑞，张平华. 合同法学案例教程[M]. 北京：知识产权出版社，2003.

[22] 彭尚银，王继才. 工程项目管理[M]. 北京：中国建筑工业出版社，2005.

[23] 安宗林. 民事案例研究[M]. 北京：法律出版社，2006.

[24] 卢谦. 建设工程招投标与合同管理[M]. 北京：中国水利水电出版社，2001.

[25] 建筑工程施工项目管理丛书编委会. 建筑工程施工项目招投标与合同管理[M]. 北京：机械工业出版社，2003.

[26] 周吉高. 2013版《建设工程施工合同(示范文本)》应用指南与风险提示[M]. 北京：中国法制出版社，2013.

[27] 李启明. 土木工程合同管理[M]. 南京：东南大学出版社，2008.

[28] 赵勇，陈川生. 招标采购管理与监督[M]. 北京：人民邮电出版社，2013.

[29] 吴涛. 项目管理创新发展与建筑业转变发展方式[M]. 北京：中国建筑工业出版社，2013.

北京大学出版社土木建筑系列教材(已出版)

序号	书名	主编	定价	序号	书名	主编	定价
1	建筑设备(第2版)	刘源全 张国军	46.00	50	土木工程施工	石海均 马 哲	40.00
2	土木工程测量(第2版)	陈久强 刘文生	40.00	51	土木工程制图(第2版)	张会平	45.00
3	土木工程材料(第2版)	柯国军	45.00	52	土木工程制图习题集(第2版)	张会平	28.00
4	土木工程计算机绘图	袁 果 张渝生	28.00	53	土木工程材料(第2版)	王春阳	50.00
5	工程地质(第2版)	何培玲 张 婷	26.00	54	结构抗震设计(第2版)	祝英杰	37.00
6	建设工程监理概论(第3版)	巩天真 张泽平	40.00	55	土木工程专业英语	霍俊芳 姜丽云	35.00
7	工程经济学(第2版)	冯为民 付晓灵	42.00	56	混凝土结构设计原理(第2版)	邵永健	52.00
8	工程项目管理(第2版)	仲景冰 王红兵	45.00	57	土木工程计量与计价	王翠琴 李春燕	35.00
9	工程造价管理	车春鹏 杜春艳	24.00	58	房地产开发与管理	刘 薇	38.00
10	工程招标投标管理(第2版)	刘昌明	30.00	59	土力学	高向阳	32.00
11	工程合同管理	方 俊 胡向真	23.00	60	建筑表现技法	冯 柯	42.00
12	建筑工程施工组织与管理(第2版)	余群舟 宋会莲	31.00	61	工程招投标与合同管理(第2版)	吴 芳 冯 宁	43.00
13	建设法规(第2版)	肖 铭 潘安平	32.00	62	工程施工组织	周国恩	28.00
14	建设项目评估	王 华	35.00	63	建筑力学	邹建奇	34.00
15	工程量清单的编制与投标报价	刘富勤 陈德方	25.00	64	土力学学习指导与考题精解	高向阳	26.00
16	土木工程概预算与投标报价(第2版)	刘 薇 叶 良	37.00	65	建筑概论	钱 坤	28.00
17	室内装饰工程预算	陈祖建	30.00	66	岩石力学	高 玮	35.00
18	力学与结构	徐吉恩 唐小弟	42.00	67	交通工程学	李 杰 王 富	39.00
19	理论力学(第2版)	张俊彦 赵荣国	40.00	68	房地产策划	王直民	42.00
20	材料力学	金康宁 谢群丹	27.00	69	中国传统建筑构造	李合群	35.00
21	结构力学简明教程	张系斌	20.00	70	房地产开发	石海均 王 宏	34.00
22	流体力学(第2版)	章宝华	25.00	71	室内设计原理	冯 柯	28.00
23	弹性力学	薛 强	22.00	72	建筑结构优化及应用	朱杰江	30.00
24	工程力学(第2版)	罗迎社 喻小明	39.00	73	高层与大跨建筑结构施工	王绍君	45.00
25	土力学(第2版)	肖仁成 俞 晓	25.00	74	工程造价管理	周国恩	42.00
26	基础工程	王协群 章宝华	32.00	75	土建工程制图	张黎骅	29.00
27	有限单元法(第2版)	丁 科 殷水平	30.00	76	土建工程制图习题集	张黎骅	26.00
28	土木工程施工	邓寿昌 李晓目	42.00	77	材料力学	章宝华	36.00
29	房屋建筑学(第2版)	聂洪达 郄恩田	48.00	78	土力学教程(第2版)	孟祥波	34.00
30	混凝土结构设计原理	许成祥 何培玲	28.00	79	土力学	曹卫平	34.00
31	混凝土结构设计	彭 刚 蔡江勇	28.00	80	土木工程项目管理	郑文新	41.00
32	钢结构设计原理	石建军 姜 袁	32.00	81	工程力学	王明斌 庞永平	37.00
33	结构抗震设计	马成松 苏 原	25.00	82	建筑工程造价	郑文新	39.00
34	高层建筑施工	张厚先 陈德方	32.00	83	土力学(中英双语)	郎煜华	38.00
35	高层建筑结构设计	张仲先 王海波	23.00	84	土木建筑CAD实用教程	王文达	30.00
36	工程事故分析与工程安全(第2版)	谢征勋 罗 章	38.00	85	工程管理概论	郑文新 李献涛	26.00
37	砌体结构(第2版)	何培玲 尹维新	26.00	86	景观设计	陈玲玲	49.00
38	荷载与结构设计方法(第2版)	许成祥 何培玲	30.00	87	色彩景观基础教程	阮正仪	42.00
39	工程结构检测	周 详 刘益虹	20.00	88	工程力学	杨云芳	42.00
40	土木工程课程设计指南	许 明 孟茁超	25.00	89	工程设计软件应用	孙香红	39.00
41	桥梁工程(第2版)	周先雁 王解军	37.00	90	城市轨道交通工程建设风险与保险	吴宏建 刘宽亮	75.00
42	房屋建筑学(上:民用建筑)	钱 坤 王若竹	32.00	91	混凝土结构设计原理	熊丹安	32.00
43	房屋建筑学(下:工业建筑)	钱 坤 吴 歌	26.00	92	城市详细规划原理与设计方法	姜 云	36.00
44	工程管理专业英语	王竹芳	24.00	93	工程经济学	都沁军	42.00
45	建筑结构CAD教程	崔钦淑	36.00	94	结构力学	边亚东	42.00
46	建设工程招投标与合同管理实务(第2版)	崔东红	49.00	95	房地产估价	沈良峰	45.00
47	工程地质(第2版)	倪宏革 周建波	30.00	96	土木工程结构试验	叶成杰	39.00
48	工程经济学	张厚钧	36.00	97	土木工程概论	邓友生	34.00
49	工程财务管理	张学英	38.00	98	工程项目管理	邓铁军 杨亚频	48.00

序号	书名	主编	定价	序号	书名	主编	定价
99	误差理论与测量平差基础	胡圣武 肖本林	37.00	126	建筑工程管理专业英语	杨云会	36.00
100	房地产估价理论与实务	李 龙	36.00	127	土木工程地质	陈文昭	32.00
101	混凝土结构设计	熊丹安	37.00	128	暖通空调节能运行	余晓平	30.00
102	钢结构设计原理	胡习兵	30.00	129	土工试验原理与操作	高向阳	25.00
103	钢结构设计	胡习兵 张再华	42.00	130	理论力学	欧阳辉	48.00
104	土木工程材料	赵志曼	39.00	131	土木工程材料习题与学习指导	鄢朝勇	35.00
105	工程项目投资控制	曲 娜 陈顺良	32.00	132	建筑构造原理与设计(上册)	陈玲玲	34.00
106	建设项目评估	黄明知 尚华艳	38.00	133	城市生态与城市环境保护	梁彦兰 阎 利	36.00
107	结构力学实用教程	常伏德	47.00	134	房地产法规	潘安平	45.00
108	道路勘测设计	刘文生	43.00	135	水泵与水泵站	张 伟 周书葵	35.00
109	大跨桥梁	王解军 周先雁	30.00	136	建筑工程施工	叶 良	55.00
110	工程爆破	段宝福	42.00	137	建筑学导论	裘 鞠 常 悦	32.00
111	地基处理	刘起霞	45.00	138	工程项目管理	王 华	42.00
112	水分析化学	宋吉娜	42.00	139	园林工程计量与计价	温日琨 舒美英	45.00
113	基础工程	曹 云	43.00	140	城市与区域规划实用模型	郭志恭	45.00
114	建筑结构抗震分析与设计	裴星洙	35.00	141	特殊土地基处理	刘起霞	50.00
115	建筑工程安全管理与技术	高向阳	40.00	142	建筑节能概论	余晓平	34.00
116	土木工程施工与管理	李华锋 徐 芸	65.00	143	中国文物建筑保护及修复工程学	郭志恭	45.00
117	土木工程试验	王吉民	34.00	144	建筑电气	李 云	45.00
118	土质学与土力学	刘红军	36.00	145	建筑美学	邓友生	36.00
119	建筑工程施工组织与概预算	钟吉湘	52.00	146	空调工程	战乃岩 王建辉	45.00
120	房地产测量	魏德宏	28.00	147	建筑构造	宿晓萍 隋艳娥	36.00
121	土力学	贾彩虹	38.00	148	城市与区域认知实习教程	邹 君	30.00
122	交通工程基础	王富	24.00	149	幼儿园建筑设计	龚兆先	37.00
123	房屋建筑学	宿晓萍 隋艳娥	43.00	150	房屋建筑学	董海荣	47.00
124	建筑工程计量与计价	张叶田	50.00	151	园林与环境景观设计	董 智 曾 伟	46.00
125	工程力学	杨民献	50.00				

相关教学资源如电子课件、电子教材、习题答案等可以登录 www.pup6.cn 下载或在线阅读。

扑六知识网(www.pup6.com)有海量的相关教学资源和电子教材供阅读及下载(包括北京大学出版社第六事业部的相关资源),同时欢迎您将教学课件、视频、教案、素材、习题、试卷、辅导材料、课改成果、设计作品、论文等教学资源上传到 pup6.com,与全国高校师生分享您的教学成就与经验,并可自由设定价格,知识也能创造财富。具体情况请登录网站查询。

如您需要免费纸质样书用于教学,欢迎登录第六事业部门户网(www.pup6.cn)填表申请,并欢迎在线登记选题以到北京大学出版社来出版您的大作,也可下载相关表格填写后发到我们的邮箱,我们将及时与您取得联系并做好全方位的服务。

扑六知识网将打造成全国最大的教育资源共享平台,欢迎您的加入——让知识有价值,让教学无界限,让学习更轻松。

联系方式:010-62750667,donglu2004@163.com,pup_6@163.com,欢迎来电来信咨询。